社区生活

家庭电工实用手册

王兰君　黄海平　王文婷　编著

上海科学技术文献出版社

图书在版编目（CIP）数据

家庭电工实用手册 / 王兰君，黄海平，王文婷编著．—上海：上海科学技术文献出版社，2013.1
ISBN 978-7-5439-5635-3

Ⅰ．①家… Ⅱ．①王…②黄…③王… Ⅲ．①电工技术—技术手册 Ⅳ．①TM-62

中国版本图书馆 CIP 数据核字（2012）第 280801 号

责任编辑：张　树
封面设计：钱　祯

家庭电工实用手册
王兰君　黄海平　王文婷　编著
*
上海科学技术文献出版社出版发行
（上海市长乐路 746 号　邮政编码 200040）
全国新华书店经销
常熟市人民印刷厂印刷
*
开本 650×900　1/16　印张 29.25　字数 362 000
2013 年 1 月第 1 版　2013 年 1 月第 1 次印刷
ISBN 978-7-5439-5635-3
定价：35.00 元
http://www.sstlp.com

preface >>

前言

随着我国科学技术现代化的不断发展，家庭电器自动化程度也在日新月异地向前迈进，作为现代生活的家庭电工人员，也要具备一些必要的家庭用电常识和掌握必要的家庭实用电器知识，这样才能更好地为工作、生活服务，目前人们在使用现代化家用电器的家庭生活中，遇到很多电气方面的问题，例如在家庭中电度表的选择与安装、熔丝的选择与安装、居室布线、灯具的装饰与安装、空调器、吸油烟机的安装，以及家用电器的选购、使用、保养与检修等方面，针对这些很实际的问题我们编写了《家庭电工实用手册》一书，目的是给专业电工以及家庭生活电工和普通家庭成员提供一本非常实用而又贴近百姓生活的科技普及读物，使读者很快地成为一名家庭电工能手，并能在实践当中把电工技能应用到自己的工作和家庭生活中去，以便更好地为家庭生活服务，同时也为家电维修人员以及普通百姓提供很实用、很丰富的家用电器的应用维护安装与检修知识之"大餐"。

目前家用电器新产品的快速更新换代给广大的用户带来了如何正确选购的问题，科学合理地使用这些电器也有一定的学问。《家庭电工实用手册》能帮助广大消费者从自己的实际情况出发，选购适合自己的家用电器，同时也可为已购买电器的用户在使用保养与维护方面提供更好的帮助，这是一本广大普通百姓都能使用的生活用书。

本书不但介绍了家庭电工应具备的一般技能，而且还以大量的实际经验和线路为实例，使读者能从中得到启发，以便更好地应用到实践中。本书内容丰富，通俗易懂，图文并茂，具有“一学就懂，一会能用”的特点，对家庭电工人员在实际操作中会起到很好的帮助作用。本书内容新、知识广，贴近生活，易于阅读和应用，适合专业电工人员、生活后勤电工人员、家庭用户的读者、电子爱好者、电器维修工作人员、电器销售人员以及家电维修班的师生阅读。

参加本书编写的人员还有凌玉泉、黄鑫、谭亚林、李燕、高惠谨、刘彦爱、凌万泉、李渝陵、张扬、朱雷雷、刘守真、凌珍泉、贾贵超等，在此一并表示感谢。

由于编者水平有限，书中难免存在错误和不足，敬请广大读者批评指正，以求共同提高。

编 者

contents >>

目录

附　录　/410

chapter 1 >>

第 1 章 安全用电

1.1 家庭电工安装施工中应采取的安全措施

为了保障人身安全和电气设备的正常运行，家庭电工在安装和使用电气设备时，一定要遵守安全操作规程，掌握必要的安全常识，并在工作中采取一定的安全措施，确保人身和电气设备安全。

(1) 各种安装运行的电气设备，为了防止其金属外壳意外带电而造成触电事故，这些金属外壳部分必须采取保护性接地或接零措施，以确保人身安全。保护接地就是金属外壳绝缘损坏应采取防护性接地。其作用能使电气设备一旦漏电时，其金属外壳对地电压可降至安全电压，从而保证人身安全，如图 1-1 所示。保护接地的接地电阻不应大于 4 Ω。

图 1-1 电气设备保护接地示意

(2) 电工人员在安装配电设备中，必须把电源引入线装配在该配电设备的总闸刀、总开关或总电源的上桩头，故在拉下单元配电设备总开关时，即可断开以下所有保险及用电设备的电源。不得使闸刀上的电源在安装时倒装。

(3) 电源插座不允许安装得过低和安装在潮湿的地方,安装三眼插座时中间的接地插孔要单独架装保护线,插座电源必须按"左零右火"接通电源。

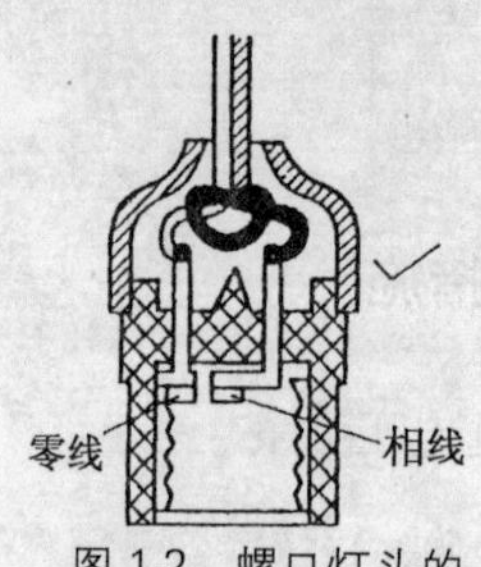

图 1-2 螺口灯头的铜舌头必须接相线

(4) 所有安装的电灯相线,均需进入开关进行控制。螺口灯头的铜舌头必须接相线(见图 1-2 所示)。

(5) 室内布线不允许使用裸体线和绝缘不合格的电线。电源线禁止使用电话线代替。电线截面必须能承受最大负载电流,电线绝缘性应良好。

(6) 电气设备的熔丝(保险丝)要与该设备的额定工作电流相适应,不能配装过大电流的熔丝,更不能用其他金属丝随意代用。闸刀开关的保险丝,要用保护罩保护。30 A 以上的保险丝需装入保险管内,或用石棉板等耐热的绝缘材料隔离,以防止弧光短路发生烧伤事故。

(7) 临时架设的线路(见图 1-3 所示)及移动电气设备的绝缘必须良好,使用完毕要及时拆除。

图 1-3 临时线路的绝缘应良好并有相当的高度

(8) 在施工中,使用电动机械和工具时,应装开关插座,露天使用的开关、闸刀及电表应有防雨措施。

(9) 在施工过程中,电动机械、电气设备的照明因工作需要拆除后,不应留有可能带电的电线。如果电线必须保留,应切断电源,并将裸露的电线端部包上绝缘布带。

(10) 在施工现场中,不允许带电推拉、移动电焊机等电气设备。如工作需要应断电后再移动。

(11) 如发现带电电线断落在水中,绝不可用手去触及带电体,应立即断电,用绝缘工具把带电体移开处理。

(12) 经常对电器设备进行检查,发现电气设备某处烧坏或绝缘电阻很低时,应及时处理。

1.2 生活中安全用电应注意的事项

(1) 不可用铜丝或铁丝代替保险丝(见图 1-4 所示)。由于铜丝或铁丝的熔点比保险丝的熔点高,当发生短路或用电超载时,铜丝、铁丝不能熔断,失去了对电路的保护作用,其后果是很危险的,易发生线路着火事故。

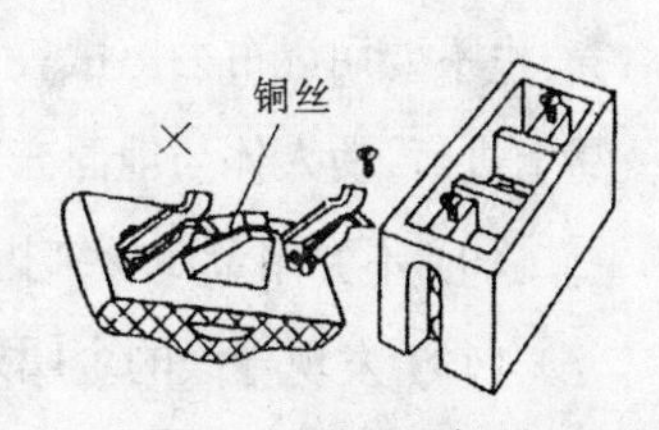

图 1-4 不可用铜丝或铁丝代替保险丝

(2) 电灯线不要过长,灯头离地面不应小于 2 m。灯头固定在一个地方,不要拉来拉去,以免损坏电线或灯头,造成触电事故。电源插座不允许安装得过低和安装在潮湿的地方,插座必须按“左零右火”接通电源。

(3) 应定期对电气线路进行检查和维修,更换绝缘老化的线路,修复绝缘破损处,确保所有绝缘部分完好无损。

(4) 不要移动正处于工作状态的洗衣机、电视机、电冰箱等家用电器,应在切断电源、拔掉插头的条件下搬动。

(5) 使用床头灯时,用灯头上的开关控制用电器有一定的危险,应选用拉线开关或电子遥控开关,这样更为安全。

(6) 发现用电器发声异常,或有焦煳异味等不正常情况时,应立即切断电源,进行检修。

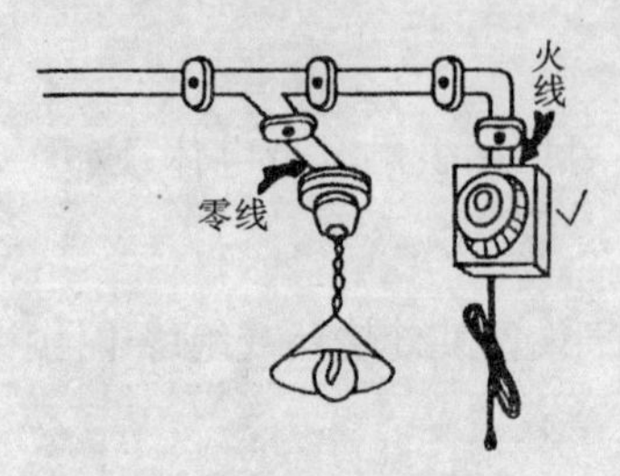

图 1-5　相线必须进开关

(7) 照明等控制开关应接在相线(相线)上(见图 1-5 所示)。严禁使用“一线一地”(即采用一根相线和大地作零线)的方法安装电灯、杀虫灯等,防止有人拔出零线造成触电。

(8) 平时应注意防止导线和电气设备受潮。不要用湿手去摸带电灯头、开关、插座以及其他家用电器的金属外壳,也不要用湿布去擦拭。在更换灯泡时要先切断电源,然后站在干燥木凳上进行,使人体与地面充分绝缘。

(9) 不要用金属丝绑扎电源线。

(10) 发现导线的金属外露时,应及时用带黏性的绝缘黑胶布加以包扎,但不可用医用白胶布代替电工用绝缘黑胶布。

(11) 晒衣服的铁丝不要靠近电线,以防铁丝与电线相碰。更不要在电线上晒衣服、挂东西(见图 1-6)。

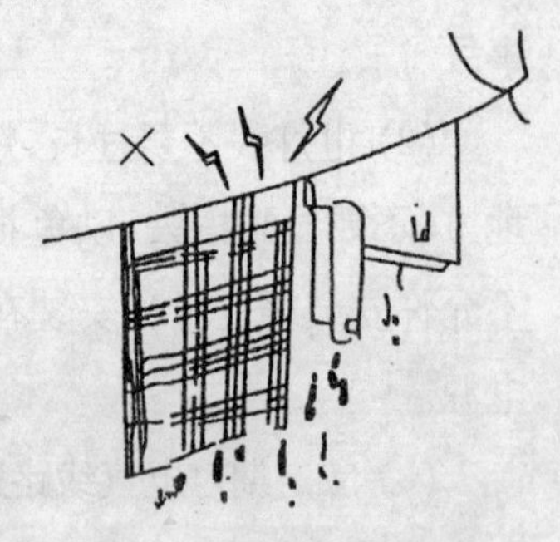
图 1-6　不要在电线上晒衣服

(12) 使用移动式电气设备时,应先检查其绝缘是否良好,在使用过程中应采取增加辅助绝缘的措施,如使用电锤、手电钻时最好戴绝缘手套并站在橡胶垫上进行工作。

(13) 洗衣机、电冰箱等家用电器在安装使用时,必须按要求将其金属外壳做好接零线或接地线的保护措施,以防止电气设备绝缘损坏时外皮带电造成的触电事故。

(14) 在同一个插座上不能插接功率过大的用电器具,也不能同时插接多个用电器具(见图 1-7)。这是因为,如果电路中用电器具的总功率过大,导线中的电流超过导线所允许通过的最大正常工作电流,导线就会发热。此时,如果保险丝又失去了自动熔断的保险作用,就会引起电线燃烧,造成火灾,或发生烧毁用电器具的事故。

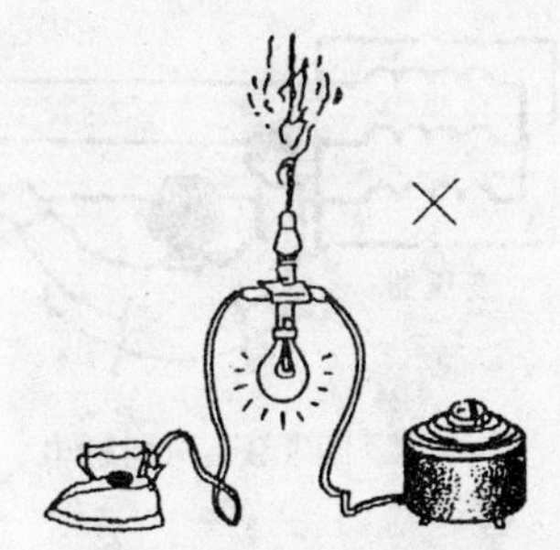

图 1-7 同一个插座上不能插接多个功率过大的用电器具

(15) 在潮湿环境中使用可移动电器,必须采用额定电压为 36 V 的低压电器,若采用额定电压为 220 V 的电器,其电源必须采用隔离变压器。在金属容器(如锅炉、管道)内使用移动电器,一定要用额定电压为 12 V 的低压电器,并要加接临时开关,还要有专人在容器外监护,低电压移动电器应装特殊型号的插头,以防误插入电压较高的插座上。

1.3 触电的几种情况

1. 单相触电

由于电线破损、导线金属部分外露、导线或电气设备受潮等原因使其绝缘部分的性能降低,而导致站在地上的人体直接或间接地与相线接触,则加在人体上的电压约是 220 V 左右,如图 1-8 所示,这时电流就通过人体流入大地而发生单相触电事故。大部分的触电死亡事故就是这种触电形式。

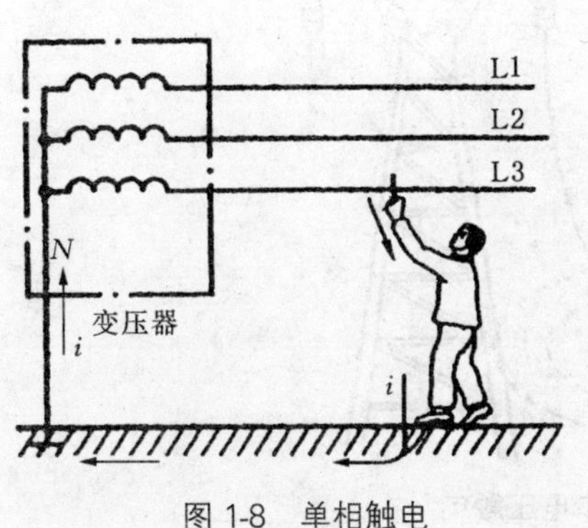

图 1-8 单相触电

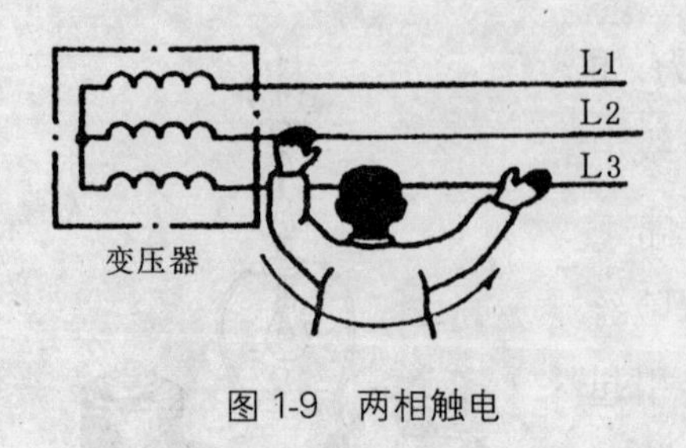

图 1-9　两相触电

2. 两相触电

人体同时接触两根相线或同时接触零线和相线。这时线电压直接加在人体上，电流通过人体，发生两相触电事故。此时人体上的电压比单相触电时高，后果更为严重，如图 1-9 所示。这类事故多发生在带电检修或安装电气设备时。

3. 跨步电压触电

当高压电线断落在地面时，电流就会从电线的着地点向四周扩散，在地面上由于土壤电阻的作用，电流流过土壤电阻会形成不同的电位分布，地面不同两点间会有电位差，这时如果人站在高压电线着地点附近，人的两脚之间就会有电压，并有电流通过人体造成触电。这种触电称为跨步电压触电，如图 1-10 所示。遇到有高压线落地的情况时千万不要跑，以免形成跨步电压，应赶快把双脚并在一起，或赶快用一条腿蹦离落地点 20 m 以外。

图 1-10　跨步电压触电

■ 1.4 触电急救常识

人体触电后，除特别严重当场死亡外，常常会暂时失去知觉，形成假死。如果能使触电者迅速脱离电源并采取正确的救护方法，可以挽救触电者的生命。实验研究和统计结果表明，如果从触电后 1 分钟开始救治，有 90%的可能性可以救活；从触电后 6 分钟开始救治，则仅有 10%的救活可能性；如果触电后 12 分钟开始救治，救活的可能性极小。因此，使触电者迅速脱离电源是触电急救的重要环节。当发生触电事故时，抢救者应保持冷静，争取时间，一边通知医务人员，一边根据伤害程度立即组织现场抢救。切断电源要根据具体情况和条件采取不同的方法，如急救者离开关或插座较近，应迅速拉下开关或拔掉插头，以切断电源，如图 1-11a 所示；如距离较远，应使用干燥的木棒、竹竿等绝缘物将电源移掉，如图 1-11b 所示；如附近没有开关、插座等，则可用带绝缘手柄的钢丝钳从有支撑物的一端剪断电线，如图 1-11c 所示；如果身边什么工具都没有，可以用干衣服或者干围巾等厚厚地包裹起来，使自己一只手严密绝缘，拉触电者的衣服，附近有干燥木板时，最好站在木板上拉，使触电人脱离电源，如图 1-11d 所示。总之，要迅速用现场可以利用的绝缘物，使触电者脱离电源，并要防止救护者触电。

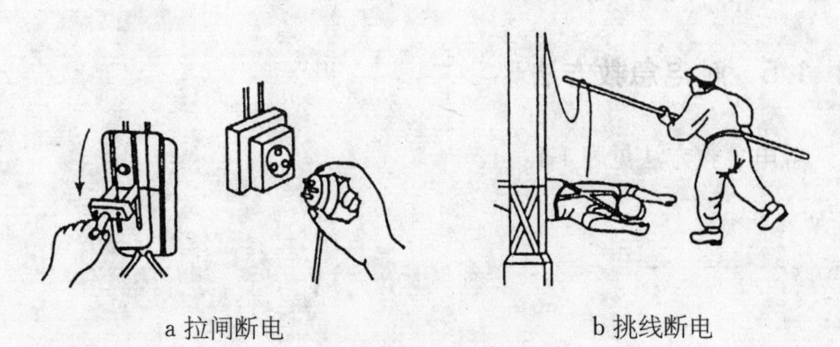

a 拉闸断电　　　　b 挑线断电

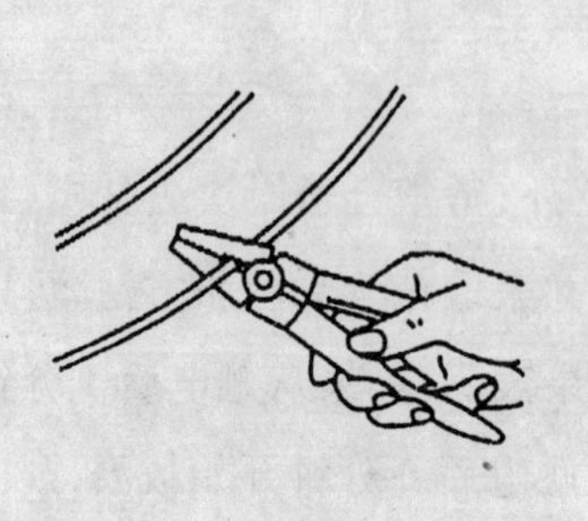

c 断线断电　　　　d 拉离断电

图 1-11　使触电者脱离电源的方法

当触电者脱离电源后，应立即将其移至附近通风干燥的地方，松开其衣裤，使其仰天平躺，并检查其瞳孔、呼吸、心跳与知觉情况，初步了解其受伤害程度。

轻微受伤者一般不会有生命危险，应给予关心、安慰；对触电后精神失常者，应使其保持安静，防止其狂奔或伤人；对失去知觉，呼吸不齐、微弱或完全停止，但还有心跳者，应采用“口对口人工呼吸法”进行抢救；对有呼吸，但心跳不规则、微弱或完全停止者，应采用“胸外心脏挤压法”进行抢救；对呼吸与心跳均完全停止者，应同时采用“口对口人工呼吸法”和“胸外心脏挤压法”进行抢救。抢救者不要紧张、害羞，方法要正确，力度要适中，争分夺秒，耐心细致。

1.5　触电急救方法

触电急救方法见表 1-1。

表 1-1 触电急救方法

急救方法	适用情况	图示	实施方法
口对口人工呼吸法	触电者有心跳而呼吸停止		将触电者仰卧，解开衣领和裤带，然后将触电者头偏向一侧，张开其嘴，用手指清除口腔中的假牙、血等异物，使呼吸道畅通。
		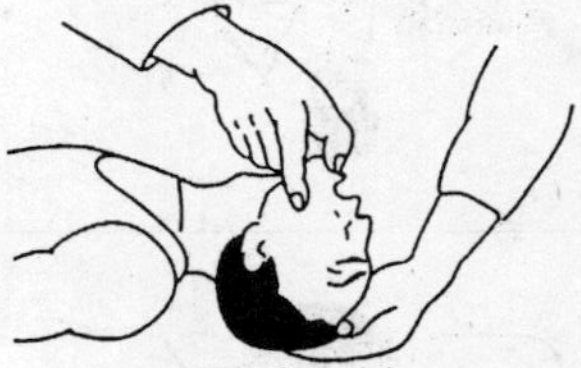	抢救者在病人的一边，使触电者的鼻孔朝天，头后仰。
		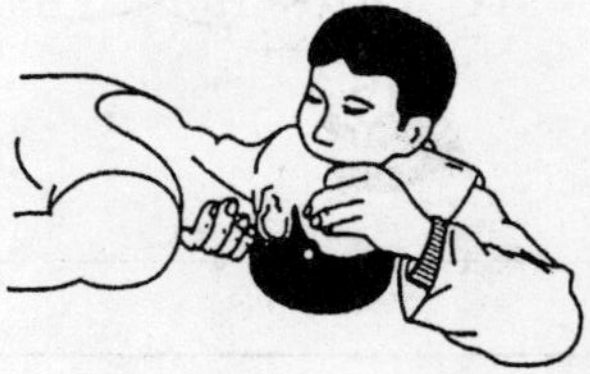	救护人一手捏紧触电者的鼻孔，另一手托在触电者颈后，将颈部上抬，深深吸一口气，用嘴紧贴触电者的嘴，大口吹气。同时观察触电者胸部的膨胀情况，以略有起伏为宜。胸部起伏过大，表示吹气太多，容易把肺泡吹破。胸部无起伏，表示吹气用力过小起不到应有作用。

（续表）

急救方法	适用情况	图　示	实施方法
口对口人工呼吸法	触电者有心跳而呼吸停止		救护人吹气完毕准备换气时，应立即离开触电人的嘴，并放开鼻孔，让触电人自动向外呼气，每 5 秒钟吹气一次，坚持连续进行，不可间断，直到触电者苏醒为止。
胸外心脏挤压法	触电者有呼吸而心脏停跳	跨跪腰间	将触电者仰卧在硬板或地上，颈部枕垫软物使头部稍后仰，松开衣服和裤带，急救者跪在触电者腰部。
		中指抵颈凹膛	急救者将右手掌根部按于触电者胸骨下二分之一处，中指指尖对准其颈部凹陷的下缘，右手掌放在胸口，左手掌叠压在右手背上。

（续表）

急救方法	适用情况	图示	实施方法
胸外心脏挤压法	触电者有呼吸而心脏停跳	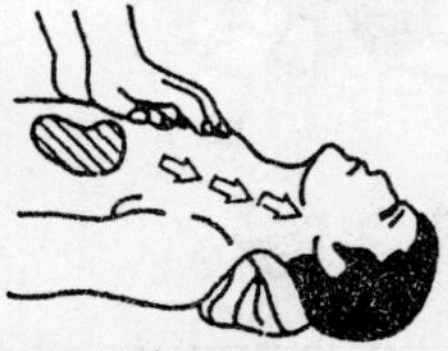 向下挤压 3～4cm	选好正确的压点以后，救护人肘关节伸直，适当用力带有冲击性地压触电者的胸骨（压胸骨时，要对准脊椎骨，从上向下用力）。对成年人可压下 3～4 cm（1～1.2寸），对儿童只用一只手，用力要小，压下深度要适当浅些。
		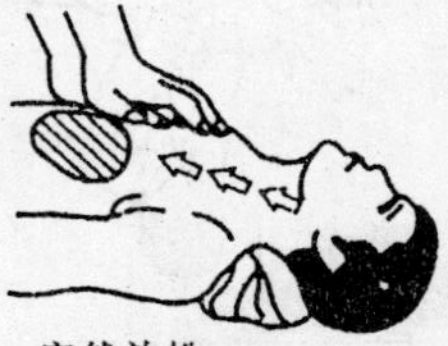 突然放松	挤压到一定程度，掌根迅速放松（但不要离开胸膛），使触电人的胸骨复位，挤压与放松的动作要有节奏，每秒钟进行一次，必须坚持连续进行，不可中断，直到触电者苏醒为止。

（续表）

急救方法	适用情况	图　示	实施方法
口对口人工呼吸法和胸外心脏挤压法并用	触电者呼吸和心跳都已停止	单人操作	一人急救：两种方法应交替进行，即吹气2～3次，再挤压心脏10～15次，且速度都应快些。
		双人操作	两人急救：每5秒钟吹气一次，每秒钟挤压一次，两人同时进行。

1.6 家庭中火灾逃生

当发生火灾时，最重要的是保持冷静，沉着应对，争取时间，一般应注意以下几点：

(1) 火势不大，要当机立断披上浸湿的衣服或裹上湿毛毯、湿被褥勇敢地冲出去。但千万别披塑料雨衣。

(2) 不要留恋财物，尽快逃出现场；千万记住，已经逃出火场，决不要再往回跑。

(3) 躲避烟火不要往阁楼、床底、衣橱内钻。

(4) 浓烟中避难逃生，要尽量放低身体，并用湿毛巾捂住嘴鼻。

(5) 身上衣服着火，要就地打滚，压灭身上火苗，千万不要奔跑。

(6) 生命受到威胁时，楼上居民不要盲目往下跳，可用绳子或把床单撕成条状连接起来，紧拴在门窗档或重物上，顺绳、布条慢慢滑下。

(7) 若逃生之路被火封锁，立即退回室内，关闭门窗、堵住缝隙，有条件的向门窗上浇水。充分利用房屋的天窗、阳台、水管或竹竿等逃生。

(8) 楼上居民被火围困，可向室外扔抛沙发垫、枕头等软物或其他小物品，敲击响器，夜间则可打手电，作为求救信号。

1.7 防雷保护常识

1. 雷电的种类

(1) 直接雷击。直接雷击又称直击雷。直接雷击的强大雷电流通过物体入地在一刹那间产生大量的热能，可能使物体燃烧而引起火灾，如图 1-12a所示。

当雷电流经地面(或接地体)流散入周围土壤时，在它的周围形成电压降落，如果有人站在该处附近，将由于跨步电压而伤害人体。

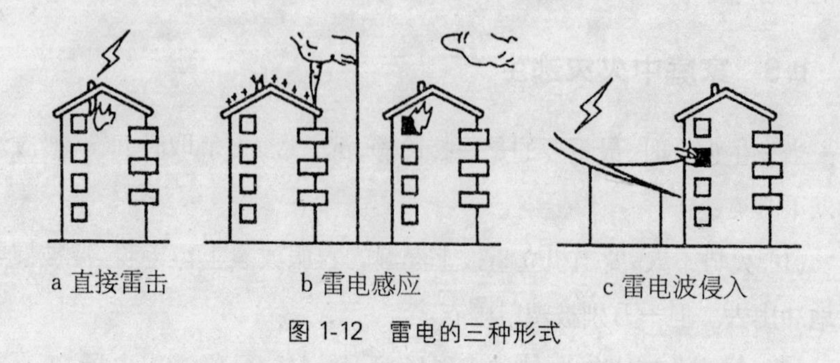

图 1-12 雷电的三种形式

（2）雷电感应。雷电感应又称感应雷，分为静电感应和电磁感应两种。静电感应是当建筑物金属屋顶或其他导体的上空有雷云时，这些导体上就会感应出与雷云所带电荷极性相反的异性电荷。当雷云放电后，放电通道中电荷迅速中和，但聚集在导体的电荷却来不及立刻流散，其残留的电荷形成很高的对地电位。这种"静电感应电压"可能引起火花放电，造成火灾或爆炸，如图 1-12b 所示。

电磁感应是发生雷击后，雷电流在周围空间迅速形成强大而变化的磁场，处在这一电磁场中导体会感应出较大的电动势和感应电流。若导体回路有开口处，就可能引起火花放电。若回路中有些导体接触不良，也就可能产生局部发热。这对于存放易燃或易爆物品的建筑物是十分危险的。

（3）雷电波侵入。雷电波侵入又称高电位引入。由于架空线路或金属管道遭受直接雷击，或者由于雷云在附近放电使导体上产生感应雷电波，其冲击电压引入建筑物内，可能发生人身触电、损坏设备或引起火灾等事故，如图 1-12c 所示。

2. 防雷措施

对于不同的建筑物，按其防雷的要求，采用不同的措施，以保护建筑物不受雷击或减轻雷电的危害。在电气安装工程中，建筑物常用的防雷措施有下列几种：

(1) 防止直接雷击的措施。防止直击雷的主要措施是设法引导雷击时的雷电流按预先安排好的通道泄入大地，从而避免雷云向被保护的建筑物放电。避雷，实际上是引雷，一般采用避雷针、避雷带和避雷网作为避雷接闪器。再由接闪器、引下线和接地装置组成防止直击雷的防雷装置。

接闪器是直接用来接受雷击的部分，包括避雷针、避雷带、避雷网以及用做接闪器的金属屋面和金属构件等。引下线又称引流器，把雷电流引向接地装置，是连接接闪器与接地装置的金属导体。接地装置是引导雷电流安全地泄入大地的导体，是接地体和接地线的总称。接地体是埋入土壤中或混凝土基础中作为散流用的导体；接地线是从引下线的断接卡或接线处至接地体的连接导体。

在低压电气设备中经常用到避雷器，避雷器种类很多，常用的有阀型避雷器、火花间隙避雷器等。阀型避雷器，主要由火花间隙与阀片串联组成，在没有雷电侵入低压电路时，它可阻止线路电流流入大地，一旦发生过电压，火花间隙即可放电，将过电压限制在一定幅值之下，达到防雷避雷的目的，它的外形如图 1-13a 所示。图 1-13b 所示是一种锯齿形火花间隙避雷器。使用避雷器应注意以下几个问题：

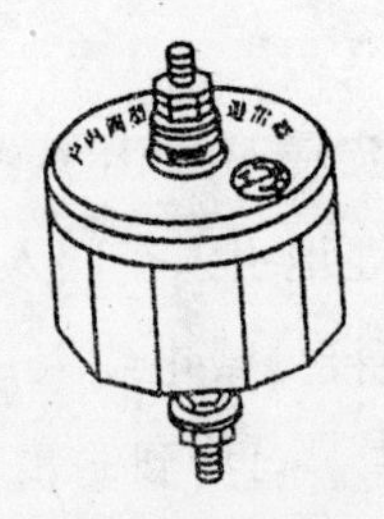

a 户内阀形避雷器

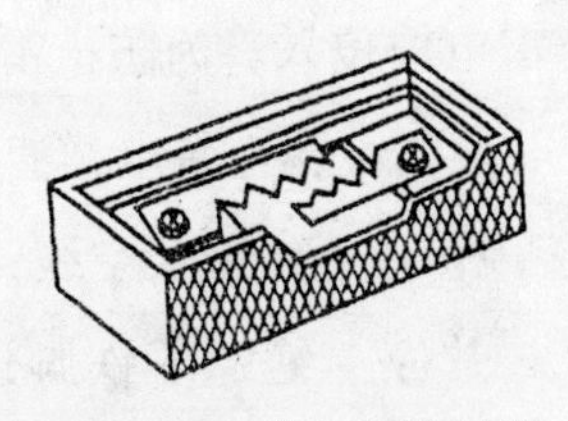

b 锯齿形火花间隙避雷器

图 1-13 避雷器

① 避雷器应安装在低压进线处，每只避雷器的上桩头分别与其进线端连接，下桩头互相连接并接地，如图 1-14 所示。

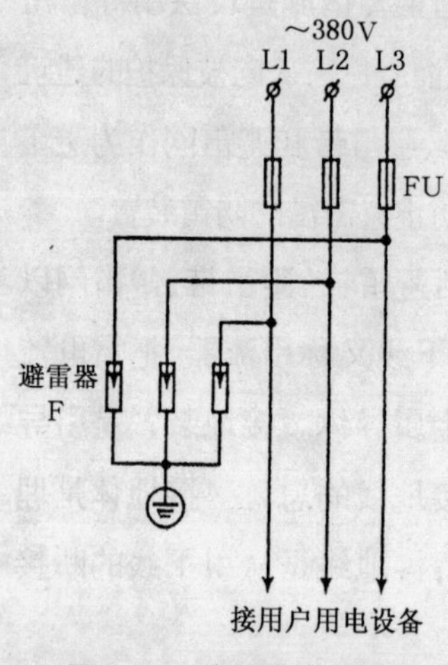

图 1-14　避雷器接线线路

② 在雷雨季节需经常检查避雷器外部有无火花闪络及烧伤痕迹，外壳有无裂纹等现象，如发现有此现象，应更换新的避雷器。

③ 避雷接地线在雷雨季节到来之前要进行测试，接地电阻应小于 4 Ω。

④ 雷雨季节过后，应将避雷器退出运行。

(2) 防止雷电感应的措施。为防止感应雷产生火花，建筑物内的设备、管道、构架、电缆外皮、钢屋架、钢窗等较大的金属构件，以及突出屋面的放散管、风管等均应通过接地装置与大地作可靠的连接。钢筋混凝土屋面其钢筋宜绑扎或焊成电气闭合回路，并予以接地。平行敷设的管道、构架和电缆外皮等金属物，其净距小于 100 mm 时，应每隔 20～30 m 用金属线跨接；金属管道及其连接部件等应保持良好的接触。

(3) 防止雷电波侵入。为防止雷电波侵入，低压线路宜全线或不小于 50 m 的一段用金属铠装电缆直接埋地引入车间入户端，并将电缆金属外皮接地。在电缆与架空线路连接处或电缆入户端应装避雷器或保护间隙，并应与绝缘子铁脚连在一起接到防雷接地装置上。一般建筑物的架空线在入户处，常只要求将绝缘子铁脚接到防雷及电气设备的接地装置上。进入建筑物的埋地或架空的金属管道也应接地。

3. 雷雨时的人身防护

雷击经常发生在水位高和特别潮湿的地点,铁路集中的枢纽和高压架空线路的转角处易于落雷,天线、旗杆、屋顶金属栏杆和铁扶梯及大树也容易接雷。遇到雷雨时应注意:

(1) 在室内,关好门窗,避免过堂风,以防球状闪电进入室内。

(2) 把收音机、录音机、电视机等电源关掉,室外天线要接地,少打电话。

(3) 远离梁柱、金属管道、窗户和电灯线、电话线、广播线、天线一类的电线。

(4) 在户外遇雷雨,一是人体位置要尽量降低,避免突出;二是两脚要尽量靠拢,最好选择干燥处蹲下,以减小暴露面积和触地电位差。

(5) 不要站在山顶、山脊等高处和躺在地上。

(6) 不要靠近孤立的高楼、烟囱、旗杆、电杆。

(7) 避免在大树下、草堆旁躲雨。

(8) 远离水面、稻田、游泳池、河、湖。

(9) 锄头、铁锹等不要扛得高高的。

(10) 不要骑牛、马。骑车在空野时应把车子放倒,人远离车子,找个较低的地方蹲下。

(11) 人多时,应尽量分散开。遇球雷时,不要跑动,以免球雷顺气流滚来。

(12) 远离有金属顶盖或金属车身的汽车,封闭的金属船只等。

1.8 防雷装置

防雷装置方法见表 1-2。

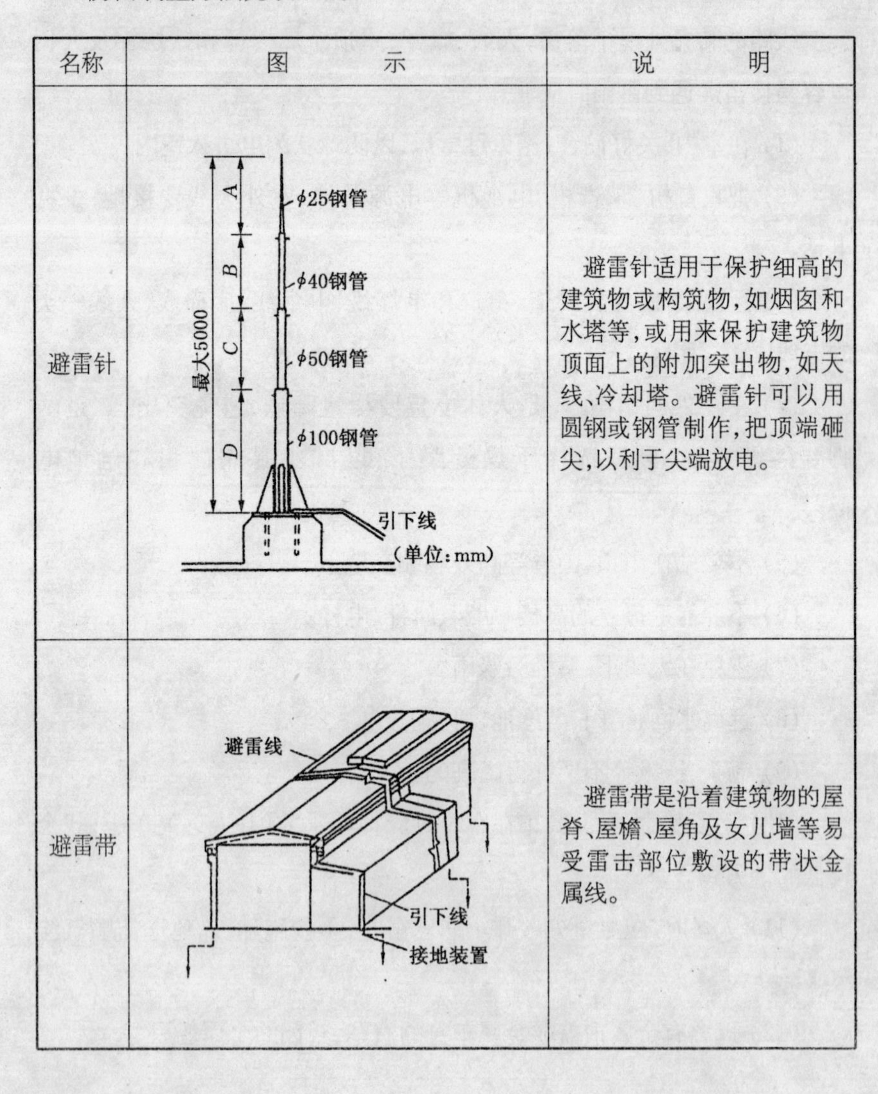

名称	图示	说明
避雷针		避雷针适用于保护细高的建筑物或构筑物,如烟囱和水塔等,或用来保护建筑物顶面上的附加突出物,如天线、冷却塔。避雷针可以用圆钢或钢管制作,把顶端砸尖,以利于尖端放电。
避雷带		避雷带是沿着建筑物的屋脊、屋檐、屋角及女儿墙等易受雷击部位敷设的带状金属线。

(续表)

名称	图示	说明
避雷网	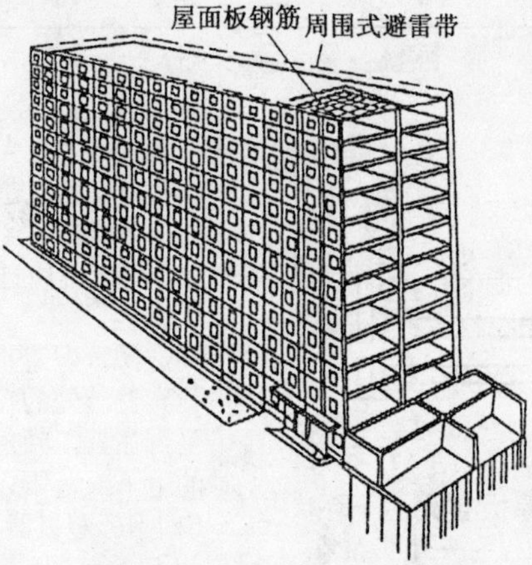	避雷网是由避雷带在较重要的建筑物或面积较大的屋面上,纵横敷设组合成矩形平面网格,或以建筑物外形构成一个整体较密的金属大网笼,实行较全面的保护。
阀型避雷器	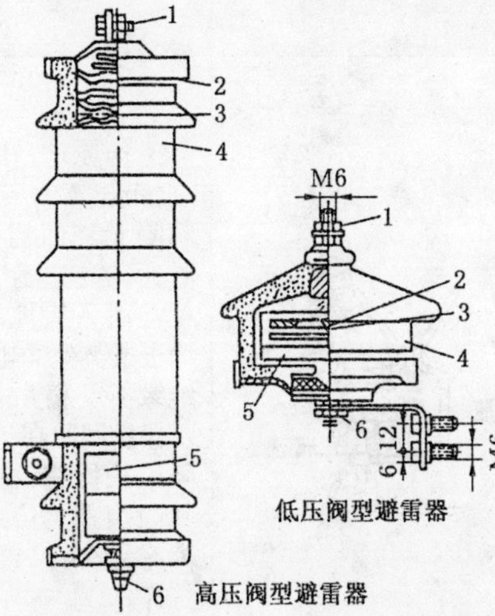 高压阀型避雷器 低压阀型避雷器 1—接线端 2—压紧弹簧 3—间隙 4—瓷套 5—阀片 6—接地端	工作原理:当线路正常运行时,避雷器的火花间隙将线路与地隔开,当线路出现危险的过电压时,火花间隙即被击穿,雷电流通过阀片电阻泄入大地,从而起到了保护电气设备的目的。 在中性点非直接接地的电力系统中,阀型避雷器的额定电压不应低于设备的最高运行线电压。保护旋转电机中性点绝缘的阀型避雷器的额定电压不能低于该电机运行时的最高相电压。

（续表）

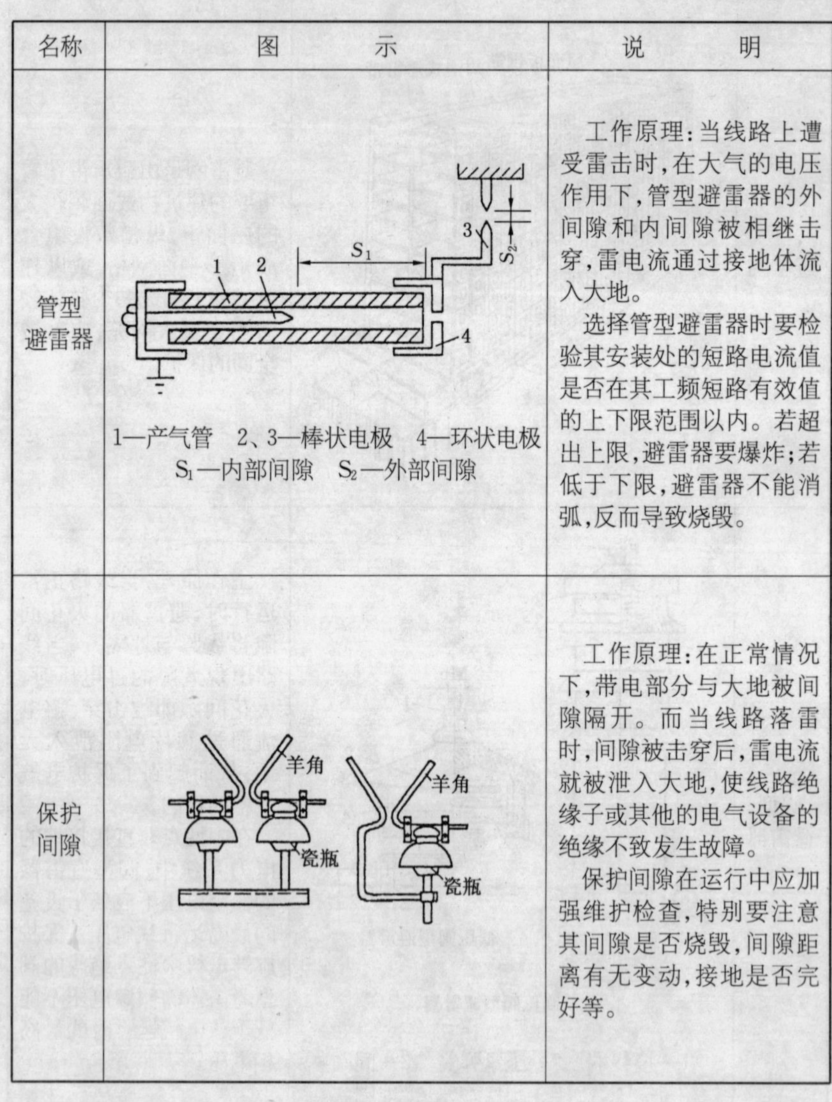

名称	图　示	说　明
管型避雷器	1—产气管　2、3—棒状电极　4—环状电极 S_1—内部间隙　S_2—外部间隙	工作原理：当线路上遭受雷击时，在大气的电压作用下，管型避雷器的外间隙和内间隙被相继击穿，雷电流通过接地体流入大地。 选择管型避雷器时要检验其安装处的短路电流值是否在其工频短路有效值的上下限范围以内。若超出上限，避雷器要爆炸；若低于下限，避雷器不能消弧，反而导致烧毁。
保护间隙		工作原理：在正常情况下，带电部分与大地被间隙隔开。而当线路落雷时，间隙被击穿后，雷电流就被泄入大地，使线路绝缘子或其他的电气设备的绝缘不致发生故障。 保护间隙在运行中应加强维护检查，特别要注意其间隙是否烧毁，间隙距离有无变动，接地是否完好等。

1.9 防雷装置的安装

防雷装置的安装方法见表 1-3。

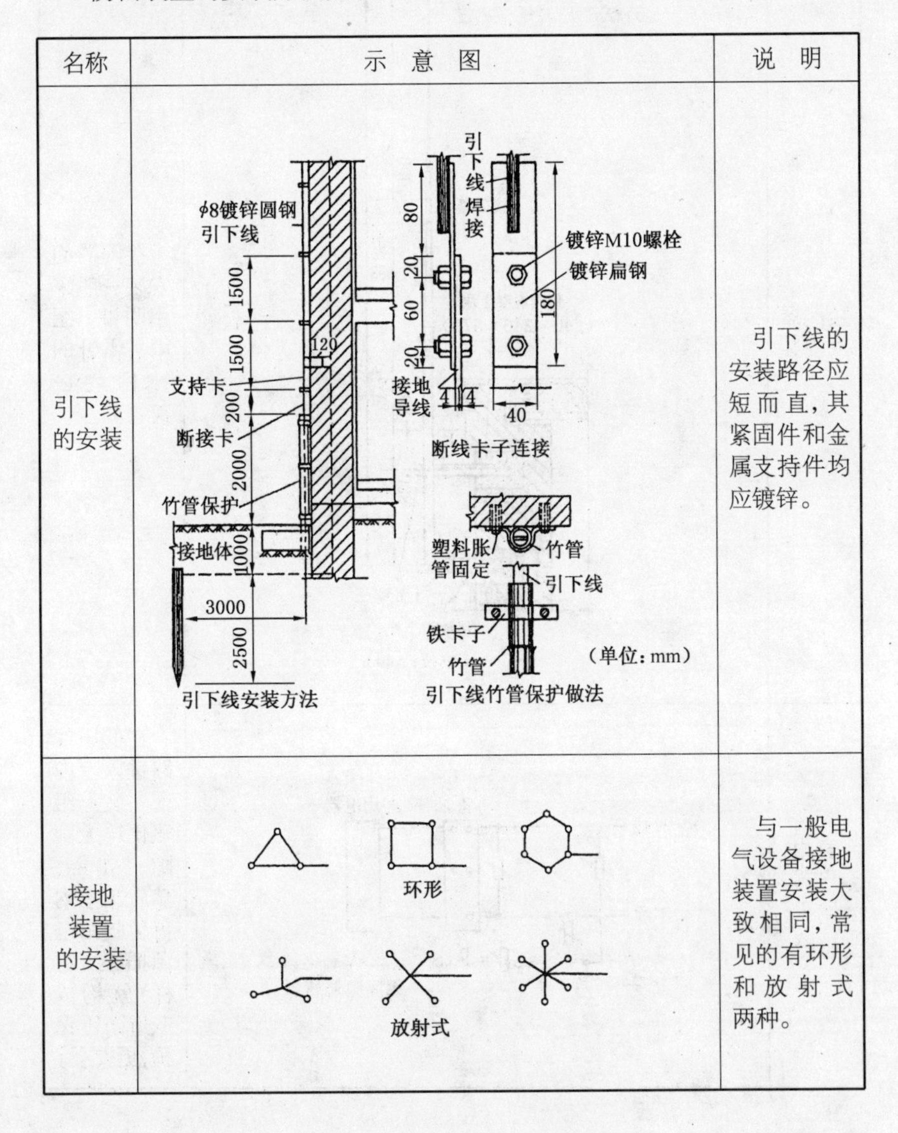

名称	示意图	说明
引下线的安装	引下线安装方法；引下线竹管保护做法	引下线的安装路径应短而直，其紧固件和金属支持件均应镀锌。
接地装置的安装	环形；放射式	与一般电气设备接地装置安装大致相同，常见的有环形和放射式两种。

（续表）

名称	示 意 图	说 明
接闪器的安装	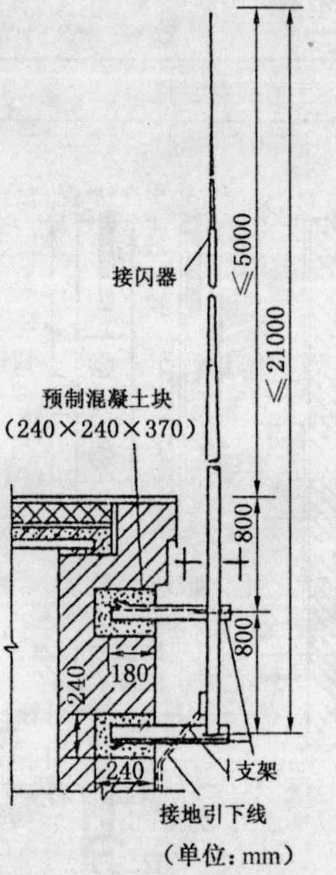 接闪器 ≤5000 ≤21000 预制混凝土块 （240×240×370） 800 800 180 240 240 支架 接地引下线 （单位：mm）	接闪器的安装一般采用明设。图中避雷针的针体均应镀锌。
家用电器防雷电路	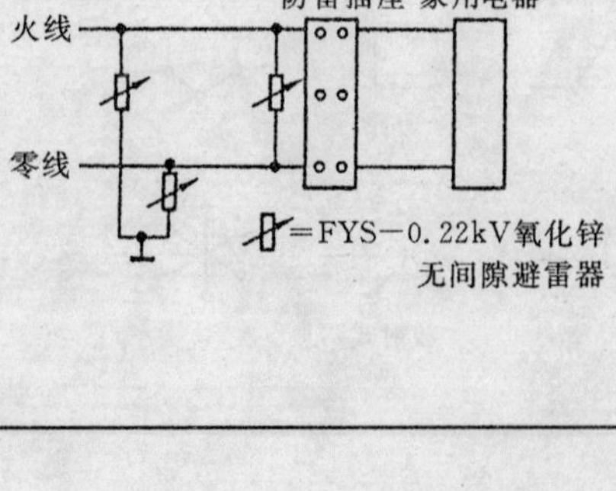 防雷插座 家用电器 火线 零线 =FYS－0.22kV氧化锌无间隙避雷器	在低压线路进入室内前安装一组氧化锌无间隙避雷器，然后在室内再装防雷电源插座。这样，就构成三道防雷保护，更安全。

（续表）

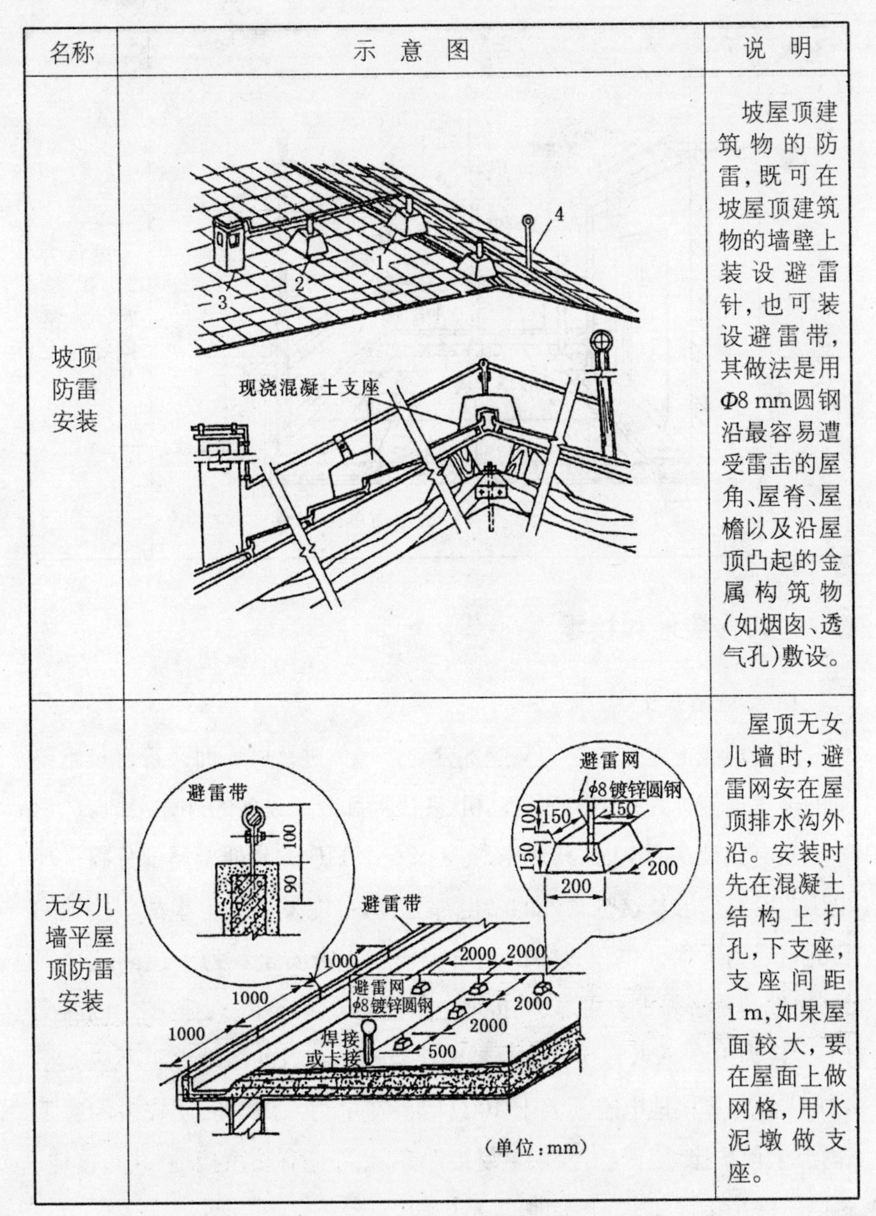

名称	示 意 图	说 明
坡顶防雷安装		坡屋顶建筑物的防雷，既可在坡屋顶建筑物的墙壁上装设避雷针，也可装设避雷带，其做法是用Φ8 mm圆钢沿最容易遭受雷击的屋角、屋脊、屋檐以及沿屋顶凸起的金属构筑物（如烟囱、透气孔）敷设。
无女儿墙平屋顶防雷安装	（单位：mm）	屋顶无女儿墙时，避雷网安在屋顶排水沟外沿。安装时先在混凝土结构上打孔，下支座，支座间距1 m，如果屋面较大，要在屋面上做网格，用水泥墩做支座。

（续表）

名称	示意图	说明
有女儿墙平屋顶防雷安装	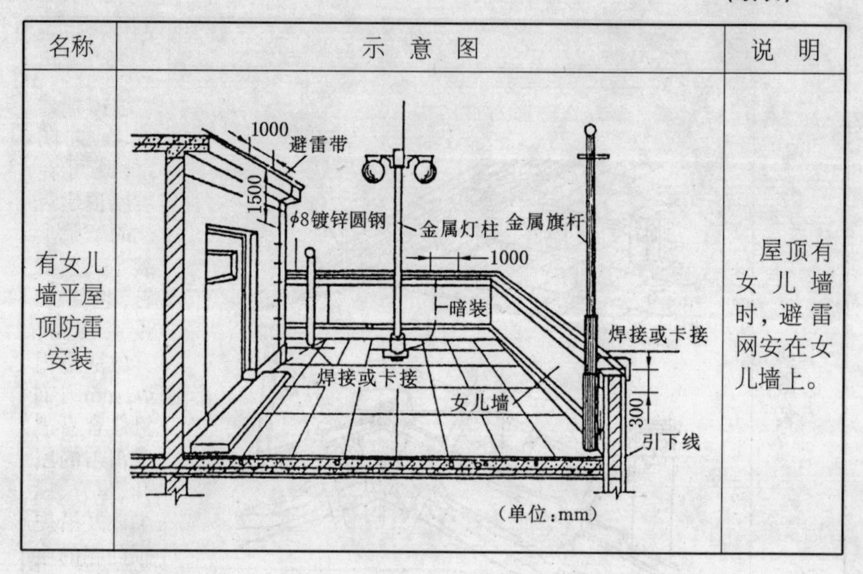	屋顶有女儿墙时，避雷网安在女儿墙上。

1.10 接地和接零

1. 接地的意义

用接地线把电气设备的某些部分与接地体进行可靠而又符合技术要求的电气连接称为接地。如电动机、变压器和开关设备的外壳接地。

当电气设备漏电时，其外壳、支架及与之相连的其他金属部分将呈现电压。若有人触及这些意外的带电部分，就可能发生触电事故。接地的目的就是为了保证电气设备的正常工作和人身安全。为了达到这个目的，接地装置必须十分可靠，其接地电阻也必须保证在一定范围之内。例如，容量为 100 kVA 以上的变压器中性点接地装置的接地电阻不应大于 4 Ω，零线重复接地电阻不大于 10 Ω 等。在电力系统中应用较多的有工作接地、保护接地、保护接零、重复接地等，此外还有防雷接地、共同接地、过电压保护接地、防静电接地、屏蔽接地等。

2. 工作接地

为了保证电气设备的安全运行，将电力系统中的某些点接地，叫工作接地。如电力变压器和互感器的中性点接地等，都属于工作接地。如图 1-15 所示，电力变压器的三相绕组星形连接的公共点是中性点，从中性点引出的零线(中性线)有作单相电线和电气设备安全保护的双重作用。在三相四线制低压电力系统中，采用工作接地的优点很多。例如，将变压器低压侧中性点接地，可避免当电力变压器高压侧线圈绝缘损坏而使低压侧对地电压升高，从而保证人身和设备的安全。同时，在三相负荷不平衡时能防止中性点位移，从而避免三相电压不平衡。此外，还可采用接零保护，在三相负荷不平衡时切断电源，避免其他两相对地电压升高。

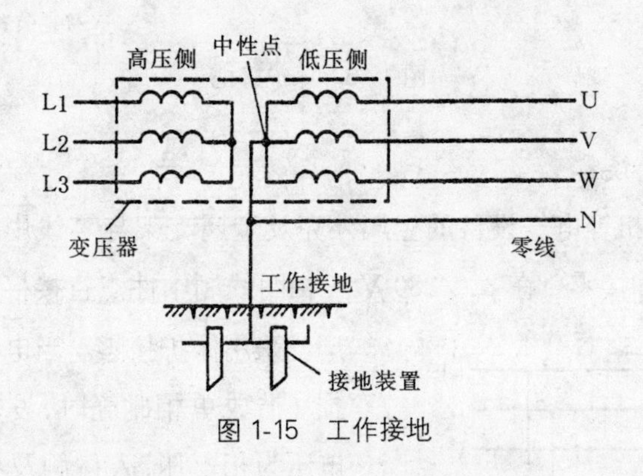

图 1-15 工作接地

3. 保护接地

将电动机、变压器等电气设备的金属外壳及与外壳相连的金属构架，通过接地装置与大地连接起来，称为保护接地，如图 1-16 所示。保护接地适用于中性点不接地的低压电网。保护接地可有效防止发生触电事故，保障人身安全。当电气设备绝缘损坏，相线碰壳时，设备外壳带电，人体触及就有触电的危险。如果电气设备外壳有了保护接地,电流同时流经接地体和人体。在并联电路中,电流与电阻大小成反比,接地电阻越小,通过的电流越大,流经人体的电流就越小。通常接地电阻都小于 4 Ω,而人体电阻一般在 1 000 Ω 以上,比接地电阻大得多,所以流经人体的电流很小,不致有触电危险。

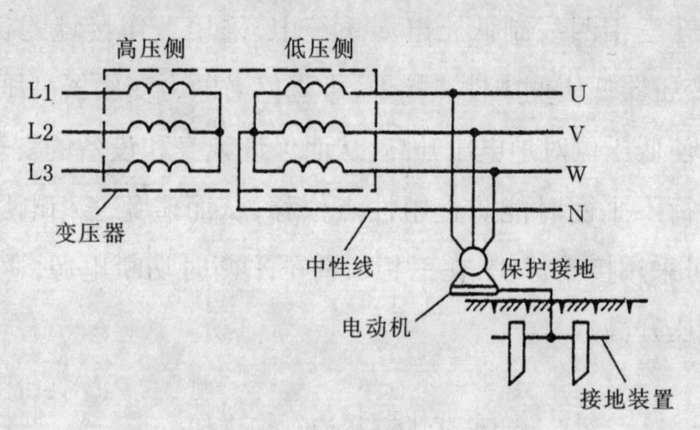

图 1-16 保护接地

4. 保护接零

将电动机等电气设备的金属外壳及金属支架与零线用导线连接起来,称为保护接零。在 220/380 V 三相四线制中性点直接接地的电网中广泛采用保护接零。当电气设备绝缘损坏造成单相碰壳时,设备外壳对地电压为相电压,人体触及将发生严重的触电事故。采用保护接零后,碰壳相电流经零线形成单相闭合回路,如图 1-17 所示。由于零线电阻较小,短路电流较大,使熔丝熔断或断路器等短路保护装置在短时间内动作,切断

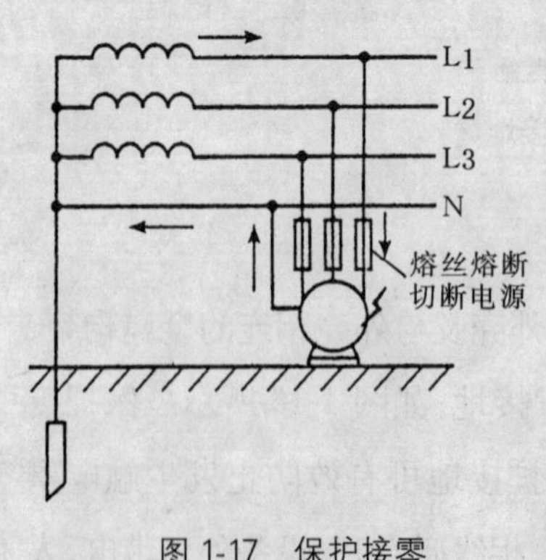

图 1-17 保护接零

故障设备的电源,从而避免了触电。

必须注意的是,保护接零和保护接地的保护原理是不同的。保护接地是限制漏电设备外壳对地电压,使其不超过允许的安全范围;而保护接零是通过零线使漏电电流形成单相短路,引起保护装置动作,从而切断故障设备的电源。注意,在同一台变压器供电的系统中,保护接零和保护接地不能混用,不允许一部分设备采用保护接零,而另一部分设备采用保护接地。因为当采取保护接地的设备中一相与外壳接触时,会使电源中性线出现对地电压,使接零的设备产生对地电压,造成更多的触电机会。

5. 重复接地

在三相四线制保护接零电网中,除了变压器中性点的工作接地之外,在零线上一点或多点与接地装置连接,称为重复接地,如图 1-18 所示。对于 1 kV 以下的接零系统,重复接地的接地电阻应不大于 10 Ω。重复接地的作用主要有:

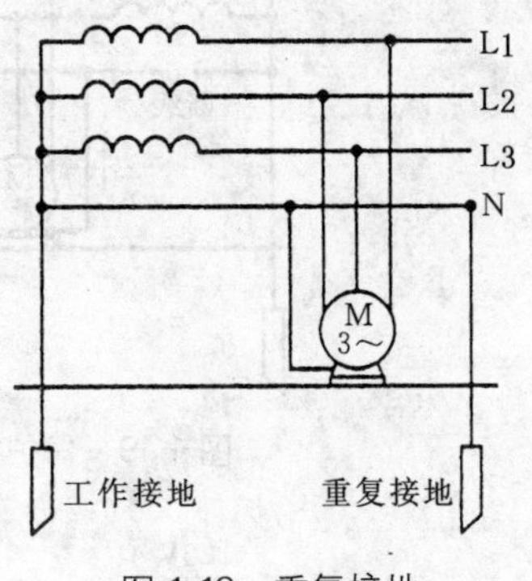

图 1-18 重复接地

(1) 在电气设备相线碰壳短路接地时,能降低零线的对地电压,缩短保护装置的动作时间。在没有重复接地的保护接零系统中,当电气设备单相碰壳时,在短路到保护装置动作切断电源的这段时间里,零线和设备外壳是带电的,如果保护装置因某种原因未动作不能切断电源时,零线和设备外壳将长期带电。有了重复接地,重复接地电阻与工作接地电阻便成并联电路,线路阻值减小,可降低零线的对地电压,加大短路电流,使保护装置更快动作,而且重复接地点越多,对降低零线对地电压越有效,对人体也越安全。

(2) 当零线断线时,能降低触电危险和避免烧毁单相用电设备。如

图1-19所示，在没有重复接地时，如果零线断线，且断线点后面的电气设备单相碰壳，那么断线点后零线及所有接零设备的外壳都存在接近相电压的对地电压，可能烧毁用电设备。而且此时接地电流较小，不足以使保护装置动作而切断电源，很容易危及人身安全。在有重复接地的保护接零系统(见图1-20)中，当发生零线断线时，断线点后的零线及所有接零设备外壳对地电压要低得多，所以断线点后的重复接地越多，总的接地电阻越小，短路电流就越大，这样就能使保护装置动作而切断电源。

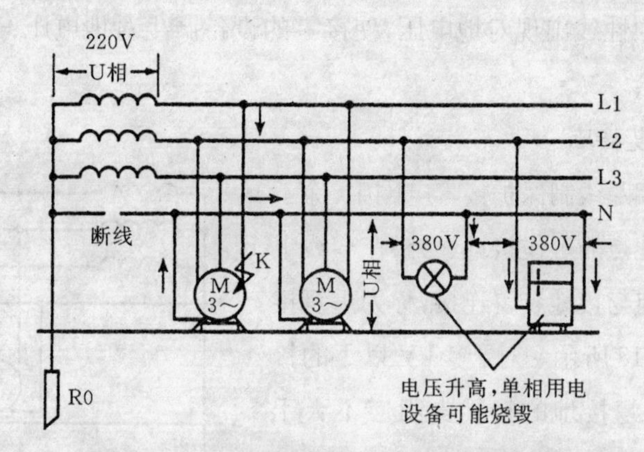

图1-19 保护接零系统无重复接地的危险情况

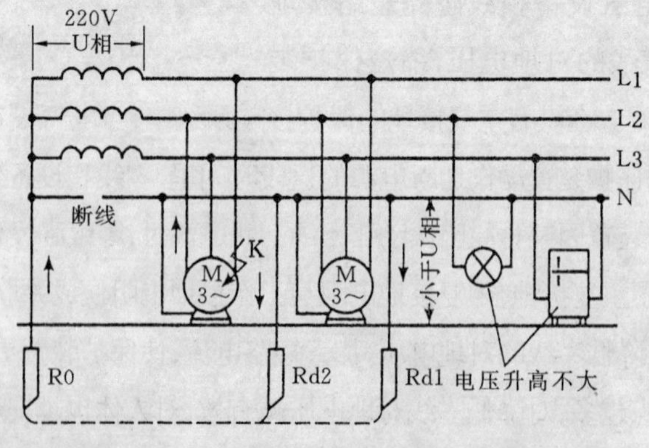

图1-20 有重复接地零线断路时的情况

1.11 接地体的安装

1. 接地体的分类

接地体可分为自然接地体和人工接地体两种。埋置在地下的金属水管、具有金属外皮的电缆,建筑物钢筋混凝土基础、金属构架等都可作为自然接地体。人工接地体一般用镀锌钢管或角钢、圆钢等制成。电气设备的接地应尽量利用自然接地体,以节省接地安装费用。人工接地体的安装有垂直埋设和水平埋设两种。

2. 人工接地体的垂直安装

(1) 接地体的制作　进行垂直安装的接地体通常用角钢或钢管制成。其规格如下:角钢的厚度应不小于 4 mm;钢管管壁厚度应不小于 3.5 mm;圆钢直径应不小于 8 mm;扁钢厚度应不小于 4 mm,其截面积应不小于 48 mm²。材料不应有严重锈蚀,弯曲的材料必须矫直后方可使用。长度一般在 2 m～3 m 之间,但不能小于 2 m。垂直接地体的下端要加工成尖形。用角钢制作时,尖点应在角钢的钢脊上,且两个斜边要对称,如图 1-21a 所示。用钢管制作的接地体,要单边斜向切削以保持一个尖点,如图 1-21b 所示。凡用螺钉连接的接地体,应先钻好螺钉孔。

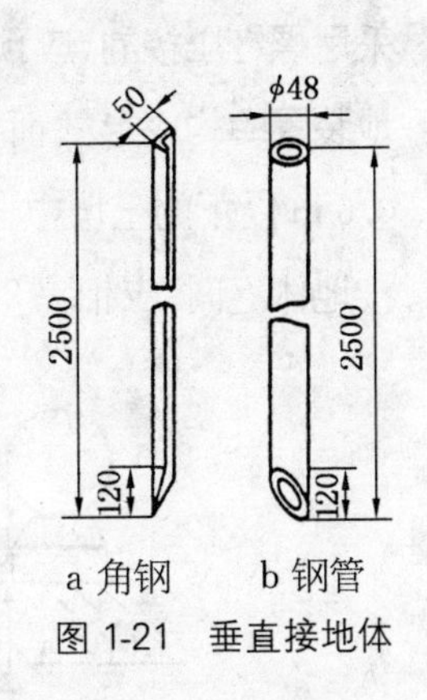

图 1-21　垂直接地体

(2) 接地体的安装　采用打桩法将接地体打入地下,接地体应与地面保持垂直,不可倾斜,打入地面的有效深度应不小于 2 m。多极接地或接地网络中的接地体与接地体之间在地下应保持 2.5 m 以上的直线距离。锤子敲击角钢的落点应在其端面的角脊处,以保证角钢垂直打入,如图 1-22a 所示。锤子敲击钢管的落点应与钢管尖端位置相对应,使锤击

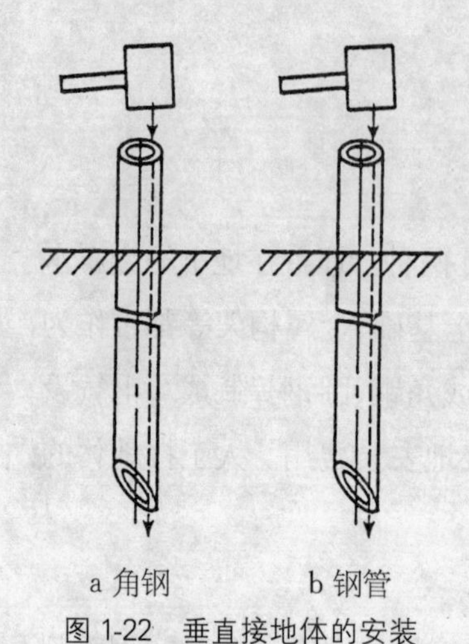

图 1-22　垂直接地体的安装

力集中在尖端位置，如图 1-22b 所示，否则钢管容易倾斜，使接地体与土壤之间产生缝隙，增大接触电阻。

接地体打入地面后，应将其周围填土夯实，以减小接触电阻。若接地体与接地体连接干线在地下连接，应先将其电焊焊接后，再填土夯实。

3. 人工接地体的水平安装

与地面水平安装的接地体应用得较少，一般只用于土层浅薄的地方。接地体通常用扁钢或圆钢制成，一端应弯成直角向上，便于供接地线连接。如果采用螺钉压接的，应预先钻好螺钉通孔。接地体的长度，随安装条件和接地装置的构成形式而定。安装时，采用挖沟填埋，接地体应埋入离地面 0.6 m 以下的土壤中，如图 1-23 所示。如果是多极接地或接地网，每两根接地体之间，应相隔 2.5 m 以上的直线距离。

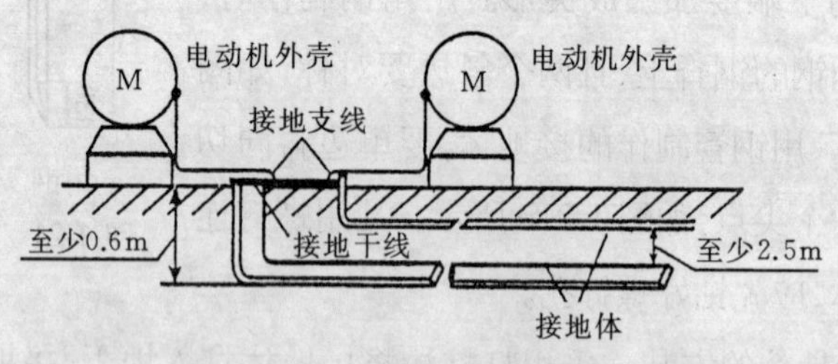

图 1-23　水平安装的接地体

安装时，应尽量选择土层较厚的地方埋设接地体，沟要挖得平直，深浅和宽度应一致。填土时，接地体周围与土壤之间应随时夯实，使之密切结合，沟内不可堆填砂砾砖瓦等杂物。

4. 减小接地电阻的措施

接地电阻主要取决于接地体与土壤接触面的电阻及土壤电阻。在土壤电阻率较高的地层中安装接地体，为了减小接地电阻，达到规定要求，在安装接地体时可采取以下措施：

(1) 在土壤电阻率不太高的地层，可增加接地体的个数。

(2) 在土壤电阻率较高的地层，可在接地体周围填入化学降阻剂(配制方法：用 8 kg 食盐溶解于适量水中，然后将盐水倒入 30 kg 木炭粉中同时不断搅拌，拌匀即可)，为了防止因化学降阻剂质地蓬松而使接地体晃动，应将化学降阻剂放置在离地面 0.5 m 以下和 1.2 m 以上的中间部位，并把底层和面层的泥土夯实。

(3) 对于土壤电阻率很高的地层，可采用挖坑换土的方法。

(4) 有些区域往往存在需要接地处的土壤电阻率极高，而离之不远的地方的土壤电阻率却比较低，这时可采用接地体外引的方法，用较长的接地线，把设备接地点引出土壤电阻率较高的范围，让接地体安装在电阻率较低的土壤上。

1.12 接地线的安装

接地线是指接地干线和接地支线的总称，若只有一套接地装置，即不存在接地支线时则接地线是指接地体与设备接地点间的连接线。

接地干线是接地体之间的连接导线，或是指一端连接接地体，另一端连接各接地支线的连接线。

接地支线是接地干线与设备接地点间的连接线。

1. 接地线的选用

(1) 用于输配电系统中的工作接地线的选用 10 kV 避雷器的接地支线应采用多股导线，一般可选用铜芯或铝芯绝缘导线。此外，也可选用扁钢、圆钢或多股镀锌绞线,截面积应不小于 16 mm²。接地干线通常用扁钢或圆钢,扁钢的截面积不应小于 4 mm×12 mm;圆钢直径不应小于 6 mm。

用作配电变压器低压侧中性点的接地支线,要采用截面积不小于 35 mm² 的裸铜绞线;容量在 100 kVA 以下的变压器,其中性点接地支线可采用截面积为 25 mm² 的裸铜绞线。

(2) 用于金属外壳保护接地线的选用　接地线所用材料的最小和最大截面积见表 1-4。

表 1-4　保护接地线的截面积规定

<table>
<tr><th>材料</th><th>接地线类别</th><th colspan="2">最小截面(mm²)</th><th>最大截面(mm²)</th></tr>
<tr><td rowspan="4">铜</td><td rowspan="2">移动电器引线的接地芯线</td><td>生活用</td><td>0.2</td><td rowspan="4">25</td></tr>
<tr><td>生产用</td><td>0.5</td></tr>
<tr><td>绝缘铜线</td><td colspan="2">1.5</td></tr>
<tr><td>裸铜线</td><td colspan="2">4.0</td></tr>
<tr><td rowspan="2">铝</td><td>绝缘铝线</td><td colspan="2">2.5</td><td rowspan="2">35</td></tr>
<tr><td>裸铝线</td><td colspan="2">6.0</td></tr>
<tr><td rowspan="2">扁钢</td><td>室内:厚度不小于 3 mm</td><td colspan="2">24.0</td><td rowspan="2">100</td></tr>
<tr><td>室外:厚度不小于 4 mm</td><td colspan="2">48.0</td></tr>
<tr><td rowspan="2">圆钢</td><td>室内:直径不小于 5 mm</td><td colspan="2">19</td><td rowspan="2">100</td></tr>
<tr><td>室外:直径不小于 6 mm</td><td colspan="2">28</td></tr>
</table>

(3) 必须注意:装于地下的接地线不准采用铝导线;移动电具的接地支线必须采用绝缘铜芯软导线,并应以黄绿双色的绝缘线作为接地线,不准采用单股铜芯导线,也不许采用铝芯绝缘导线,更不许采用裸导线。

2. 接地干线的安装

(1) 接地干线与接地体的连接处应采用焊接并加镶块,以增大焊接面积。焊接处应刷沥青防腐。如果无条件焊接,也可采用螺栓压接,但应先在接地体上端装设接地干线连接板,如图 1-24 所示。连接板应经镀锌或镀锡处理,并采用直径为 12 mm 或 16 mm 的镀锌螺栓。安装时,接触面应保持平整、严密,不得有缝隙,螺栓应拧紧。在有震动的场所,螺栓上应加弹簧垫圈。连接处如埋入地下,应在地面上做好标记,以便于检查维修。

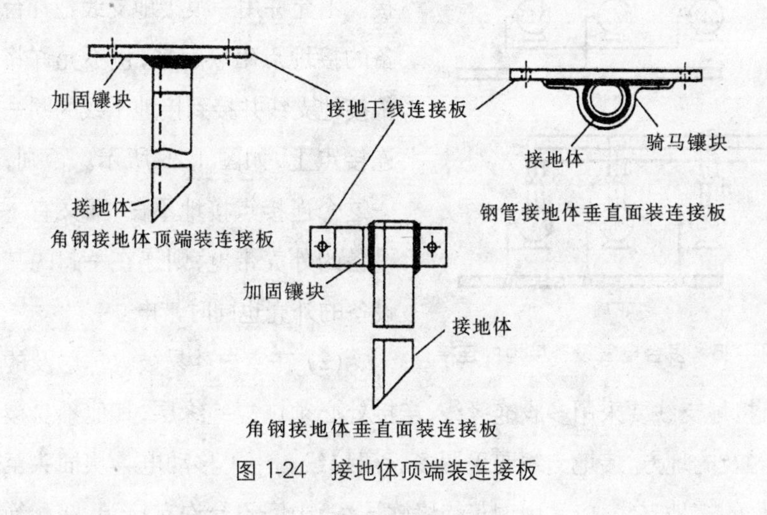

图 1-24　接地体顶端装连接板

(2) 多极接地和接地网络的接地干线与接地支线的连接处通常设置在地沟中,并用沟盖覆盖。连接处采用电焊或螺栓压接。用螺栓连接时,接地干线应使用扁钢,扁钢预先钻好通孔,并经防腐处理。如果接地干线不需要提供接地支线,连接处做好防腐处理,可埋入地面以下 300 mm 左右,并在地面标明干线的走向和接点位置,便于检修。

(3) 接地干线明设时,除连接处外,均应用黑色标明。在穿越墙壁或楼板时,应穿管加以保护。在可能遭受机械损伤的地方,应加防护罩进行保护。

(4) 由扁钢或圆钢作接地干线需要接长时,必须采用电焊焊接,在焊接处要两端搭头,扁钢的搭头长度为其宽度的 2 倍;圆钢的搭头长度为其直径的 6 倍。

3. 接地支线的安装

(1) 每台设备的接地,必须用单独的接地支线与接地干线或接地体连接。不允许用一根接地支线把几台设备的接地点串联起来;也不允许将几根接地支线并接到接地干线的同一个连接点上,如图 1-25 所示。否则,万一这个连接点接地不良,而又有一台设备的外壳带电,则连在一起的其他设备的外壳也同时带电。

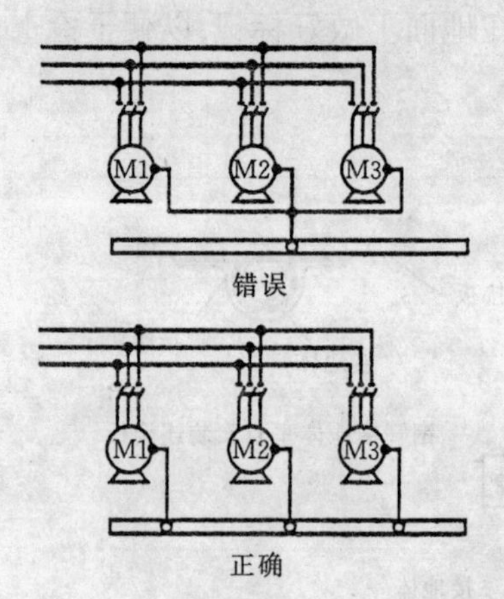

图 1-25　多台电气设备接地的连接

(2) 在室内容易被人体触及的地方,接地支线要采用多股绝缘线,连接处必须恢复绝缘层,其他不易被人体触及的地方,接地支线要采用多股裸绞线。用于移动电具从插头至外壳处的接地支线,应采用铜芯绝缘软导线,中间不允许有接头,并和绝缘线一起套入绝缘护层内。常用的三芯或四芯橡胶或塑料护套电缆中的黑色绝缘层导线作为接地支线。

(3) 接地支线与接地干线或与设备接地点的连接,一般都采用螺钉压接。但接地支线的线头要使用接线耳,而不宜采用弯羊眼圈的方法直接连接。在易产生震动的场所,螺钉上应加弹簧垫圈。连接处应镀锡防腐。

(4) 固定敷设的接地支线较长时,连接处必须按正规接线要求处理,铜芯导线连接处要通过锡钎焊进行加固。

(5) 接地支线的每个连接处，都应置于明显部位，以便于检修。

1.13 接地电阻的检测

接地电阻是判断接地装置安装质量好坏的重要指标之一，必须按照技术要求规定的数值标准进行检验，切不可任意降低标准。

接地电阻的测量方法较多，通常都采用ZC型接地电阻测试仪进行测量。这种方法比较方便，测量数值也比较可靠。ZC-8型接地电阻测试仪的外形结构如图1-26所示，其测试方法如图1-27所示。接地电阻的测量步骤如下：

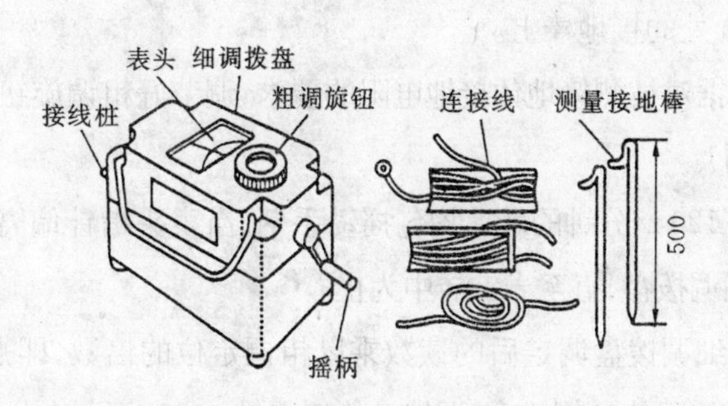

图1-26 ZC-8型接地电阻测试仪及其附件

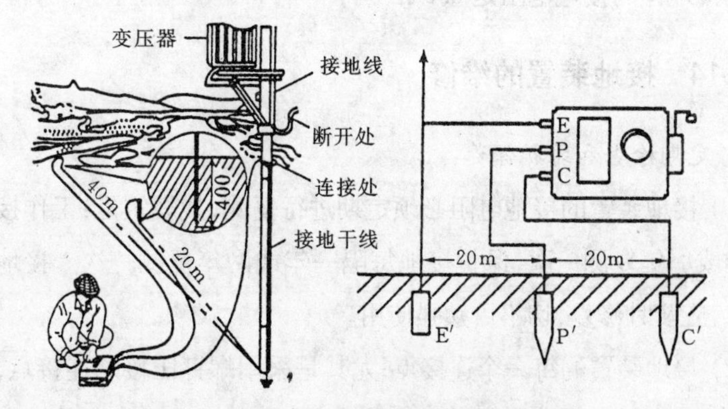

图1-27 ZC-8型接地电阻测试仪使用方法

(1) 拆开接地干线与接地体的连接点,或拆开接地干线上所有接地支线的连接点。

(2) 将一支测量接地棒插入离接地体 40 m 远的地下,另一支测量接地棒插入到距离接地体 20 m 处,且两个接地棒插入地面的垂直深度均为 400 mm。

(3) 将接地电阻测试仪安置在接地体附近平整的位置后,方可进行接线。将一根最短的导线连接到接地电阻测试仪的接线端子 E 和接地体之间;将最长的导线连接到接地电阻测试仪的接线端子 C 和 40 m 处的接地棒上;将较短的导线连接到接地电阻测试仪的两个已并联的接线端子 P-P 和 20 m 处的接地棒上。

(4) 根据对被测接地体接地电阻的要求,调节好粗调旋钮(表上有三档可调范围)。

(5) 以 120 r/分钟的转速均匀摇动手柄,当表头指针偏离中心时,边摇边调节细调拨盘,直至表针居中为止。

(6) 以细调拨盘调定后的读数乘以粗调定位的倍数,即是被测接地体接地电阻的阻值。例如,细调拨盘的读数是 0.35,粗调定位倍数是 10,则被测接地体的接地电阻是 3.5 Ω。

1.14 接地装置的维修

1. 定期检查和维护保养

(1) 接地装置的接地电阻必须定期进行复测,其规定是:工作接地每隔半年或一年复测一次,保护接地每隔一年或两年复测一次。接地电阻增大时,应及时修复,切不可勉强使用。

(2) 接地装置的每一个连接点,尤其是采用螺钉压接的连接点,应每隔半年或一年检查一次。若连接点出现松动,必须及时拧紧。对于采用电焊焊接的连接点,也应定期检查焊接是否完好。

(3) 接地线的每个支点,应进行定期检查,发现有松动脱落的,应及时固定。

(4) 定期检查接地体和接地连接干线有否出现严重锈蚀,若有严重锈蚀,应及时修复或更换,不可勉强使用。

2. 常见故障的排除方法

(1) 连接点松散或脱落　最容易出现松脱的有移动电具的接地支线与外壳(或插头)之间的连接处;铝芯接地线的连接处;具有震动设备的接地连接处。发现松散或脱落时,应及时重新接妥。

(2) 遗漏接地或接错位置　在设备进行维修或更换时,一般都要拆卸电源接线端和接地端,待重新安装设备时,往往会因疏忽而把接地端漏接或接错位置。发现有漏接或接错位置时,应及时纠正。

(3) 接地线局部电阻增大　常见的情况有:连接点存在轻度松散,连接点的接触面存在氧化层或其他污垢,跨接过渡线松散等。一旦发现应及时重新拧紧压接螺钉或清除氧化层及污垢后接妥。

(4) 接地线的截面积过小　通常由于设备容量增加后而接地线没有相应更换所引起,接地线应按规定做相应的更换。

(5) 接地体散流电阻增大　通常是由于接地体被严重腐蚀所引起的,也可能是由于接地体与接地干线之间的接触不良所引起的。发现后应重新更换接地体,或重新把连接处接妥。

1.15 漏电保护器的选用

漏电保护器又叫漏电保安器、漏电开关,是一种行之有效的防止人身触电的保护装置。漏电保护器的原理是利用人在触电时产生的触电电流,使漏电保护器感应出信号,经过电子放大线路或开关电路,推动脱扣机构,使电源开关动作,将电源切断,从而保证人身安全。漏电保护器对电气设备的漏电电流极为敏感。当人体接触了漏电的电器时,产生的漏电电流只要达到10～30 mA,就能使漏电保护器在极短的时间(如0.1秒)内跳闸,切断电源。漏电保护器的外形如图 1-28a所示,漏电保护器的电路如图 1-28b 所示。

a 漏电保护器的外形

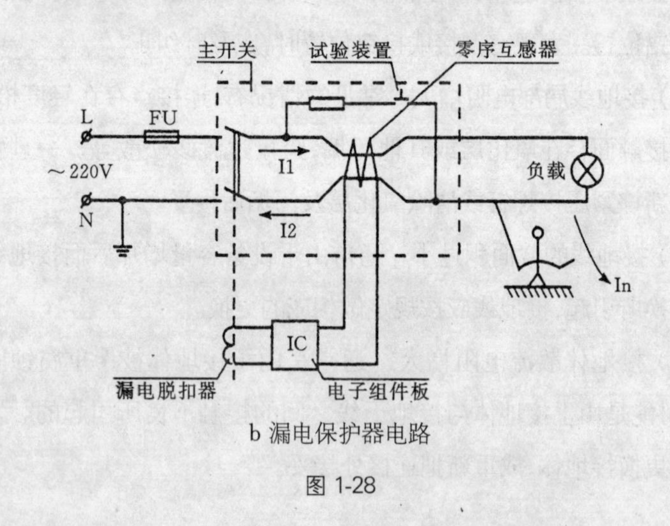

b 漏电保护器电路

图 1-28

(1) 型式的选用　电压型漏电保护器已基本上被淘汰,一般情况下,应优先选用电流型漏电保护器。

(2) 极数的选用　单相 220 V 电源供电的电气设备,应选用二极二线式或单极二线式漏电保护器;三相三线制 380 V 电源供电的电气设备,应选用三极式漏电保护器;三相四线制 380 V 电源供电的电气设备,或者单相设备与三相设备共用电路,应选用三极四线式、四极四线式漏电保护器。

(3) 额定电流的选用　漏电保护器的额定电流值不应小于实际负载电流。

(4) 可靠性的选用　额定电压在 50 V 以上的Ⅰ类电动工具,应选用动作电流不大于 15 mA 并在 0.1 秒以内动作的快速动作型漏电保护器,同时还必须做接地或接零保护;主要用于间接接触保护目的时,单台电气设备可选用额定漏电动作电流为 30～50 mA 的快速型漏电保护器;大型或多台电气设备可选用额定漏电动作电流为 50～100 mA 的快速型漏电保护器。合格的漏电保护器动作时间不应大于 0.1 秒,否则对人身安全仍有威胁。

1.16 漏电保护器的安装

(1) 安装漏电保护器以后,被保护设备的金属外壳仍应进行可靠的保护接地。

(2) 漏电保护器的安装位置应远离电磁场和有腐蚀性气体环境,并注意防潮、防尘、防震。

(3) 安装时必须严格区分中性线和保护线,三极四线式或四极式漏电保护器的中性线应接入漏电保护器。经过漏电保护器的中性线不得作为保护线,不得重复接地或接设备的外露可导电部分;保护线不得接入漏电保护器。

(4) 漏电保护器应垂直安装,倾斜度不得超过 5 度。电源进线必须接在漏电保护器的上方,即标有“电源”的一端;出线应接在下方,即标有“负载”的一端。作为住宅漏电保护时,应装在进户电能表或总开关之后,如图 1-29 所示。如仅对某用电器具进行保护,则可安装在用电器具本体上作电源开关,如图 1-30 所示。

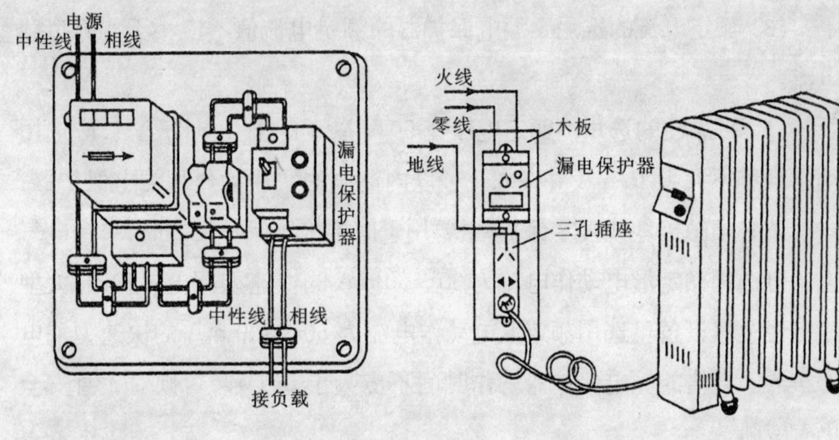

图 1-29 漏电保护器在配电板上安装　　图 1-30 单机专用漏电保护器的安装

(5) 漏电保护器接线完毕投入使用前,应先做漏电保护动作试验,即按动漏电保护器上的试验按钮,漏电保护器应能瞬时跳闸切断电源。试验 3 次,确定漏电保护器工作稳定,才能投入使用。

(6) 对投入运行的漏电保护器,必须每月进行一次漏电保护动作试验,不能产生正确保护动作的,应及时检修。

1.17 家用电器的安全使用注意事项

(1) 洗衣机:必须具有接地保护功能,接通电源时采用三脚插头。

(2) 电冰箱:应放置在干燥通风处,离墙至少 20 cm,并注意防止阳光直晒或靠近其他热源。必须采用接地保护,接通电源采用三脚插头,电源线应远离压缩机热源,以免烧坏绝缘造成漏电。

(3) 电风扇:必须具有接地保护,接电源采用三脚插头,摇头的风扇应注意其活动空间不要碰墙。

(4) 电视机:应放置在荫凉通风处,不应让阳光直晒和碰撞,若装有室外天线,在发生大雷电时应停止接收,将天线插头拔下。

(5) 空调器:空调器消耗功率较大,使用前应检查电度表、断电器、电源线是否有足够的余量,接通电源采用三脚插头。

(6) 电热毯:在使用时要平整地铺放在垫被上,上层只需覆盖一条被单即可,不可铺在棉垫下面,也不要长时间地加温,以免盖被温度上升过高而引燃。

(7) 吸尘器:使用时注意电缆的挂、拉、压、踩,防止绝缘损坏,及时清除垃圾或灰尘,防止吸尘口堵塞而烧坏电机。

(8) 电火锅:电火锅功率较大,使用的插座和电源线要与所消耗的功率匹配,以免因过载出事故;使用时不要用湿手去触摸,以防锅体漏电伤人,加热的电火锅不能随意移动,避免发生意外事故。

(9) 微波炉:不要在未放任何食物时空转而引起元件损坏,食物加热不要用金属容器盛放,这样会损坏元件。

1.18 家用电器安全要求

家用电器安全要求共分五类,见表1-5。

表1-5　家用电器安全要求

1. 0类	0类电器只靠工作绝缘,使带电部分与外壳隔离,没有接地要求。主要用于人们接触不到的地方,如日光灯的整流器等。
2. 0Ⅰ类	0Ⅰ类电器有工作绝缘,有接地端子,可以接地或不接地使用。当用于干燥环境(如需要全天候保持干爽的木质地板的室内)时,可以不接地,如电烙铁等。

（续表）

3. Ⅰ类	Ⅰ类电器规定接地。在接地线时，必须使用外表为黄绿双色的铜心绝缘导线。接触电阻应不大于 0.1 Ω。这类电器的安全程度较高，如电冰箱、洗衣机、电风扇和空调器等。这类电器都要用三脚插头（其中一脚接地）。
4. Ⅱ类	Ⅱ类采用双重绝缘或加强绝缘，没有接地要求。所谓双重绝缘是指除有工作绝缘外，还有独立的保护绝缘或有效的电气隔离，这类电器的安全程度高，可用于与人体皮肤接触的器具，如电推剪、电热梳等。
5. Ⅲ类	Ⅲ类使用安全电压（36 V 以下）的各种电器，如电推剪、电热梳、电热毯等电器用于没有安全接地又无干燥绝缘环境的情况下，必须使用经双线圈变压后的安全电压，如特殊容器中的低压照明电器或特殊电动工具。

chapter 2 >>

第 2 章 家庭电工常用仪表

2.1 万用表

万用表是家庭电工必备的测量工具。万用表可用来测量电阻、直流电流、交流电流、直流电压、交流电压等。功能较多的万用表,还能测电感、电容、声频电压、三极管放大倍数β等。

1. 万用表的工作原理

万用表是利用磁电式测量机构(表头)和测量线路通过转换开关来实现各种测量的,二种常用外形如图 2-1a 500 型万用表,图 2-1b 小型万用表所示。万用表的表头是万用表的核心,它是一块高灵敏度磁电式电流表,一般只能通过几微安到几百微安的电流,达到满刻度偏转。满度电流越小,表头灵敏度

a 500 型万用表

b 小型万用表

图 2-1

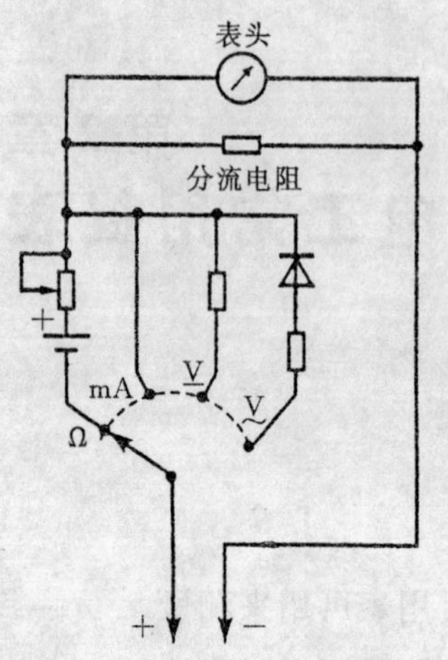

图 2-2　万用表工作原理示意

越高。万用表都有一个或两个转换开关以实现多种测量功能,通过开关换接万用表内部线路,来达到降压、分流、整流等目的,以测量不同的电学物理量。万用表的测量原理如图 2-2 所示。

2. 使用前的准备工作

(1) 使用前的检查和调整。检查红色和黑色测试棒是否分别插入红色插孔(或标有“+”号)和黑色插孔(或标有“-”号)并接触紧密,引线、笔杆、插头等处有无破损露铜现象。如有问题应立即解决,否则不能保证使用中的人身安全。观察万用表指针是否停在左边零位线上,如不指在零位线时,应调整中间的机械零位调节器,使指针指在零位线上。

(2) 用转换开关正确选择测量种类和量程。根据被测对象,首先选择测量种类。严禁当转换开关置于电流挡或电阻挡时去测量电压,否则,将损坏万用表。测量种类选择妥当后,再选择该种类的量程。测量电压、电流时应使指针偏转在标度尺的中间附近,读数较为准确。若预先不知被测量的大小范围,为避免量程选得过小而损坏万用表,应选择该种类最大量程预测,然后再选择合适的量程。

(3) 正确读数。万用表的标度盘上有多条标度尺,它们代表不同的测量种类。测量时应根据转换开关所选择的种类及量程,在对应的标度尺上读数,并应注意所选择的量程与标度尺上读数的倍率关系。另外,读数时,眼睛应垂直于表面观察表盘。如果视线不垂直,将会产生视差,使得读数出现误差。为了消除视差,MF47 等型号万用表在表面的标度盘上都装有反光镜,读数时,应移动视线使表针与反光镜中的表针镜像重合,这时的读数无视差,如图 2-3 所示。

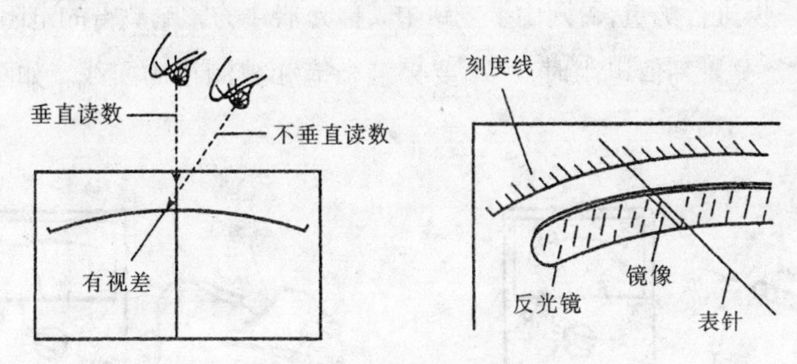

图 2-3 万用表的正确读数

3. 测量电阻

(1) 被测电阻应处于不带电的情况下进行测量,防止损坏万用表。被测电路不能有并联支路,以免影响精度。

(2) 按估计的被测电阻值选择电阻量程开关的倍率,应使被测电阻接近该挡的欧姆中心值,即使表针偏转在标度尺的中间附近为好,并将交、直流电压量程开关置于“Ω”挡。

(3) 测量以前,先进行“调零”。如图 2-4 所示,将两表笔短接,此时表针会很快指向电阻的零位附近,若表针未停在电阻零位上,则旋动下面的“Ω”钮,使其刚好停在零位上。若调到底也不能使指针停在电阻零位上,则说明表内的电池电压不足,应更换新电池后再重新调节。测量中每次更换挡位后,均应重新校零。

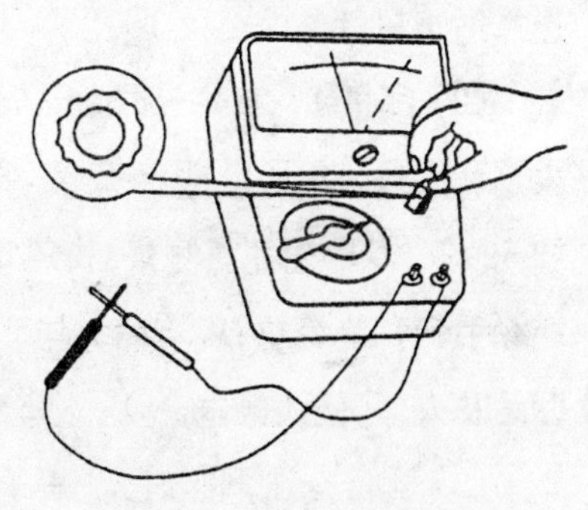

图 2-4 进行欧姆调零

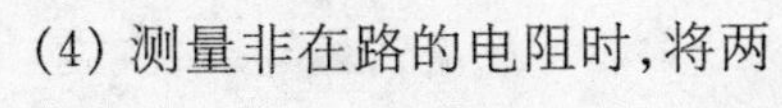

(4) 测量非在路的电阻时,将两表笔(不分正、负)分别接在被测电阻的两端,万用表即指示出被测电阻的

阻值。测量电路板上的在路电阻时，应将被测电阻的一端从电路板上焊开，然后再进行测量，否则由于电路中其他元器件的影响测得的电阻误差将很大。测量高值电阻时，手不要接触表笔和被测物的引线。如图 2-5 所示。

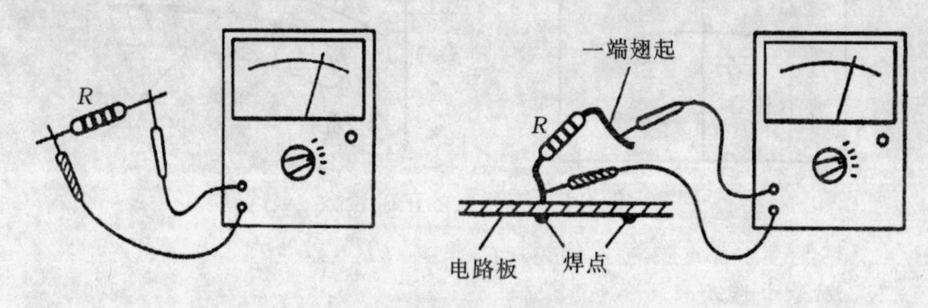

图 2-5　测量电阻

(5) 将读数乘以电阻量程开关所指倍率，即为被测电阻的阻值。

(6) 测量完毕后，应将交、直流电压量程开关旋到交流电压最高量程上，可防止转换开关放在欧姆挡时表笔短路，长期消耗电量。

4. 测量交流电压

(1) 将选择开关转到"V～"挡的最高量程，或根据被测电压的概略数值选择适当量程。

(2) 测量 1 000 V～2 500 V 的高压时，应采用专测高压的高级绝缘表笔和引线，将测量选择开关置于"1 000 V～"挡，并将红表笔改插入"2 500 V"专用插孔。测量时，不要两只手同时拿两支表笔，必要时使用绝缘手套和绝缘垫；表笔插头与插孔应紧密配合，以防止测量中突然脱出后触及人体，使人触电。

(3) 测量交流电压时，把表笔并联于被测的电路上。转换量程时不要带电。

(4) 测量交流电压时，一般不需分清被测电压的相线和零线的顺序，但已知相线和零线时，最好用红表笔接相线，黑表笔接零线。如图 2-6 所示。

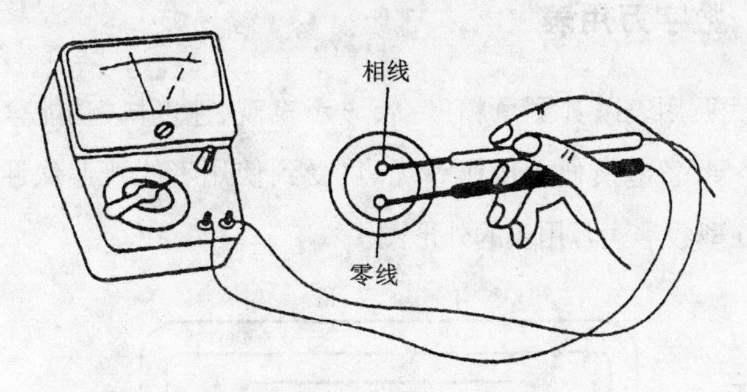

图 2-6 用指针式万用表测量交流电压

5. 测量直流电压

(1) 将红表笔插在"+"插孔，去测电路"+"正极；将黑表笔插在"*"插孔，去测电路"－"负极。

(2) 将万用表的选择量程开关置于"V̲"的最大量程，或根据被测电压的大约数值，选择合适的量程。

(3) 如果指针反指，则说明表笔所接极性反了，应尽快更正过来重测。

6. 测量直流电流

(1) 将选择量程开关转到"mA"部分的最高量程，或根据被测电流的大约数值，选择适当的量程。

(2) 将被测电路断开，留出两个测量接触点。将红表笔与电路正极相接，黑表笔与电路负极相接。改变量程，直到指针指向刻度盘的中间位置。不要带电转换量程。如图 2-7 所示。

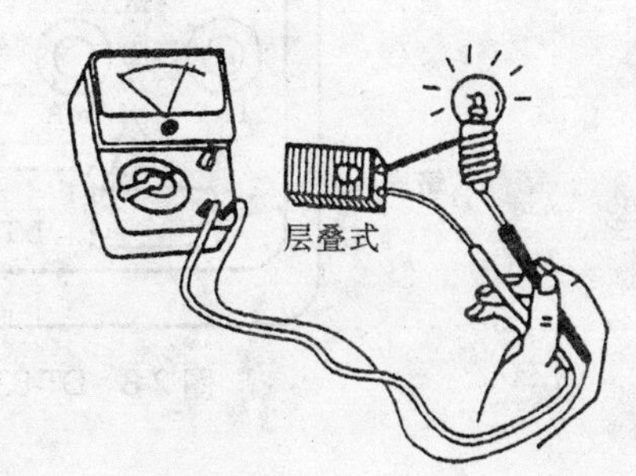

图 2-7 用指针式万用表测量直流电流

(3) 测量完毕后,应将选择量程开关转到电压最大挡上去。

2.2 数字万用表

数字式万用表以其测量精度高、显示直观、速度快、功能全、可靠性强、小巧轻便、省电及便于操作等优点,受到使用者的普遍欢迎。图 2-8 是 DT-830 型数字式万用表的外形图。

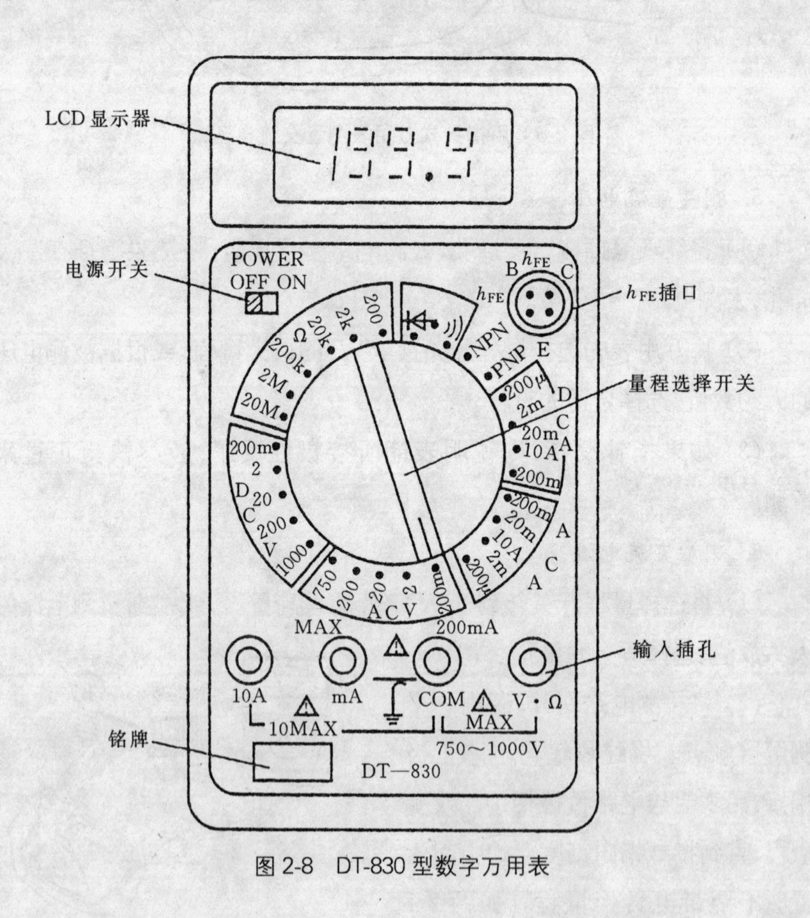

图 2-8 DT-830 型数字万用表

数字万用表的使用方法如下:

(1) 当万用表出现显示不准或显示值跳变异常情况时，可先检查表内 9 V 电池是否失效，若电池良好，则表内电路有故障，应检修。

(2) 直流电压的测量。将量程开关有黑线的一端拨至“DC · V”范围内的适当量程挡，黑表笔接入“COM”插口，红表笔插入“V · Ω”插口。将电源开关拨至“ON”，红表笔接触被测电压的正极，黑表笔接负极，显示屏上便显示测量值。如果显示是“1”，则说明量程选得太小，应将量程开关向较大一级电压挡拨；如果显示的是一个负数，则说明表笔插反了，应更正过来。量程开关置于×200 m 挡，显示值以“mV”为单位，其余四挡以“V”为单位。

(3) 交流电压的测量。将量程开关拨至“AC · V”范围内适当量程挡，表笔接法同上，其测量方法与测量直流电压相同。

(4) 直流电流的测量。将量程开关拨至“DC · A”范围内适当的量程挡，黑表笔插入“COM”插孔，红表笔根据估计的被测电流的大小插入相应的“mA”或“10 A”插口，使仪表与被测电路串联，注意表笔的极性，接通表内电源，显示器便显示直流电流值。显示器显示的数值，其单位与量程开关拨至的相应挡的单位有关。若量程开关置于 200 m、20 m、2 m 三挡时，则显示值以“mA”为单位；若置于 200 μ 挡，则显示值以“μA”为单位；若置于 10 A 挡，显示值以“A”为单位。

(5) 交流电流的测量。将量程开关拨到“AC · A”范围内适当的量程挡，黑表笔插入“COM”插孔，红表笔也按量程不同插入“mA”或“10 A”插口，表与被测电路串联，表笔不分正负，显示器便显示交流电流值。如图 2-9 所示。

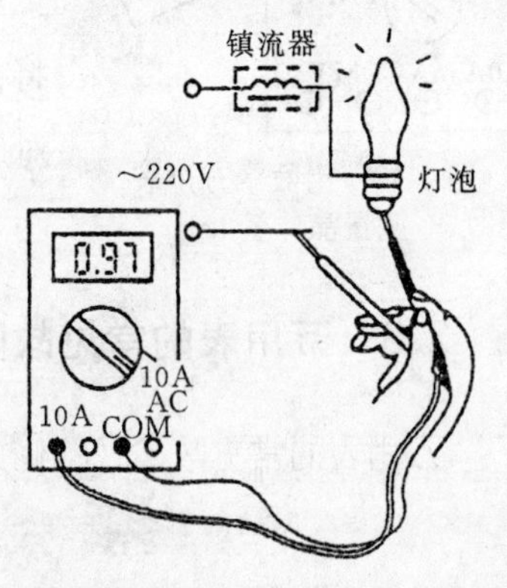

图 2-9 用数字万用表测量交流电流

(6) 电阻的测量。将量程开关拨到“Ω”范围内适当的量程挡，红表笔插入“V·Ω”插口，黑表笔插入“COM”插孔，两表笔分别接触电阻两端，显示器便显示电阻值。量程开关置于 20 M 或 2 M 挡，显示值以“MΩ”为单位，200 挡显示值以“Ω”为单位，2 k 挡显示值以“kΩ”为单位。需要指出的是不可带电测量电阻。

(7) 线路通、断的检查。将量程开关拨至蜂鸣器挡，红黑表笔分别插入“V·Ω”和“COM”插口。若被测线路电阻低于“20 Ω”，蜂鸣器发出叫声，则说明线路接通。反之，表示线路不通或接触不良。注意，被测线路在测量之前应关断电源。

(8) 二极管的测量。将量程开关拨至二极管符号挡，红表笔插入“V·Ω”插孔，黑表笔插入“COM”插口，将表笔尖接至二极管两端。数字式万用表显示的是二极管的压降。正常情况下，正向测量时，锗管应显示 0.150～0.300 V，硅管应显示 0.550～0.700 V，反向测量时为溢出“1”。若正反测量均显示“000”，说明二极管短路；正向测量显示溢出“1”，说明二极管开路。

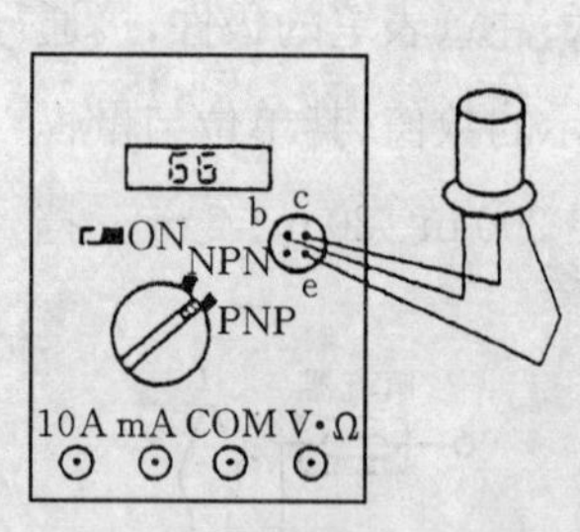

图 2-10 用数字万用表测量晶体管 h_{FE}

(9) 晶体管 h_{FE}的测量。根据晶体管的类型，把量程开关拨到“PNP”或“NPN”挡，将被测管子的 e、b、c 极分别插入 h_{FE}插口对应的孔内，显示器便显示管子的 h_{FE}值，如图 2-10 所示。

2.3 万用表的常见故障及检修方法

万用表的常见故障及检修方法见表 2-1。

表 2-1 万用表的常见故障及检修方法

故障现象	产生原因	检修方法
万用表指针摆动不正常，时摆时阻	1. 机械平衡不好，指针与外壳玻璃或表盘相摩擦 2. 表头线断开或分流电阻断开 3. 游丝绞住或游丝不规则 4. 支撑部位卡死	1. 打开表壳，用小镊子和螺丝刀整修机械摆动部位，使指针摆动灵活 2. 重新焊接表头线，分流电阻断开时重新连接，烧断时要换同型号的分流电阻 3. 用镊子重新调整游丝外形，使其外环圈圆滑，布局均匀 4. 整修支撑部位
万用表电阻挡无指示	1. 电池无电或接触不良 2. 调整电位器中心焊接点引线断开或电位器接触不良 3. 转换开关触点接触不良或引线断开	1. 重新装配万用表电池，或更换新电池 2. 重新焊接连线，并调整电位器中心触片使其与电阻丝接触良好 3. 擦净触点油污，并修整触片。如果焊接连接线断开，要重新焊接
万用表电阻挡在表笔短路时，指针调整不到零位，或指针来回摆动不稳	1. 电池电能即将耗尽 2. 串联电阻值变大 3. 表笔与万用表插头处接触不良 4. 转换开关接触不良 5. 调零电位器接触不良	1. 更换同型号新电池 2. 更换串联电阻 3. 调整插座弹片，使其接触良好，并去掉表笔插头及插座上的氧化层 4. 用酒精清洗万用表转换开关接触触头，并校正动触点与静触片的接触距离 5. 用镊子把调零电位器中间的动触片往下压些，使其与静触点电阻丝接触良好
万用表电阻挡量程不通或误差太大	1. 串联电阻断开或烧断或电阻值变化 2. 转换开关接触不良 3. 该挡分流电阻断路或短路 4. 电池电量不足	1. 更换同样阻值功率的电阻 2. 用酒精擦洗并修理接触不良处 3. 更换该挡分流电阻 4. 更换同型号的新电池

(续表)

故障现象	产生原因	检修方法
万用表直流电压挡在测量时不指示电压	1. 测电压部分开关公用焊接线脱焊 2. 转换开关接触不良 3. 表笔插头与万用表接触不良 4. 最小量程挡附加电阻断线	1. 重新焊接测电压部分脱焊的连接线 2. 用酒精擦净转换开关油污并调整转换开关接触压力 3. 修整表笔插头与插座的接触处使其接触良好 4. 焊接附加电阻连接线
万用表直流电压挡,某量程不通或某量程测量误差大	1. 转换开关接触不良,或该挡附加电阻脱焊烧断 2. 某量程附加电阻阻值变化使其测量不准	1. 修整转换开关触片,并重新焊接或更换该量程的附加串联电阻 2. 更换某量程的附加串联电阻
万用表直流电流挡不指示电流	1. 转换开关接触不良 2. 表笔与万用表有接触不良处 3. 表头串联电阻损坏或脱焊 4. 表头线圈脱焊或线圈断路	1. 打开万用表调整修理转换开关 2. 修理表笔与万用表接触处,使其紧密配合 3. 更换表头串联电阻或焊接脱焊处 4. 焊接表头线圈,使其重新接通,若表头线圈损坏则应更换
万用表直流电流挡各挡测量值偏高或偏低	1. 表头串联电阻值变大或变小 2. 分流电阻值变大或变小 3. 表头灵敏度降低	1. 更换电阻 2. 更换分流电阻 3. 根据具体情况处理。若游丝绞住要重新修好,表头线圈损坏要更换
万用表交流电压挡指针轻微摆动指示差别太大	1. 万用表插头与插座处接触不良 2. 转换开关触点接触不良 3. 整流全桥或整流二极管短路、断路	1. 修理万用表插头与万用表插座处,使其接触良好 2. 检修转换开关 3. 更换短路或断路的二极管或全桥块

■ 2.4 钳形电流表

用万用表测量线路中的电流,需断开电路将万用表串联在线路中,而一般只能测量较小的电流。钳形电流表则可在不断开电源的情况下,直接测量线路中的大电流。图 2-11 是钳形电流表外形。

图 2-11 钳形电流表外形

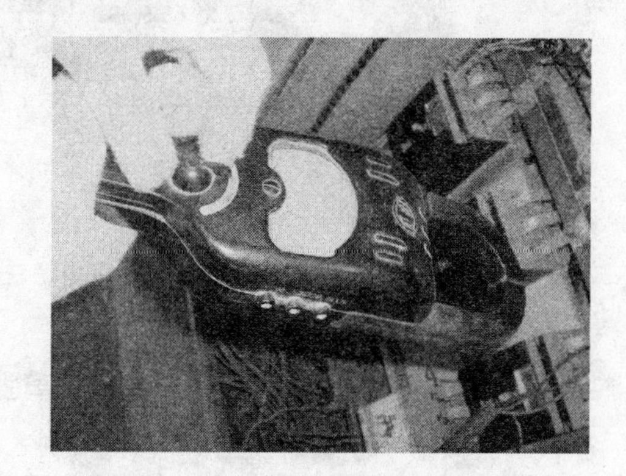

图 2-12 测量前,应先选定好测量挡位

1. 使用钳形电流表注意事项

(1) 在使用钳形电流表时,要正确选择钳形电流表的挡位位置如图 2-12所示。测量前,根据负载的大小粗估一下电流数值,然后从大挡往小挡切换,换挡时被测导线要置于钳形电流表的卡口之外。

(2) 检查表针在不测量电流时是否指向零位,若未指零,应用小螺丝刀调整表头上的调零螺钉使表针指向零位,以提高读数准确度。

(3) 测量电动机电流时,扳开钳口活动衔铁,将电动机的一根电源线放在钳口中央位置,如图 2-13 所示测量电动机电源三相中的 L1 相,然后松手使钳口密合好。如果钳口接触不好,应检查是否弹簧损坏或有脏污,如有污垢,用干布清除后再测量。

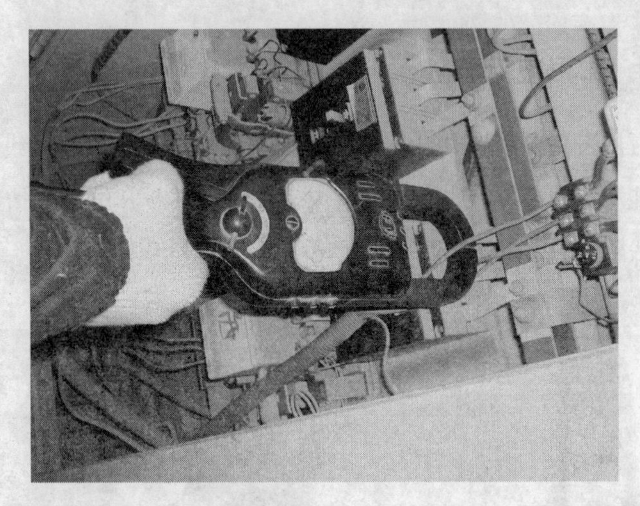

图 2-13　测量电动机电源三相中的 L1 相

(4) 在使用钳形电流表时要尽量远离强磁场(如通电的自耦调压器、磁铁等),以减小磁场对钳形电流表的影响。

(5) 测量较小的电流时,如果钳形电流表量程较大,可将被测导线在钳形电流表口内绕几圈,然后再读数。线路中实际的电流值应为仪表读数除以导线在钳形电流表上绕的匝数。

2. 钳形电流表的常见故障及检修方法

钳形电流表的常见故障及检修方法见表 2-2。

表 2-2　钳形电流表的常见故障及检修方法

故障现象	产生原因	检修方法
钳形电流表测量不准	1. 钳形电流表的挡位位置选择不正确 2. 钳形电流表表针未调零	1. 正确选择挡位位置。换挡时,要将被测导线置于钳形电流表卡口之外 2. 调整表头上的调零螺栓使表针指向零位

（续表）

故障现象	产生原因	检修方法
钳形电流表测量不准	3. 钳形电流表所卡测的电源未放入卡钳中央或卡口处有污垢 4. 钳形电流表有强磁场影响	3. 测量时，将一根电源线放在钳口中央位置，然后松手使钳口密合好。如果钳口接触不好，应检查弹簧是否损坏或有污垢，如有污垢，用布清除后再测量 4. 尽量远离强磁场
钳形电流表不能测量较小的电流	1. 钳形电流表挡位设置少 2. 钳形电流表内部整流二极管某只损坏	1. 可将被测导线在钳形电流表口内绕几圈，然后去读数。线路中实际的电流值应为仪表读数除以导线在表口上绕的匝数 2. 测出某只损坏，应更换同型号的二极管

2.5 兆欧表

兆欧表俗称摇表、绝缘摇表或麦格表，如图 2-14 所示。兆欧表主要用来测量电气设备的绝缘电阻，如电动机、电器线路的绝缘电阻，判断设备或线路有无漏电现象、绝缘损坏或短路。

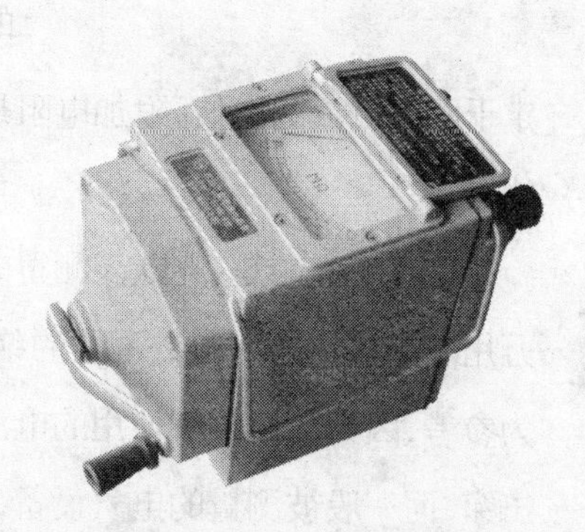

图 2-14　兆欧表外形

兆欧表的主要组成部分是一个磁电式流比计和一个作为测量电源的手摇高压直流发电机。兆欧表的电路如图 2-15 所示。

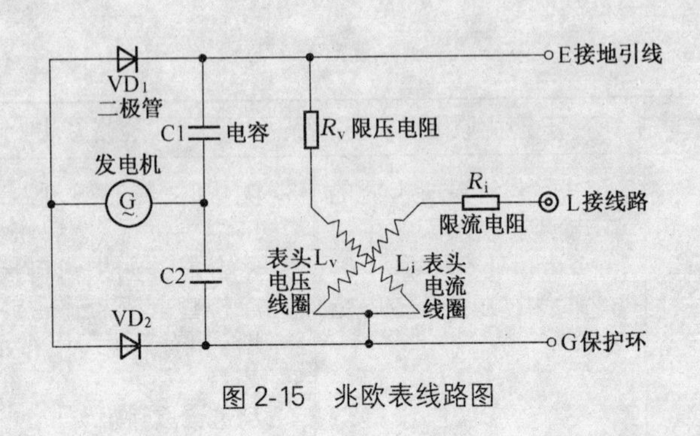

图 2-15　兆欧表线路图

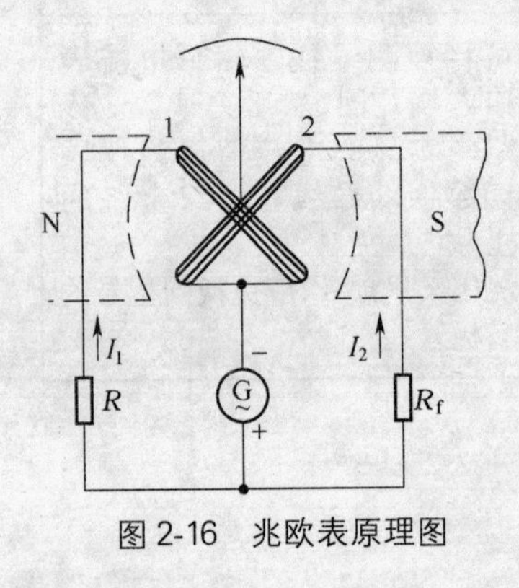

图 2-16　兆欧表原理图

兆欧表的工作原理如图 2-16 所示。与兆欧表表针相连的有两个线圈，一个同表内的附加电阻 R_f 串联，另一个和被测的电阻 R 串联，然后一起接到手摇发电机上。当手摇动发电机时，两个线圈中同时有电流通过，在两个线圈上产生方向相反的转矩，表针就随着两个转矩的合成转矩的大小而偏转某一角度，这个偏转角度决定于两个电流的比值，附加电阻是不变的，所以电流值仅取决于待测电阻的大小。

值得一提的是，兆欧表测得的是在额定电压作用下的绝缘电阻阻值。万用表虽然也能测得数千欧的绝缘阻值，但它所测得的绝缘阻值只能作为参考，因为万用表所使用的电池电压较低，绝缘物质在电压较低时不易击穿，而一般被测量的电气设备，均要接在较高的工作电压上工作，为此，只能采用兆欧表来测量。一般还规定在测量额定电压 500 V 以上的电气设备的绝缘电阻时，必须选用 1 000～2 500 V 兆欧表。测量 500 V 以下电压的电气设备，则以选用 500 V 兆欧表为宜。

1. 使用兆欧表注意事项

(1) 正确选择其电压和测量范围。应根据被测电气设备的额定电压选用兆欧表的电压等级:一般测量 50 V 以下的用电器绝缘,可选用 250 V 兆欧表;测量 50～380 V 的用电设备绝缘情况,可选用 500 V 兆欧表。测量 500 V 以下的电气设备,兆欧表应选用读数从零开始的,否则不易测量。

(2) 选用兆欧表外接导线时,应选用单根的多股铜导线,不能用双股绝缘线,绝缘强度要在 500 V 以上,否则会影响测量的精确度。

(3) 测量电气设备绝缘电阻时,测量前必须先断开设备的电源并验明无电。如果是电容器或较长的电缆线路,应放电后再测量。

(4) 使用兆欧表时必须远离强磁场,并且平放。摇动兆欧表时,切勿使表受震动。

(5) 在测量前,兆欧表应先做一次开路试验,然后再做一次两表线直接接通实验。表针在开路实验中应指到"∞"(无穷大)处;而在两表线直接接通试验中表针能摆到"0"处,这表明兆欧表工作状态正常,可测电气设备。

(6) 测量时应清洁被测电气设备表面,以免引起接触电阻大,测量结果不准。

(7) 在测电容器的绝缘电阻时需注意,电容器的耐压必须大于兆欧表输出的电压值。测完电容后,应先取下兆欧表线再停止摇动摇把,以防止已充电的电容向兆欧表放电而损坏仪表。测完的电容要用电阻进行放电。

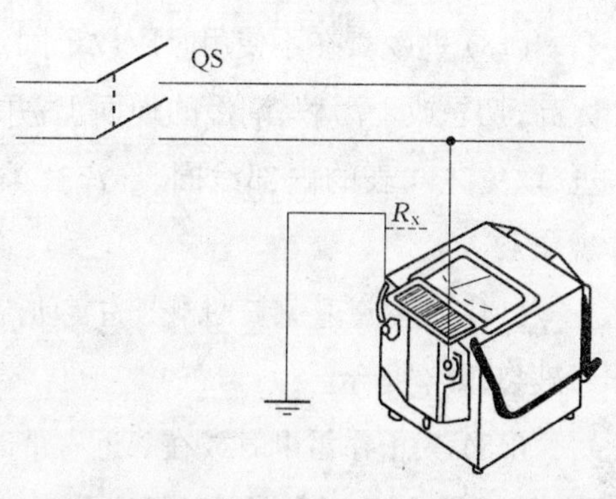

图 2-17 用兆欧表测量线路对地绝缘

(8) 用兆欧表进行测量时,还需注意摇表上"L"端子应与电气设备的带电体一端相连,而标有“E”的接地端子应接配电设备的外壳或接电动机外壳或地线,如图 2-17 所示。如果是测量电缆的绝缘电阻,除把兆欧表“接地”端接入电气设备接地之外,另一端接线路后,还需再将电缆芯之间的内层绝缘物接“保护环”,以消除因表面漏电而引起的读数误差,如图 2-18 所示。

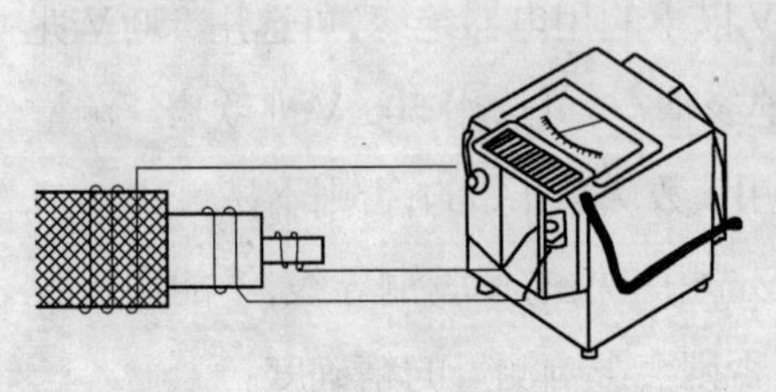

图 2-18　兆欧表测电缆时示意图

(9) 若遇天气潮湿或空气湿度较大时,应使用“保护环”以消除绝缘物表面泄流,使被测物绝缘电阻比实际值偏低。

(10) 使用兆欧表测试完毕后,也应对电气设备进行一次放电。

(11) 使用兆欧表时要保持一定的转速,一般为 120 r/分钟,容许变动 ±20%,在 1 分钟后取一稳定读数。测量时不要用手触摸被测物及兆欧表接线柱,以防触电。

(12) 摇动兆欧表手柄,应先慢再逐渐加快,待调速器发生滑动后,应保持转速稳定不变。如果被测电气设备短路,表针摆动到“0”时,应停止摇动手柄,以免兆欧表过流发热烧坏。

(13) 兆欧表在不使用时应放于固定柜橱内,周围温度不宜太低或太高,切忌放于污秽、潮湿的地面上,并避免置于含侵蚀作用的气体附近,以免兆欧表的内部线圈、导流片等零件发生受潮、生锈和腐蚀等现象。

(14) 应尽量避免长期剧烈的震动,否则可能造成表头轴尖变秃或宝石破裂,影响指示。

(15) 禁止在雷电时或在邻近有带高压导体的设备时用兆欧表进行测量,只有在设备不带电又不可能受其他电源感应而带电时才能进行测量。

2. 兆欧表的常见故障及检修方法

兆欧表的常见故障及检修方法见表 2-3。

表 2-3 兆欧表的常见故障及检修方法

故障现象	产生原因	检修方法
兆欧表发电机发不出电压或电压很低，摇柄摇动很重	1. 发电机发不出电压可能是线路接头有断线处 2. 发电机绕组断线或其中一个绕组断线 3. 碳刷接触不好或碳刷磨损严重压力不够 4. 整流子环击穿短路或太脏 5. 发电机并联电容击穿 6. 转子线圈短路 7. 兆欧表内部接线有短路处 8. 发电机整流环有污物，造成短路	1. 找出断线处，重新焊接好 2. 焊接发电机绕组断线处或重新绕线圈 3. 清除污物后更换新碳刷，用细砂纸打磨碳刷，使碳刷在刷架内活动自如 4. 用酒精清洗整流环，清除污物并吹干，重新装配 5. 更换同等耐压级别、同等容量的电容 6. 重新绕制转子线圈 7. 检查各接头有无短路处或因震动使其焊接线脱开而短路到别的接点上，恢复原位，重新焊好 8. 拆下转子，用酒精刷净，吹干重新装配
兆欧表指针不指零位	1. 导丝变形 2. 电流线圈或零点平衡线圈有短路或断路处 3. 电流回路电阻值变大或变小 4. 电压回路电阻值变大或变小	1. 配换同型号导丝 2. 重新绕制电流线圈或零点平衡线圈 3. 更换同规格的电流回路电阻 4. 更换同规格的电压回路电阻
兆欧表在两表笔开路时指针指不到“∞”位置或超过“∞”位置	1. 表头导丝变形，残余力矩比原来变大 2. 电压回路电阻值变大 3. 发电机发出电压不够	1. 更换同型号导丝 2. 更换新的电压回路电阻 3. 检查发电机发出电压不足的原因。若是碳刷接触不好，要

（续表）

故障现象	产生原因	检修方法
兆欧表在两表笔开路时指针指不到"∞"位置或超过"∞"位置	4. 电压线圈有短路或断路处 5. 指针超过"∞"时，电压回路电阻变小 6. 指针超过"∞"时，有无穷大平衡线圈短路或断路 7. 指针超过"∞"时，表头导丝变形，残余力矩比原来减小	更换碳刷；若是整流环短路时，要用酒精清洗并吹干；是整流二极管损坏时，要更换 4. 重新绕制电压线圈 5. 更换电压回路变小的电阻 6. 重新绕制无穷大平衡线圈 7. 用镊子修理导丝，如果变形严重时，要更换表头导丝
兆欧表指针不能转动，或转到某一位置时有卡住现象	1. 兆欧表指针没有平衡于表壳玻璃罩及纸盘中间，造成表针与表壳或纸盘相摩擦 2. 支撑线圈的上、下轴尖松动，造成线圈与铁心极掌相碰 3. 线圈内部的铁心与极掌之间间隙处有铁屑杂物等 4. 兆欧表可动线圈框架内部与铁心相摩擦 5. 由于导丝变形使指针摆动时与其他固定物相擦 6. 兆欧表指示表盘里或线圈与铁心之间落进细小毛物	1. 用小镊子细心地把指针捏到平衡于表壳玻璃及纸盘的中间位置处 2. 重新调整上、下轴尖，紧固好宝石螺钉 3. 拆开兆欧表，用毛刷清除铁心与极掌之间的铁屑或其他杂物 4. 原因一般是由于紧固铁心螺钉松动引起，所以要紧固固定铁心的螺钉 5. 用镊子整形导丝或更换新导丝 6. 拆开兆欧表，用小细毛刷清除兆欧表表盘以及线圈与铁心之间的细小毛物

■ 2.6 数字兆欧表

图 2-19 数字兆欧表

数字兆欧表采用三位半 LCD 显示器显示，测试电压由直流电压变换器将 9 V 直流电压变成 250 V/500 V/1 000 V 直流，并采用数字电桥进行高阻测量。具有量程宽、读数直观、携带使用方便、整机性能稳定等优点，适用于各种电气绝缘电阻的测量。图 2-19 所示是数字兆欧表的外形和结构图。

(1) 数字兆欧表的技术数据。

数字兆欧表的技术数据见表 2-4。

表 2-4 数字兆欧表的技术数据

测试电压	250 V±10%	500 V±10%	1 000 V±10%
量程	0.01 MΩ—20.00 MΩ 0.1 MΩ—200.0 MΩ 0 MΩ—2 000 MΩ		
准确度	±(4%读数+2 个字)		
中值电阻	2 MΩ	2 MΩ	5 MΩ
短路电流	1.7 mA	1.7 mA	1.4 mA
插孔位置	LE_1	LE_1	LE_2

(2) 数字兆欧表的使用方法。

① 将电源开关打开，显示器高位显示“1”。

② 根据测量需要选择相应的量程，并按下。(0.01 MΩ—20.00 MΩ/0.1 MΩ—200.0 MΩ/0 MΩ—2 000 MΩ)

③ 根据测量需要选择相应的测试电压，并按下。(250 V/500 V/

1 000 V)

④ 将被测对象的电极接入兆欧表相应的插孔，测试电缆时，插孔 G 接保护环。

⑤ 将输入线“L”接至被测对象线路端，要求“L”引线尽量悬空，“E1”或“E2”接至被测对象地端。

⑥ 压下测试按键“PUSH”(此时高压指示 LED 点亮)测试进行，当显示值稳定后即可读数，读值完毕后松开“PUSH”按键。

⑦ 如显示器最高位仅显示“1”，表示超量程，需要换至高量程挡，当量程按键已处在 0～2 000 MΩ 挡时，则表示绝缘电阻已超过 2 000 MΩ。

(3) 数字兆欧表使用注意事项。

① 测试前应检查被测对象是否完全脱离电网供电，并应短路放电，以证明被测对象不存在电力危险才进行操作，以保障测试操作安全。

② 测试时，不允许手持测试端，以保证读数准确和人身安全。

③ 测试时如显示读数不稳，有可能是环境干扰或绝缘材料不稳定的影响，此时将“G”端接到被测对象屏蔽端，可使读数稳定。

④ 电池不足时 LCD 显示器上有欠压符号“LOBAT”显示，请及时更换电池，长期存放时应取出电池，以免电池漏液损坏仪表。

⑤ 由于仪表具有自动关机功能，如在测试过程中遇到仪表自动关机时，则需关闭电源开关，重新打开开关，即可恢复测试。

⑥ 空载时，如有数字显示，属正常现象，不会影响测试。

⑦ 为保证测试安全和减少干扰，测试线采用硅橡胶材料，请勿随意更换。

⑧ 仪表请勿置于高温，潮湿处存放，以延长使用寿命。

chapter 3 >>

第3章 家庭电工常用工具

3.1 低压验电笔

低压验电笔是用来检测低压导体和电气设备外壳是否带电的常用工具,检测电压的范围通常为 60～500 V。低压验电笔的外形通常有钢笔式和螺钉旋具式两种。电笔由氖泡、电阻、弹簧、笔身和笔尖等部分组成,另外近年来也应用了许多具有电子显示的低压验电笔,如图 3-1a 所示是低压验电笔外形,3-1b是几种电子式验电笔。

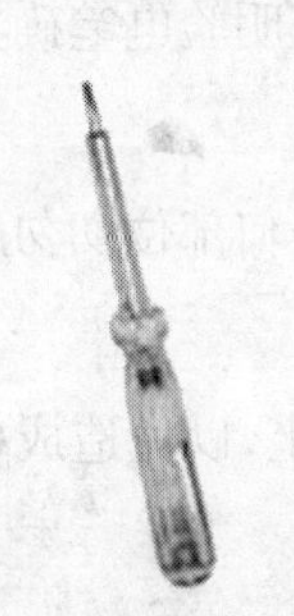

a 低压验电笔外形

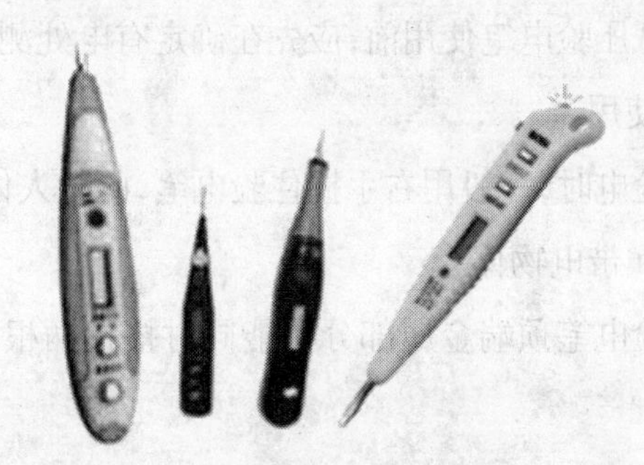

b 几种电子式验电笔

图 3-1 低压验电笔

1. 使用方法

使用低压验电笔时,必须按图 3-2 所示的方法握笔,以手指触及笔尾的金属体,使氖管小窗背光朝自己。当用电笔测带电体时，电流经带电体、电笔、人体、大地形成回路，只要带电体与大地之间的电位差超过 60 V，电笔中的氖泡就发光。电压高发光强，电压低发光弱。

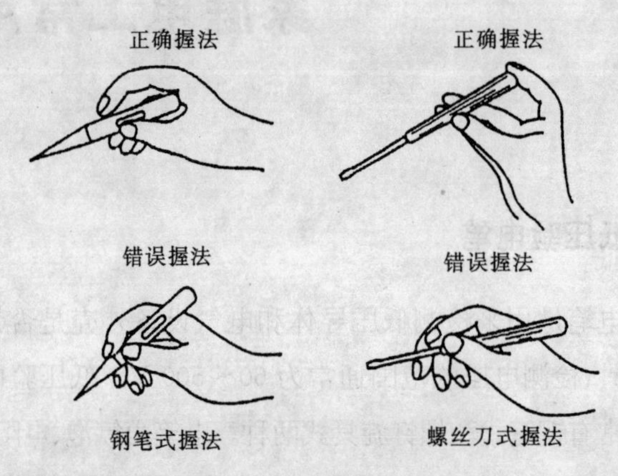

图 3-2 低压验电笔的使用方法

2. 使用注意事项

(1) 低压验电笔使用前，应先在确定有电处测试，证明验电笔确实良好后方可使用。

(2) 验电时，一般用右手握住验电笔，此时人体的任何部位切勿触及周围的金属带电物体。

(3) 验电笔顶端金属部分不能同时搭在两根导线上，以免造成相间短路。

(4) 普通低压验电笔的电压测量范围在 60～500 V 之间，切勿用普通验电笔测试超过 500 V 的电压。

(5) 如果验电笔需在明亮的光线下或阳光下测试带电体时，应当避光检测，以防光线太强不易观察到氖泡是否发亮，造成误判。

(6) 验电笔在使用完毕后要保持清洁，放置干燥处，严防摔碰。

■ 3.2 螺丝刀

螺丝刀又称改锥、起子等，是一种手用工具，主要用来旋动(紧固或拆卸)头部带一字槽或十字槽的螺钉、木螺钉，其头部形状分一字形和十字形，柄部由木材或塑料制成。常用的螺丝刀如图 3-3 所示外形。

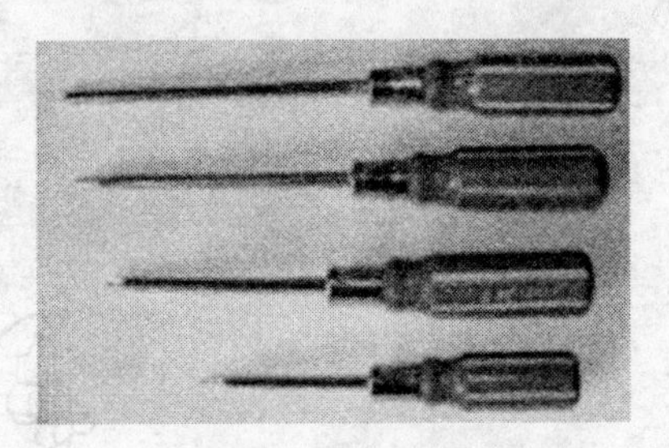

图 3-3 螺丝刀外形

1. 规格

螺丝刀的规格是以柄部以上的杆身长度和杆身直径表示，但习惯上是以柄部以上杆身长度表示。电工常用的一字形螺丝刀有 50 mm、100 mm、150 mm 和 200 mm 等规格。十字形螺丝刀常用的有四个规格，Ⅰ号适用于直径为 2～2.5 mm 的螺钉，Ⅱ号适用于直径为 3～5 mm 的螺钉，Ⅲ号适用于直径为 6～8 mm 的螺钉，Ⅳ号适用于直径为 10～12 mm 的螺钉。对于十字形螺丝刀来说，选择合适的规格是十分必要的。

2. 使用方法

(1) 大螺丝刀的使用。大螺丝刀一般用来紧固或旋松较大的螺钉。使用时，用大拇指、食指和中指夹住握柄，手掌顶住握柄的末端，以适当的力度旋紧或旋松螺钉。刀口要放入螺钉的头槽内，不能打滑。如图 3-4a 所示。

(2) 小螺丝刀的使用。小螺丝刀一般用来紧固或拆卸电气装置接线桩上的小螺钉。使用时，大拇指和中指夹着握柄，用食指顶住握柄的末端，刀口放入螺钉槽内。捻旋时施以适当的力，不能打滑以免损伤螺钉头槽。如图 3-4b 所示。

(3) 长螺丝刀的使用。使用较长螺丝刀时，用右手握住握柄并旋动握柄,左手握住螺丝刀的中间部分,使螺丝刀不致滑脱螺丝钉头槽。此时左手不得放在螺钉的周围,以免螺丝刀滑出时将手划伤。如图 3-4c 所示。

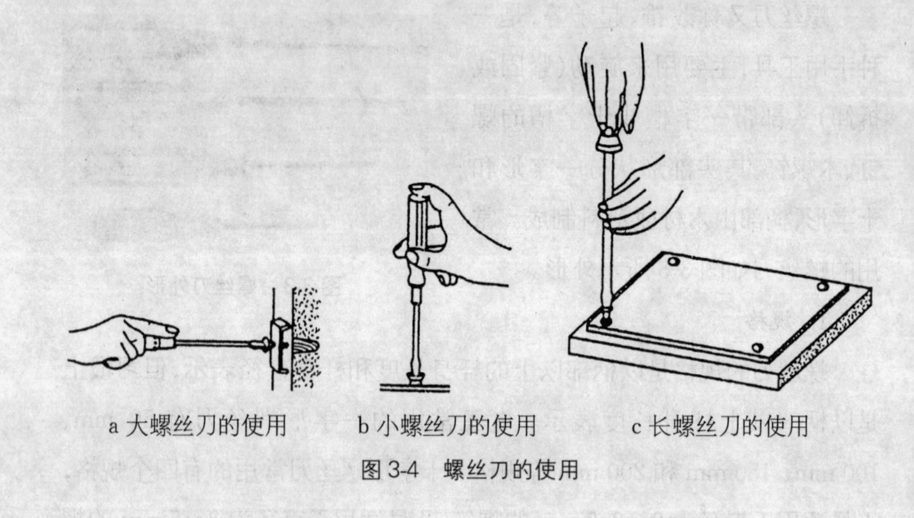

a 大螺丝刀的使用　　b 小螺丝刀的使用　　c 长螺丝刀的使用

图 3-4　螺丝刀的使用

3. 使用注意事项

(1) 电工必须使用带绝缘手柄的螺丝刀。

(2) 使用螺丝刀紧固或拆卸带电的螺钉时,手不得触及旋具的金属杆,以免发生触电事故。

(3) 为了防止螺丝刀的金属杆触及皮肤或触及邻近带电体,应在金属杆上套装绝缘管。

(4) 使用时应注意选择与螺钉顶槽相同且大小规格相应的螺丝刀。

(5) 切勿将螺丝刀当做錾子使用,以免损坏螺丝刀手柄或刀刃。

3.3 钢丝钳

钢丝钳又称电工钳、克丝钳。它的用途极为广泛,是内线、外线电工不可缺少的工具之一。钢丝钳由钳头和钳柄两部分组成,钳头由钳口、齿口、刀口和铡口四部分组成，如图 3-5a 所示。

1. 规格

钢丝钳有裸柄和绝缘柄两种，电工应选用带绝缘的，且耐压应为 500 V以上。钢丝钳的规格用全长表示，常用的规格有 150 mm、175 mm 和 200 mm 三种。

2. 使用方法

使用钢丝钳时，用右手拇指与四指握住钳柄，其中小指与另三指卡住另一钳柄，可使钳嘴自由张开、闭合。拇指与四指共同用力时，可使刀口紧闭剪断导线或固定元件。如图 3-5b、c、d、e 所示。

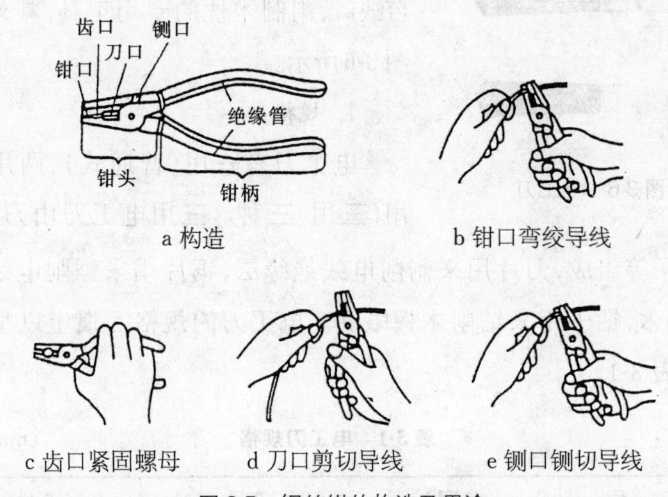

a 构造　b 钳口弯绞导线

c 齿口紧固螺母　d 刀口剪切导线　e 铡口铡切导线

图 3-5　钢丝钳的构造及用途

3. 使用注意事项

(1) 使用前，必须检查绝缘柄的绝缘是否良好，以免在带电作业时发生触电事故。

(2) 剪切带电导线时，不得用刀口同时剪切相线和零线，或同时剪切两根相线，以免发生短路事故。

(3) 钳头不可代替锤子作为敲打工具使用。

(4) 用钢丝钳剪切绷紧的导线时,要做好防止断线弹伤人或设备的安全措施。

(5) 要保持钢丝钳清洁,带电操作时,手与钢丝钳的金属部分要保持2 cm以上的距离。

(6) 带电作业时钳子只适用于低压线路。

3.4 电工刀

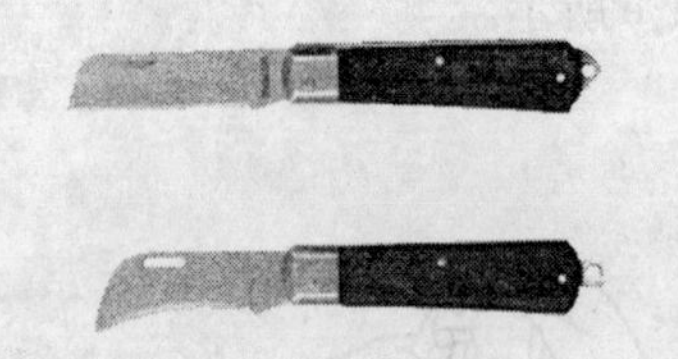

图 3-6 电工刀

电工刀是用来剖削电线线头、切削木台缺口、削制木枕的专用工具,其外形如图 3-6 所示。

1. 规格

电工刀有一用(普通式)、两用及多用(三用)三种。三用电工刀由刀片、锯片、钻子等组成,刀片用来割削电线绝缘层,锯片用来锯削电线槽板和圆垫木,钻子用来钻削木板眼孔。电工刀的规格习惯上以型号表示,见表 3-1。

表 3-1 电工刀规格 (mm)

名　称	1号	2号	3号
刀柄长度	115	105	95
刃部厚度	0.7	0.7	0.6

2. 使用方法

电工刀使用时,应将刀口朝外剖削。剖削导线时,应使刀面与导线成较小的锐角,以免割伤导线,并且用力不宜太猛,以免削破左手。电工刀用毕，应随即将刀身折进刀柄，不得传递未折进刀柄的电工刀。

3. 使用注意事项

(1) 电工刀的刀柄是无绝缘保护的，不能在带电导线或器材上剖削，以免触电。

(2) 电工刀第一次使用前应开刃。

(3) 电工刀不许代替锤子用以敲击。

(4) 电工刀的刀尖是剖削作业的必需部位，应避免在硬器上划损或碰缺，刀口应经常保持锋利，磨刀宜用油石为好。

3.5 活扳手

活扳手是用来旋转六角或方头螺栓、螺钉、螺母的一种常用工具。因为它的特点是开口尺寸可以在规定范围内任意调节，所以特别适用于螺栓规格多的场合使用。活扳手由头部和柄部组成，头部由活络扳唇、呆扳唇、扳口、蜗轮和轴销等构成，如图 3-7a 所示。

1. 规格

活扳手的规格以其全长来表示，见表 3-2。

表 3-2 活扳手规格 (mm)

长 度	100	150	200	250	300	375	450	600
最大开口宽度	14	19	24	30	36	46	55	65
相当普通螺栓规格	M8	M12	M16	M20	M24	M30	M36	M42
试验负荷(N)	410	690	1 050	1 500	1 990	2 830	3 500	3 900

2. 使用方法

使用时，将扳口调节到比螺母稍大些，用右手握手柄，再用右手指旋动蜗轮使扳口紧压螺母。扳动大螺母时，因为力矩较大，手应握在手柄的尾处,如图 3-7b 所示。扳动较小螺母时,需用力矩不大,但螺母过小易打滑,故手应握在靠近头部的地方,如图 3-7c 所示,可随时调节蜗轮,收紧活络扳唇,防止打滑。

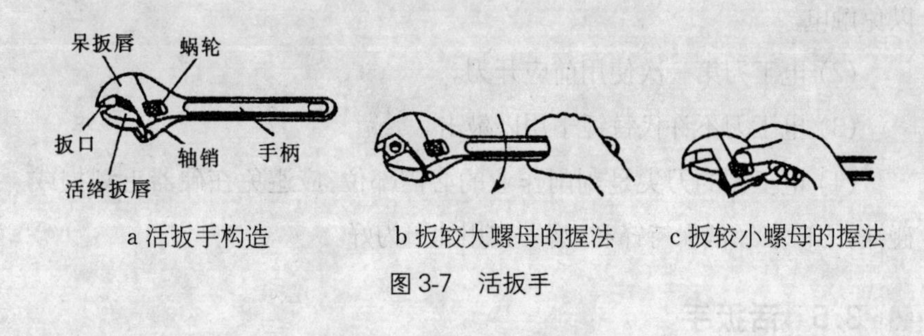

a 活扳手构造　　b 扳较大螺母的握法　　c 扳较小螺母的握法

图 3-7　活扳手

3. 使用注意事项

(1) 使用扳手时,严禁带电操作。

(2) 使用活扳手时应随时调节扳口,把工件的两侧面夹牢,以免螺母脱角打滑,不得用力太猛。

(3) 活扳手不可反用,以免损坏活动扳唇,也不可用钢管接长手柄来施加较大的扳拧力矩。

(4) 活扳手不得当做撬棍和锤子使用。

3.6　尖嘴钳

尖嘴钳的头部尖细,适用于在狭小的工作空间操作。尖嘴钳有裸柄和绝缘柄两种,绝缘柄的耐压为 500 V,电工应选用带绝缘柄的。尖嘴钳的规格以全长表示,常用的规格有 130 mm、160 mm、180 mm 和 200 mm 四种。其外形如图 3-8 所示。

图 3-8　尖嘴钳

尖嘴钳能夹持较小螺钉、垫圈、导线等元件,带有刀口的尖嘴钳能剪断细小金属丝。在装接控制线路时，尖嘴钳能将单股导线弯成需要的各种形状。使用时应注意以下事项：

(1) 不允许用尖嘴钳装卸螺母、夹持较粗的硬金属导线及其他硬物。

(2) 塑料手柄破损后严禁带电操作。

(3) 尖嘴钳头部是经过淬火处理的，不要在锡锅或高温条件下使用。

3.7 断线钳

断线钳又称斜口钳，钳柄有裸柄、管柄和绝缘柄三种。其中电工用的绝缘柄断线钳，绝缘柄的耐压为500 V。断线钳按长度分为130 mm、160 mm、180 mm及200 mm四种规格。其外形如图3-9所示。

断线钳是专供剪断较粗的金属丝、线材及导线电缆时使用的。

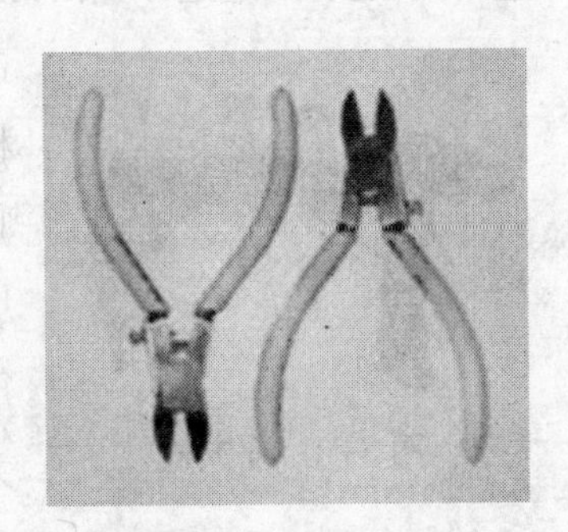

图3-9 断线钳

3.8 剥线钳

剥线钳是用来剥削小直径(ϕ0.5 mm～ϕ3 mm)导线绝缘层的专用工具，其外形如图3-10所示。它的手柄是绝缘的，耐压为500 V。

剥线钳使用时，将要剥削的绝缘层长度用标尺确定好后，用右手握住钳柄，左手将导线放入相应的刃口中(比导线直径稍大)，右手将钳柄握紧，导线的绝缘层即被割破拉开，自动弹出。剥线钳不能用于带电作业。

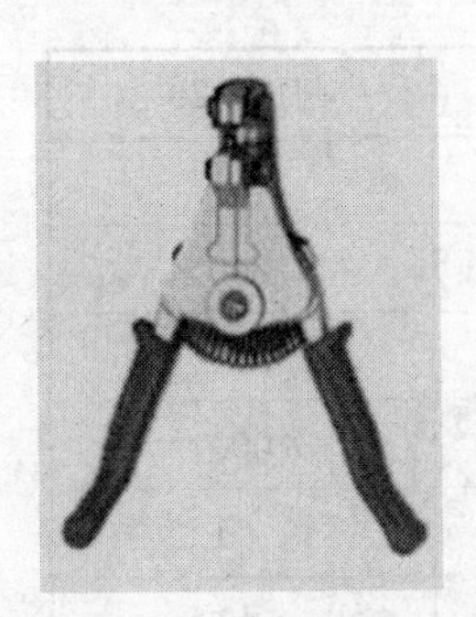

图3-10 剥线钳

■ 3.9 冲击钻

冲击钻是一种电动工具,具有两种功能:一种可作为普通电钻使用,用时应把调节开关调到标记为“钻”的位置;另一种可用来冲打砌块和砖墙等建筑面的木榫孔和导线穿墙孔,这时应把调节开关调到标记为“锤”的位置。通常可冲打直径为6～16 mm的圆孔。有的冲击钻尚可调节转速,有双速和三速之分。在调速和调挡(“冲”和“锤”)时,均应停转。用冲击钻开錾墙孔时,需配专用的冲击钻头,规格按所需孔径选配,常用的直径有8 mm、10 mm、12 mm和16 mm等多种。在冲錾墙孔时,应经常把钻头拔出,以利排屑;在钢筋建筑物上冲孔时,遇到坚硬物不应施加过大压力,以免钻头退火。

图3-11 冲击钻

1. 规格

冲击钻的常用规格见表3-3。

表3-3 冲击电钻的规格型号

型号		JIZC-10	JIZC-20
额定电压(V)		220	220
额定转速(r/min)		1 200	800
额定转矩(N·cm)		90	350
额定冲击次数(次/min)		14 000	8 000
额定冲击幅度(mm)		0.8	1.2
最大钻孔直径(mm)	钢铁中	6	13
	混凝土中	10	20

2. 冲击电钻的使用方法

(1) 钻孔前,先用铅笔或粉笔在墙上标出孔的位置,用中心冲子冲击孔的圆心。然后选择笔直、锋利、无损、与孔径相同的冲击钻头。

(2) 打开卡头,将钻头插到底,用卡头钥匙将卡头拧紧。

(3) 选择适当的钻速。孔径大时用低速,孔径小时用高速。当钻坚硬的墙和石头时,要接通电钻的冲击附件。

(4) 双手用力把握电钻,将钻尖抵在中心冲子冲击的凹坑内,使钻头与墙面成 90°角。

(5) 启动电钻,朝着钻孔方向均匀用力,并使钻头始终保持着与墙面的垂直。在钻孔过程中要不时移出钻头以清除钻屑。

(6) 测量钻孔的深度时,可用较细的硬棒伸到孔底,在棒上作一记号,然后取出硬棒测量孔深。

3. 使用注意事项

(1) 接通电源后应使冲击钻空转 1 分钟,以检查传动部分和冲击部分转动是否灵活。

(2) 工作前要确认调节钮指针是否指在与工作内容相符的地方。

(3) 作业时需戴护目镜。

(4) 作业现场不得有易燃、易爆物品。

(5) 严格禁止用电源线拖拉机具。

(6) 机具把柄要保持清洁、干燥、无油脂,以便两手能握牢。

(7) 遇到坚硬物体,不要施加过大压力,以免烧毁电动机。出现卡钻时,要立即关掉开关,严禁带电硬拉、硬压和用力扳扭,以免发生事故。作业时,应避开混凝土中的钢筋,否则应更换位置。

(8) 作业时双脚要站稳,身体要平衡,作业时应戴绝缘手套。

(9) 工作后要卸下钻头,清除灰尘、杂质,转动部分要加注润滑油。

(10) 工作时间过长,会使电动机和钻头发热,这时要暂停作业,待其冷却后再使用,禁止用水和油降温。

4. **冲击电钻故障检修**

(1) 冲击钻通电后不转

① 故障可能原因

a. 电源线有断路处或某处接头松动脱落。

b. 开关接触不良。

c. 碳刷与换向器接触不良。

② 检修方法与技巧

a. 拆开冲击钻外壳,用万用表测电源插头到开关的一段线路是否通路;如某一根电线断路,应查出断路点,并重新接好。如果是某一接头松脱,要重新接好并做紧固处理。

b. 拆开冲击钻开关,用万用表测开关两端接线柱,并操作接通开关,观察其是否导通,如果不导通应修复或更换开关。

c. 更换同型号新碳刷,并调整弹簧压力使其接触良好。

(2) 换向器在工作中产生较大火花

① 故障可能原因

a. 碳刷与换向器接触不良。

b. 换向器表面不光滑。

c. 电枢有断路点或短路点。

② 检修方法与技巧

a. 更换同型号新碳刷,并调整好弹簧压力。

b. 清除换向器表面污垢,并用细砂纸打磨光滑。

c. 用万用表检查电枢是否有短路或断路点,检查出应将其修复,如短路严重要更换同型号转子或重新绕制电枢绕组。

(3) 冲击钻外壳过热

① 故障可能原因

a. 负载过大,钻头迟钝且用力过大。

b. 电源电压太低。

c. 新装配的电钻配合不好。

d. 绕组受潮有短路点。

e. 减速箱缺润滑脂或润滑脂太脏。

f. 齿轮配合过紧或中间有杂物。

② 检修方法与技巧

a. 检查冲击钻是否超载,并注意在使用过程中减少进给量,钻头磨损严重要及时更换新钻头。

b. 用万用表测电源电压,观察是否过低,如过低时要检查线路中有无接触不良处或其他原因。

c. 新装配的冲击钻如装配不好,可能会造成超载运行,要拆开重新装配。

d. 用 500 V 兆欧表测绕组绝缘情况,如受潮绝缘电阻很低时要做烘干处理。

e. 检查传动部分齿轮箱内润滑脂,如果很少或太脏时要及时清洗加油。

f. 调整齿轮间隙并清除齿轮间的杂质,重新清洗加油。

(4) 冲击性能减弱并且声音异常

① 故障可能原因

a. 冲击机构失灵。

b. 冲击块磨损严重。

② 检修方法与技巧

a. 拆开冲击钻变速箱体，检查冲击机构，更换损坏部件。

b. 更换动静冲击块。

3.10 电锤

图 3-12 电锤

家庭电工使用的电锤也是一种旋转带冲击电钻的电动工具，它比冲击电钻冲击力大，主要用于安装电气设备时在建筑混凝土柱板上钻孔，电锤也可用于水电安装，敷设管道时穿墙钻孔，电锤的外形如图 3-12 所示。

1. 使用电锤时注意事项

(1) 检查电锤电源线有无损伤，然后用 500 V 兆欧表对电锤电源线进行摇测，测得电锤绝缘电阻超过 0.5 MΩ 时方能通电运行。

(2) 电锤使用前应先通电空转一下，检查转动部分是否灵活，待检查电锤无故障时方能使用。

(3) 工作时应先将钻头顶在工作面上，然后再启动开关，尽可能避免空打孔。在钻孔中发现电锤不转时要立即松开开关，检查出原因后方能再启动电锤。

(4) 用电锤在墙上钻孔时应先了解墙内有无电源线，以免钻破电线发生触电。在混凝土中钻孔时，应注意避开钢筋，如钻头正好打在钢筋上，应立即退出，然后重新选择位置，再行钻孔。

2. 电锤故障检修

(1) 电锤在按下开关后电动机不运转

① 故障可能原因

a. 电源有断线处，开关接触不良。

b. 插头插座与电源接触不良。

c. 碳刷与整流子接触不良。

② 检修方法与技巧

a. 用万用表测电源线及开关通断情况,查出断线点要重新接通,如果开关接触不良,要修复或更换新开关。

b. 检查插头插座处是否接触不良,如接触不良应调整插头插座使之接触良好。

c. 检查碳刷是否过短,若过短应更换同型号新碳刷。

(2) 电锤启动后电动机转速很低

① 故障可能原因

a. 电源电压过低。

b. 碳刷压力过小。

c. 电动机有匝间短路或断路点。

② 检修方法与技巧

a. 用万用表测电源电压是否过低,如果过低,应向线路上查找原因,或调换其他一相供电线路。

b. 检查碳刷压力,更换合格的同型号碳刷,调整弹簧压力,使碳刷在刷握内活动自如。

c. 检查电动机匝间短路与断路点,并加以处理,短路严重时要更换绕组。

(3) 电动机过热或运转时碳刷处火花较大

① 故障可能原因

a. 负载过重,工作时间较长。

b. 电源电压过低。

c. 通风不畅。

d. 定子与转子发生摩擦。

e. 整流子有碳灰脏物，片间有短路处。

f. 碳刷磨损过短。

g. 转子绕组有短路处。

② 检修方法与技巧

a. 减少进给力，减少持续工作时间。

b. 用万用表测电源电压是否过低，如过低要在电路上查找原因。

c. 检查内部风扇是否完整，是否风扇口受阻影响通风散热，排除障碍物，保证通风良好。

d. 电锤用久运转部分磨损严重，有时会产生定子与转子相摩擦。这时要拆开电锤，检查里面有无异物、转轴是否磨损严重、转轴是否弯曲损坏，根据具体情况加以检修或更换。

e. 检查整流子表面并加以清洁处理，彻底清除云母槽中的灰尘与导电物。

f. 更换同型号的碳刷，并调整好弹簧压力。

g. 检查转子短路处并加以处理，如短路严重不能局部修复时要更换绕组或转子。

(4) 电锤前端刀夹座处过热

① 故障可能原因

a. 轴承损坏，轴承缺油或油质太差。

b. 活塞运动不灵活或活塞缸破裂。

c. 工具头在钻孔时歪斜角度过大。

② 检修方法与技巧

a. 更换同型号的新轴承，如果检查轴承完好，应对轴承清洗加油。

b. 拆开电锤，清洗活塞缸并重新装配，如果活塞缸破裂要更换新的。

c. 适当调整钻孔时电锤钻头与被加工面的角度。

(5) 工作头只旋转不冲击或只冲击不旋转

① 故障可能原因

a. 进给力太大。

b. 活塞环磨损严重。

c. 活塞缸有异物。

d. 电锤钻上建筑物内的钢筋。

e. 离合器装配过松。

f. 刀夹座与刀杆六方磨损严重。

g. 刀杆受摩擦力过大。

② 检修方法与技巧

a. 减小进给力。

b. 更换同型号配件。

c. 清洁活塞缸内杂质。

d. 如电锤工作时钻头钻上钢筋,要立即切断电源,重新选择钻孔。

e. 重新调整离合器。

f. 拆开电锤更换磨损严重的配件。

g. 重新装配修理刀杆。

3.11 电烙铁

电烙铁是用来焊接电工、电子线路及元器件的专用工具,分内热式和外热式两种,如图 3-13 所示。电烙铁常用的是内热式,有多种规格。

电烙铁的功率应选用适当,钎焊弱电元件用 20～40 W 以内的;钎焊强电元件要选用 45 W 以上的。若用大功率电烙铁钎焊弱电元件不但浪费电力,还会烧坏元件;用小功率电烙铁钎焊强电元件,则会因热量不够而影响焊接质量。

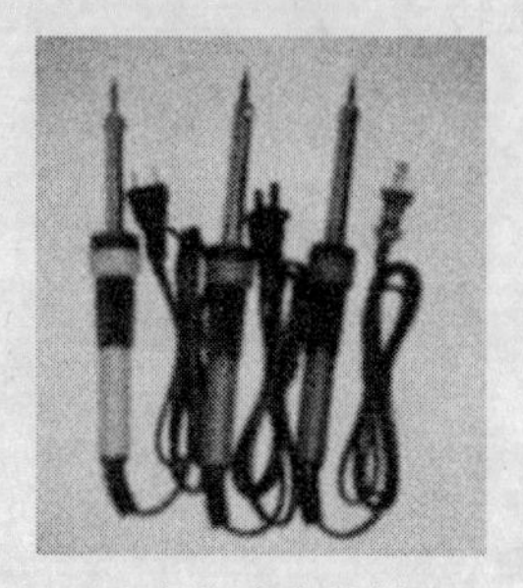

a 内热式电烙铁

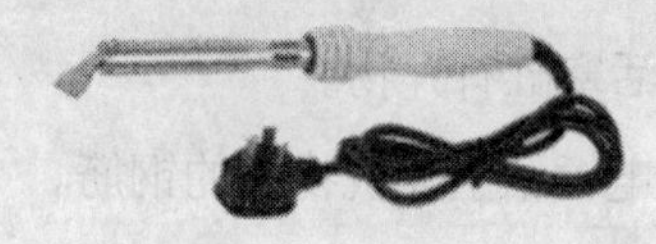

b 外热式电烙铁

图 3-13　电烙铁

1. 规格

电烙铁的形式及规格见表 3-4。

表 3-4　电烙铁的形式及规格

形　式	规格(W)	加热方式
内热式	20、25、35、45、50、70、100、150、200、300	电热元件插入铜头空腔内加热
外热式	30、40、50、75、100、150、200、300、500	铜头插入电热元件内腔加热
快热式	60、100	由变压器感应出低电压大电流进行加热

2. 电烙铁焊接方法

(1) 对新购的电烙铁，应用细钢锉将其铜头端面(对大容量的铜头，还包括其端部的两个斜侧面)打出铜面，然后通电加热并将铜头端部深入到焊剂(焊剂一般有松香、松香酒精溶液和焊膏)中，待加热到能熔锡时，将铜头压在锡块上来回推拉，或用焊锡丝压在铜头端部，使铜头端部全面均匀地涂上一层锡。经过这一过程后，在焊接时铜头才能“叼”上锡来，上述过程如图 3-14 所示。

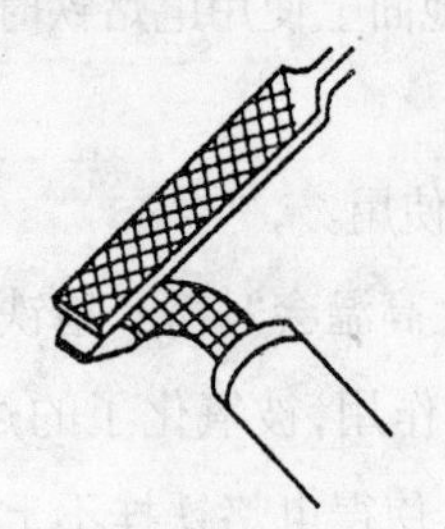

a 细钢锉锉铜头端部

b 铜头端部深入焊剂

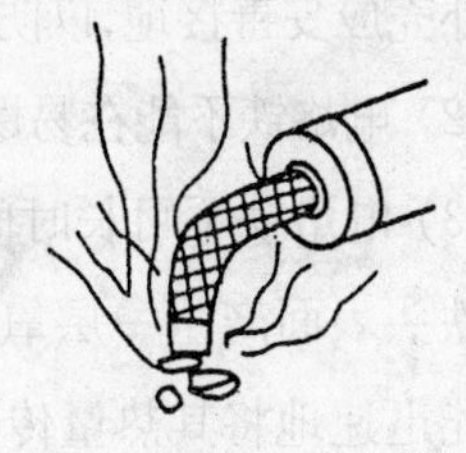

c 铜头端部均匀涂上焊锡

图 3-14 电烙铁铜头上锡过程

(2) 用电工刀或纱布先清除连接线端或待焊部位的氧化层,使之露出内部金属。对于细导线,应避免因用力过大使导线断线。

(3) 在待焊接处均匀地涂上一层焊剂,松香焊剂适用于所有电子器件和小线径线头的焊接;松香酒精溶液适用于小线径线头和强电领域小容量元件的焊接;焊膏适用于大线径线头焊接和大截面导体表面或连接处的焊接。各种焊剂都有不同程度的腐蚀作用,所以焊接完毕后必须清除残留的焊剂(松香焊剂除外)。

(4) 焊接时,将烙铁焊头先蘸一些焊锡轻压在待焊部位,让锡慢慢流入待焊部位的缝隙中。也可将焊锡丝抵在铜头端与待焊件接触处,使之熔化流入焊接部位。焊头停留时间要根据焊件的大小而决定。为防止因过热损伤被焊的晶体管等元件,可用镊子钳等工具夹在焊接部位上方散热,如图 3-15 所示。待焊锡在焊接处均匀地熔化并覆盖好预定焊面时,则应将烙铁提起。为防止提起后焊点出现“小尾巴”或与附近焊点粘连,焊接时锡的用量要适当,提起烙铁应迅速或沿侧向移出。

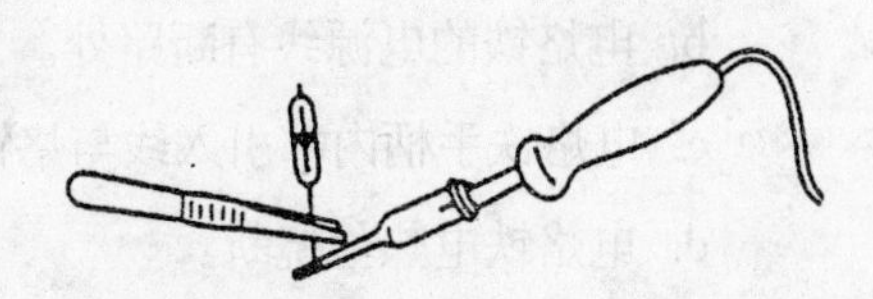

图 3-15 用镊子钳夹住二极管散热

3. 电烙铁使用注意事项

(1) 在金属工作台、金属容器内或潮湿导电地面上使用电烙铁时，其金属外壳应妥善接地，以防触电。

(2) 电烙铁不能在易爆场所或腐蚀性气体中使用。

(3) 电烙铁不可长时间通电。长期通电产生高温会“烧死”烙铁头，即烙铁头表面产生一层氧化层。氧化层起阻热作用，被氧化了的烙铁头不能迅速地将其热量传导到被焊接物体表面，使得电烙铁挂不上锡，焊接不能正常进行。这时要用刀片或细锉将氧化层清除，挂上锡后继续使用。

(4) 使用烙铁时，不准甩动焊头，以免锡珠溅出灼伤人体。

(5) 对于小型电子元件(如晶体管等)及印制电路板，焊接温度要适当，加温时间要短，一般焊接时间为 2～3 秒。

(6) 对于截面 2.5 mm^2 以上导线、电器元件的底盘焊片及金属制品，加热时间要充分，以免引起“虚焊”。

(7) 各种焊剂都有不同程度的腐蚀作用，所以焊接完毕后必须清除残留的焊剂(松香焊剂除外)。

(8) 焊接完后，要及时清理焊接中掉下来的锡渣。

4. 电烙铁故障检修

(1) 插头插上后电烙铁不发热

① 故障可能原因

a. 电源无电压。

b. 电烙铁的电源线有断路处。

c. 电烙铁手柄内部引入线与烙铁心接线柱上的电线有松脱处。

d. 电烙铁电热丝烧断。

② 检修方法

a. 用试电笔测电源插孔是否带电,若不带电应向线路查找原因,并加以解决。

b. 用万用表测电烙铁插头到电烙铁内部接线柱上这一段线路有无断线,如测出两根线其中一根断线,要重新接通电源插头线。

c. 打开电烙铁手柄,重新把引入线与烙铁心线接牢。

d. 用万用表电阻挡测电烙铁心引出线,如果电阻无限大,证明电烙铁心已烧坏,无论是内热式还是外热式,都需要更换同型号同功率的电烙铁心。

(2) 电烙铁发热,但热量不够

① 故障可能原因

a. 电源电压过低。

b. 电烙铁头与电烙铁发热心接触不好或氧化物太多。

② 检修方法

a. 用万用表电压挡测电烙铁所通入的电压,若与电烙铁的额定电压差别太大(过低)时,要向线路查找原因。

b. 把电烙铁头与烙铁心固定牢,如是外热式电烙铁应清除铜头与烙铁心中间的氧化物,重新把烙铁头固定牢。

(3) 电烙铁漏电

① 故障可能原因

a. 电烙铁没有接地线。

b. 电烙铁接地线与相线相接触。

c. 电烙铁心受潮太脏。

d. 电烙铁心质量太差。

② 检修方法

a. 检查电烙铁心接地线。如未接入保护地线,要设法接入。

b. 打开电烙铁，把每个接头重新连接好，防止通入电烙铁的工作电压触及电烙铁外壳。

c. 用无水乙醇清除电烙铁的脏污，并风干、通电发热一段时间后再使用。

d. 更换合格的电烙铁心。

chapter 4 ≫

第 4 章 家庭电工操作基本功

4.1 导线绝缘层的剖削

1. 塑料硬线绝缘层的剖削

芯线截面为 4 mm² 及以下的塑料硬线，其绝缘层用钢丝钳剖削，具体操作方法：根据所需线头长度，用钳头刀口轻切绝缘层(不可切伤芯线)，然后用右手握住钳头用力向外勒去绝缘层，同时左手握紧导线反向用力配合动作，如图 4-1 所示。

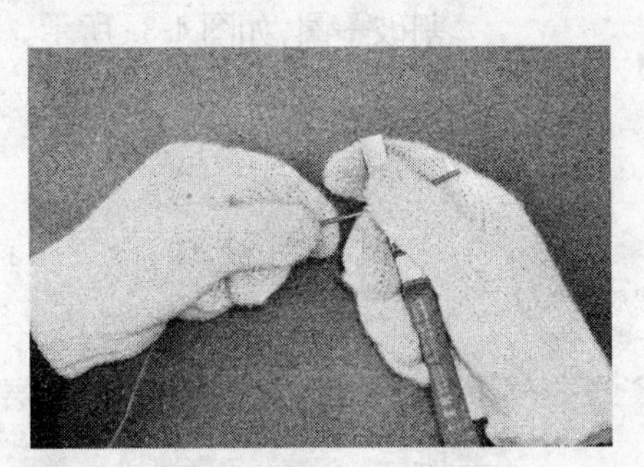

图 4-1 用钢丝钳剖削塑料硬线绝缘层

芯线截面大于 4 mm² 的塑料硬线，可用电工刀来剖削其绝缘层。方法如下：

(1) 根据所需的长度用电工刀以 45°角斜切入塑料绝缘层，如图 4-2a 所示。

(2) 接着刀面与芯线保持 15°角左右,用力向线端推削,不可切入芯线,削去上面一层塑料绝缘层,如图 4-2b 所示。

(3) 将下面的塑料绝缘层向后扳翻,最后用电工刀齐根切去,如图 4-2c 所示。

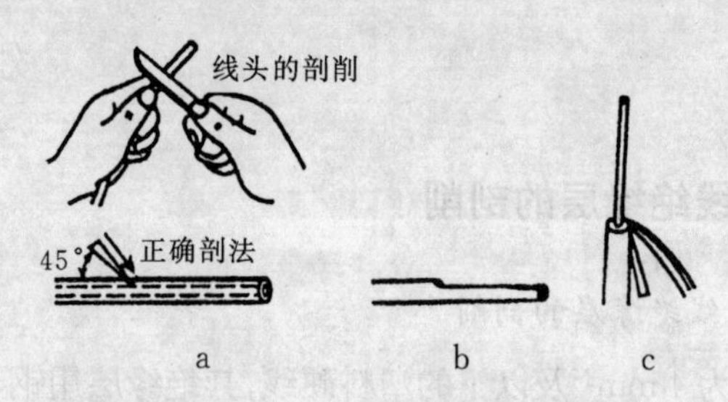

图 4-2　用电工刀剖削塑料硬线绝缘层

2. 皮线线头绝缘层的剖削

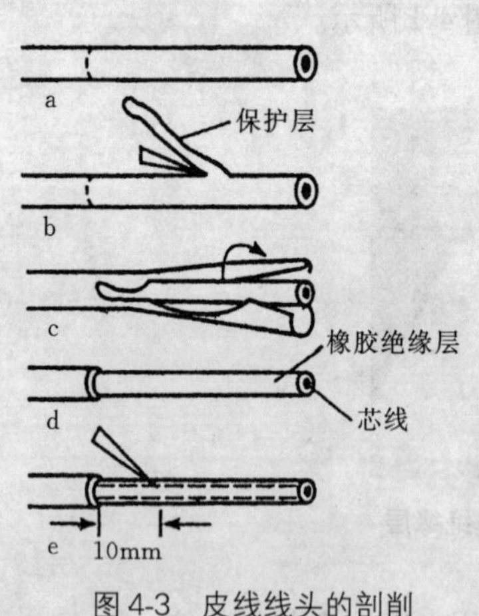

图 4-3　皮线线头的剖削

(1) 在皮线线头的最外层用电工刀割破一圈,如图 4-3a 所示。

(2) 削去一条保护层,如图 4-3b 所示。

(3) 将剩下的保护层剥割去,如图 4-3c 所示。

(4) 露出橡胶绝缘层,如图 4-3d 所示。

(5) 在距离保护层约 10 mm 处,用电工刀以 45°角斜切入橡胶绝缘层,并按塑料硬线的剖削方法剥去橡胶绝缘层,如图 4-3e 所示。

3. 花线线头绝缘层的剖削

(1) 花线最外层棉纱织物保护层的剖削方法和里面橡胶绝缘层的剖

削方法类似皮线线端的剖削。由于花线最外层的棉纱织物较软，可用电工刀将四周切割一圈后用力将棉纱织物拉去。

(2) 在距棉纱织物保护层末端 10 mm 处，用钢丝钳刀口切割橡胶绝缘层，不能损伤芯线，然后右手握住钳头，左手把花线用力抽拉，通过钳口勒出橡胶绝缘层。花线的橡胶层剥去后就露出了里面的棉纱层。

(3) 用手将包裹芯线的棉纱松散开，如图 4-4a 所示。

(4) 用电工刀割断棉纱，即露出芯线，如图 4-4b 所示。

图 4-4 花线绝缘层的剖削

4. 塑料护套线线头绝缘层的剖削

(1) 按所需长度用电工刀刀尖对准芯线缝隙划开护套层，如图 4-5a 所示。

(2) 向后扳翻护套层，用电工刀齐根切去，如图 4-5b 所示。

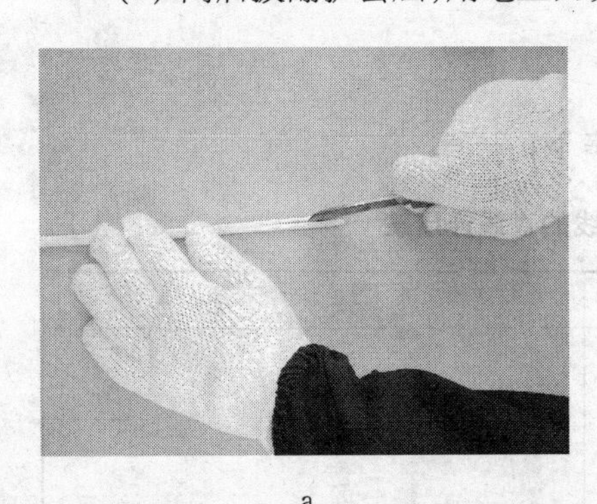

a

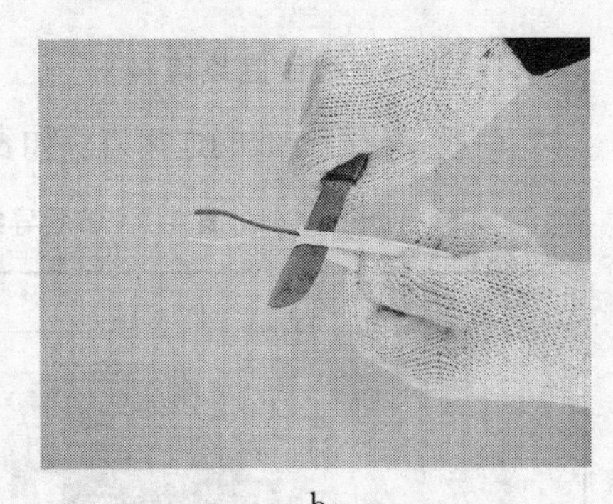

b

图 4-5 护套线绝缘层的剖削

(3) 在距离护套层 5～10 mm 处，用电工刀按照剖削塑料硬线绝缘层的方法，分别将每根芯线的绝缘层剥除。

5. 塑料多芯软线线头绝缘层的剖削

这种线不要用电工刀剖削，否则容易切断芯线。可以用剥线钳或钢丝钳剥离塑料绝缘层，方法如下。

(1) 左手拇指和食指先捏住线头，按连接所需长度，用钢丝钳钳头刀口轻切绝缘层。注意：只要切破绝缘层即可，千万不可用力过大，使切痕过深，防止芯线被切断，如图 4-6a 所示。

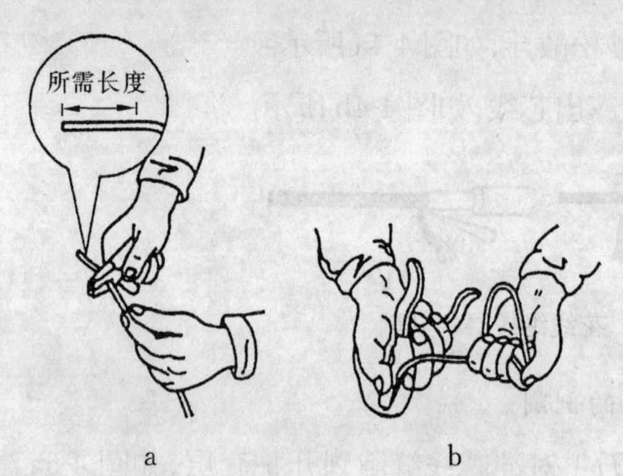

图 4-6　钢丝钳剖削塑料软线绝缘层

(2) 左手食指缠绕一圈导线，并握拳捏住导线，右手握住钢丝钳头部，两手同时反向用力，左手抽右手拉，即可把端部绝缘层剥离芯线，如图 4-6b 所示。

4.2　导线与导线的连接

1. 单股导线的直线连接

单股小截面导线的连接方法如表 4-1 所示。

表 4-1　单股导线的直线连接法

图　　示	连 接 方 法
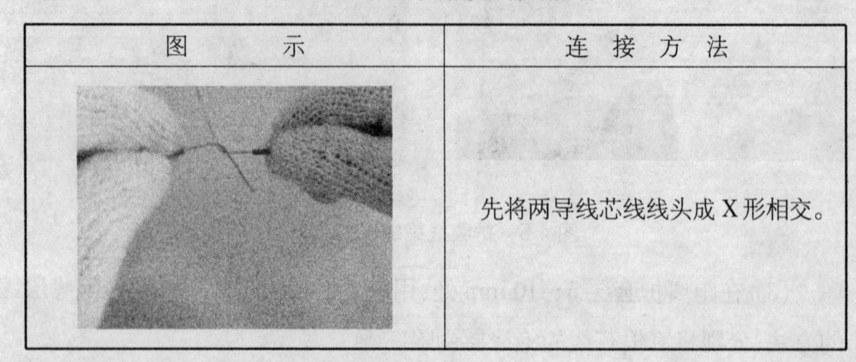	先将两导线芯线线头成 X 形相交。

（续表）

图　　示	连 接 方 法
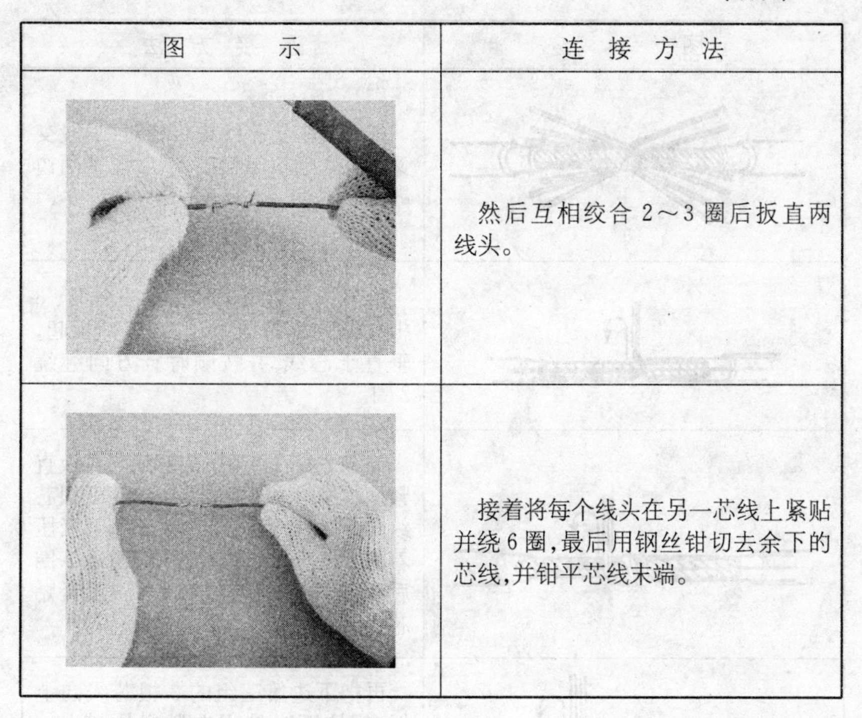	然后互相绞合 2～3 圈后扳直两线头。
	接着将每个线头在另一芯线上紧贴并绕 6 圈，最后用钢丝钳切去余下的芯线，并钳平芯线末端。

2. 多股导线的直线连接

多股导线中用的最多的是 7 股芯线的导线，它的连接方法如表 4-2 所示。

表 4-2　多股导线的直线连接

图　　示	连 接 方 法
1/3	先将剖去绝缘层的芯线头散开并拉直，再把靠近绝缘层 1/3 线段的芯线绞紧，然后把余下的 2/3 芯线头分散成伞状，并将每根芯线拉直。

（续表）

图　示	连接方法
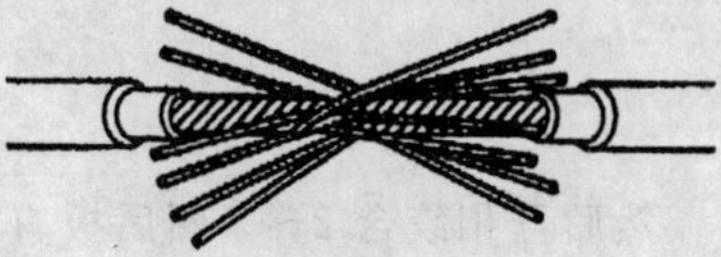	把两股伞状芯线线头相对，隔股交叉直至伞形根部相接，然后捏平两边散开的线头。
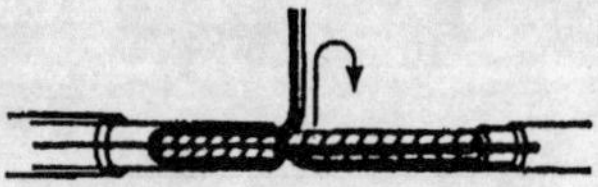	接着把一端的7股芯线按2、2、3根分成三组，把第一组2根芯线扳起，垂直于芯线，并按顺时针方向缠绕2圈。
	缠绕2圈后将余下的芯线向右扳直紧贴芯线。再把下边第二组的2根芯线向上扳直，也按顺时针方向紧紧压着前2根扳直的芯线缠绕，缠绕2圈后，也将余下的芯线向右扳直，紧贴芯线。
	再把下边第三组的3根芯线向上扳直，按顺时针方向紧紧压着前4根扳直的芯线向右缠绕。
	缠绕3圈后，切去每组多余的芯线，钳平线端。
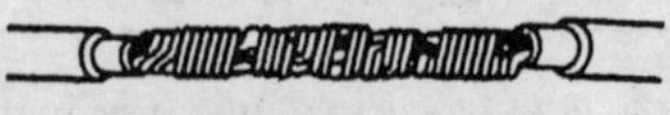	用同样方法再缠绕另一边芯线。

3. 单股导线的T形连接

单股导线的T形连接方法如表4-3所示。

表 4-3　单股导线的 T 形连接

图　　示	连 接 方 法
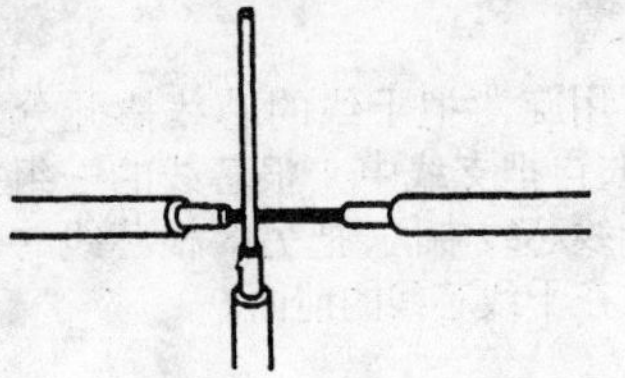	把分支线的芯线垂直放在干线上。
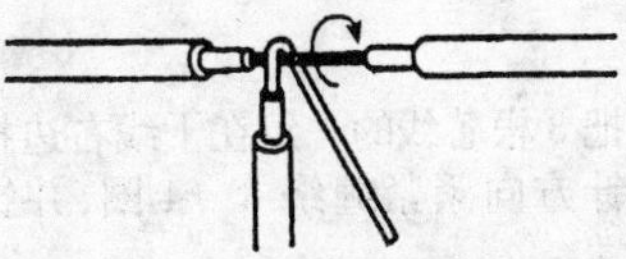	将支线线头按顺时针方向紧密地缠绕在干线上。
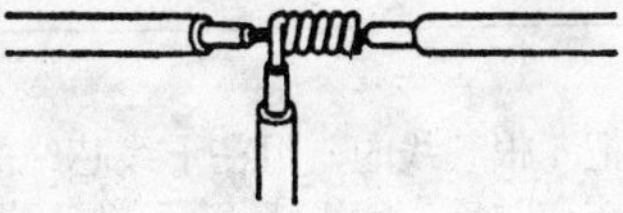	缠绕 5～8 圈后，用钢丝钳剪去余下的芯线，并整平支线芯线的末端，要求支线不能在干线上滑动。

4. 多股导线的 T 形连接

多股导线的 T 形连接如表 4-4 所示。

表 4-4　多股导线的 T 形连接方法

图　　示	连 接 方 法
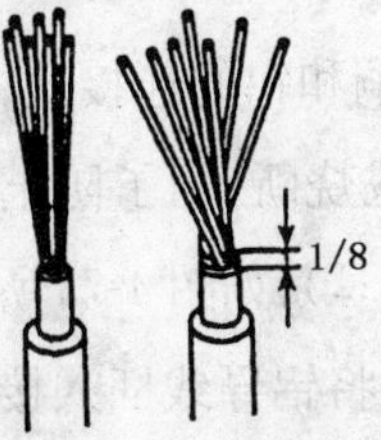 1/8	将分支芯线散开并拉直，再把紧靠绝缘层 1/8 线段的芯线绞紧，把剩余 7/8 的芯线分成两组，一组 4 根，另一组 3 根，排齐。

(续表)

图示	连接方法
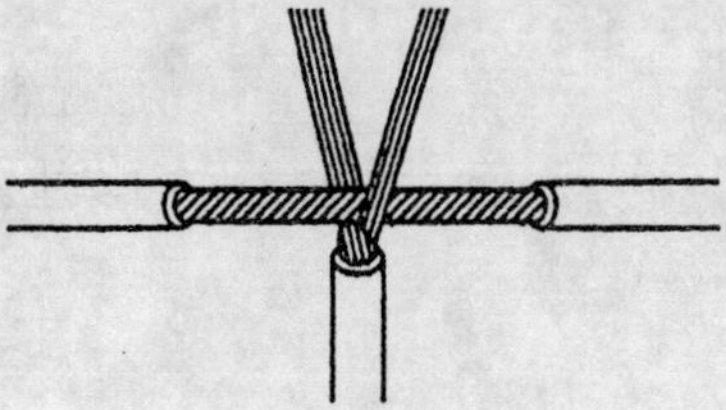	用旋凿把干线的芯线撬开分为两组,再把支线中 4 根芯线的一组插入干线芯线中间,把另 3 根芯线的一组放在干线芯线的前面。
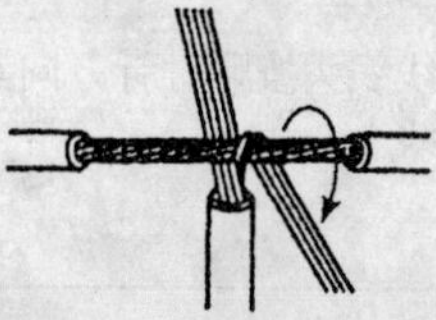	把 3 根芯线的一组在干线右边按顺时针方向紧紧缠绕 3～4 圈,并钳平线端。
	把 4 根芯线的一组在干线芯线的左边按逆时针方向缠绕 4～5 圈。
	剪去多余部分并钳平切口。

4.3 导线与接线耳的连接

一般电气设备的连接桩多是铜制的,在铜和铝的连接处,当有潮气侵入时,易产生电化腐蚀,会引起接头发热或烧断,为了防止这种故障的发生,常采用一种铜铝过渡接头(也称接线耳),如图 4-7a 所示。将铝导线和接线耳铝内孔清洁干净,涂上凡士林,将铝导线插入接线耳铝端用压接钳压接如图 4-7b 所示,接线耳的铜端再与设备的接线桩连接。

图 4-7c 所示为铜接线耳，将多股芯线镀锡再焊接到接线耳的尾端，另一端接设备。

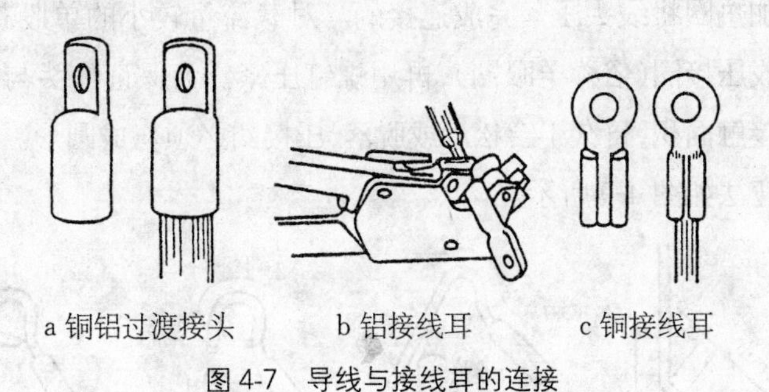

a 铜铝过渡接头　　b 铝接线耳　　c 铜接线耳

图 4-7　导线与接线耳的连接

4.4　导线与接线端子(接线桩)的连接

1. 线头与针孔接线桩的连接

单股芯线与接线桩连接时，最好按要求的长度将线头折成双股并排插入针孔，使压接螺钉顶紧在双股芯线的中间，如图 4-8a 所示。如果线头较粗，双股芯线插不进针孔，也可将单股芯线直接插入，但芯线在插入针孔前，应朝着针孔上方稍微弯曲，以免压接螺钉稍有松动线头就脱出，如图 4-8b 所示。

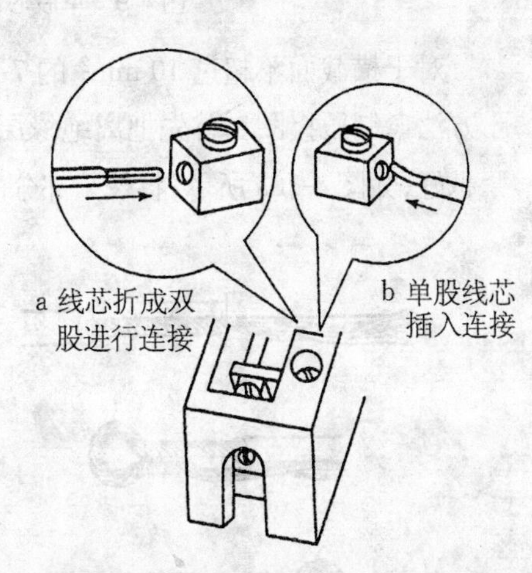

图 4-8　单股芯线与针孔接线桩连接

无论是单股芯线还是多股芯线，线头插入针孔时必须插到底，导线绝缘层不得插入孔内，针孔外的裸线头长度不得超过 3 mm。凡是有两个压接螺钉的，应先拧紧靠近孔口的一个，再拧紧靠近孔底的一个。

2. 线头与螺钉平压式接线桩的连接

单股芯线与螺钉平压式接线桩的连接，是利用半圆头、圆柱头或六角头螺钉加垫圈将线头压紧完成连接的。对载流量较小的单股芯线，先将线头弯成压接圈（俗称羊眼圈），再用螺钉压紧。为保证线头与接线桩有足够的接触面积，日久不会松动或脱落，压接圈必须弯成圆形。单股芯线压接圈弯法如图 4-9 所示。

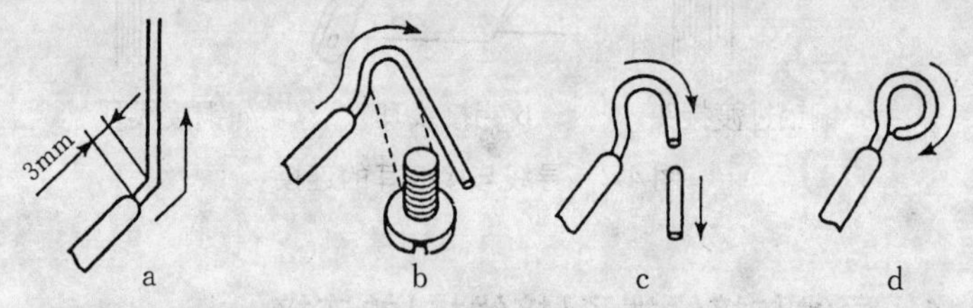

a 离绝缘层根部约 3 mm 处向外侧折角　b 按略大于螺钉直径弯曲圆弧
c 剪去芯线余端　d 修正圆圈成圆

图 4-9　单股芯线压接圈弯法

对于横截面不超过 10 mm² 的 7 股及以下多股芯线，应按图 4-10 所示方法弯制压接圈。首先把离绝缘层根部约 1/2 长的芯线重新绞紧，越紧越好，如图 4-10a 所示；将绞紧部分的芯线，在离绝缘层根部 1/3 处向左

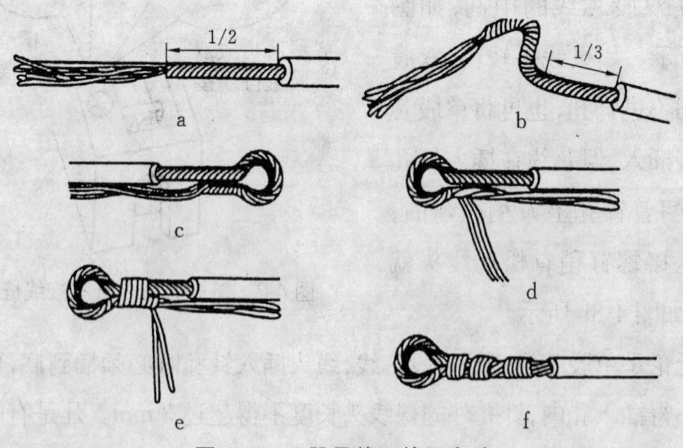

图 4-10　7 股导线压接圈弯法

外折角,然后弯曲圆弧,如图 4-10b 所示;当圆弧弯曲得将成圆圈(剩下1/4)时,应将余下的芯线向右外折角,然后使其成圆,捏平余下线端,使两端芯线平行,如图 4-10c 所示;把散开的芯线按 2、2、3 根分成三组,将第一组两根芯线扳起,垂直于芯线(要留出垫圈边宽,如图 4-10d 所示);按 7 股芯线直线对接的自缠法加工,如图 4-10e 所示。图 4-10f 是缠成后的 7 股芯线压接圈。

对于横截面超过 10 mm^2 的 7 股以上软导线端头,应安装接线耳。

压接圈与接线桩连接的工艺要求是:压接圈和接线耳的弯曲方向与螺钉拧紧方向应一致;连接前应清除压接圈、接线耳和垫圈上的氧化层及污物,然后将压接圈或接线耳放在垫圈下面,用适当的力矩将螺钉拧紧,以保证接触良好。压接时不得将导线绝缘层压入垫圈内。

软导线线头也可用螺钉平压式接线桩连接。软导线线头与压接螺钉之间的绕结方法如图 4-11 所示,其工艺要求与上述多股芯线压接相同。

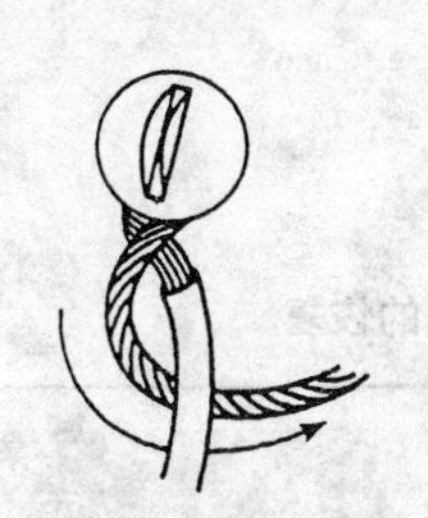

a 围绕螺钉后再自缠

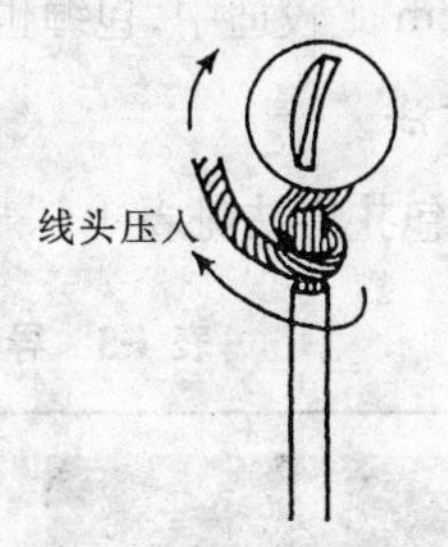

b 自缠一圈后,端头压入螺钉

图 4-11 软导线线头用平压式接线桩的连接方法

3. 线头与瓦形接线桩的连接

瓦形接线桩的垫圈为瓦形。为了保证线头不从瓦形接线桩内滑出,压接前应先将已去除氧化层和污物的线头弯成 U 形,如图 4-12a 所示,然后将其卡入瓦形接线桩内进行压接。如果需要把两个线头接入一个瓦形接线桩内,则应使两个弯成 U 形的线头重合,然后将其卡入瓦形垫圈下方进行压接，如图 4-12b 所示。

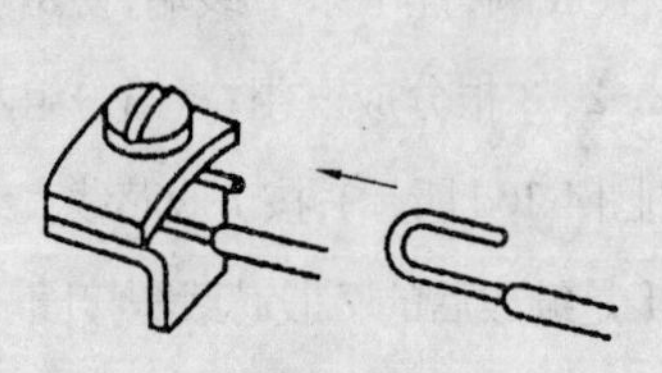

a 一个线头连接方法

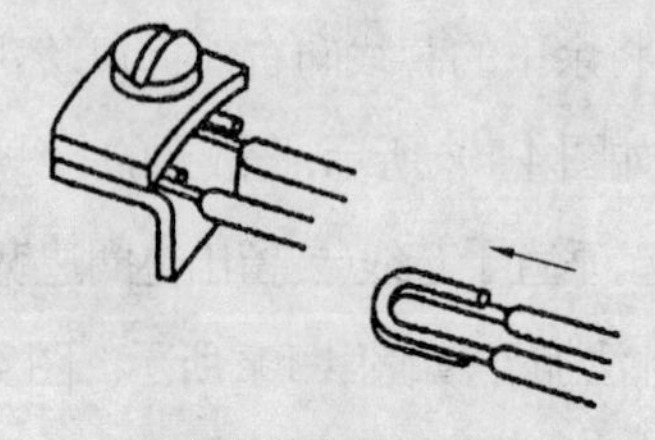

b 两个线头连接方法

图 4-12　单股芯线与瓦形接线桩的连接

4.5　导线绝缘层的恢复

导线绝缘层被破坏或导线连接以后，必须恢复其绝缘性能。恢复后绝缘强度不应低于原有绝缘层。通常采用包缠法进行恢复，即用绝缘胶带紧扎数层。绝缘材料有黄蜡带、涤纶薄膜带和黑胶带。绝缘带的宽度，一般选用 20 mm 比较适中，包缠也方便。

1. 操作方法

绝缘带的包扎方法见表 4-5。

表 4-5　导线绝缘层的恢复

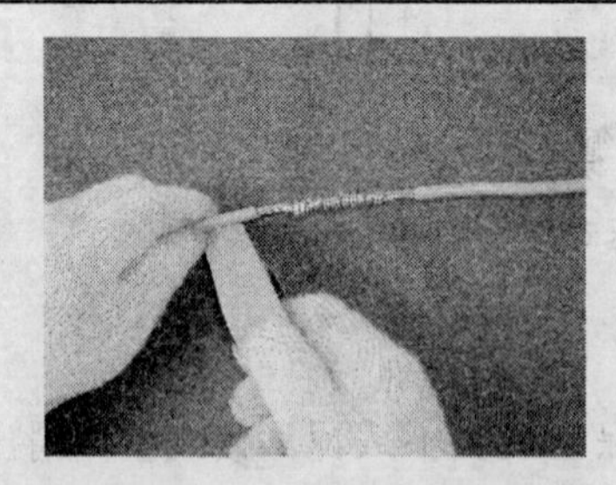 ① 将塑料绝缘带从导线左边完整的绝缘层上开始包缠	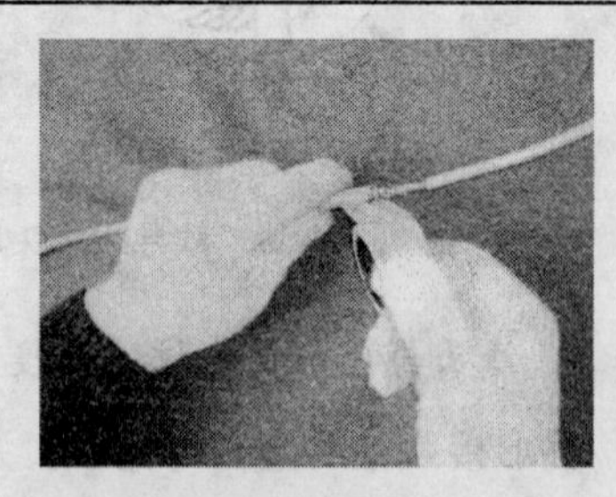 ② 包缠两根带宽后方可进入连接芯线部分

（续表）

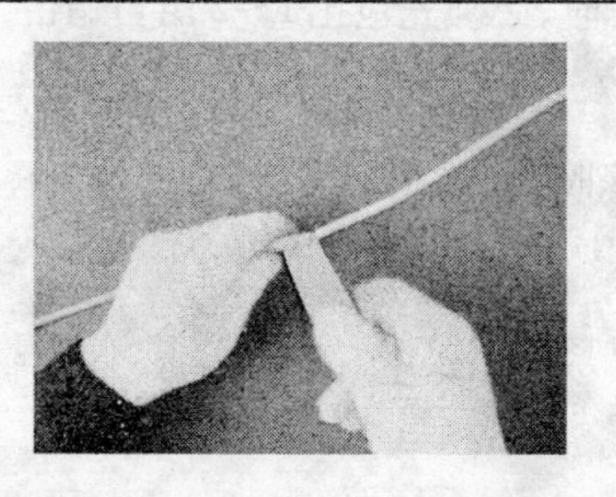 ③ 包至连接芯线的另一端时，也需继续包缠至完整绝缘层上两根带宽的距离	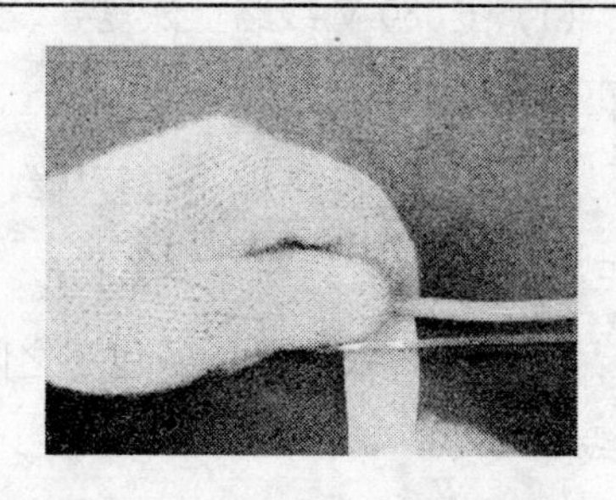 ④ 包缠完成后，用电工刀切断塑料绝缘带
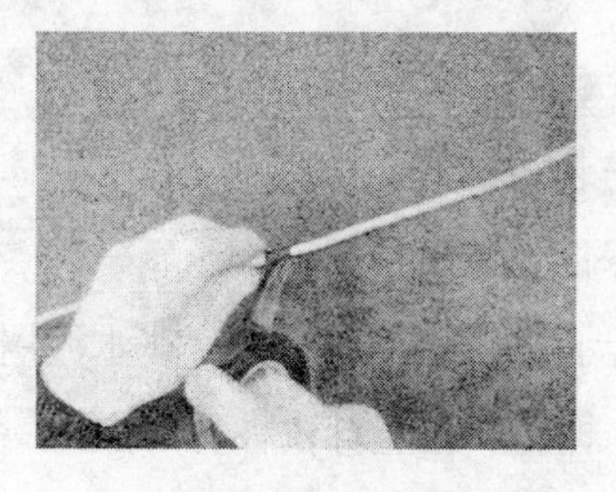 ⑤ 在塑料绝缘带的尾端接上绝缘黑胶带	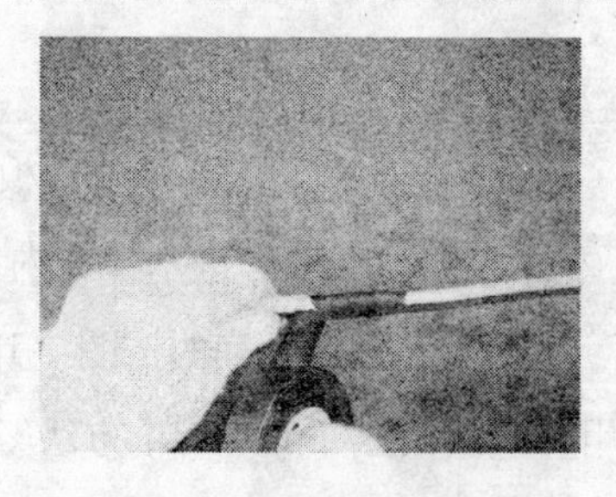 ⑥ 将绝缘黑胶带从右往左包缠。包缠时，黑胶带与导线应保持55°倾斜角，其重叠部分约为带宽的1/2
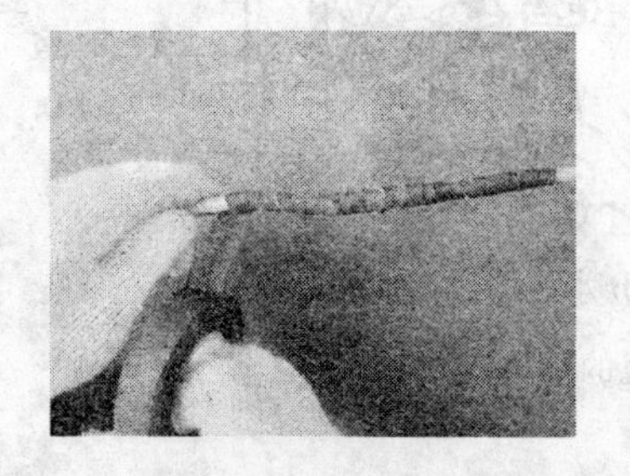 ⑦ 包缠完成后，用手撕断绝缘黑胶带	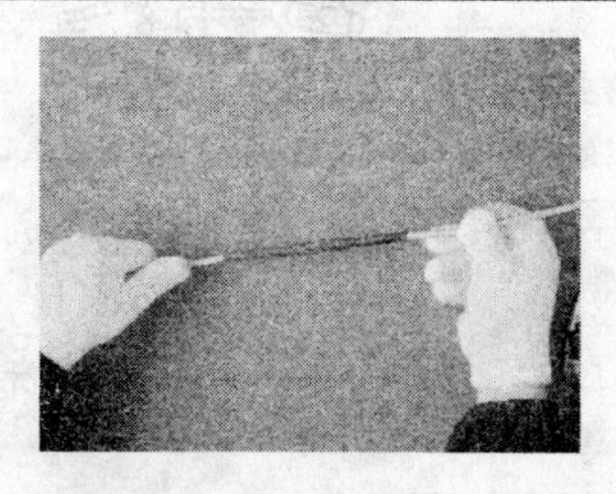 ⑧ 绝缘层恢复后的效果

2. 注意事项

(1) 在 380 V 线路上恢复导线绝缘时,必须先包扎 1～2 层黄蜡带,然后再包 1 层黑胶布。

(2) 在 220 V 线路上恢复导线绝缘时,先包扎 1 层黄蜡带,然后再包 1 层黑胶布,或者只包 2 层黑胶布。

(3) 绝缘带包扎时,各包层之间应紧密相接,不能稀疏,更不能露出芯线。

(4) 存放绝缘带时,不可放在温度很高的地方,也不可被油类侵蚀。

4.6 安装木榫

1. 木榫孔的錾打

凡在砖墙、水泥墙和水泥楼板上安装线路和电气装置,需用木榫支持,木榫必须牢固地嵌进木榫孔内,以保证安装质量。

在砖墙上可用小扁凿按图 4-13a 所示方法錾打木榫孔。在水泥墙上可用麻线凿按图 4-13b 所示方法錾打木榫孔。在錾打木榫孔时应注意以下事项:

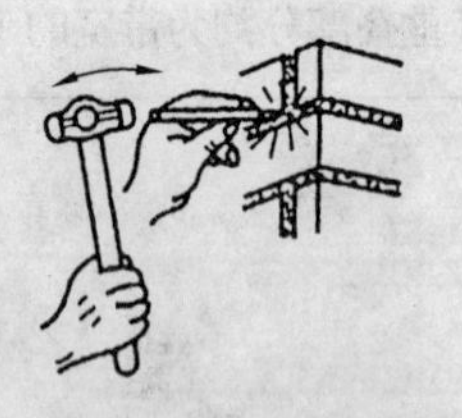

a 砖墙木榫孔的錾打

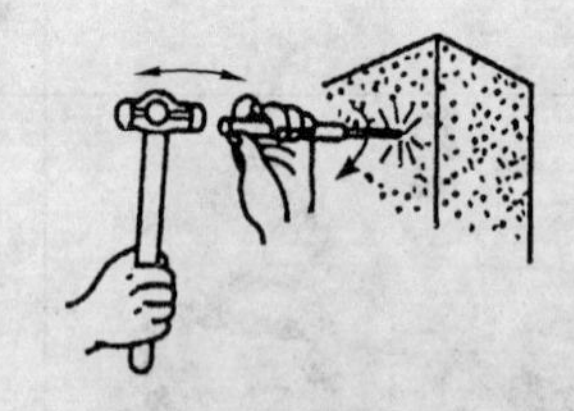

b 水泥墙木榫孔的錾打

图 4-13 木榫孔的錾打方法

(1) 砖墙上的木榫孔应錾打在砖与砖之间的夹缝中,且錾打成矩形,水泥墙或楼板上的木榫孔应錾打成圆形。

(2) 木榫孔径应略小于木榫 1～2 mm,孔深应大于木榫长度约 5 mm。

(3) 木榫孔应严格地錾打在标划的位置上,以保证支持点的挡距均匀和高低一致。

(4) 木榫孔应錾打得与墙面保持垂直,不可出现口大底小的喇叭状。

2. 木榫的削制与安装

木榫通常采用干燥的细皮松木制成。木榫的形状应按照使用场所要求来削制。砖墙上的木榫用电工刀削成长 12 mm、宽 10 mm 的矩形,如图 4-14a 所示。水泥墙上的木榫用电工刀削成边长为 8～10 mm 的正八边形,如图 4-14b 所示。此外,在水泥墙上还可使用塑料膨胀管,塑料膨胀管的规格有 6 mm、8 mm 和 10 mm 等多种,形状如图 4-14c 所示。木榫的长度以 25～38 mm 为宜。木榫应削得一样粗细,不可削成锥形体。为便于把木榫塞入木榫孔,其头部应倒角。

a 矩形榫　b 正八边形榫　c 塑料膨胀管

图 4-14　木榫的形状

安装木榫时,先把木榫头部塞入木榫孔,用锤子轻击几下,待木榫进入孔内 1/3 后,检查它是否与墙面垂直,如不垂直,应校正垂直后再进行敲打,一直打到与墙面齐平为止。木榫在墙孔内的松紧度应合适,过紧,容易打烂榫尾;过松,达不到紧固目的,如图 4-15 所示。

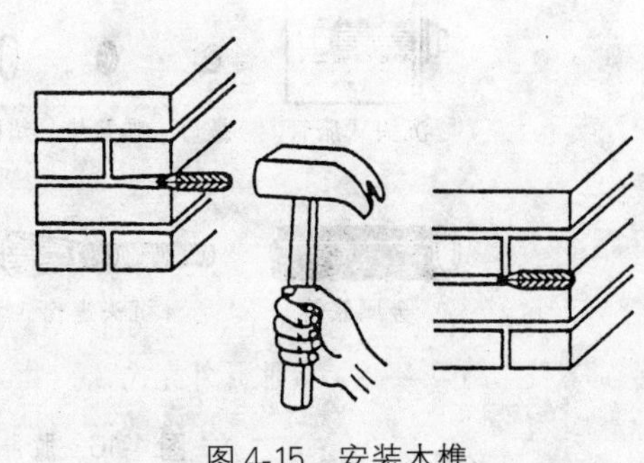

图 4-15　安装木榫

4.7 安装膨胀螺栓

1. 膨胀螺栓孔的凿打

采用膨胀螺栓施工，首先用冲击电钻在现场就地打孔，孔径的大小和深度应与膨胀螺栓的规格相匹配。常用膨胀螺栓与孔的配合如表 4-6 所示。

表 4-6 常用膨胀螺栓与钻孔尺寸的配合 (mm)

螺栓规格	M6	M8	M10	M12	M16
钻孔直径	10.5	12.5	14.5	19	23
钻孔深度	40	50	60	70	100

2. 膨胀螺栓的安装

在砖墙或水泥墙上安装线路或电气装置，通常用膨胀螺栓来固定。常用的膨胀螺栓有胀开外壳式和纤维填料式两种，外形如图 4-16 所示。采用膨胀螺栓，施工简单、方便，免去了土建施工中预埋件的工序。膨胀螺栓是靠木螺钉或螺栓旋入胀管，使胀管胀开，产生膨胀力，压紧建筑物孔壁，将其和安装设备固定在墙上。

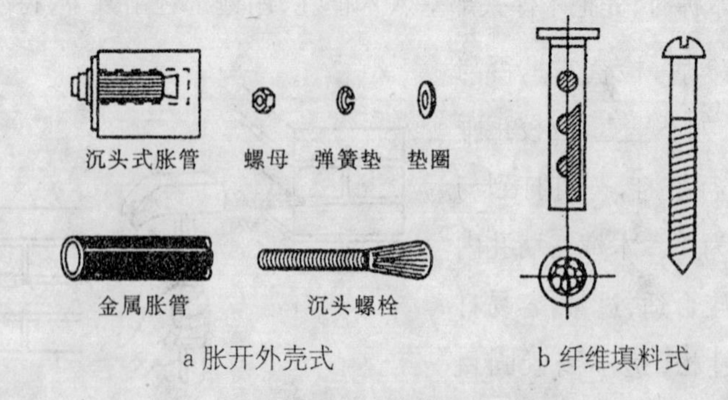

图 4-16 膨胀螺栓

安装胀开外壳式膨胀螺栓时,先将压紧螺母放入外壳内,然后将外壳嵌进墙孔内,用锤子轻轻敲打,使它的外缘与墙面平齐,最后只要把电气设备通过螺栓或螺钉拧入压紧的螺母中,螺栓和螺母就会一面拧紧,一面胀开外壳的接触片,使它挤压在孔壁上,螺栓和电气设备就一起被固定。如图 4-17 所示。

安装纤维填料式膨胀螺栓时,只要将它的套筒嵌进钻好或打好的墙孔中,再把电气设备通过螺钉拧到纤维填料中,就可把膨胀螺栓的套筒胀紧,使电气设备得以固定。

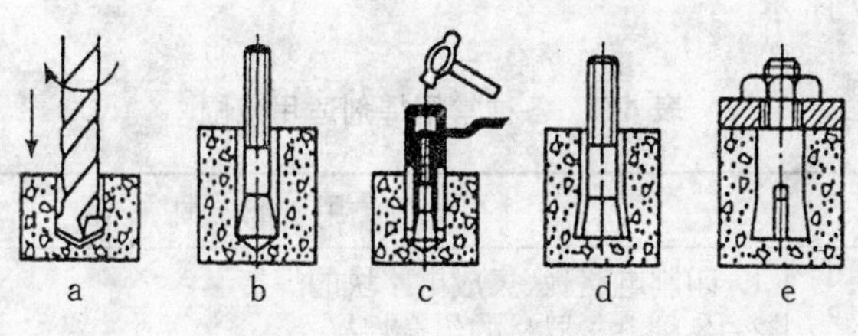

图 4-17 膨胀螺栓的安装

4.8 用电烙铁焊接元器件

1. 焊料、焊剂的选用

(1) 焊料的选用。焊料的作用是将被焊物连接在一起。焊料的熔点比被焊物熔点低,且易于与被焊物连为一体。焊料按其组成成分,可分为锡铅焊料、银焊料、铜焊料等。

锡铅焊料受热后很容易成为液态,将被焊点的接合处填满,冷却后便凝固起来,完成焊接。电气工程中大部分使用锡铅合金作为焊料。

焊料可根据需要加工成线状或带状等形状。目前在印制电路板上焊接元件时,都选用低温焊锡丝,这种焊锡丝为空心,内心装有松香焊剂,熔点为 140 ℃,使用较为方便。

(2) 焊剂的选用。金属在空气中加热的情况下,表面会生成氧化膜薄层。在焊接时,它会阻碍焊锡的浸润和接点合金的形成,采用焊剂能改善焊接性能。焊剂能破坏金属氧化物,使氧化物漂浮在焊锡表面上,有利于焊接;又能覆盖在焊料表面,防止焊料或金属继续氧化;还能增强焊料与金属表面的活性,增加浸润能力。焊剂的种类较多,一般有强酸性焊剂、弱酸性焊剂、中性焊剂和以松香为主的焊剂等。电工常用的焊剂有松香、松香酒精溶液(松香 40%、酒精 60%)、焊膏和盐酸(加入适当的锌经化学反应后方可使用)等,应根据不同的焊接工件选用,常用焊剂的适用范围如表 4-7 所示。

表 4-7　各种常用焊剂适用范围

名　　称	适　用　范　围
松　　香	1. 印制电路板、集成电路块的焊接 2. 各种电子器材的组合焊接 3. 小线径线头的焊接
松香混合剂	1. 小线径线头的焊接 2. 强电领域小容量元件的组合焊接
焊　　膏	1. 大线径绕组线头的焊接 2. 强电领域大容量元件的组合焊接 3. 大截面积导体连接表面或连接处的加固搪锡
盐　　酸	1. 钢铸件电连接处表面搪锡 2. 钢铸件的连接焊接

各种焊剂均有不同程度的腐蚀作用,所以焊接完毕后必须清除残留的焊剂。特别注意焊接电子元件时,不准选用具有酸性的焊剂,盐酸只能用来焊接(或搪镀)钢铁工件。

2. 焊接点的质量要求

焊接时,必须把焊点焊透、焊牢,以减小连接点的接触电阻。焊点上的锡液必须充分渗透,锡结晶颗粒要细而光滑并有光泽,最关键的是要避免虚假焊点和夹生焊点。

虚假焊是指焊件表面没有充分镀上锡,焊件之间没有被锡固定,其原因是焊件表面的氧化层未清除干净或焊剂用得过少。夹生焊是指锡未充分熔化,焊件表面的锡晶粗糙,焊点强度低,其原因是烙铁温度不够和烙铁焊头在焊点停留时间太短。

假焊使电路完全不通、虚焊使焊点成为有接触电阻的连接状态,从而使电路工作时噪声增加,产生不稳定状态,电路的工作状态时好时坏没有规律,给电路检修工作带来很大的困难。所以,虚焊是电路可靠性的一大隐患,必须尽力避免。几种典型的不良焊接示例如图 4-18 所示。

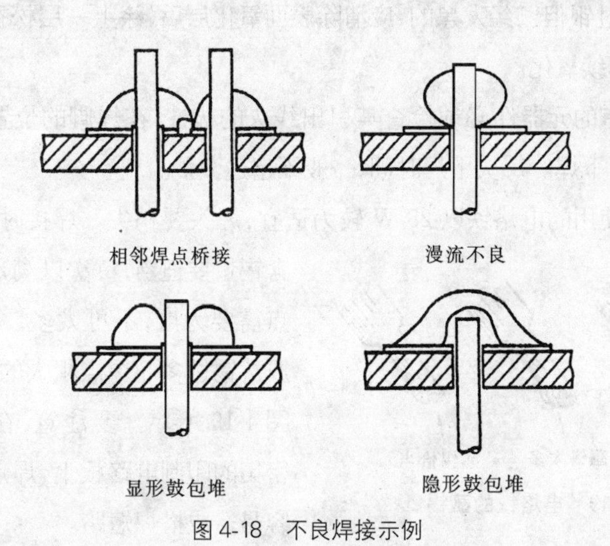

图 4-18 不良焊接示例

3. 焊接前的准备

(1) 熟悉所焊电路板的装配图,检查元器件型号、规格及数量是否合乎图纸要求,做好有关准备工作。

(2) 根据被焊器件的大小，准备好电烙铁以及镊子、剪刀、斜口钳、尖嘴钳、焊料、焊剂等辅助工具。

(3) 焊前要将被焊元器件引线等表面用电工刀或砂布刮净，清理干净，在焊接处涂上适量的焊剂。

4. 电子分立元器件的焊接方法

(1) 清除元器件焊脚表面的氧化层，并对焊脚进行搪镀锡层。锡缸内的锡液温度宜保持在 350 ℃左右，不宜过高或过低。过高时，锡液表面因氧化过剧而悬浮的氧化物大量增加，容易玷污镀层；过低时，容易造成镀层锡结晶粗糙。

(2) 安装元器件的印制电路板(或空心铆钉板)，如果表面没有镀过银或虽镀过银但已经发黑的，应清除表面氧化层后，涂上一层松香酒精溶液，以防继续氧化。

(3) 有的元器件必须检查其引出线头的极性，在焊脚的位置确认无误时，方可下焊。每次下焊时间，一般不超过 2 秒。

(4) 使用的电烙铁以 25 W 较为适宜，焊头要稍尖。焊接时，焊头的含锡量要适当，每次以满足一个焊点需要为度，不可太多，否则会造成落锡过多而焊点粗大的情况，如图 4-19 所示。要注意，在焊点较密集的印制电路板上，焊点过大就容易造成搭焊短路。

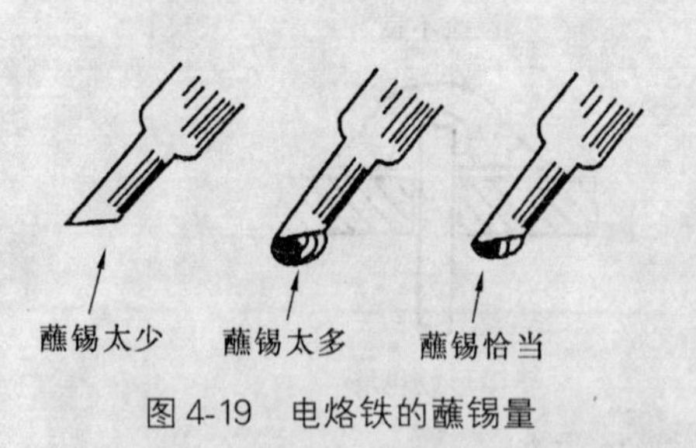

图 4-19 电烙铁的蘸锡量

(5) 焊接时，焊头先黏附一些焊剂，接着将蘸了锡的烙铁头沿元器件引脚环绕一圈，使焊锡与元器件引脚和铜箔线条充分接触，如图 4-20a 所示。烙铁头在焊点处再稍停留一下，待锡液在焊点四周充分熔开后，快速收起焊头(要垂直向上提起焊头)，使留在焊点上的锡液自然收缩成半圆粒状,如图 4-20b 所示。焊接完毕,要用纱布蘸适量纯酒精后揩擦焊接处,把残留的焊剂清除干净。

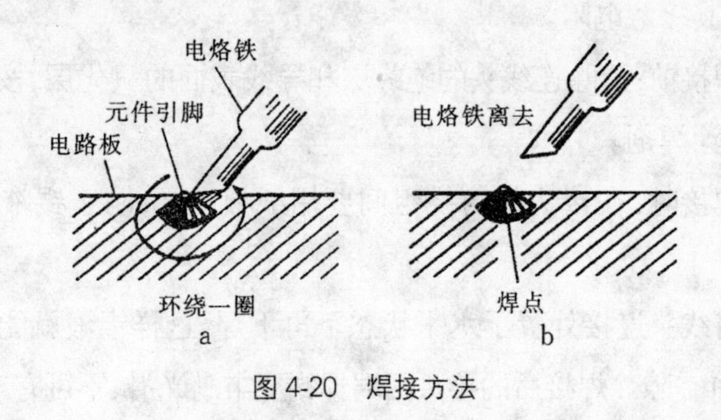

图 4-20 焊接方法

(6) 焊接电子元器件时,要避免受热时间过长,并切忌采用酸性焊剂,以防降低其介质性能和加剧腐蚀。

5. 集成电路块(特别是 MOS 集成电路块)的焊接方法

焊接时,除了需掌握分立元器件焊接方法外,尚需掌握以下几点:

(1) 为了避免周围带电器具所存在的电场对集成电路块的影响,工作台面必须有金属薄板覆盖,并进行妥善的接地。同时,置于台面上的集成电路块要避免经常摩擦,以防形成静电场。暂时不进行加工的集成电路块,要放置在有屏蔽外壳的盒内。

(2) 所用电烙铁的金属外壳要进行可靠的接地,因为,电烙铁的焊头存在感应电动势,如果电源电压采用 220 V,电烙铁的焊头的感应电动势对地的电位往往达 70 V 左右,而集成电路块的耐压一般在 20～45 V,因而容易被击穿。电烙铁若存在漏电,则焊头的对地电位还会更高。如果采用电源电压为 36 V 的电烙铁,其金属外壳仍需进行接地,以防电烙铁漏电。

(3) 集成电路块管脚因焊接需要弯曲时,应避免用力过猛而损伤其内部结构。下焊时要防止落锡过多和焊点过大,过大焊点容易出现搭接。

6. 绕组线端的焊接方法

小型电动机和变压器等绕组线端或导线的连接,通常都需用钎焊加固,以减小其接触电阻。

(1) 焊接前:清除连线头的绝缘层和导线表面的氧化层,按连接要求进行接头,涂焊剂。

(2) 焊接时:在接头处与绕组间要用纸板隔开,防止锡液流入绕组隙缝。

(3) 将线头连接处置于水平状态下再下焊,这样锡液就能充分填满接头上所有空隙。焊接后的接头两端焊锡要丰满光滑、不可有毛刺。

(4) 焊接后要清除残留的焊剂,恢复绝缘。

7. 线端与接线耳连接的焊接方法

各种电器的进出线端,大多数采用接线耳(即线鼻子)进行连接,一般在接线耳与线端之间允许用钎焊固定。接线耳中填锡较多,要用较大功率的电烙铁以使锡能充分熔化,有效地渗入所有空隙。

(1) 焊接时,剥去线端的绝缘层和清除芯线表面的氧化层,多股芯线清除氧化层后要拧紧。

(2) 清除接线耳内的脏物和氧化层,涂焊剂。

(3) 将线头镀锡后塞进涂有焊剂的接线耳套管中然后下焊。焊接后接线耳端口含锡要丰满光滑。

(4) 焊接后,为避免出现焊锡“夹生”现象,在焊锡未充分凝固时,不要摇动接线耳、线头或清除残留焊剂。

4.9 拆除焊接

1. 拆焊工具

(1) 排锡管。排锡管是使印制线路板上元器件的引线与焊盘分离的工具。实际上它是一根空心的不锈钢管，如图 4-21 所示。一般可用 16 号医用空心针头改制，将头部锉平，尾部装上适当长的手柄，作为拆焊工具。使用时，一边用烙铁熔化焊点，一边把针头对准被焊的元器件引线，待焊点熔化后，迅速将针头插入印制电路板孔内，同时左右旋动，使元器件的引脚与印制板的焊盘分离。

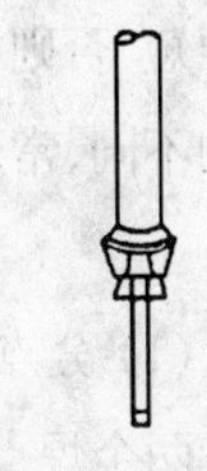

图 4-21 排锡管

(2) 拆焊用铜编织线。将铜编织线的部分置上松香焊剂，然后放在将要拆焊的焊点上，再把电烙铁放在铜编织线上加热焊点，待焊点上的焊锡熔化后，就被铜编织线吸去。若焊点上焊料一次未吸完，则可进行第二次、第三次，直至吸完。当编织线吸满焊料后，就不能再用，需将吸满焊料的部分剪去。

图 4-22 吸锡器

(3) 吸锡器。吸锡器的形式有多种，常用的有球形吸锡器，如图 4-22 所示。使用时，将被拆焊点加热使焊料熔化，把吸锡器挤瘪，将吸嘴对准熔化的锡料，然后放松吸锡器，焊料就被吸进吸锡器内，拔出吸锡器就可倒出存锡。

(4) 镊子。以端头尖细的最为适用，拆焊时可用它来持元器件引线或用来挑起元器件弯脚和线头。

(5) 吸锡电烙铁。吸锡电烙铁是一种专用拆焊烙铁，如图 4-23 所示，它能在对焊点加热的同时把锡吸入内腔，从而完成拆焊。

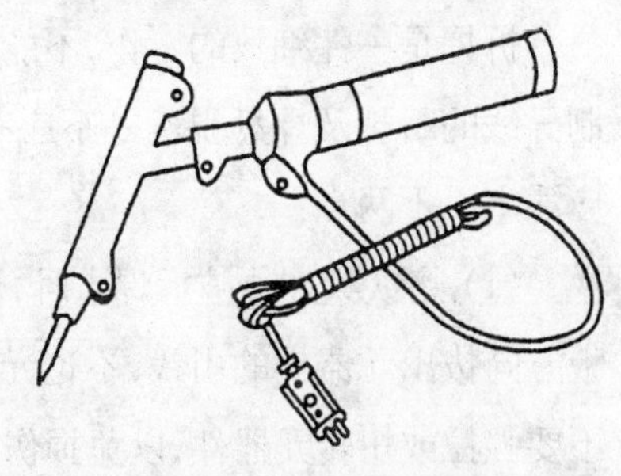

图 4-23 吸锡电烙铁

2. 拆焊方法

印制线路板上焊接元件的拆焊与焊接一样，动作要快，对焊盘加热时间要短,否则将烫坏元器件或导致印制线路铜箔起泡剥离。根据被拆对象的不同,常用的拆焊方法有分点拆焊法、集中拆焊法和间断加热拆焊法三种。

(1) 分点拆焊法。印制线路板的电阻、电容、普通电感、连接导线等只有两个焊点,可用分点拆焊法,先拆除一端焊接点的引线,再拆除另一端焊接点的引线并将元件(或导线)取出。

(2) 集中拆焊法。集成电路、中频变压器、多引线接插件等的焊点多而密,转换开关、晶体管及立式装置的元件等的焊点距离很近。对上述元器件可采用集中拆焊法,先用电烙铁和吸锡工具,逐个将焊接点上的焊锡吸去,再用排锡管将元器件引线逐个与焊盘分离,最后将元器件拔下。

(3) 间断加热拆焊法。对于有塑料骨架的元器件,如中频变压器、线圈、行输出变压器等,它们的骨架不耐高温,且引线多而密集,宜采用间接加热拆焊法。拆焊时,先用烙铁加热,吸去焊接点焊锡,露出元器件引线轮廓,再用镊子或捅针挑开焊盘与引线间的残留焊料,最后用烙铁头对引线未挑开的个别焊接点加热,待焊锡熔化时,趁热拔下元器件。

3. 拆焊操作过程中的注意事项

拆焊是一件细致的工作,不能马虎从事,否则将造成元器件损坏或印制导线的断裂及焊盘脱落等不应有的故障产生。为保证拆焊顺利进行,应注意以下两点:

(1) 烙铁头加热被拆焊点时,焊料一熔化,就应及时按垂直印制电路板方向拔出元器件的引线,不论元器件安装位置如何,是否容易取出,都不要强拉或扭转元器件,以免损伤印制电路板或其他元器件。

(2) 在插装新元器件之前,必须把焊盘插线孔中的焊锡清除,以便插装元器件引脚及焊接。其方法是:用电烙铁对焊盘加热,待锡熔化时,用一直径略小于插线孔的缝衣针或元器件引脚,插穿插线孔即可。

chapter 5 >>

第 5 章 家庭电工常用电器元器件

5.1 白炽灯

白炽灯是常用的一种电光源，它用钨丝做成灯丝，封入抽成真空的玻璃泡中而成。电流通过灯丝时将灯丝加热到白炽状态而发光，白炽灯外形如图 5-1 所示。

白炽灯可分为普通照明灯泡、低压照明灯泡和经济灯泡等几种，普通照明灯泡作一般照明用，制有玻璃透明灯泡和磨砂灯泡两种，灯头有卡口式和螺旋式两种。低压灯泡主要用在易发生危险的场所作安全行灯，它的额定电压有 12 V、24 V、36 V等多种，功率有 10 W、15 W、40 W、60 W、100 W等。经济灯的工作电压一般为 6～8 V，它与一小型变压器配套使用，功率一般为 3 W，可用于晚间灯光不需太亮的场所，以利节约用电。

图 5-1 白炽灯泡

白炽灯在使用时应注意以下几点：

(1) 白炽灯的额定电压要与电源电压相符。

(2) 使用螺口灯泡要把相线接到灯座中心触点上。

(3) 白炽灯安装在露天场所时要用防水灯座和灯罩。

(4) 普通白炽灯泡要防潮防震(特制的耐震灯泡除外)。

5.2 节能灯

节能灯从结构上分为紧凑型自镇流式和紧凑型单端式(灯管内仅含启动器而无镇流器),从外形上分有双管型(单U形)、四管型(双U形)、六管型(三U形)及环管等几种类型。节能灯的寿命是普通白炽灯的10倍,功效是普通灯泡的5~8倍(一只7 W的三基色节能灯亮度相当于一只45 W的白炽灯),节能灯比普通白炽灯节电80%,发热也只有普通灯泡的1/5。性能优异,产品合格的节能灯可以代替白炽灯,节约能源并有利于环境保护。

5.3 卤素灯

卤素灯适用于重点照明,尤其是艺术品的陈列照明和轨迹照明,还适合于做手工活的补充功能照明,其色调为鲜明的白色调。卤素灯的使用寿命为2 000小时~4 000小时。卤素灯的优点是光线鲜明,富凝聚性,老化时不会变黑,保持明亮,能和调光器一同使用。

5.4 自镇流荧光高压汞灯

自镇流荧光高压汞灯是一种气体放电灯,灯泡内有相串联的限流钨丝和石英弧管。限流钨丝不仅能起到镇流作用,而且有一定的光输出,因此,它具有可省去外接镇流器、光色好、启动快、使用方便等优点,适用于工厂的车间、城乡的街道、农村的场院等场所的照明。如图5-2所示,5-2a自镇流高压汞灯灯泡,5-2b自镇流高压汞灯线路。

使用荧光高压汞灯要注意以下几点:

a 自镇流高压汞灯灯泡

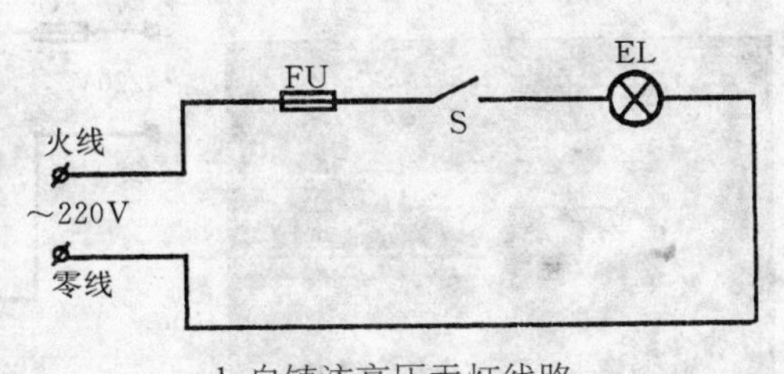

b 自镇流高压汞灯线路

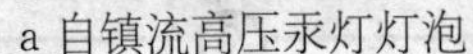

图 5-2

(1) 自镇流荧光高压汞灯的启燃电流较大,这就要求电源线的额定电流及保险丝要与灯泡功率配套。电线接点要接触牢靠,以免松动造成灯泡启辉困难或自动熄灭。

(2) 灯泡采用的是螺旋式灯头,安装灯泡时不要用力过猛,以防损坏灯泡。维修灯泡时应断开电源,并在灯泡冷却后进行。

(3) 灯泡的相线应通入螺口灯头的舌头触点上,以防触电。

(4) 电源电压不应波动太大,超过±5%额定电压时,可能引起灯泡自动熄灭。

(5) 灯泡在点燃中突然断电,如再通电点燃,需待 10 分钟~15 分钟,这是正常现象。如果电源电压正常,又无线路接触不良,灯泡仍有熄灭和自行点燃现象反复出现,说明灯泡需要更换。

(6) 灯泡启辉后 4 分钟~8 分钟才能正常发光。

5.5 日光灯

日光灯具有发光效率高、寿命长、光色柔和等优点,广泛应用于办公室和家庭照明。如图 5-3 所示,5-3a 日光灯外形,5-3b 日光灯线路示。

a 日光灯外形

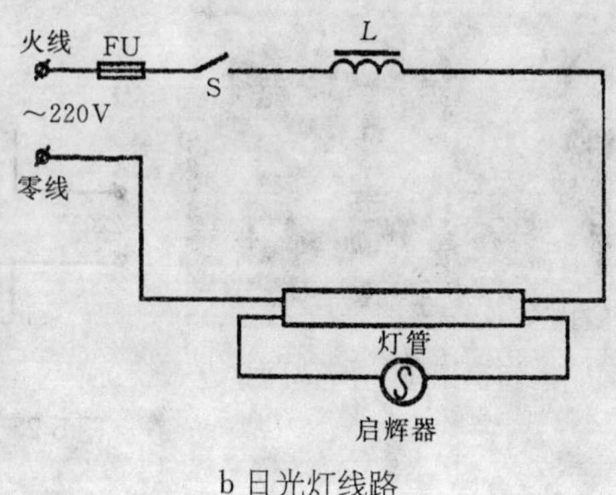

b 日光灯线路

图 5-3

日光灯的工作原理是:当开关接通电源后,灯管尚未放电,电源电压通过灯丝全部加在启辉器内两个触片之间,使氖管中产生辉光放电,双金属片受热弯曲,使两触片接通,于是电流通过镇流器和灯管两端的灯丝,使灯丝加热并发射电子。此时由于氖管被双金属触片短路停止辉光放电,双金属触片也因温度下降而分开。在断开瞬间,镇流器产生相当高的自感电动势,它和电源电压串联后加在灯管两端,引起弧光放电,使日光灯点亮发光。

日光灯还有直形管、U 形管、环形管、H 形管等几种类型。

环形日光灯又称圆形管日光灯,如图 5-4 所示。环形日光灯造型美观、安装方便,发光效率比直管日光灯高。目前市场上有一种成套环形日光灯管,在使用安装时只要直接将环形灯安装在灯座上即可,非常方便。

图 5-4 环形日光灯

H 形日光灯具有耗电省、光效高、体积小、显色性好等优点,应用广泛。H 形日光灯的外形如图 5-5 所示。H 形日光灯不仅可以用于台灯，而且还可用于壁灯、吸顶灯、吊灯等多种形式的安装。H形日光灯必须配专用的H灯灯座，在装拆灯管时，应将灯头平行插入或拔出灯座，不要前后、左右摇晃灯管，以免灯头松动。

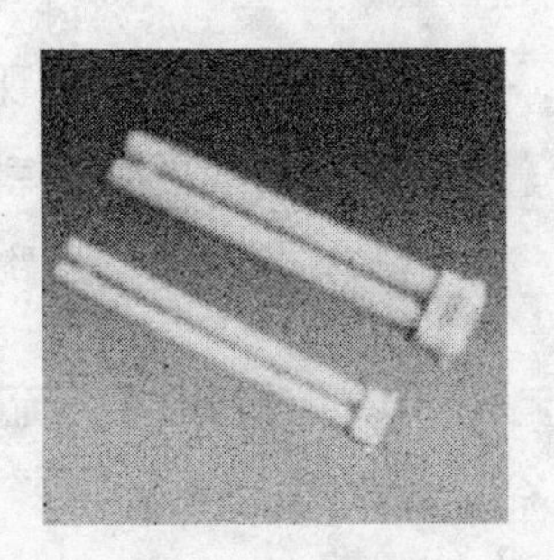

图5-5　H形日光灯

日光灯在使用、安装维修中应注意以下几点：

(1) 日光灯要按接线图正确安装连接，才能使它正常工作。

(2) 使用各种不同规格的日光灯灯管时，要与镇流器的功率配套使用，还要与启辉器的功率配套使用，不能在不同的功率下互相混用。

■ 5.6　启辉器

启辉器又叫日光灯继电器，它是与日光灯配套使用的电气元件，其外形如图5-6所示，在充有氖气的玻璃泡内，装有由双金属片和静触片组成的两个触点，外边并联着一只小电容，与氖泡一起组装在铝壳或塑料壳内。它的用途是在日光灯启动过程中，起着自动接通某段线路或自动断开某段线路的作用，实际上是一个自动开关，日光灯进入正常工作状态后，启辉器即停止工作。

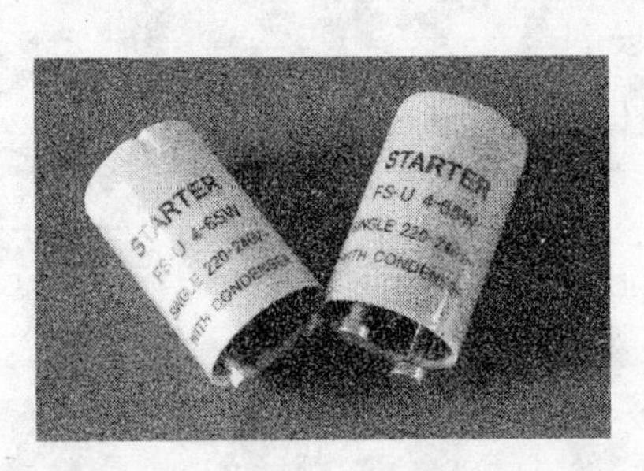

图5-6　启辉器

使用启辉器要注意以下几点：

(1) 启辉器要与日光灯管功率配套使用。

(2) 安装启辉器时，注意使启辉器与启辉器座的接触良好。

(3) 启辉器如果出现短路,会使日光灯产生两头发光中间不亮的异常状态,这时需更换启辉器。

(4) 启辉器损坏断路会使日光灯不能启辉,这时就需更换启辉器。

5.7 日光灯镇流器

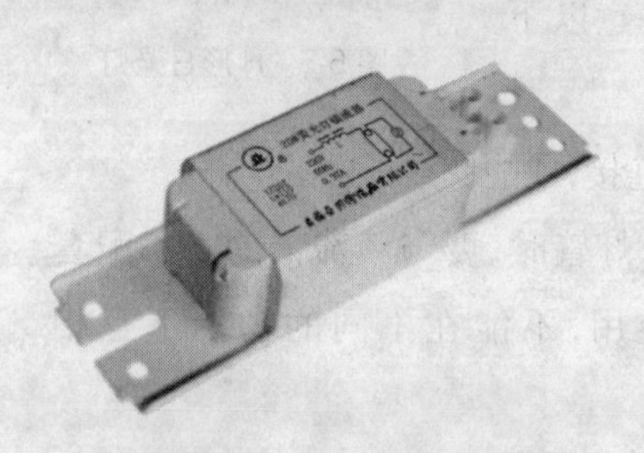

图 5-7 日光灯镇流器

日光灯镇流器实际上是一个低频扼流线圈,有双线圈式和单线圈式两种,制造时是根据日光灯管的功率来选定它的铁心截面、线圈匝数,还要调整它的限流范围(即磁路间隙)。其外形及电路符号如图 5-7 所示。

使用日光灯镇流器时,应注意以下几点:

(1) 镇流器的安装应考虑它的散热问题,以防运行中温升过高,缩短寿命。

(2) 镇流器发生严重短路时,会使日光灯在点燃的瞬间突然烧坏灯管,这时必须更换日光灯镇流器。

(3) 镇流器发生断路时,日光灯不能点燃,也需及时更换。

5.8 日光灯电容器

日光灯电容器是用来补偿日光灯镇流器所需要的无功功率的。由于日光灯镇流器是电感元件,引起功率因数降低,需要供给无功功率。为了改善功率因数,需加电容器进行补偿。电容器的外形与接线如图 5-8 所示。

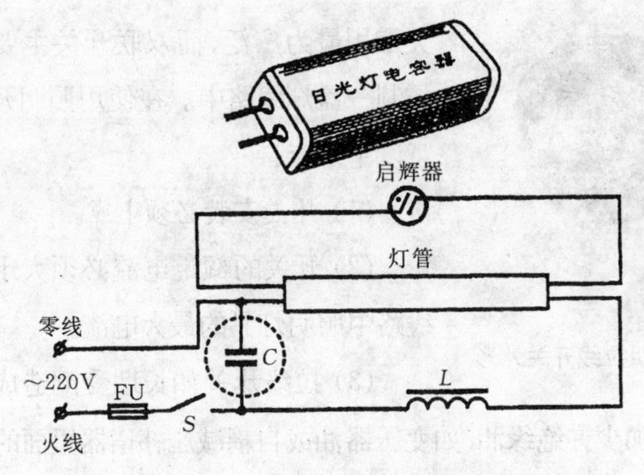

图 5-8 日光灯电容器及线路

电容器两端接线柱内部，实际上是两个金属极板，它能在交流电通过时，周期性地充电和放电，在放电时所输出的无功功率正好用来补偿镇流器所需的无功功率。一般日光灯功率在 15～20 W 时，选配电容器容量为 2.5 μF；功率为 30 W 时，可选用 3.7 μF 电容器；功率为 40 W 时，可选用 4.7 μF 电容器。日光灯电容器的耐压均为 400 V。

使用日光灯电容器时应注意以下几点：

(1) 使用日光灯电容器之前，首先要检查它的容量是否与灯管配套，耐压是否符合要求，有无漏电现象，如发现电容器漏电，则需更换。

(2) 日光灯电容器应正确接入线路，并使电容器外壳与日光灯架绝缘，以防电容器损坏时灯架外壳带电。

5.9 照明开关

照明开关种类很多，常用的有拉线开关、防水开关、钮子开关、吊盒开关与墙壁开关等。它们都用来接通和断开照明线路的电源，其照明拉线开关外形如图 5-9 所示。照明开关按结构分为单联和双联两种，单联开

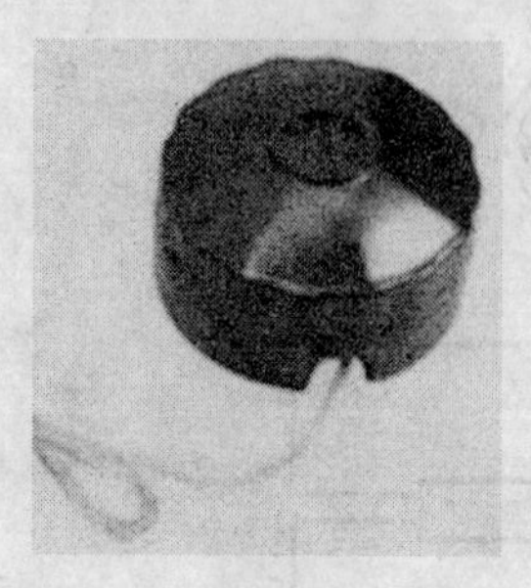

图 5-9　照明拉线开关外形

关应用最为广泛，而双联开关主要用于两地控制一盏灯线路中。在使用照明开关时要注意以下几点：

(1) 开关安装必须牢靠。

(2) 开关的额定电流必须大于所控制的线路中照明灯具的最大电流。

(3) 拉线开关如长期受潮造成动作机构生锈时，可加少许绝缘油(如变压器油或自耦减压补偿器里面的绝缘油)。

常用照明开关的品种、规格和适用范围如图 5-10 所示。

外形结构	名　称	品　种	额定电压(V)	额定电流(A)	适用范围
	拉线开关(普通型)	胶木 瓷质	250	3	户内一般场所普遍应用
	顶装式拉线开关(挂线盒带开关)	胶木 瓷质	250	3	室内吊装式灯座(挂线盒与开关合一)
	防水拉线开关	瓷质	250	5	户外一般场所或户内有水汽、有漏水等严重潮湿场所
	平开关	胶木 瓷质	250	3 5 10	室内一般场所

（续表）

外形结构	名　　称	品　　种	额定电压(V)	额定电流(A)	适用范围
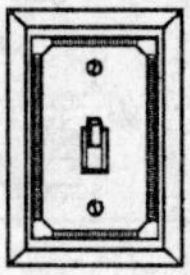	暗装开关	胶木 金属外壳	250	5 10	采用暗设管线线路的建筑物或室内一般场所
	钮子开关	胶木 金属外壳	250	1 2 3	台灯和移动电具

图 5-10　常用照明开关的品种、规格和适用范围

开关的常见故障及检修方法见表 5-1。

表 5-1　开关的常见故障及检修方法

故障现象	产生原因	检修方法
开关操作后电路不通	1. 接线螺丝松脱，导线与开关导体不能接触 2. 内部有杂物，使开关触片不能接触 3. 机械卡死，拨拉不动	1. 打开开关，紧固接线螺丝 2. 打开开关，清除杂物 3. 给机械部位加润滑油，机械部分损坏严重时，应更换开关
接触不良	1. 压线螺丝松脱 2. 开关接线处铝导线与铜导线接头形成氧化层 3. 开关触头上有污物 4. 拉线开关触头磨损、打滑或烧毛	1. 打开开关盖，压紧接线螺丝 2. 换成搪锡处理的铜导线或铝导线 3. 断电后，清除污物 4. 断电后修理或更换开关
开关烧坏	1. 负载短路 2. 长期过载	1. 处理短路点，并恢复供电 2. 减轻负载或更换容量大一级的开关

（续表）

故障现象	产生原因	检修方法
漏　电	1. 开关防护盖损坏或开关内部接线头外露 2. 受潮或受雨淋	1. 重新配全开关盖，并接好开关的电源连接线 2. 断电后进行烘干处理，并加装防雨措施

5.10　常用插头、插座

插座、插头是家用电器的电源接取口，应用极为广泛，所有可移动的用电器具都需经插座、插头接通电源。电器插头、插座种类很多，有单相两眼、单相三眼，也有三相四眼安全插头插座等。两眼、三眼及四眼插座的外形如图 5-11 所示。

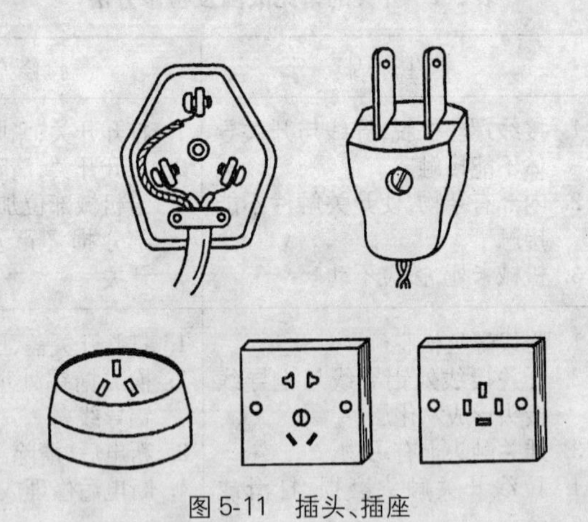

图 5-11　插头、插座

双孔插座可用在外壳无须接地的用电器上，如活动台灯、手电钻、电视机等；三孔插座用于外壳需要接地的电器如洗衣机、电冰箱等。单相双孔插座的最大额定电流，通常都只有 5 A，三孔的有 5 A、10 A、15 A、

20 A等多种。应根据插入该插座的功率最大的电器的额定电流选取，插座的额定电流应大于电器的额定电流。插座的安装和接线方法可按图5-12所示。

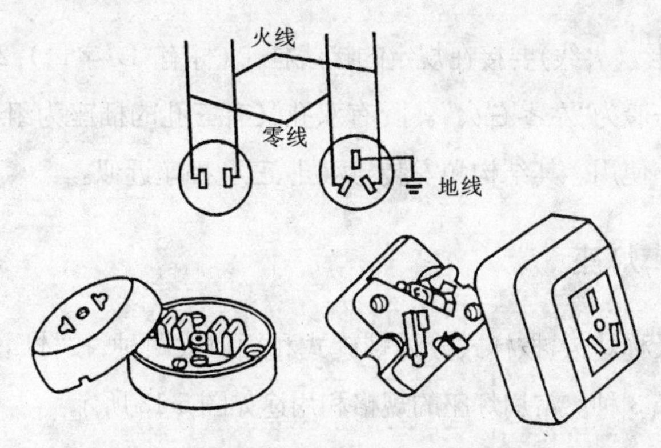

图5-12 插座的安装和接线方法

1. 使用插头、插座的注意事项

(1) 插头或插座的额定电流要大于所接的用电器负载的额定电流，不允许使用电器的额定电流超过插座上的额定电流。

(2) 使用移动插头要保持清洁，注意防潮，以免绝缘损坏发生漏电或短路。

(3) 有些单相三眼插座、插头或三相四眼插座、插头在接线时，一定要把地线接在有接地符号“⏚”的接线柱上，并与用电器金属外壳相连接，以确保用电安全。

(4) 插头插座在接线时一定要接触牢靠，相邻接线柱上的电线金属头要保持一定的距离，不允许有毛刺，以防短路。

2. 插座在安装时的注意事项

(1) 插座应安装在绝缘板上、绝缘盒内。或安装在电工用板或圆木上，通常把插座两孔平行安装在建筑物的平面上。

(2) 在安装三孔插座时，必须把接地孔眼(大孔)装在上方，且接地接线柱必须与接地线连接，不可借用零线(中性线)线头作为接地线。

(3) 相线(火线)要接在规定的接线柱上(标有“L”字母)，220 V 电源进入插座一般为“左零右火”。既有双孔又有三孔的插座为组合插座，多作移动插座使用。其结构和安装与双孔、三孔插座近似。

5.11 灯座

灯座又称灯头，按样式分为螺旋式和插口式两种，按材质分为瓷质、胶木和金属 3 种。常用灯座的规格和用途如图 5-13 所示。

名　称	种类	规　格	外　形	外形尺寸(mm)	备　注
普通挂口灯座	胶木铜质	250 V，4 A 50 V，1 A		$\phi 34\times 38$ $\phi 25\times 40$	一般使用
普通螺口灯座	胶木铜质	250 V，4 A		$\phi 40\times 56$	安装螺口灯泡
平装式螺口灯座	胶木铜质瓷质	250 V，4 A		$\phi 57\times 50$ $\phi 57\times 55$	安装螺口灯泡
螺口安全灯座	胶木铜质瓷质	250 V，4 A		$\phi 47\times 75$ $\phi 47\times 65$	安装螺口灯泡

（续表）

名称	种类	规格	外形	外形尺寸(mm)	备注
悬挂式防雨灯座	胶木瓷质	250 V，4 A		$\phi 40 \times 53$	装设于屋外防雨
M10 管接式螺口、挂口灯座	胶木瓷质铁质	250 V，4 A	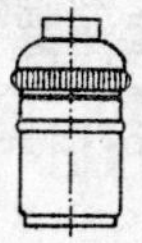	$\phi 40 \times 77$ $\phi 40 \times 61$ $\phi 40 \times 56$	用于管式安装还有带开关式
安全荧光灯座	胶木	250 V，2.5 A	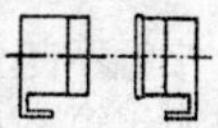	$\phi 45 \times \frac{29.5}{32.5} \times 54$	荧光灯管专用灯座
荧光灯启辉器座	胶木	250 V，2.5 A		$40 \times 30 \times 12$ $50 \times 32 \times 12$	荧光灯启辉器专用灯座

图 5-13　常用灯座的规格和用途

插座的常见故障及检修方法见表 5-2。

表 5-2　插座的常见故障及检修方法

故障现象	产生原因	检修方法
插头插上后不通电或接触不良	1. 插头压线螺丝松动，连接导线与插头片接触不良 2. 插头根部电源线在绝缘皮内部折断，造成时通时断 3. 插座口过松或插座触片位置偏移，使插头接触不上 4. 插座引线与插座压接导线螺丝松开，引起接触不良	1. 打开插头，重新压接导线与插头的连接螺丝 2. 剪断插头端部一段导线，重新连接 3. 断电后，将插座触片收拢一些，使其与插头接触良好 4. 重新连接插座电源线，并旋紧螺丝

（续表）

故障现象	产 生 原 因	检 修 方 法
插座短路	1. 导线接头有毛刺，在插座内松脱引起短路 2. 插座的两插口相距过近，插头插入后碰连引起短路 3. 插头内接线螺丝脱落引起短路 4. 插头负载端短路，插头插入后引起弧光短路	1. 重新连接导线与插座，在接线时要注意将接线毛刺清除 2. 断电后，打开插座修理 3. 重新把紧固螺丝旋进螺母位置，固定紧 4. 消除负载短路故障后，断电更换同型号的插座
插座烧坏	1. 插座长期过载 2. 插座连接线处接触不良 3. 插座局部漏电引起短路	1. 减轻负载或更换容量大的插座 2. 紧固螺丝，使导线与触片连接好并清除生锈物 3. 更换插座

5.12 单相照明闸刀开关

1. 基本结构

照明闸刀开关又称瓷底胶盖闸刀开关或开启式负荷开关。它由刀开关和熔断器组成，均装在瓷底板上。现以 HK 系列闸刀开关为例介绍它的结构，HK 系列闸刀开关如图 5-14 所示。

图 5-14 单相照明闸刀开关

单相照明瓷底胶盖闸刀开关中，刀开关装在上部由进线座和静夹座组成；熔断器装在下部，由出线座、熔体和动触刀组成；动触刀上装有瓷质手柄便于操作；上、下两部分用两个胶盖以紧固螺丝固定，将开关零件罩住，防止电弧或触及带电体伤人。胶盖上开有与动触刀数（极数）相同的槽，便于动触刀上下运动与静夹座分合操作。

2. 照明闸刀开关规格

HK 系列瓷底胶盖闸刀开关的常用规格如表 5-3。

表 5-3 HK1 系列瓷底胶盖闸刀开关基本技术参数

型　号	极　数	额定电流值(A)	额定电压值(V)	熔体线径(mm)
HK1-10	2	10	220	1.45～1.59
HK1-15	2	15	220	2.30～2.25
HK1-30	2	30	220	3.36～4.00

3. 照明闸刀开关安装技术要求

(1) 闸刀应当竖直安装在绝缘板上,不应平装或倒装,应使刀柄在合闸时方向向上,并应安装在防潮、防尘、防震的地方。

(2) 安装闸刀开关时,应使电源线从上接线端进入,通过闸刀,保险丝后,下接线端接负载。接好后要用手拉一下所有接过的电线,看是否压紧,如果不紧要重新紧固,以防接触电阻增大烧坏接线螺丝。

4. 照明闸刀开关的选用

(1) 对于普通负载,选用的额定电压为 220 V 或 250 V,额定电流不小于电路最大工作电流,对于电动机,选用的额定电压为 380 V 或 500 V,额定电流为电动机额定电流的 3 倍。

(2) 在一般照明线路中,瓷底胶盖闸刀开关的额定电压大于或等于线路的额定电压,常选用 250 V、220 V。而额定电流等于或稍大于线路的额定电流,常选用 10 A、15 A、30 A。

5. 照明闸刀开关的基本技术参数

HK 系列胶盖闸刀开关的基本技术参数见表 5-4。

表 5-4 HK 系列胶盖闸刀开关的基本技术参数

型号	额定电压(V)	额定电流(A)	极数	可控制电动机功率(kW)	最大分断电流(A)	配用熔丝规格			
						熔丝线径(mm)	成分(%)		
							铅	锡	锑
HK1-15	220	15	2	1.1	500	1.45～1.59	98	1	1
HK1-30		30		1.5	1 000	2.3～2.52			
HK1-60		60		3.0	1 500	3.36～4			
HK1-15	380	15	3	2.2	500	1.45～1.59			
HK1-30		30		4.0	1 000	2.3～2.52			
HK1-60		60		5.5	1 500	3.36～4			
HK2-10	220	10	2	1.1	500	0.25	含铜量不少于99.9%		
HK2-15		15		1.5	500	0.41			
HK2-30		30		3.0	1 000	0.56			
HK2-60		60		4.5	1 500	0.65			
HK2-15	380	15	3	2.2	500	0.45			
HK2-30		30		4.0	1 000	0.71			
HK2-60		60		5.5	1 500	1.12			

6. 照明闸刀开关安装和使用注意事项

(1) 胶盖闸刀开关必须垂直安装在控制屏或开关板上，不能倒装，即接通状态时手柄朝上，否则有可能在分断状态时闸刀开关松动落下，造成误接通。

(2) 安装接线时，刀闸上桩头接电源，下桩头接负载。接线时进线和出线不能接反，否则在更换熔断丝时会发生触电事故。

(3) 操作胶盖闸刀开关时，不能带重负载，因为 HK1 系列瓷底胶盖闸刀开关不设专门的灭弧装置，它仅利用胶盖的遮护防止电弧灼伤。

(4) 如果要带一般性负载操作,动作应迅速,使电弧较快熄灭,一方面不易灼伤人手,另一方面也减少电弧对动触头和静夹座的损坏。

(5) 在带电操作闸刀时,必须使上下闸刀灭弧盖盖好并上紧固定螺丝,以增加它的灭弧能力。

胶盖闸刀开关的常见故障及检修方法见表5-5。

表 5-5 胶盖闸刀开关的常见故障及检修方法

故障现象	产生原因	检修方法
保险丝熔断	1. 刀开关下桩头所带的负载短路	1. 把闸刀拉下,找出线路的短路点,修复后,更换同型号的保险丝
	2. 刀开关下桩头负载过大	2. 在刀开关容量允许范围内更换额定电流大一级的保险丝
	3. 刀开关保险丝未压紧	3. 更换新垫片后用螺丝把保险丝压紧
开关烧坏,螺丝孔内沥青熔化	1. 刀片与底座插口接触不良	1. 在断开电源的情况下,用钳子修整开关底座口片使其与刀片接触良好
	2. 开关压线固定螺丝未压紧	2. 重新压紧固定螺丝
	3. 刀片合闸时合得过浅	3. 改变操作方法,使每次合闸时用力把闸刀合到位
	4. 开关容量与负载不配套过小	4. 在线路容量允许的情况下,更换额定电流大一级的开关
	5. 负载端短路,引起开关短路或弧光短路	5. 更换同型号新开关,平时要注意,尽可能避免接触不良和短路事故的发生
开关漏电	1. 开关潮湿被雨淋浸蚀	1. 如受雨淋严重,要拆下开关进行烘干处理再装上使用
	2. 开关在油污、导电粉尘环境工作过久	2. 如环境条件极差,要钉做小木箱,把开关保护起来后再使用

（续表）

故障现象	产生原因	检修方法
拉闸后刀片及开关下桩头仍带电	1. 进线与出线上下接反 2. 开关倒装或水平安装	1. 更正接线方式，必须是上桩头接入电源进线，而下桩头接负载端 2. 禁止倒装和水平装设胶盖闸刀开关

5.13 瓷插式熔断器

图 5-15 瓷插式熔断器

照明线路中，瓷插式熔断器是室内照明线路中的保护电器。在使用时，熔断器串联在所保护的电路中，当该电路发生严重过载或短路故障时，通过熔断器的电流达到或超过某一规定值时，以其自身产生热量使熔体熔断从而自动切断电路，起到保护作用。瓷插式熔断器的外形如图 5-15 所示。

1. 技术数据

RC1A 系列瓷插式熔断器的技术数据如表 5-6 所示。

表 5-6 RC1A 系列瓷插式熔断器的技术数据

型　号	额定电压值(V)	熔断器额定电流值(A)	熔体额定电流值(A)	极限分断能力值(A)
RC1A-5	380	5	2, 5	250
RC1A-10	380	10	2, 4, 6, 10	500
RC1A-15	380	15	1, 4, 6, 10, 15	1 500
RC1A-30	380	30	20, 25, 30	3 000

2. RC1A 系列瓷插式熔断器的选用

(1) 瓷插式熔断器选用:

① 熔断器的额定电压必须等于或大于线路的额定电压。

② 熔断器的额定电流必须等于或大于所装熔体的额定电流。

一般情况应按上述规定选择熔断器的额定电流,但是有时熔断器的额定电流可选用大一级的,也可选小一级。例如,10 A 的熔体,既可选 10 A的熔断器,也可选用 15 A 的熔断器,此时可按电路是否常有少量过载来确定;若有少量过载情况时,则应选用大一级的熔断器,以免其温升过高。

③ 熔断器的分断能力应大于电路可能出现的最大短路电流。

(2) 熔体(保险丝)的选用:照明电路中的熔丝选用首先计算出该线路的电流,然后查常用熔体规格(表 5-7)可得出熔丝直径,并可知道熔断电流。

表 5-7 常用熔体规格

直径(mm)	额定电流(A)	熔断电流(A)	直径(mm)	额定电流(A)	熔断电流(A)
0.28	1	2	0.81	3.75	7.5
0.32	1.1	2.2	0.98	5	10
0.35	1.25	2.5	1.02	6	12
0.36	1.35	2.7	1.25	7.5	15
0.40	1.5	3	1.51	10	20
0.46	1.85	3.7	1.67	11	22
0.52	2	4	1.75	12.5	25
0.54	2.25	4.5	1.98	15	30
0.60	2.5	5	2.40	20	40
0.71	3	6	2.78	25	50

(3) RC1A 瓷插式熔断器更换熔体时的注意事项:

① 必须先查清熔体熔断的原因,排除短路或其他故障才能换上原规格的熔体,再接通电源。否则换上新熔体后,还会熔断。

② 更换熔体要选用原规格的,不能随意加大熔体规格。

(4) RC1A 瓷插式熔体安装要求:

① 拔下熔断器瓷盖,在木台上选好合适的位置,将瓷插式熔断器的底座固定在木台上。

② 用独股塑料硬线(或多股软线)与瓷插式熔断器的接线桩头相连。

③ 把熔体顺着槽放入,槽两旁的熔体要凹下,以防插入时被插座上的凸背切断。

④ 上熔体时按顺时针方向绕在触点的螺钉上,并旋紧螺钉。

3. 熔断器常见故障及检修方法

(1) 保险丝或保险管、保险片换上瞬间全部熔断

① 故障可能原因:

a. 电源负载线路短路或线路接线错误。

b. 更换的保险丝过小,或负载太大难以承受。

c. 换的电动机启动保险丝是否因电动机卡死。

② 故障检修方法:

a. 检查照明或动力线路是否近来重新接过线,如接过应检查接错点并更正线路。如近来接过线那么要检查负载短路点,照明应检查线路电线是否相互接触、电动机负载是否烧坏短路、电线相间是否接触、是否因弧光短路、电源电器负载线路间是否有连电潮湿进水引起绝缘损坏短路,查出短路点或把线路重新分开,或更换电气开关等处理,把

短路地方找出来修复后再供电。总之,不可盲目加大更换保险以防事故扩大。

b. 检查线路负载确无短路点后,应更换原型号的保险,如保险过小要根据线路情况和负载情况重新计算所装保险的容量使其适当。

c. 如果是电动机启动的保险丝或保险管保险片通电后瞬间熔断,在确定线路负载无短路故障时,应检查电动机负载是否过重,是否电动机轴承损坏,是否因机械卡死而引起保险丝熔断,若查出电动机卡死应检修机械部分使其恢复正常。

(2) 保险丝慢慢熔断

① 故障可能原因:

a. 接线桩头或压保险丝螺丝锈死压不紧保险丝或导线。

b. 导线过细负载过重。

c. 铜铝接连时间过长引起接触不良。

d. 如是瓷插保险是因插头与插座间接触不良。

e. 熔丝规格过小,负载过重。

② 故障检修方法:

a. 螺丝未压紧,会引起保险丝处发热熔化保险丝,这时可用螺丝刀重新压紧压线螺丝,以压紧保险丝,如果螺丝生锈,压保险丝的垫片生锈严重要更换同型号的螺丝及垫片并重新旋紧。

b. 用钳形电流表去测一下电线线路的负载电流,如负载过重电流超过其线路承受能力,要根据负载的大小,重新计算所用导线的截面积并重新更换新导线。

c. 在铜铝接头处重新去掉生锈面并重新交织在一起或重新压紧接触点。

d. 把插瓷插头的触点爪向内合一点，使其能在插入插座后接触紧密些，并且用砂布打磨插瓷金属的所有接触面。

e. 对熔丝过小、负载过重时要重新计算一下总负载的电流并重新计算选择保险的规格，根据具体负载情况可更换大一号的熔丝。

(3) 插瓷保险破损

① 故障可能原因：

a. 插瓷保险受人为因素外力损坏。

b. 插瓷保险因电流过大引起发热自身烧裂。

② 故障检修方法：

a. 对插瓷保险因维修时人为损坏要更换插瓷，并重新把螺丝上紧。

b. 插瓷因烧裂损坏要重新处理接触面，并更换烧坏螺丝，能用的插瓷用绝缘胶布包好使用。

(4) 螺旋保险更换后不通电

① 故障可能原因：

a. 螺旋保险未旋紧，引起接触不良。

b. 螺旋保险外壳底面接触不良，里面有尘物或金属皮因熔断器熔断熔坏脱落。

② 故障检修方法：

a. 用验电笔测螺旋保险下桩头，如果上桩头带电测时亮，而下桩头不亮时要重新旋紧新换的保险管。

b. 检查螺旋保险壳是否内部有尘土杂物并清除掉，如没有应细心观察保险盖壳内底金属皮有无脱落熔坏，如果损坏，应更换螺旋保险壳盖，更换同型号的保险盖后装入适当保险芯重新旋紧。

5.14 低压断路器

低压断路器又称自动空气开关或自动空气断路器，主要用于低压动力线路中，当电路发生过载、短路、失压等故障时，它的电磁脱扣器自动脱扣进行短路保护，直接将三相电源同时切断，保护电路和用电设备的安全。在正常情况下也可用作不频繁地接通和断开电路或控制电动机。

低压断路器具有多种保护功能，动作后不需要更换元件，其动作电流可按需要方便地调整，工作可靠、安装方便、分断能力较强，因而在电路中得到广泛应用。

低压断路器按结构型式可分为框架式(又称万能式)和塑壳式(又称装置式)两大类，如图5-16所示。框架式断路器为敞开式结构，适用于大容量配电装置；塑料外壳式断路器的特点是外壳用绝缘材料制作，具有良好的安全性，广泛用于电气控制设备及建筑物内作电源线路保护，及对电动机进行过载和短路保护。

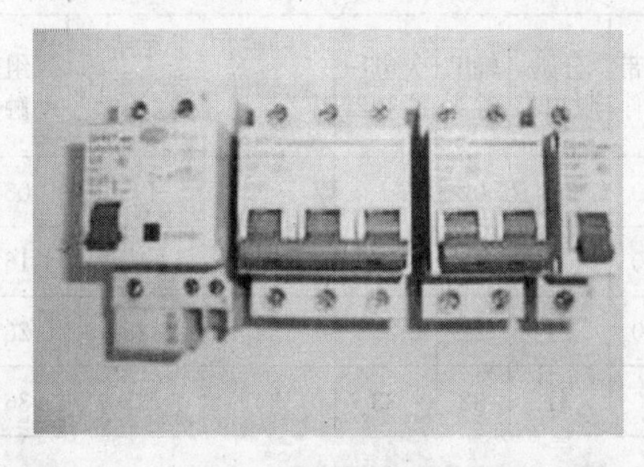

图5-16 低压断路器

1. 低压断路器的型号

低压断路器的型号含义如下：

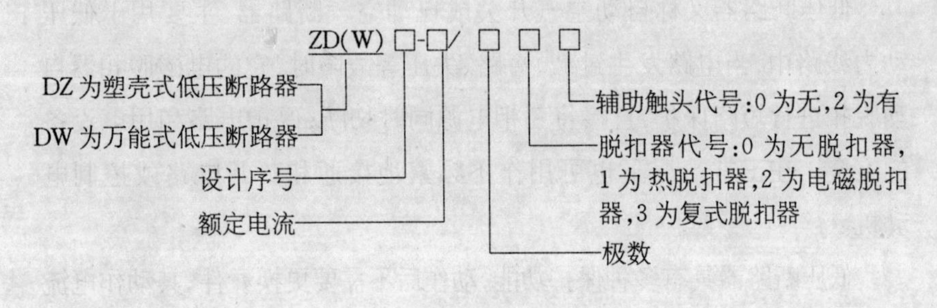

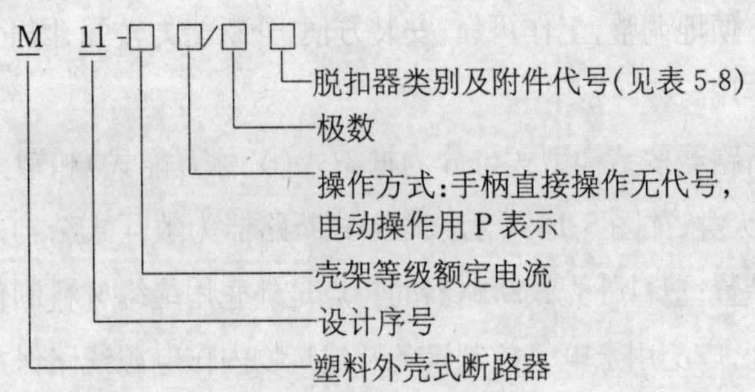

表5-8 脱扣器的类别及附件代号

	不带附件	分励脱扣器	辅助触头	欠电压脱扣器	分励脱扣器辅助触头	分励脱扣器欠电压脱扣器	二组辅助触头	辅助触头失电压脱扣器
无脱扣器	00		02				06	
热脱扣器	10	11	12	13	14	15	16	17
电磁脱扣器	20	21	22	23	24	25	26	27
复式脱扣器	30	31	32	33	34	35	36	37

2. 低压断路器的主要技术参数

DZ5-20系列断路器的主要技术参数见表5-9。

表 5-9 DZ5-20 系列断路器的主要技术参数

型号	额定电压(V)	额定电流(A)	极数	脱扣器类别	热脱扣器额定电流(括号内为整定电流调节范围)(A)	电磁脱扣器瞬时动作整定值(A)
DZ5-20/200	交流 380 直流 220	20	2	无脱扣器	—	—
DZ5-20/300			3			
DZ5-20/210			2	热脱扣	0.15(0.10～0.15) 0.20(0.15～0.20) 0.30(0.20～0.30) 0.45(0.30～0.45) 0.65(0.45～0.65) 1(0.65～1) 1.5(1～1.5) 2(1.5～2) 3(2～3) 4.5(3～4.5) 6.5(4.5～6.5) 10(6.5～10) 15(10～15) 20(15～20)	为热脱扣器额定电流的 8～12 倍(出厂时整定于 10 倍)
DZ5-20/310			3			
DZ5-20/220			2	电磁脱扣		
DZ5-20/320			3			
DZ5-20/230			2	复式脱扣		
DZ5-20/330			3			

DZ20 系列断路器按其极限分断故障电流的能力分为一般型(Y 型)、较高型(J 型)、最高型(G 型)。J 型是利用短路电流的巨大电动斥力将触头拆开,紧接着脱扣器动作,故分断时间在 14 毫秒以内;G 型可在 8 毫秒～10 毫秒以内分断短路电流。DZ20 系列断路器的主要技术参数见表 5-10。

表 5-10　DZ20 系列断路器的主要技术参数

型　号	额定电压(V)	壳架额定电流(A)	断路器额定电流 I_N(A)	瞬时脱扣器整定电流倍数
DZ20Y-100				
DZ20J-100		100	16，20，25，32，40，50，63，80，100	配电用 $10I_N$ 保护电机用 $12I_N$
DZ20G-100				
DZ20Y-225	～380			
DZ20J-225		225	100，125，160，180，200，225	配电用 $5I_N$，$10I_N$ 保护电机用 $12I_N$
DZ20G-225				
DZ20Y-400				配电用 $10I_N$ 保护电机用 $12I_N$
DZ20J-400		400	250，315，350，400	
DZ20G-400	～220			
DZ20Y-630				配电用 $5I_N$，$10I_N$
DZ20J-630		630	400，500，630	

DW16 系列断路器的主要技术参数见表 5-11。

表 5-11　DW16 系列断路器的主要技术参数

型　号		DW16-315	DW16-400	DW16-630
额定电流(A)		315	400	630
额定电压(V)		380		
额定频率(Hz)		50		
额定短路分断能力	在 O—CO—CO 试验程序下短路分断能力(kA)	25	25	25
	极限短路分断能力(kA)	30	30	30
	飞弧距离(mm)	＜250	＜250	＜250
瞬时过电流脱扣器电流整定值(A)		945～1 890	1 200～2 400	1 890～3 790
额定接地动作电流(A)		158	200	315
额定接地不动作电流(A)		79	100	158

M11 系列塑料外壳式断路器，主要适用于不频繁操作的交流 50 Hz、电压至 380 V，直流电压至 220 V 及以下的电路中作接通和分断电路之用，它的主要技术参数见表 5-12。

表 5-12 M11 系列塑料外壳式断路器的基本参数

型 号	壳架等级额定电流(A)	额定绝缘电压(V)	额定工作电压(V)	额定频率(Hz)	额定极限短路分断能力				极限短路分断试验程序	额定电流(A)
					DC		AC			
					220 V	Tms	380 V	cos φ		
M11-100	100	380	交流 380 直流 220	50	10	5	6	0.7	3 分	15、20
							10	0.5		25、30、40、50
							12	0.3		60、80、100
M11-250	250				20	10	20	0.3	O—CO	100、120、140、170、200、(225)、250
M11-600	600				25	15	25	0.25		200、250、300、350、400、500、600

注：O 表示分断操作；CO 表示接通操作后，紧接着分断。

3. 低压断路器的选用

(1) 根据电气装置的要求选定断路器的类型、极数以及脱扣器的类型、附件的种类和规格。

(2) 断路器的额定工作电压应大于或等于线路或设备的额定工作电压。对于配电电路来说应注意区别是电源端保护还是负载保护，电源端电压比负载端电压高出约 5%左右。

(3) 热脱扣器的额定电流应等于或稍大于电路工作电流。

(4) 根据实际需要,确定电磁脱扣器的额定电流和瞬时动作整定电流。

① 电磁脱扣器的额定电流只要等于或稍大于电路工作电流即可。

② 电磁脱扣器的瞬时动作整定电流为:作单台电动机的短路保护时,电磁脱扣器的整定电流为电动机启动电流的 1.35 倍(DW 系列断路器)或 1.7 倍(DZ 系列断路器);作多台电动机的短路保护时,电磁脱扣器的整定电流为 1.3 倍,最大一台电动机的启动电流再加上其余电动机的工作电流。

4. 低压断路器的安装使用和维护

(1) 安装前核实装箱单上的内容,核对铭牌上的参数与实际需要是否相符,再用螺钉(或螺栓)将断路器垂直固定在安装板上。

(2) 板前接线的断路器允许安装在金属支架或金属底板上,把铜导线剥去适量长度的绝缘外层,插入线箍的孔内,将线箍的外包层压紧,包牢导线,然后将线箍的连接孔与断路器接线端用螺钉紧固;对于铜排,先把接线板在断路器上固定,再与铜排固定。

(3) 板后接线的断路器必须安装在绝缘底板上。固定断路器的支架或底板必须平坦。

(4) 为防止相间电弧短路,进线端应安装隔弧板,隔弧板安装时应紧贴在外壳上,不可留有缝隙,或在进线端包扎 200 mm 黄腊带。

(5) 断路器的上接线端为进线端,下接线端为出线端,“N”极为中性板,不允许倒装。

(6) 断路器在工作前,对照安装要求进行检查,其固定连接部分应可靠;反复操作断路器几次,其操作机构应灵活、可靠。用 500 V 兆欧表检查断路器的极与极、极与安装面(金属板)的绝缘电阻应不小于 1 MΩ,如低于 1 MΩ 该产品不能使用。

(7) 当低压断路器用作总开关或电动机的控制开关时，在断路器的电源进线侧必须加装隔离开关、刀开关或熔断器，作为明显的断开点。凡设有接地螺钉的产品，均应可靠接地。

(8) 断路器各种特性与附件由制造厂整定，使用中不可任意调节。

(9) 断路器在过载或短路保护后，应先排除故障，再进行合闸操作。

(10) 断路器的手柄在自由脱扣或分闸位置时，断路器应处于断开状态，不能对负载起保护作用。

(11) 断路器承载的电流过大，手柄已处于脱扣位置而断路器的触头并没有完全断开，此时负载端处于非正常运行，需人为切断电流，更换断路器。

(12) 断路器在使用或贮存、运输过程中，不得受雨水侵袭和跌落。

(13) 断路器断开短路电流后，应打开断路器检查触头、操作机构。如触头完好，操作机构灵活，试验按钮操作可靠，则允许继续使用。若发现有弧烟痕迹，可用干布抹净；若弧触头已烧毛，可用细锉小心修整，但烧毛严重，则应更换断路器以避免事故发生。

(14) 对于用电动机操作的断路器，如要拆卸电机，一定要在原处先做标记，然后再拆，再将电机装上时，不会错位，影响其性能。

(15) 长期使用后，可清除触头表面的毛刺和金属颗粒，保持良好电接触。

(16) 断路器应做周期性检查和维护，检查时应切断电源。周期性检查项目：①在传动部位加润滑油；②清除外壳表层尘埃，保持良好绝缘；③清除灭弧室内壁和栅片上的金属颗粒和黑烟灰，保持良好灭弧效果。如灭弧室损坏，断路器则不能继续使用。

5. 低压断路器的常见故障及检修方法

低压断路器的常见故障及检修方法见表5-13。

表 5-13 低压断路器的常见故障及检修方法

故障现象	产生原因	检修方法
电动操作的断路器触头不能闭合	1. 电源电压与断路器所需电压不一致 2. 电动机操作定位开关不灵，操作机构损坏 3. 电磁铁拉杆行程不到位 4. 控制设备线路断路或元件损坏	1. 应重新通入一致的电压 2. 重新校正定位机构，更换损坏机构 3. 更换拉杆 4. 重新接线，更换损坏的元器件
手动操作的断路器触头不能闭合	1. 断路器机械机构复位不好 2. 失压脱扣器无电压或线圈烧毁 3. 储能弹簧变形，导致闭合力减弱 4. 弹簧的反作用力过大	1. 调整机械机构 2. 无电压时应通入电压，线圈烧毁应更换同型号线圈 3. 更换储能弹簧 4. 调整弹簧，减少反作用力
断路器有一相触头接触不上	1. 断路器一相连杆断裂 2. 操作机构一相卡死或损坏 3. 断路器连杆之间角度变大	1. 更换其中一相连杆 2. 检查机构卡死原因，更换损坏器件 3. 把连杆之间的角度调整至170°为宜
断路器失压脱扣器不能自动开关分断	1. 断路器机械机构卡死不灵活 2. 反力弹簧作用力变小	1. 重新装配断路器，使其机构灵活 2. 调整反力弹簧，使反作用力及储能力增大
断路器分励脱扣器不能使断路器分断	1. 电源电压与线圈电压不一致 2. 线圈烧毁 3. 脱扣器整定值不对 4. 电动开关机构螺丝未拧紧	1. 重新通入合适电压 2. 更换线圈 3. 重新整定脱扣器的整定值，使其动作准确 4. 紧固螺丝

(续表)

故障现象	产生原因	检修方法
在启动电动机时断路器立刻分断	1. 负荷电流瞬时过大 2. 过流脱扣器瞬时整定值过小 3. 橡皮膜损坏	1. 处理负荷超载的问题,然后恢复供电 2. 重新调整过电流脱扣器瞬时整定弹簧及螺丝,使其整定到适合位置 3. 更换橡皮膜
断路器在运行一段时间后自动分断	1. 较大容量的断路器电源进出线接头连接处松动,接触电阻大,在运行中发热,引起电流脱扣器动作 2. 过电流脱扣器延时整定值过小 3. 热元件损坏	1. 对于较大负荷的断路器,要松开电源进出线的固定螺丝,去掉接触杂质,把接线鼻重新压紧 2. 重新整定过流值 3. 更换热元件,严重时要更换断路器
断路器噪声较大	1. 失压脱扣器反力弹簧作用力过大 2. 线圈铁心接触面不洁或生锈 3. 短路环断裂或脱落	1. 重新调整失压脱扣器弹簧压力 2. 用细砂纸打磨铁心接触面,涂上少许机油 3. 重新加装短路环
断路器辅助触头不通	1. 辅助触头卡死或脱落 2. 辅助触头不洁或接触不良 3. 辅助触头传动杆断裂或滚轮脱落	1. 重新拨正装好辅助触头机构 2. 把辅助触头清擦一次或用细砂纸打磨触头 3. 更换同型号的传动杆或滚轮
断路器在运行中温度过高	1. 通入断路器的主导线接触处未接紧,接触电阻过大 2. 断路器触头表面磨损严重或有杂质,接触面积减小 3. 触头压力降低	1. 重新检查主导线的接线鼻,并使导线在断路器上压紧 2. 用锉刀把触头打磨平整 3. 调整触头压力或更换弹簧
带半导体过流脱扣的断路器,在正常运行时误动作	1. 周围有大型设备的磁场影响半导体脱扣开关,使其误动作 2. 半导体元件损坏	1. 仔细检查周围的大型电磁铁分断时磁场产生的影响,并尽可能使两者距离远些 2. 更换损坏的元件

5.15 绝缘胶布

绝缘胶布是电工常用的一种绝缘材料，常用于 380 V 或 380 V 以下的导线接头以及人易触及的带电金属体的包扎，其外形如图 5-17 所示。

图 5-17 绝缘胶布

使用绝缘胶布时应注意以下几点：

(1) 绝缘胶布出厂时经过耐压性能试验，一般在 1 000 V 电压下保持 60 秒不击穿，故可用于 380 V 以下的电线接头包扎。

(2) 绝缘胶布在潮湿地方应用时，要与塑料带配合使用，可先包扎塑料带，再包以绝缘胶布。

(3) 绝缘胶布保存时应注意防潮，其保存期一般为 8 个月～15 个月。

chapter 6 >>

第 6 章 照明装置的安装与检修

6.1 开关的安装

1. 拉线开关的安装

拉线开关的安装。拉线开关的安装如图 6-1 所示。安装时,应先在绝缘的方(或圆)木台上钻三个孔,穿进导线后,用一根木螺钉将木台固定在支承点上。然后拧下拉线开关盖,把两根导线头分别穿入开关底座的两个穿线孔内,用两根木螺钉将

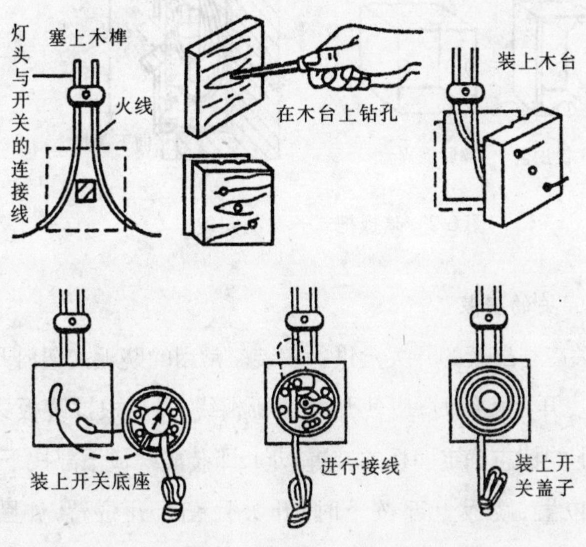

图 6-1 拉线开关的安装

开关底座固定在绝缘木台(或塑料台)上,把导线分别接到接线桩上,然后拧上开关盖。明装拉线开关拉线口应垂直向下不使拉线和开关底座发生摩擦,防止拉线磨损断裂。

2. 暗扳把式开关的安装

暗扳把式开关必须安装在铁皮开关盒内,铁皮开关盒如图 6-2a 所示。开关接线时,将来自电源的一根相线接到开关静触点接线桩上,将连到灯具的一根线接在动触点接线桩上,如图 6-2b 所示。在接线时应接成当扳把向上时开灯,向下时关灯。然后把开关芯连同支持架固定到预埋在墙内的接线盒上,开关的扳把必须放正且不卡在盖板上,再盖好开关盖板,用螺栓将盖板固定牢固,盖板应紧贴建筑物表面。

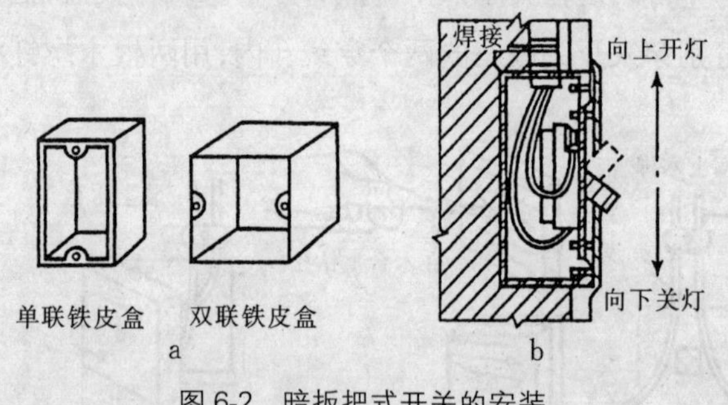

图 6-2　暗扳把式开关的安装

3. 跷板式开关的安装

跷板式开关应与配套的开关盒进行安装。常用的跷板式塑料开关盒如图 6-3a 所示。开关接线时,应使开关切断相线,并应根据跷板式开关的跷板或面板上的标志确定面板的装置方向,即装成跷板下部按下时,开关处在合闸的位置,跷板上部按下时,开关处在断开位置,如图 6-3b 所示。

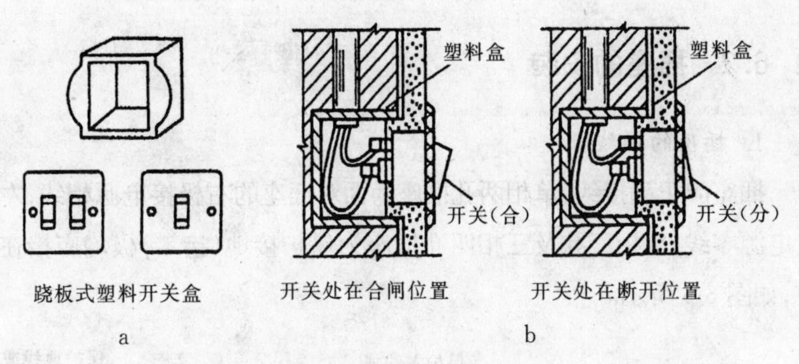

图 6-3 跷板式开关的安装

4. 声光双控照明楼梯延时灯开关的安装

声光双控照明延时灯目前广泛用于楼梯、走廊照明,白天自动关闭,夜间有人走动时,其脚步声或谈话声可使电灯自动点亮,延时 30 余秒电灯又会自行熄灭。该照明灯有两个显著特点:一是电灯点亮时为软启动,点亮后为半波整流电源,可以大大延长灯泡的使用寿命;二是自身灯光照射在开关的光敏电阻上不会发生自行关灯现象。一般的脚步声就能使电灯点亮发光。灯泡宜用 60 W 或 60 W 以下的白炽灯泡。

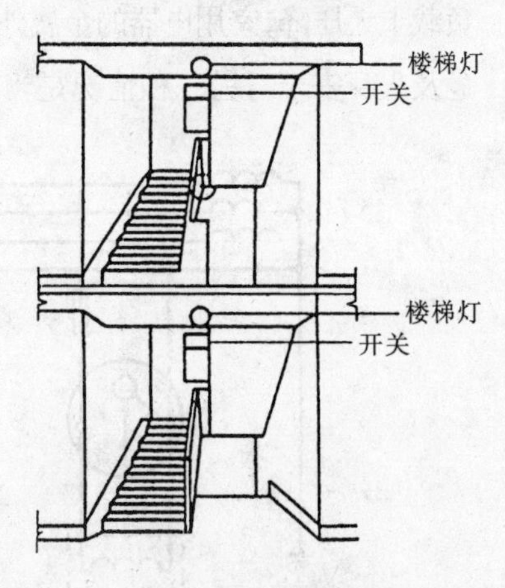

图 6-4 声光双控照明延时灯开关的安装位置

声光双控照明楼梯延时灯开关一般安装在走廊的墙壁上或楼梯正面的墙壁上,要与所控制的电灯就近安装(图 6-4)。安装时将开关固定到预埋在墙内的接线盒内,开关盖板应端正且紧贴墙面。该开关对外只有两根引出线,与要控制的电灯串联后接入 220 V交流电即可。

6.2 插座的安装

1. 插座的接线

插座应正确接线,单相两孔插座为面对插座的右极接电源相线,左极接电源零线;单相三孔及三相四孔插座为保护接地(接零)极均应接在上方,如图 6-5 所示。

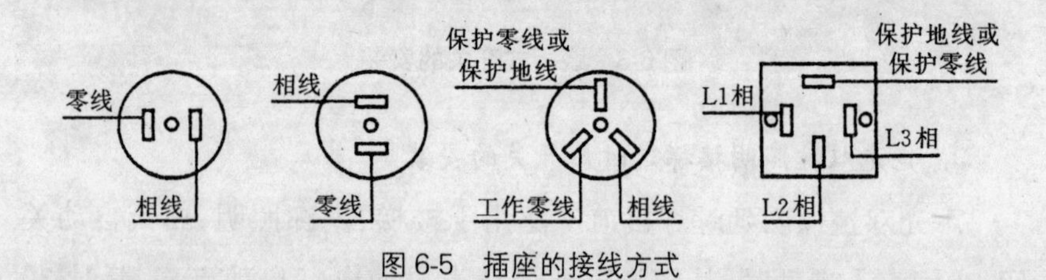

图 6-5 插座的接线方式

单相三孔插座较典型的错误接法如图 6-6 所示。图 6-6 中 a 的接法潜伏着不可忽视的危险性,如零线因外力断线或接头氧化、腐蚀、松脱等都会造成零线断路,导致出现图 6-6b 所示情况,此时负载回路中无电流,负载上无压降,家用电器的金属外壳上就带有 220 V 对地电压,这就会严重危及人身安全。另一种情况是当检修线路时,有可能将相线与零线接反,

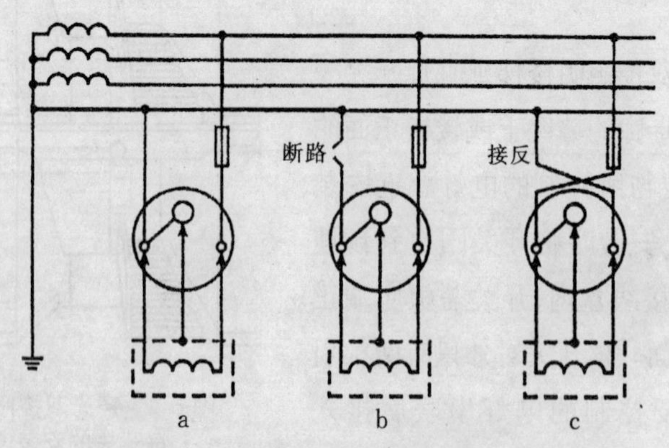

图 6-6 单相三孔插座的典型错误接法

导致出现图 6-6c 所示情况,此时 220 V 相电压直接通过接地(接零)插孔传到单相电器的金属外壳上,危及人身安全。

2. 插座暗装

插座的暗装方法见表 6-1。

表 6-1 插座的暗装

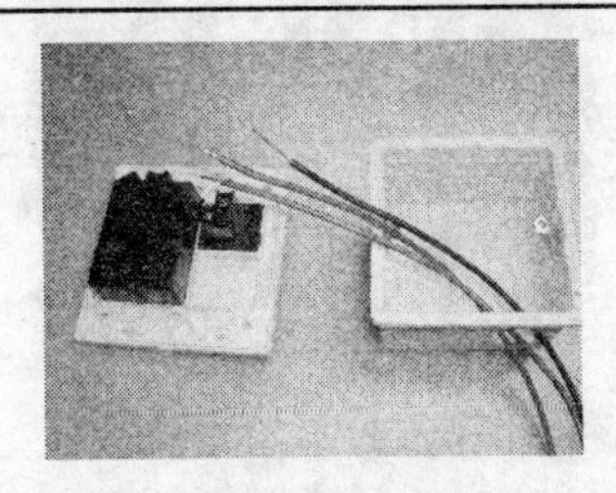 ① 准备好暗装插座,将电源线及保护地线穿入暗装盒	 ② 用螺丝刀将开关一相线连在插座的相线接线架上
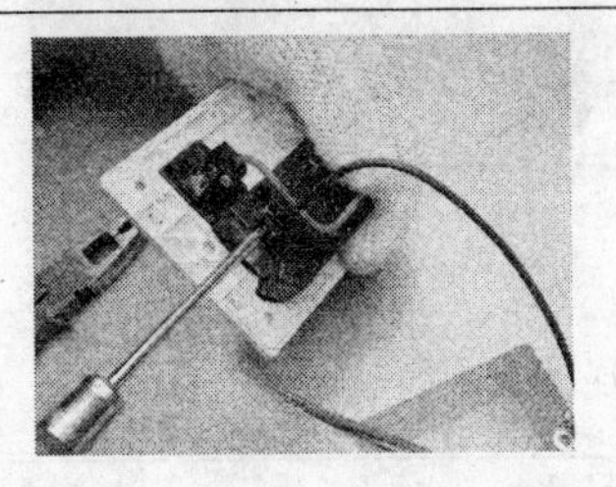 ③ 将保护地线接在插座的接地(⏚)接线架上	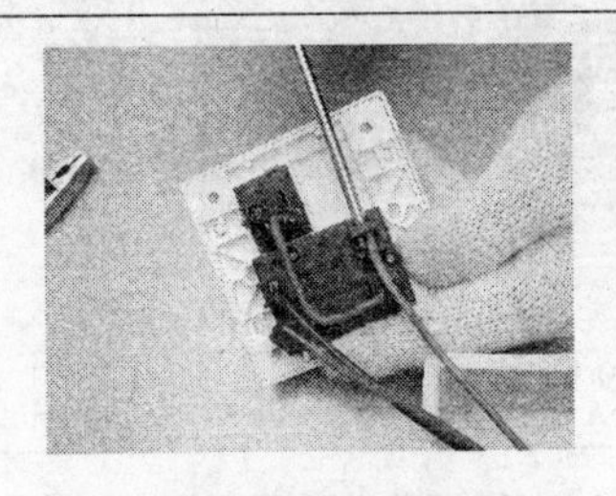 ④ 将零线接到插座的零线接线架上
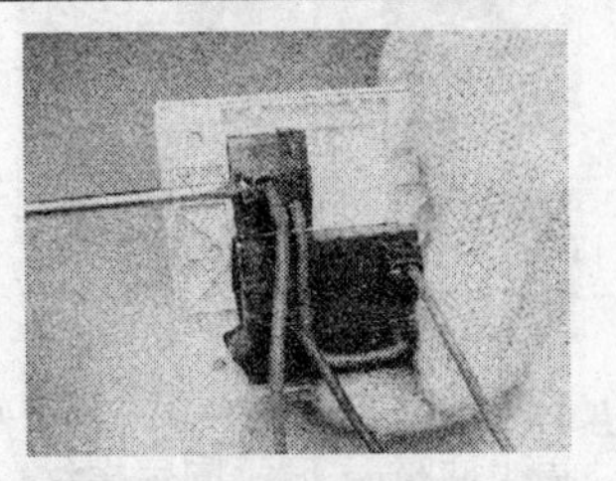 ⑤ 将电源相线接到插座的相线接线架上	 ⑥ 接好后用钢丝钳对电线进行整形,将插座固定在暗装接线盒上,安装完毕

3. 单相临时多孔插座的安装

单相临时多孔插座的安装见表 6-2。

表 6-2　单相临时多孔插座的安装

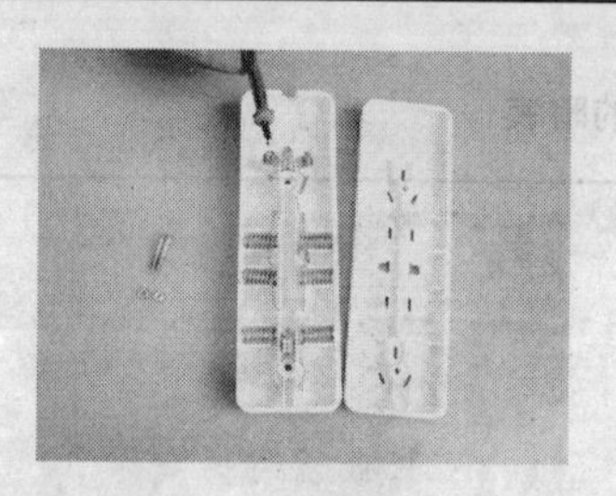 ① 打开插座,将三芯电线穿入进线孔	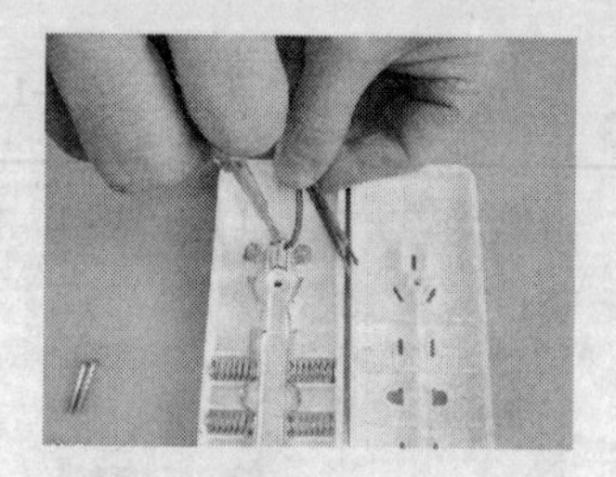 ② 接上保护地线
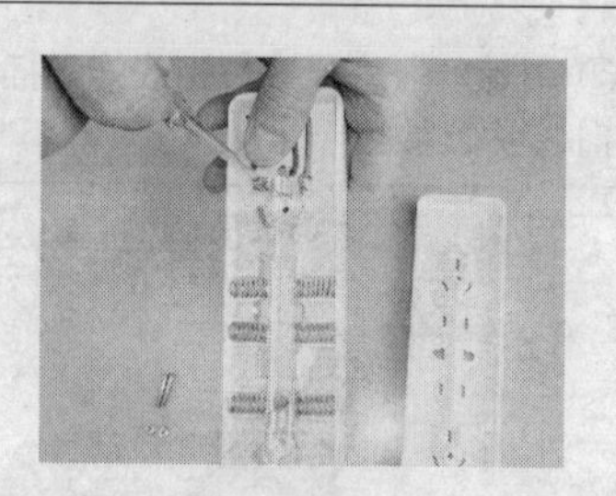 ③ 接上零线	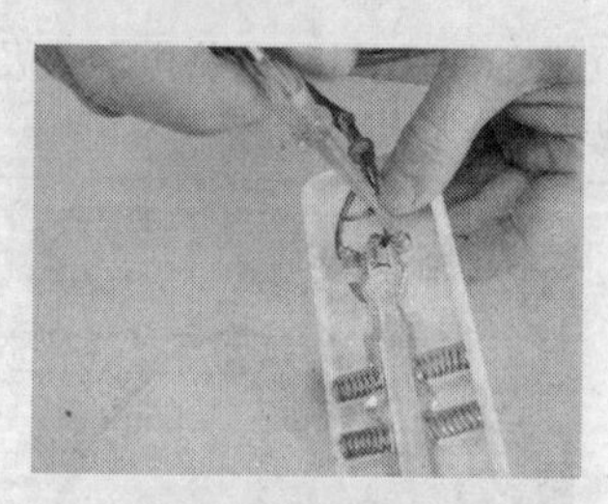 ④ 接上相线
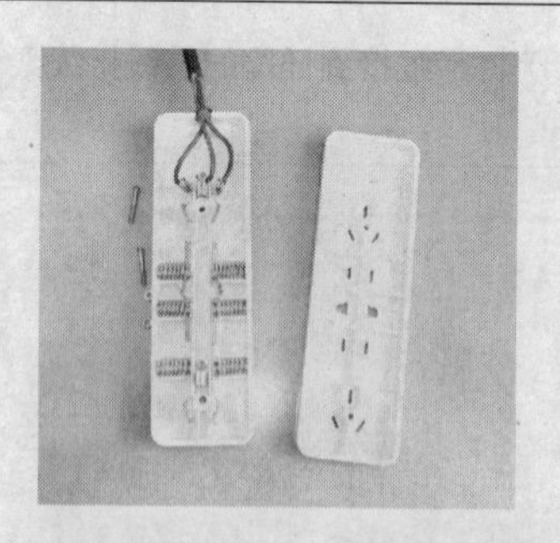 ⑤ 相邻接线上的电线金属头要保持一定的距离,不允许有毛刺,以防短路	 ⑥ 盖上插座盖,旋上固定螺丝,安装完毕

4. 三脚插头的安装

三脚插头的安装见表 6-3。

表 6-3 三脚插头的安装

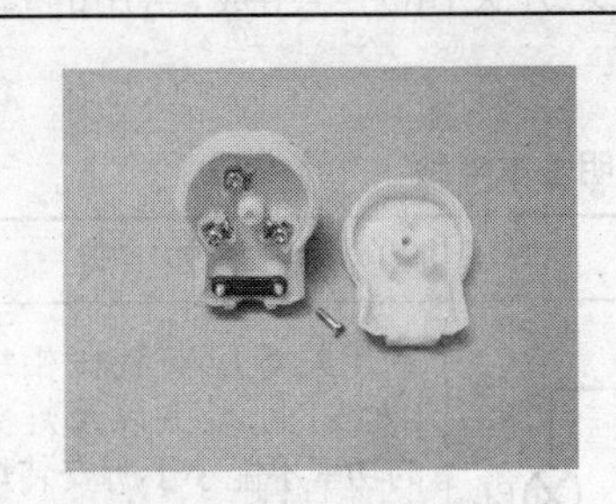 ① 打开三脚插头	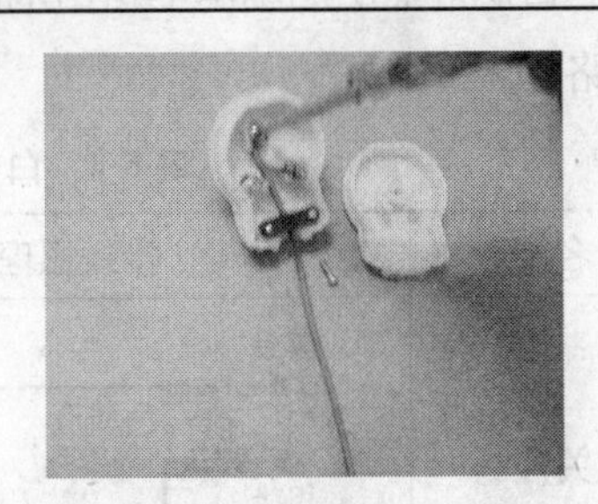 ② 安装保护接地线
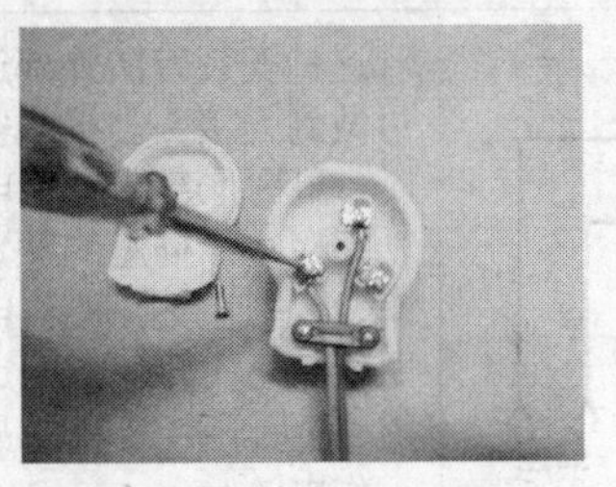 ③ 剥好零线头，按“左零右火”的顺序将零线压接在左下角的接线柱上	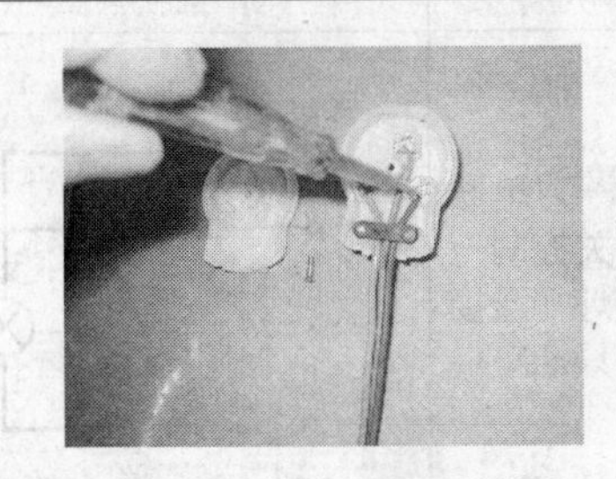 ④ 将相线接在右下角的接线柱上
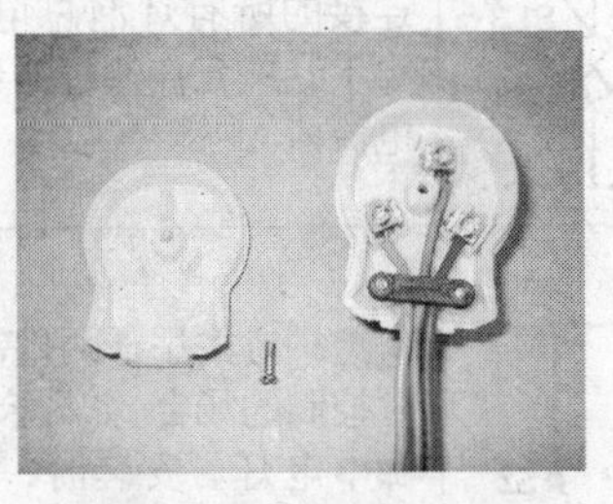 ⑤ 拧紧固定三根线的紧固螺丝	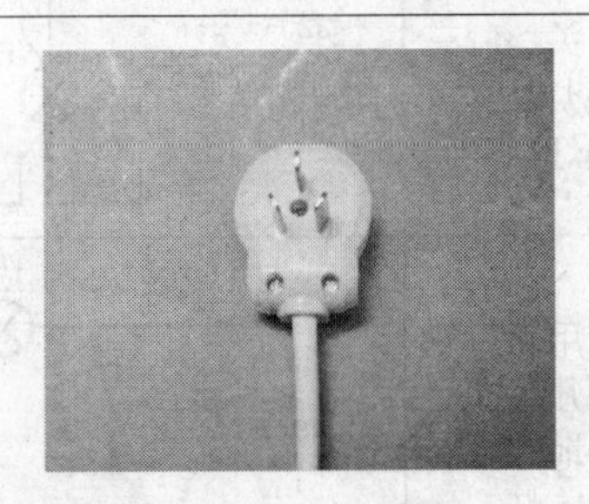 ⑥ 盖上插头后盖，旋上螺钉，插头安装完毕

6.3 白炽灯的安装与检修

1. 白炽灯的常用控制电路

白炽灯照明的基本电路由电源、导线、开关、电灯等组成，常用的基本电路见表 6-4。

表 6-4 白炽灯照明基本电路

名 称	接线原理图	说 明
一只单联开关控制一盏灯	零线 ~220V FU 相线 S EL	开关 S 应安装在相线（火线）上，开关以及灯头的功率不能小于所安装灯泡的额定功率，螺口灯头接线，灯头中心应接相线
一只单联开关控制一盏灯并连接一只插座	零线 ~220V FU 相线 S 插座	这种安装方法外部连线可做到无接头。接线安装时，插座所连接的用电器功率应小于插座的额定功率，选用连接插座的电线所能通过的正常额定电流，应大于用电器的最大工作电流
一只单联开关控制三盏灯（或多盏灯）	零线 ~220V FU 相线 S EL1 EL2 EL3	安装接线时，要注意所连接的所有灯泡总电流，小于开关允许通过的额定电流值
用两只双联开关在两个地方控制一盏灯	零线 ~220V FU 相线 EL S1 S2	这种方式用于两地需同时控制的场合，如楼梯、走廊中电灯。安装时，需要使用两只双联开关

(续表)

名　称	接线原理图	说　　明
五层楼照明灯开关控制方法	EL1 EL2 EL3 EL4 EL5 零线 ~220V FU S1 S2 S3 S4 S5 相线	用于方便地控制整座楼走廊的照明灯。例如上楼时开灯，到五楼再关灯，或从四楼下楼时开灯，到一楼再关灯

2. 白炽灯的安装方法

(1) 吊线盒的安装

吊线盒的安装见表 6-5。

表 6-5　吊线盒的安装

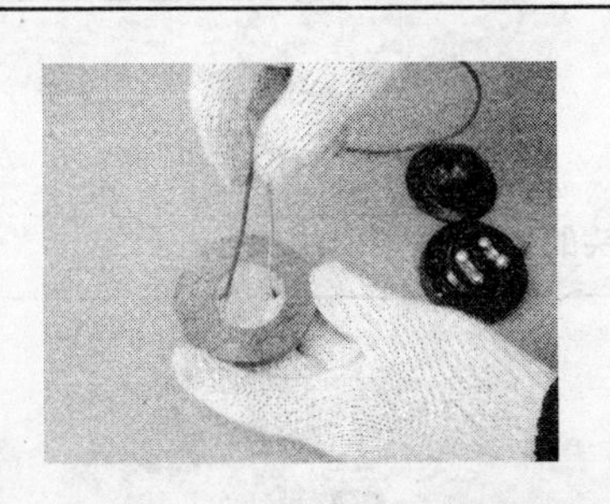 ① 准备好圆木与吊线盒，在圆木上钻孔后，将电源线以“左零右火”的顺序穿入圆木	 ② 装上吊线盒，电源线穿过吊线盒穿线孔，将吊线盒用木螺钉固定在圆木上

(续表)

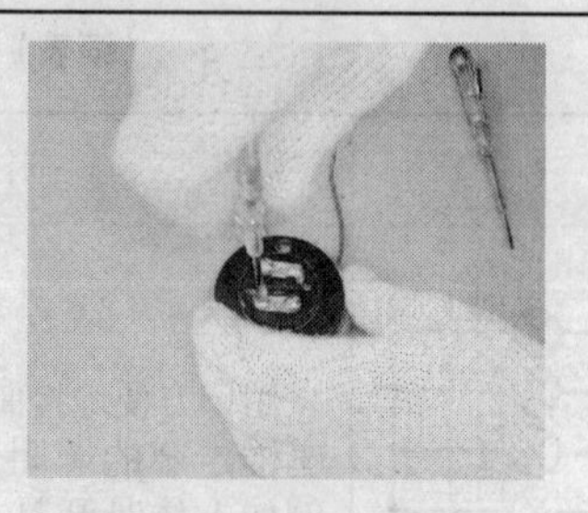 ③ 将穿过吊线盒的电源相线、零线分别压接在接线螺丝上	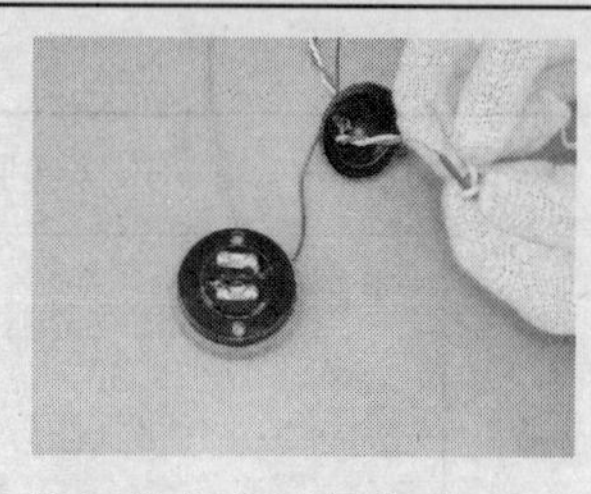 ④ 将灯头线穿过吊灯头盒后，对灯头吊线进行打结，以防止吊线盒接线受过大的拉力
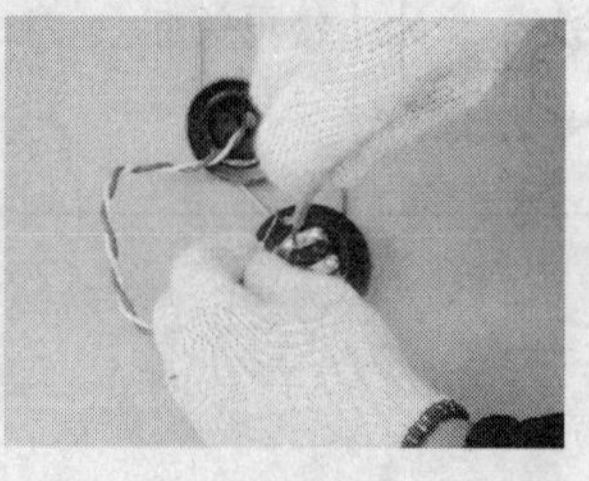 ⑤ 将灯头线的相线、零线分别压在吊线盒的接线架上，为接线牢固，多股线头应拧在一起，不能有毛刺，以防短路	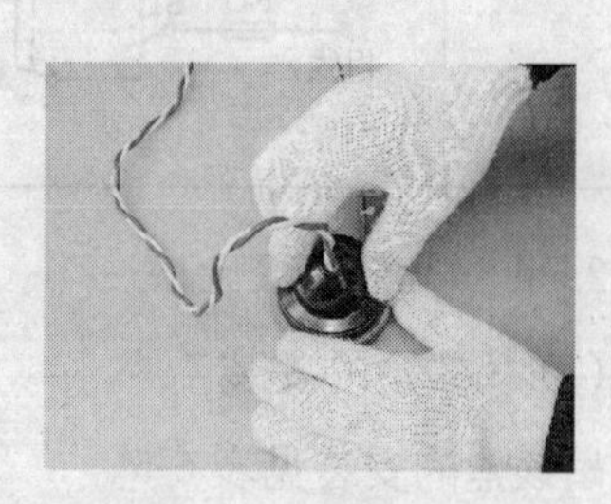 ⑥ 旋上吊线盒盖，接线完成

(2) 吊灯头的安装

吊灯头的安装见表 6-6。

表 6-6　吊灯头的安装

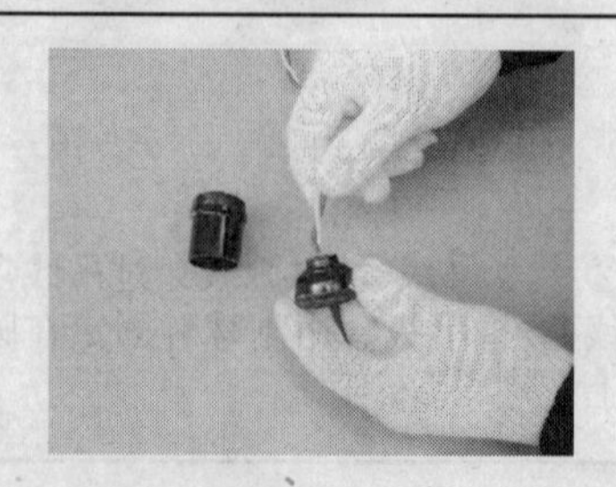 ① 将电源交织线穿入螺口灯头盖内	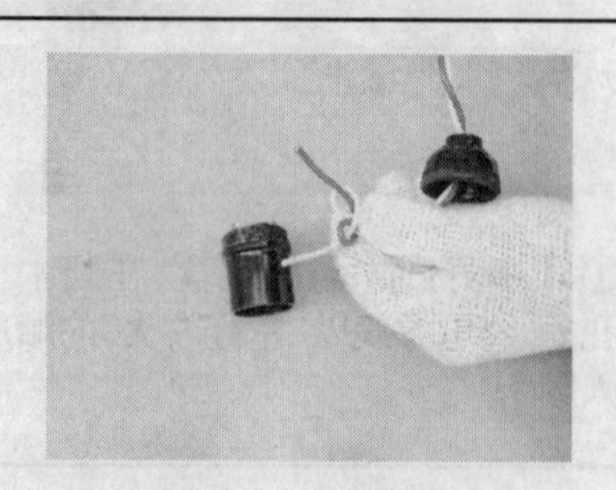 ② 将交织线打一蝴蝶结

（续表）

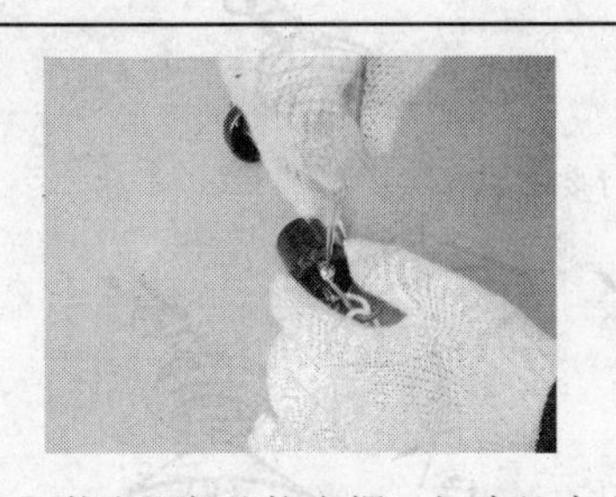 ③ 将电源相线接在螺口灯头的中心弹簧连通的接线柱上	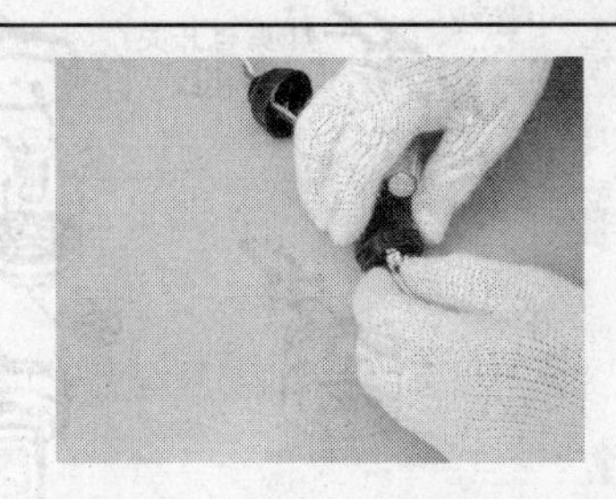 ④ 将电源零线接在螺口灯头的另一接线柱上
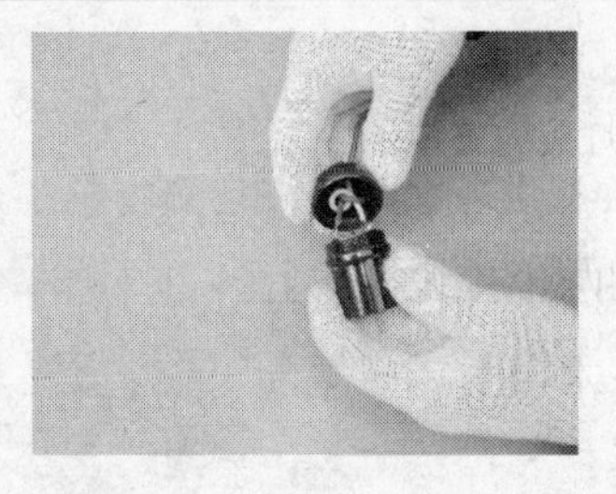 ⑤ 接好后检查线头有无松动，线与线中间有无毛刺	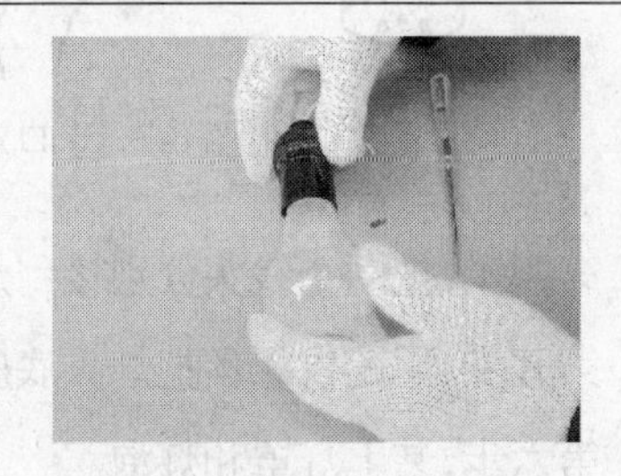 ⑥ 检查接线合格后，装上螺口灯头盖并装上螺口灯泡

3. 矮脚式电灯的安装

矮脚式电灯一般由灯头、灯罩、灯泡等组成，分卡口矮脚式和螺旋口矮脚式两种。

(1) 卡口矮脚式灯头的安装。卡口矮脚式灯头的安装方法和步骤如图 6-7 所示。

第一步，在准备装卡口矮脚式灯头的地方居中塞上木枕。

第二步，对准灯头上的穿线孔的位置，在木台上钻两个穿线孔和一个螺丝孔。

第三步，把中性线线头和灯头与开关连接线的线头对准位置穿入木台的两个孔里，用螺丝把木台连同底板一起钉在木枕上。

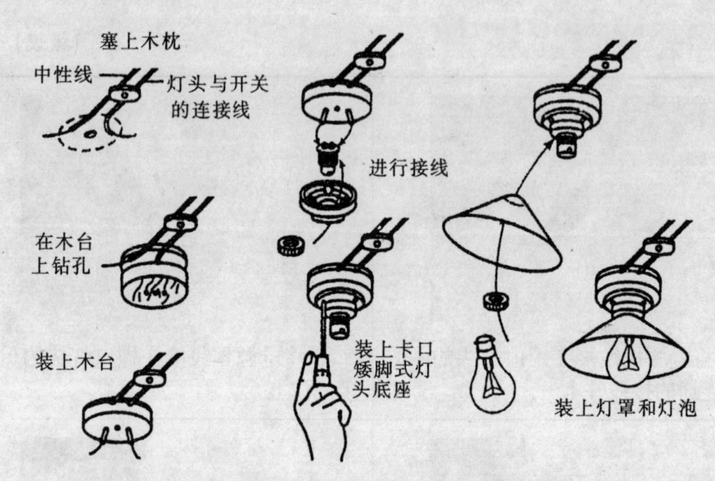

图 6-7　卡口矮脚式灯头的安装

第四步，把两个线头分别接到灯头的两个接线桩头上。

第五步，用三枚螺丝把灯头底座装在木台上。

第六步，装上灯罩和灯泡。

(2) 螺旋口矮脚式电灯的安装。螺旋口矮脚式电灯的安装方法除了接线以外，其余与卡口矮脚式电灯的安装方法几乎完全相同，如图 6-8 所

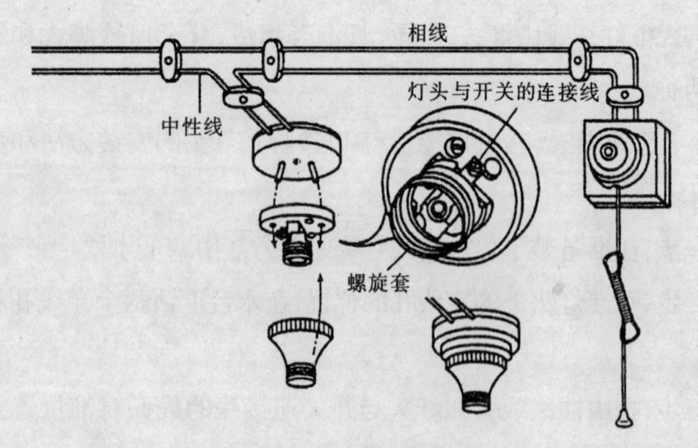

图 6-8　螺旋口矮脚式电灯的安装

示。螺旋口式灯头接线时应注意,中性线要接到跟螺旋套相连的接线桩上,灯头与开关的连接线(实际上是通过开关的相线)要接到跟中心铜片相连的接线桩头上,千万不可接反,否则在装卸灯泡时容易发生触电事故。

4. 吸顶灯的安装

吸顶灯与屋顶天花板的结合可采用过渡板安装法或直接用底盘安装法。

(1) 过渡板式安装。首先用膨胀螺栓将过渡板固定在顶棚预定位置。将底盘元件安装完毕后,再将电源线由引线孔穿出,然后托着底盘找过渡板上的安装螺栓,上好螺母。因不便观察而不易对准位置时,可用一根铁丝穿过底盘安装孔,顶在螺栓端部,使底盘慢慢靠近,沿铁丝顺利对准螺栓并安装到位,如图 6-9 所示。

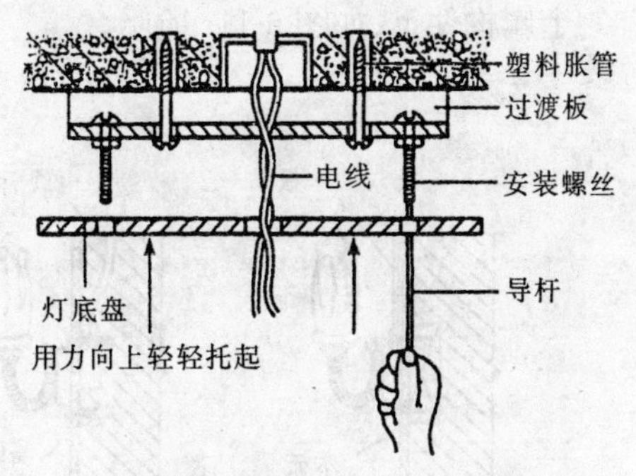

图 6-9　吸顶灯经过渡板安装

(2) 直接用底盘安装。安装时用木螺钉直接将吸顶灯的底座固定在预先埋好在天花板内的木砖上,如图 6-10 所示。当灯座直径大于 100 mm时,需要用 2~3 根木螺钉固定灯座。

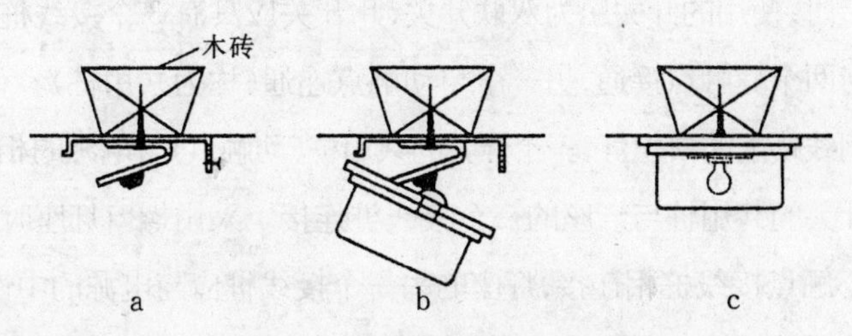

图 6-10　吸顶灯直接用底座安装

5. 壁灯的安装

壁灯安装在砖墙上时，应在砌墙时预埋木砖(禁止用木楔代替木砖)或金属构件。壁灯下沿距地面的高度为 1.8 m～2.0 m，室内四面的壁灯安装高度可以不相同，但同一墙面上的壁灯高度应一致。壁灯为明线敷设时，可将塑料圆台或木台固定在木砖或金属构件上，然后再将灯具基座固定在木台上，如图 6-11a 所示。壁灯为暗线敷设时，可用膨胀螺栓直接将灯具基座固定在墙内的塑料胀管中，如图 6-11b 所示。壁灯装在柱子上时，可直接将灯具基座安装在柱子上预埋的金属构件上或用抱箍固定的金属构件上，如图 6-11c 所示。

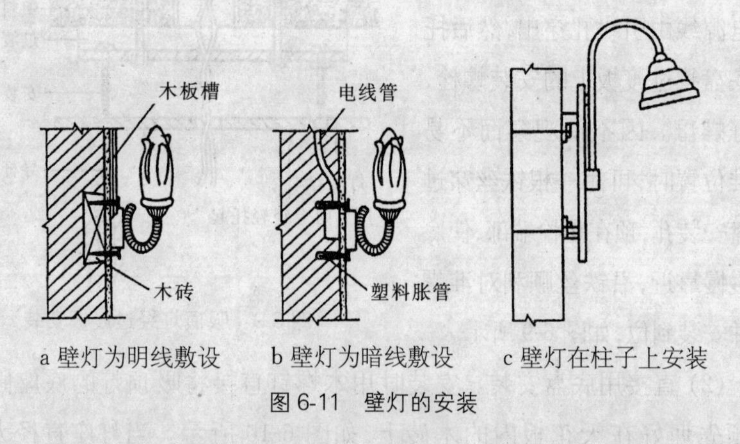

a 壁灯为明线敷设　　b 壁灯为暗线敷设　　c 壁灯在柱子上安装

图 6-11　壁灯的安装

6. 双联开关两地控制一盏灯的安装

安装时，使用的开关应为双联开关，此开关应具有 3 个接线桩，其中两个分别与两个静触点接通，另一个与动触点连通(称为共用桩)。双联开关用于控制线路上的白炽灯，一个开关的共用桩(动触点)与电源的相线连接，另一个开关的共用桩与灯座的一个接线桩连接。采用螺口灯座时，应与灯座的中心触点接线桩相连接，灯座的另一个接线桩应与电源的中性线相连接。两个开关的静触点接线桩，分别用两根导线进行连接，如图 6-12 所示。

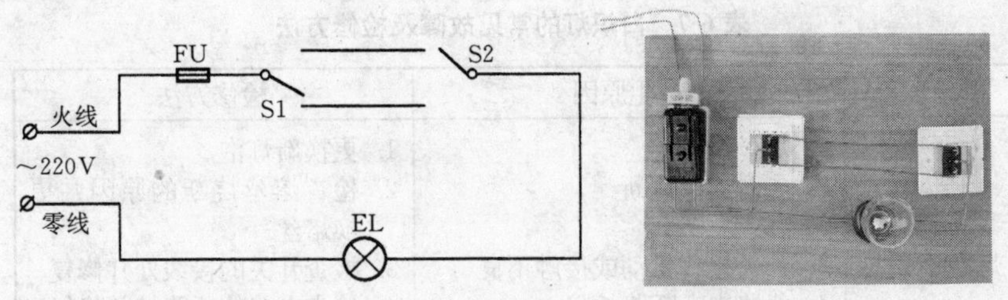

a 双联开关两地控制一盏灯的线路　　b 双联开关两地控制一盏灯的安装

图 6-12

7. 花灯的安装

对于大型装饰性灯具，由于灯具较重，需在顶板上预埋吊钩，有时还要对顶板进行加固。吊钩预埋方法及灯具吊装方法，如图 6-13、图 6-14 所示。在固定吊钩时，一般应使用金属胀管来固定，而不使用塑料胀管固定，因为塑料胀管长期受向下的拉力作用，容易脱出而造成灯具跌落事故。

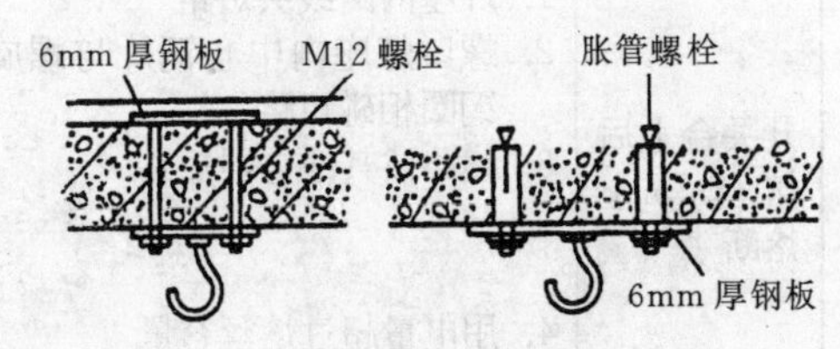

图 6-13　吊钩的预埋

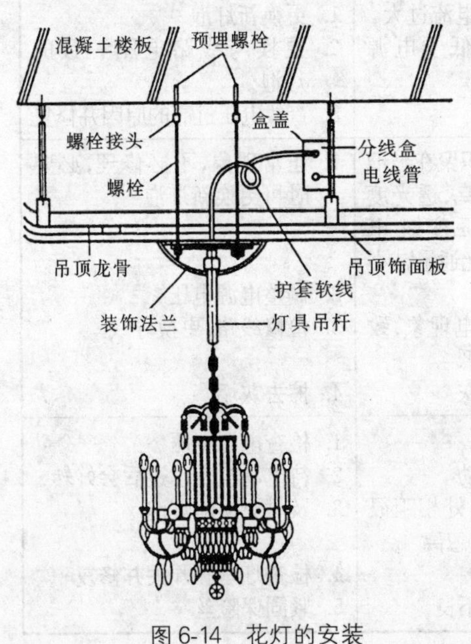

图 6-14　花灯的安装

8. 白炽灯的常见故障及检修

白炽灯的常见故障及检修方法见表 6-7。

表 6-7　白炽灯的常见故障及检修方法

故障现象	产生原因	检修方法
灯泡不亮	1. 灯丝烧断 2. 电源熔丝烧断 3. 开关接线松动或接触不良 4. 线路中有断路故障 5. 灯座内接触点与灯泡接触不良	1. 更换新灯泡 2. 检查熔丝烧断的原因并更换熔丝 3. 检查开关的接线处并修复 4. 检查电路的断路处并修复 5. 去掉灯泡，修理弹簧触点，使其有弹性
开关合上后熔丝马上熔断	1. 灯座内两线头短路 2. 螺口灯座内中心铜片与螺旋铜圈相碰短路 3. 线路或其他电器短路 4. 用电量超过熔丝容量	1. 检查灯座内两接线头并修复 2. 检查灯座并扳准中心铜片 3. 检查导线绝缘是否老化或损坏，检查同一电路中其他电器是否短路，并修复 4. 减小负载或更换大一级的熔丝
灯泡发强烈白光，瞬时烧坏	1. 灯泡灯丝搭丝造成电流过大 2. 灯泡的额定电压低于电源电压 3. 电源电压过高	1. 更换新灯泡 2. 更换与线路电压一致的灯泡 3. 查找电压过高的原因并修复
灯光暗淡	1. 灯泡内钨丝蒸发后积聚在玻璃壳内表面使玻壳发乌，透光度减低；同时灯丝蒸发后变细，电阻增大，电流减小，光通量减小 2. 电源电压过低 3. 线路绝缘不良有漏电现象，致使灯泡所得电压过低 4. 灯泡外部积垢或积灰	1. 正常现象，不必修理，必要时可更换新灯泡 2. 调整电源电压 3. 检修线路，更换导线 4. 擦去灰垢
灯泡忽明忽暗或忽亮忽息	1. 电源电压忽高忽低 2. 附近有大电动机启动 3. 灯泡灯丝已断，断口处相距很近，灯丝晃动后忽接忽离 4. 灯座、开关接线松动 5. 保险丝接头处接触不良	1. 检查电源电压 2. 待电动机启动过后会好转 3. 及时更换新灯泡 4. 检查灯座和开关并修复 5. 紧固保险丝

6.4 日光灯的安装与检修

1. 日光灯常用线路

日光灯的常用线路如图 6-15 所示。

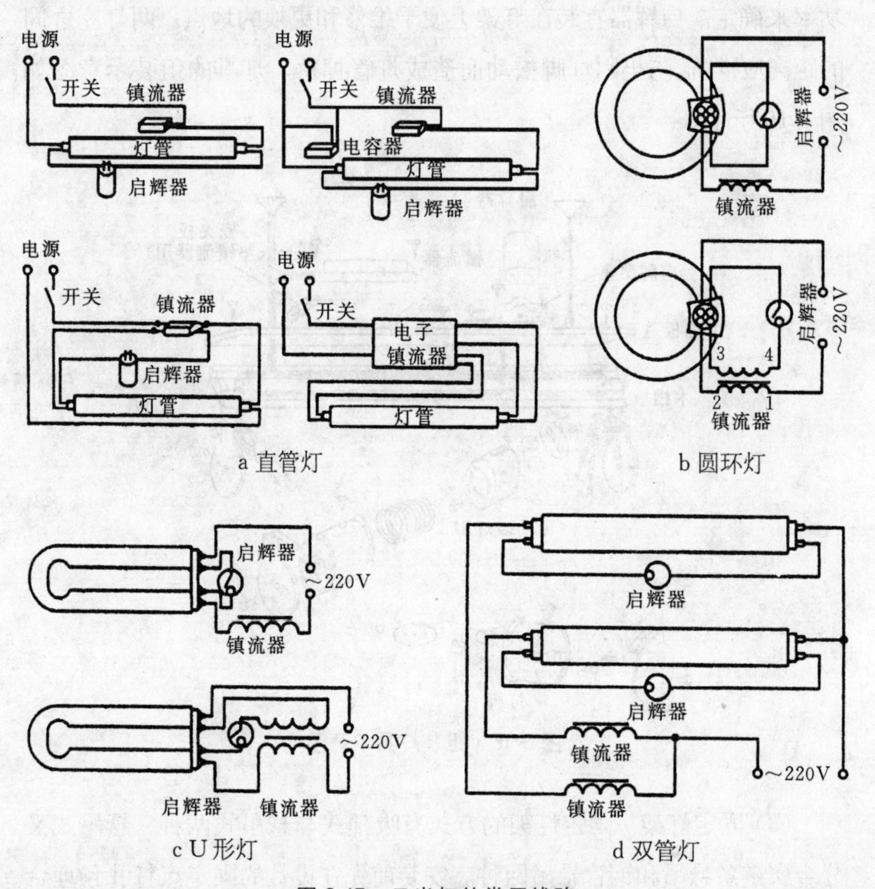

图 6-15 日光灯的常用线路

2. 日光灯的安装

(1) 准备灯架。根据日光灯管的长度,购置或制作与之配套的灯架。

(2) 组装灯具。日光灯灯具的组装,就是将镇流器、启辉器、灯座和灯管安装在铁制或木制灯架上。组装时必须注意,镇流器应与电源电压、灯管功率相配套,不可随意选用。由于镇流器比较重,又是发热体,应将其扣装在灯架中间或在镇流器上安装隔热装置。启辉器规格应根据灯管功率来确定。启辉器宜装在灯架上便于维修和更换的地点。两灯座之间的距离应准确,防止因灯脚松动而造成灯管掉落。灯具的组装示意图如图 6-16 所示。

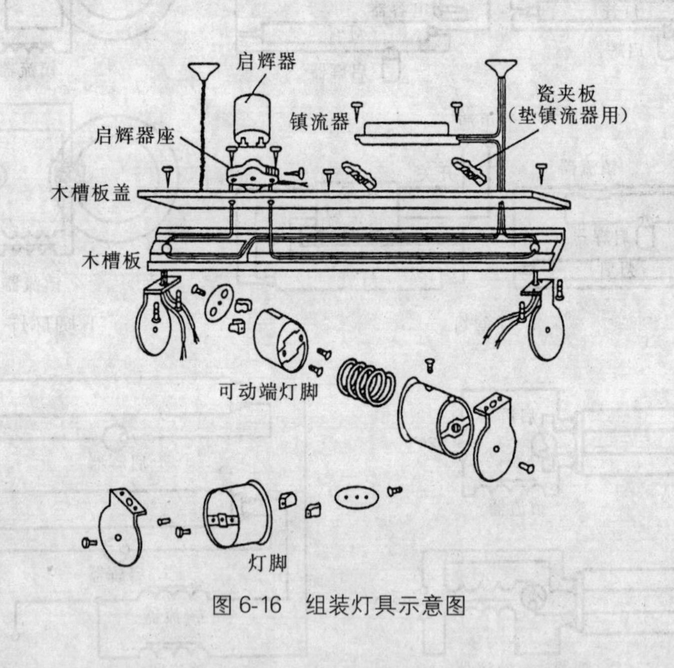

图 6-16　组装灯具示意图

(3) 固定灯架。固定灯架的方式有吸顶式和悬吊式两种。悬吊式又分金属链条悬吊和钢管悬吊两种。安装前先在设计的固定点打孔预埋合适的固定件,然后将灯架固定在固定件上。

(4) 组装接线。启辉器座上的两个接线端分别与两个灯座中的一个接线端连接,余下的接线端,其中一个与电源的中性线相连,另一个与镇流器的一个出线头连接。镇流器的另一个出线头与开关的一个接线端连接,而开关的另一个接线端则与电源中的一根相线相连。与镇流器连接的导线既可通过瓷接线柱连接,也可直接连接,但要恢复绝缘层。接线完毕,要对照电路图仔细检查,以免错接或漏接,如图 6-17 所示。

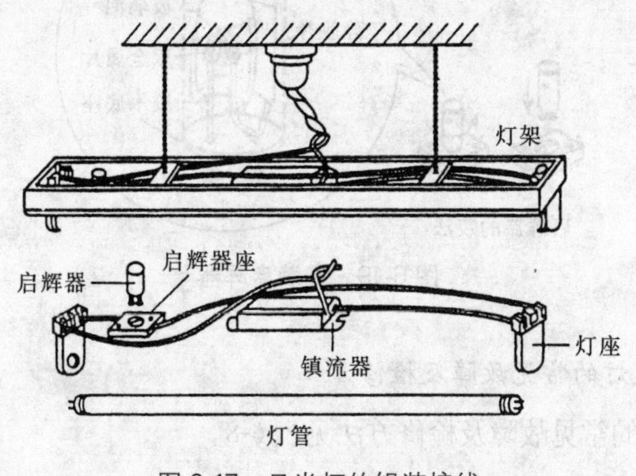

图 6-17 日光灯的组装接线

(5) 安装灯管。安装灯管时,对插入式灯座,先将灯管一端灯脚插入带弹簧的一个灯座,稍用力使弹簧灯座活动部分向外退出一小段距离,另一端趁势插入不带弹簧的灯座。对开启式灯座,先将灯管两端灯脚同时卡入灯座的开缝中,再用手握住灯管两端头旋转约 1/4 圈,灯管的两个引出脚即被弹簧片卡紧,使电路接通,如图 6-18 所示。

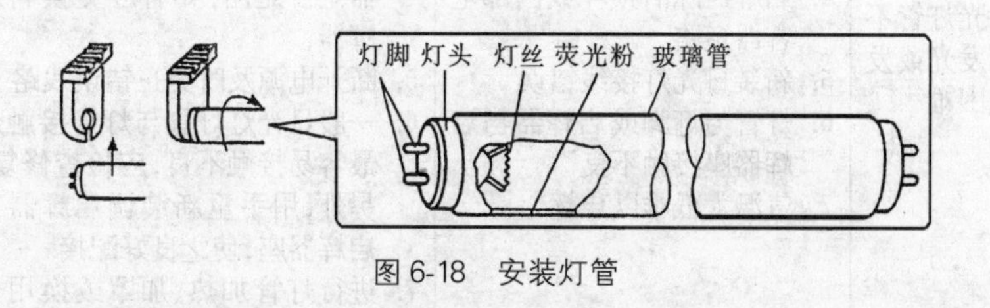

图 6-18 安装灯管

(6) 安装启辉器。最后把启辉器旋放在启辉器底座上,如图 6-19 所示。开关、熔断器等按白炽灯安装方法进行接线。检查无误后，即可通电试用。

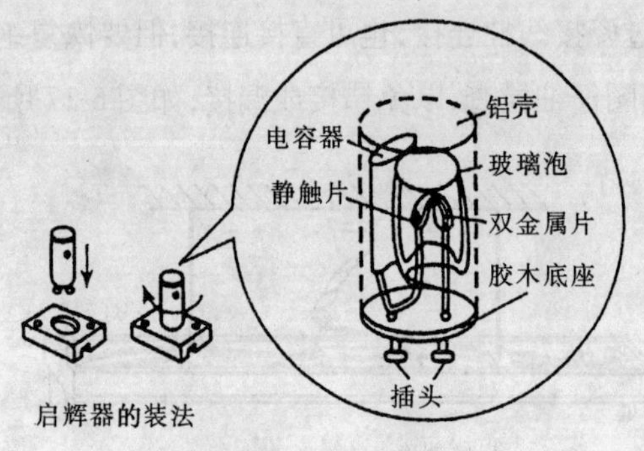

图 6-19 安装启辉器

3. 日光灯的常见故障及检修

日光灯的常见故障及检修方法见表 6-8。

表 6-8 日光灯的常见故障及检修方法

故障现象	产生原因	检修方法
日光灯管不能发光或发光困难	1. 电源电压过低或电源线路较长造成电压降过大 2. 镇流器与灯管规格不配套或镇流器内部断路 3. 灯管灯丝断丝或灯管漏气 4. 启辉器陈旧损坏或内部电容器短路 5. 新装日光灯接线错误 6. 灯管与灯脚或启辉器与启辉器座接触不良 7. 气温太低难以启辉	1. 有条件时调整电源电压；线路较长应加粗导线 2. 更换与灯管配套的镇流器 3. 更换新日光灯管 4. 用万用表检查启辉器里的电容器是否短路，如有应更换新启辉器 5. 断开电源及时更正错误线路 6. 一般日光灯灯脚与灯管接触处最容易接触不良，应检查修复。另外，用手重新装调启辉器与启辉器座，使之良好配接 7. 进行灯管加热、加罩或换用低温灯管

(续表)

故障现象	产生原因	检修方法
日光灯灯光抖动及灯管两头发光	1. 日光灯接线有误或灯脚与灯管接触不良 2. 电源电压太低或线路太长，导线太细，导致电压降低 3. 启辉器本身短路或启辉器座两接触点短路 4. 镇流器与灯管不配套或内部接触不良 5. 灯丝上电子发射物质耗尽，放电作用降低 6. 气温较低，难以启辉	1. 更正错误线路或修理加固灯脚接触点 2. 检查线路及电源电压，有条件时调整电压或加粗导线截面面积 3. 更换启辉器，修复启辉器座的触片位置或更换启辉器座 4. 配换适当的镇流器，加固接线 5. 换新日光灯灯管 6. 进行灯管加热或加罩处理
灯光闪烁或光有滚动	1. 更换新灯管后出现的暂时现象 2. 单根灯管常见现象 3. 日光灯启辉器质量不佳或损坏 4. 镇流器与日光灯不配套或有接触不良处	1. 一般使用一段后即可好转，有时将灯管两端对调一下即可正常 2. 有条件可改用双灯管解决 3. 换新启辉器 4. 调换与日光灯管配套的镇流器或检查接线有无松动，进行加固处理
日光灯在关闭开关后，夜晚有时会有微弱亮光	1. 线路潮湿，开关有漏电现象 2. 开关不是接在相线上而错接于零线上	1. 进行烘干或绝缘处理，开关漏电严重时应更换新开关 2. 把开关接在相线上
日光灯管两头发黑或产生黑斑	1. 电源电压过高 2. 启辉器质量不好，接线不牢，引起长时间的闪烁 3. 镇流器与日光灯管不配套 4. 灯管内水银凝结(是细灯管常见现象) 5. 启辉器短路，使新灯管阴极发射物质加速蒸发而老化，更换新启辉器后，亦有此现象 6. 灯管使用时间过长，老化陈旧	1. 处理电压升高的故障 2. 换新启辉器 3. 更换与日光灯管配套的镇流器 4. 启动后即能蒸发，也可将灯管旋转180°后再使用 5. 更换新的启辉器和新的灯管 6. 更换新灯管

（续表）

故障现象	产生原因	检修方法
日光灯亮度降低	1. 温度太低或冷风直吹灯管 2. 灯管老化陈旧 3. 线路电压太低或压降太大 4. 灯管上积垢太多	1. 加防护罩并回避冷风直吹 2. 严重时更换新灯管 3. 检查线路电压太低的原因，有条件时调整线路或加粗导线截面使电压升高 4. 断电后清洗灯管并做烘干处理
噪声太大或对无线电干扰	1. 镇流器质量较差或铁心硅钢片未夹紧 2. 电路上的电压过高，引起镇流器发出声音 3. 启辉器质量较差引起启辉时出现杂声 4. 镇流器过载或内部有短路处 5. 启辉器电容器失效开路，或电路中某处接触不良 6. 电视机或收音机与日光灯距离太近引起干扰	1. 更换新的配套镇流器或紧固硅钢片铁心 2. 如电压过高，要找出原因，设法降低线路电压 3. 更换新启辉器 4. 检查镇流器过载原因（如是否与灯管配套，电压前段是否过高，气温是否过高，有无短路现象等），并处理；镇流器短路时应换新镇流器 5. 更换启辉器或在电路上加装电容器或在进线上加滤波器来解决 6. 电视机、收音机与日光灯的距离要尽可能离远些
日光灯管寿命太短或瞬间烧坏	1. 镇流器与日光灯管不配套 2. 镇流器质量差或镇流器自身有短路致使加到灯管上的电压过高 3. 电源电压太高 4. 开关次数太多或启辉器质量差引起长时间灯管闪烁 5. 日光灯管受到震动致使灯丝震断或漏气 6. 新装日光灯接线有误	1. 换接与日光灯管配套的新镇流器 2. 镇流器质量差或有短路处时，要及时更换新镇流器 3. 电压过高时找出原因，加以处理 4. 尽可能减少开关日光灯的次数，或更换新的启辉器 5. 改善安装位置，避免强烈震动，然后再换新灯管 6. 更正线路接错之处

（续表）

故障现象	产生原因	检修方法
日光灯的镇流器过热	1. 气温太高，灯架内温度过高 2. 电源电压过高 3. 镇流器质量差，线圈内部匝间短路或接线不牢 4. 灯管闪烁时间过长 5. 新装日光灯接线有误 6. 镇流器与日光灯管不配套	1. 保持通风，改善日光灯环境温度 2. 检查电源 3. 旋紧接线端子，必要时更换新镇流器 4. 检查闪烁原因，灯管与灯脚接触不良时要加固处理，启辉器质量差要更换，日光灯管质量差引起闪烁，严重时也需更换 5. 对照日光灯线路图，进行更改 6. 更换与日光灯管配套的镇流器

6.5 格栅灯的安装

格栅灯的安装方法如图 6-20 所示。

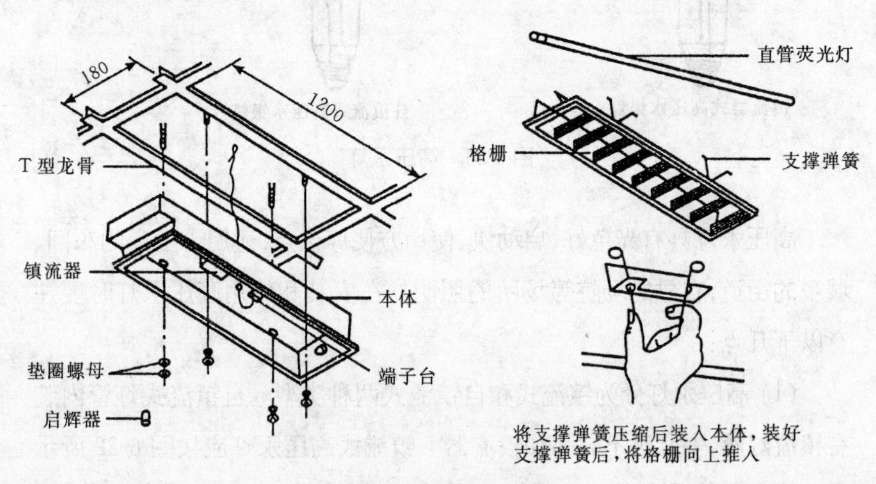

图 6-20 格栅灯的安装

6.6 高压汞灯的安装与检修

1. 高压汞灯的安装

高压汞灯是一种气体放电灯，主要由放电管、玻璃壳和灯头等组成。玻璃壳分内外两层，内层是一个石英玻璃放电管，管内有上电极、下电极和引燃极，并充有水银和氩气；外层是一个涂有荧光粉的玻璃壳，壳内充有少量氮气。高压汞灯的外形结构如图 6-21 所示。

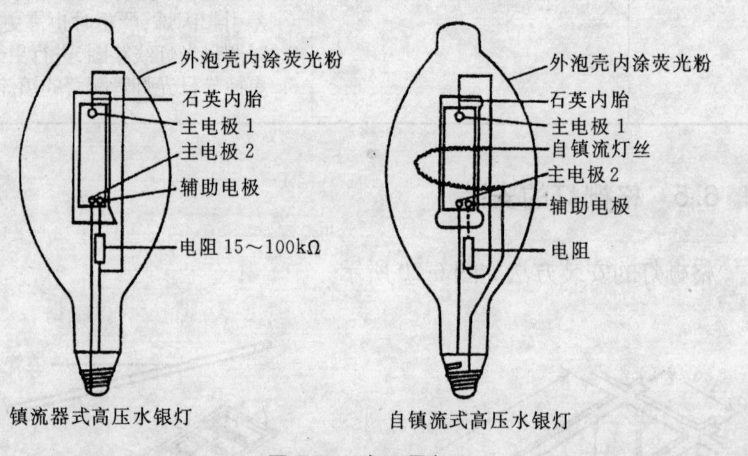

图 6-21　高压汞灯

高压汞灯具有光色好、启动快、使用方便等优点，适用于工厂的车间、城乡的街道，农村的场院等场所的照明。在安装和使用高压汞灯时要注意以下几点：

（1）高压汞灯分为镇流式和自镇流式两种类型。自镇流式灯管内装有镇流灯丝，安装时不必另加镇流器。镇流式高压汞灯应按图 6-22 所示线路接线安装。

（2）镇流式高压汞灯所配用镇流器的规格必须与灯泡功率一致。否则，接通电源后灯泡不是启动困难就是被烧坏。镇流器必须装在灯具附近，人体不能触及的位置。镇流器是发热元件，应注意通风散热，镇流器装在室外应有防雨措施。

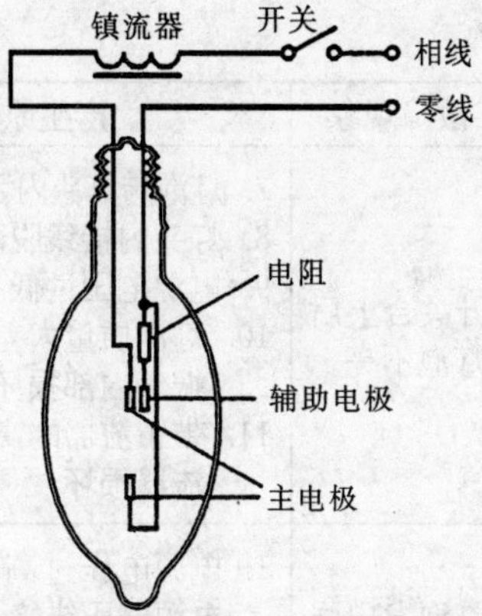

图 6-22 镇流式高压汞灯的接线图

(3) 高压汞灯功率在 125 W 及以下时，应配用 E27 型瓷质灯座；功率在 175 W及以上的，应配用 E40 型瓷质灯座。

(4) 灯泡应垂直安装。若水平安装，亮度将减小且易自行熄灭。

(5) 功率偏大的高压汞灯由于温度高，应装置散热设备。

(6) 灯泡启辉后 4 分钟～8 分钟才能达到正常亮度。灯泡在点燃中突然断电，如再通电点燃，需待 10 分钟～15 分钟，这是正常现象。如果电源电压正常，又无线路接触不良，灯泡仍有熄灭和自行点燃现象反复出现，说明灯泡需要更换。

2. 高压水银荧光灯的常见故障及检修

高压水银荧光灯的常见故障及检修方法见表 6-9。

表 6-9 高压水银荧光灯的常见故障及检修方法

故障现象	产生原因	检修方法
开关合上后灯泡不亮	1. 电源进线无电压 2. 电路中有短路点 3. 电路中有断路处 4. 开关接触不良 5. 电源保险丝熔断 6. 灯泡灯丝已断	1. 检查电源 2. 找出短路点加以处理 3. 找出断路处并修复 4. 检修开关 5. 更换新保险丝并用螺钉压紧 6. 更换新灯泡

（续表）

故障现象	产生原因	检修方法
开关合上后灯泡不亮	7. 灯泡与灯头内舌头接触不良 8. 灯头内接线脱落或烧断 9. 电源电压过低 10. 灯泡质量太差或由于机械振动内部损坏 11. 带镇流器的高压水银灯镇流器损坏	7. 用小电笔将螺口灯头内舌头向外勾出一些，使其与灯泡接触良好 8. 将脱落或烧断的线重新接好 9. 检查电源 10. 更换质量合格的新灯泡 11. 更换新的镇流器
灯泡发出强光或瞬间烧毁，灯泡变为微暗蓝色	1. 电源电压过高，应接 220 V 电源电压错接于 380 V 上 2. 附带镇流器的灯泡，镇流器匝间短路或整体短路 3. 灯泡漏气，外壳玻璃损伤，裂纹漏气	1. 检查电源，如接错电源应更正 2. 更换与灯管配套的新镇流器 3. 更换新灯泡
灯泡点燃后忽亮忽灭	1. 电源电压忽高、忽低、忽有、忽无 2. 受附近大型电力设备启动的影响 3. 熔断器、开关、灯头、灯座等接触处有接触不良现象 4. 灯泡在电压正常、无断续供电下自行熄灭，又自行点燃 5. 灯泡遇瞬时断电再来电时，要熄灭一段时间后，才能自动重新点燃	1. 检查电源 2. 可另选其他线路供电解决，也可将水银灯带的镇流器更换成稳压型镇流器 3. 查找接触不良处，重新接线处理，并压紧固定螺丝 4. 水银灯点燃一段后，无外界影响又自行熄灭，再自行点燃，一般出现在自镇流式水银灯泡上，属质量问题，严重时，应更换 5. 水银灯在瞬间断电再来电时，约需 5 分钟才能燃亮，这种特性属正常现象

6.7 碘钨灯的安装与检修

1. 碘钨灯的安装

碘钨灯是卤素灯的一种，靠增高灯丝温度来提高发光效率，系热体发光光源。它不仅具有白炽灯光色好、辨色率高的优点，而且还克服了白炽灯发光效率低、使用寿命短的缺点。其发光强度大、结构简单、装修方便，适用于照度大、悬挂高的车间、仓库及室外道路、桥梁和夜间施工工地。碘钨灯的接线如图 6-23a 所示。

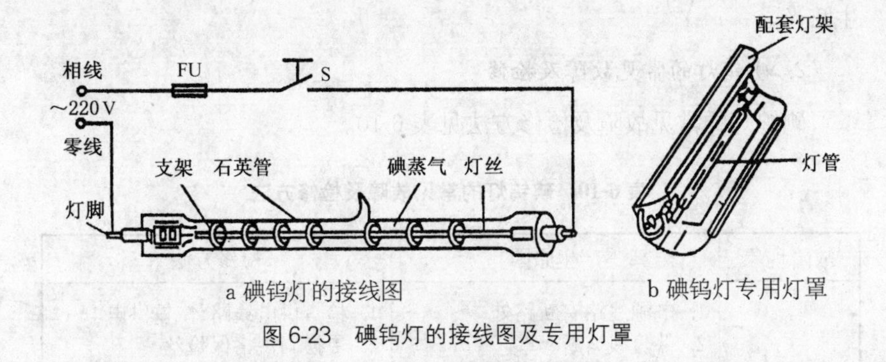

图 6-23　碘钨灯的接线图及专用灯罩

安装和使用碘钨灯时应注意以下事项：

(1) 碘钨灯必须配用与灯管规格相适应的专用铝质灯罩，如图 6-23b 所示。灯罩既可反射灯光，提高灯光利用率，又可散发灯管热量，使灯管保持最佳工作状态。由于灯罩温度较高，装于灯罩顶端的接线块必须是瓷质的，电源引线应采用耐热性能较好的橡胶绝缘软线，且不可贴在灯罩铝壳上，而应悬空布线。灯罩与可燃性建筑物的净距离不应小于 1 m。

(2) 碘钨灯安装时必须保持水平状态，水平线偏角应小于 4°，否则会破坏碘钨循环，缩短灯管寿命。

(3) 碘钨灯不可贴在砖墙上安装，以免散热不畅而影响灯管的寿命。装在室外，应有防雨措施。碘钨灯灯管工作时温度高达 500～700 ℃，故其安装处近旁不可堆放易燃或其他怕热物品，以防发生火灾。

(4) 功率在 1 kW 以上的碘钨灯，不可安装一般电灯开关，而应安装胶盖瓷底刀开关。

(5) 碘钨灯安装地点要固定,不宜将它作移动光源使用。装设灯管时要小心取放,尤其要注意避免受震损坏。

(6) 碘钨灯的安装点离地高度不应小于 6 m(指固定安装的),以免产生眩光。

2. 碘钨灯的常见故障及检修

碘钨灯的常见故障及检修方法见表 6-10。

表 6-10 碘钨灯的常见故障及检修方法

故障现象	产生原因	检修方法
通电后灯管不亮	1. 电源线路有断路处 2. 保险线熔断 3. 灯脚与导线接触不良 4. 开关有接触不良处 5. 灯管损坏 6. 因反复热胀冷缩使灯脚密封处松动,接触不良	1. 检查供电线路,恢复供电 2. 更换同规格保险丝 3. 重新接线 4. 检修或更换开关 5. 更换新灯管 6. 更换新灯管
灯管使用寿命短	1. 安装水平倾斜度过大 2. 电源电压波动较大 3. 灯管质量差 4. 灯管表面有油脂类物质	1. 调整水平倾斜度,使其在 4°以下 2. 加装交流稳压器 3. 更换质量合格的灯管 4. 断电后,将灯管表面擦拭干净

6.8 高压钠灯的安装

高压钠灯是一种发光效率高、透雾能力强的电光源,广泛应用在道路、码头、广场、小区照明,其结构如图 6-24 所示。高压钠灯使用寿命长,光通量维持性能好,可在任意位置点燃,耐震性能好,受环境温度变化影响小,适用于室外使用。

高压钠灯的工作电路如图 6-25 所示。接通电源后,电流通过镇流器、热电阻和双金属片常闭触头形成通路,此时放电管内无电流。经过一段时间,热电阻发热,使双金属片常闭触头断开,在断开的瞬间,镇流器产生 3 kV 的脉冲电压,使管内氙气电离放电,温度升高,继而使汞变为蒸气状态。当管内温度进一步升高时,钠也变为蒸气状态,开始放电而放射出较强的可见光。高压钠灯在工作时,双金属片热继电器处于断开状态,电流只通过放电管。高压钠灯需与镇流器配套使用。

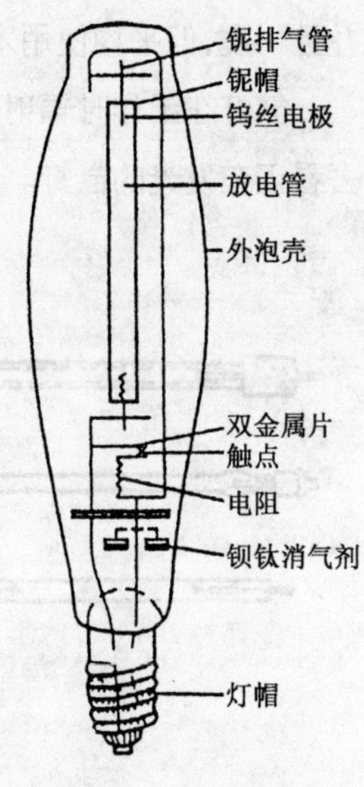

图 6-24　高压钠灯结构

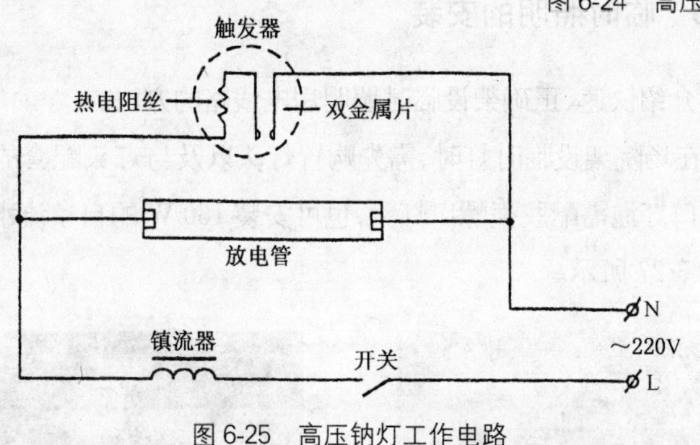

图 6-25　高压钠灯工作电路

6.9　氙灯的安装

氙灯是采用高压氙气放电的光源,显色性好,光效高,功率大,有"小太阳"之称,适用于大面积照明。管型氙灯外形及电路如图 6-26 所示。

氙灯可分为长弧氙灯和短弧氙灯两种,其功率大,耐低温也耐高温,并且耐震，但平均使用寿命短(500 小时～1 000 小时)，价格较高。

氙灯在工作时辐射的紫外线较多，人不宜靠得太近，也不宜直接用眼去看正在发光的氙灯。

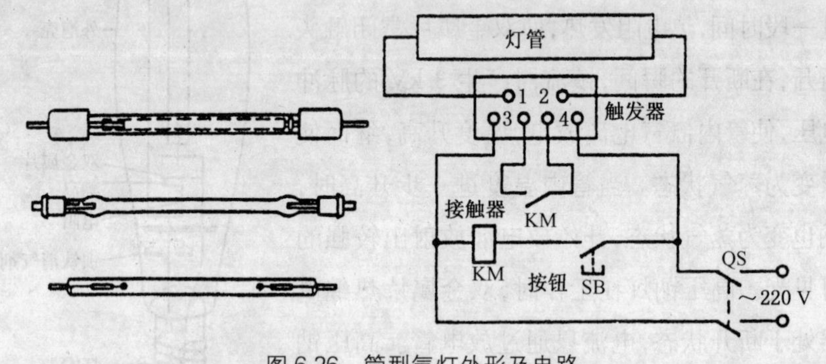

图 6-26　管型氙灯外形及电路

6.10　临时照明的安装

下面介绍快速、正确架设临时照明用电线路的方法。

(1) 在场院架设临时灯时，需先购置灯头以及与灯头配套的灯泡，如 150 W 螺口灯泡需配胶壳螺口灯头，也可安装 160 W 的自镇流水银灯泡，接线如图 6-27 所示。

a 螺口灯泡

b 自镇流水银灯泡

图 6-27　临时照明灯

接线时把两芯胶织线的一头穿入灯头盖内,然后系一个结以增强灯头吊挂灯泡的拉力,再把线头脱去绝缘层分别接入灯口的接线螺丝上,旋上灯泡,用绝缘塑料带吊在场院的树枝上或架设好的支架上。两芯胶织线的另一头接入一两眼插头上,插入架设在户外的临时配电盘上即可。接线时要注意将电源的相线接在灯口内的金属舌头上,零线接在螺口上,以保证用电安全。

(2) 临时配电盘的架设与安装线路应使用较粗的两芯胶织线,一头接入两眼插头,并把电线用塑料绝缘带固定在绝缘物上架设到高处,引到所需要的地方。电线的长度可根据实际情况确定,中间不要有接头,电线不能放在地下或水泥坑里,以防漏电。电线架设到所需要的地方后应安装临时配电盘,有条件的可直接购置带有开关、电压表、指示灯的系列插座,也可以自己制作。配电盘的线路与布局如图 6-28 所示。安装好后可把电源的一端插上使配电盘带电,照明灯、录音机、扩音机等可通过配电盘接通电源。如果使用冰箱及其他功率较大的设备时,还应考虑电线的承载能力以及电气设备的接地等问题。

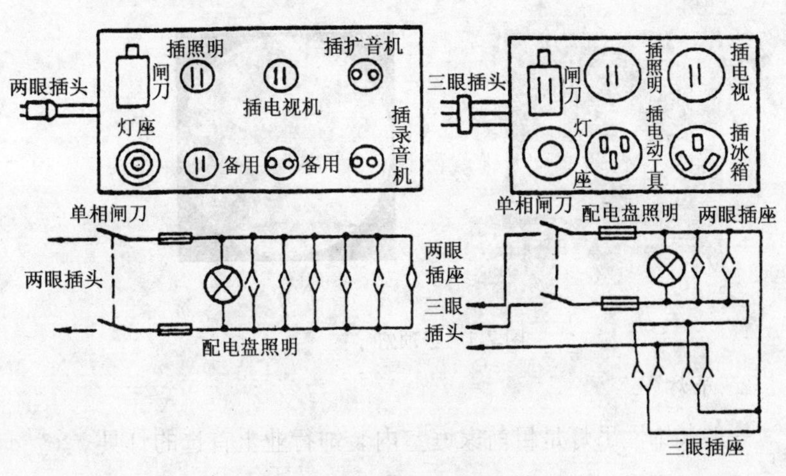

图 6-28 临时配电盘线路与布局

chapter 7 >> 第 7 章

家庭住宅照明装饰应用实例

7.1 装饰中常用的灯具

1. 吸顶灯

吸顶灯适用于高度较低的客厅,或者是兼有多种功能的房间。吸顶灯一般分为两种设计方式。一种是玻璃单灯罩,里面采用 1～3 个灯头,外表给人一种整体美观,简洁大方的感受,多选用在 15 m^2 大小以内的房间。另一种是组合多花头装饰吸顶灯,一般的灯头在 4～9 个之间。其照度大,照明效果好,给人以美的感觉。图 7-1 为吸顶灯外形。

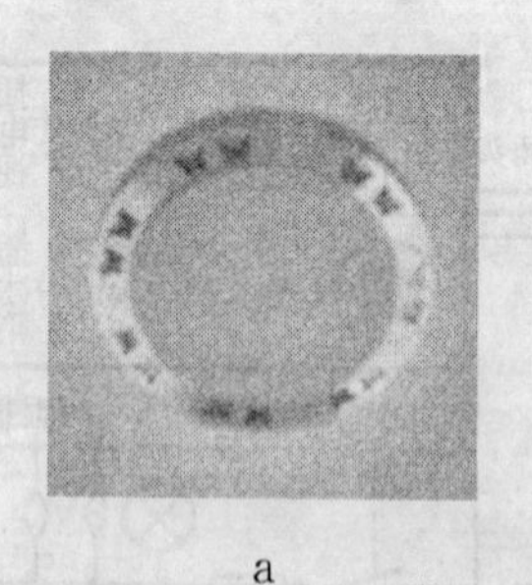
a

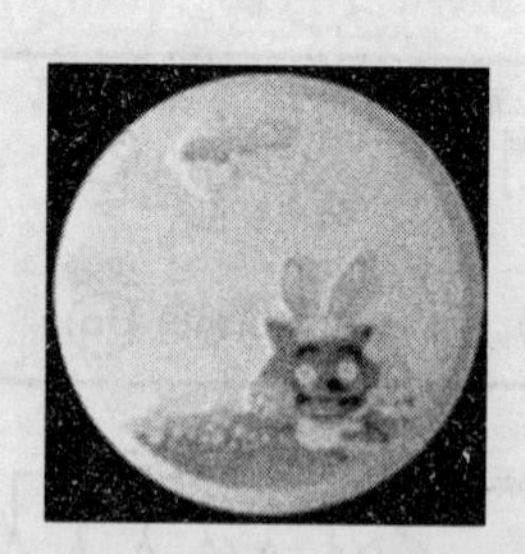
b

图 7-1 吸顶灯

2. 吊灯

一般装饰性吊灯是目前家庭室内装饰行业上首选的灯具之一。它适用于面积较大、高度较高客厅的照明。常应用的装饰性吊灯是由玻璃和金属装饰组合而成的。它的花样繁多,造型美观,有豪华型吊灯、仿生型吊灯,还有抽象型的吊灯。吊灯一般分为上射光、下射光和漫射光。上射光吊灯,灯泡向上通过灯碗罩住向下的光线,使光线向上。这种吊灯设计的特点是光线柔和、照度适中,一般家庭常采用。下射光吊灯光线直接射向地面,有一定的眩光,但光线较强、照度高,使用这种灯也比较经济。漫射光吊灯是采用玻璃灯罩将灯泡罩在其中,可避免眩光的产生,使光线柔和舒适,但因一部分光线被遮挡,照度较低。图 7-2 为几款吊灯外形。

图 7-2　吊灯

3. 壁灯

壁灯的应用功能主要是能够满足行走、活动的照明,如房间不需要太亮时,或看电视、夜间起床时的照明等。因此,它的外观造型在选择时非常重要,选择造型较好的壁灯,会给人以美的享受。图 7-3 为几种壁灯的造型。

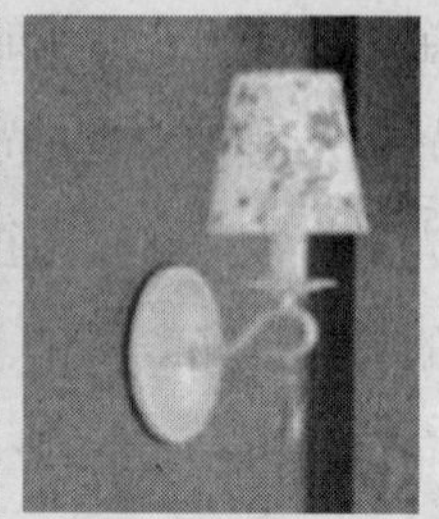

图 7-3　壁灯

4. 射灯

射灯一般装置在需要单独光线的部位，如工艺品、绘画作品、小景点、雕塑以及艺术柜等位置上，可起到画龙点睛之作用，造就室内的幽雅气氛。

5. 嵌入式灯与反射灯

嵌入式灯与反射灯适用于有吊顶的房间。采用这两种照明形式能增加室内空间感和立体感，如反射灯采用彩色灯管，更能加强室内的艺术感染力。嵌入式灯一般选用烤漆或不锈钢筒灯，灯泡多采用节能型，主要用于吊顶的四周和需要单独照射的局部。反射灯一般选用日光灯，安装在二级吊顶的二级结合处，并留出反光槽，使光线通过反光槽从顶部折射下来。在较大、较高的客厅，采用该反射光设计，将更容易达到显示豪华的理想效果，增添美丽的色彩。

6. 光导纤维灯与变色灯

灯具中使用的光导纤维是用透明塑料做芯线、外敷低折射率皮层做成的，它的导光性远远低于光通讯中使用的玻璃光导纤维，但是它加工容易、成本低廉，而且灯具中导光距离很短，所以塑料光纤是制作光导纤维灯的理想材料。

塑料光纤有良好的弯曲性能，可把光纤扎成各种形状和图案，如礼花状或“寿”、“喜”等字。光纤的另一端，用小型白炽灯泡通过有多种透明颜色纸的旋转来照明，这一端就会现出各种变化颜色的图案或字样。也可用先进工艺将塑料光导纤维直接压制成美丽的牡丹、杜鹃、蔷薇等花形，当五彩光色通过光纤呈现在花朵上时，犹如盛开的鲜花，光芒照人。

变色灯的原理是将有很强镜面及透光能力的镀铝涤纶薄膜小片，放入盛有三氯三氟乙烷和 802 硅油混合物的瓶内，混合物的相对密度与涤纶片的相对密度相近。瓶下置一白炽灯泡，当灯点燃时，产生的热量使瓶内液体引起对流，于是涤纶小片随液体上下翻滚。白炽灯与瓶底间放一张有多种透明颜色的圆片，光透过圆片射出各色光，经涤纶小片反射，出现无规则的光色变化，闪闪亮亮，别有风趣。图 7-4 为变色灯。

图 7-4　变色灯

7. 音乐灯与壁画灯

(1) 音乐灯：一种既能奏出乐曲又能不断变换灯光颜色的灯具。这种灯用机械和电子两种发声方法奏出音乐。灯光色彩的变化是通过改变不同颜色灯泡的亮暗来获得的。音乐灯能营造出某种人们需要的环境，如招待客人时营造出欢乐气氛。

(2) 壁画灯：一种将绘画艺术与灯光艺术结合成一体的壁灯。灯具呈扁平型，透光面绘有山水、花鸟、人物图画，灯具装有荧光灯管。灯管不亮时，是一幅精彩的绘画；当灯管点亮后，从画面透出的光线使绘画更加逼真，立体感更强。如果对透光面作部分工艺处理，还可使画中的流水好似在动，画中的云彩好似在飘，使人惊叹不已。图 7-5 为音乐灯和壁画灯外形。

图 7-5　宫灯式音乐灯、壁画灯

7.2 客厅灯饰

客厅是日常生活的主场所。如会客、家人休息、视听娱乐等一般都在客厅里进行。客厅灯饰一般可如下安排：

(1) 层高在 3 m 以上，可采用大型花吊灯、吸顶灯，将其安装在室内中心位置，使大客厅的核心部位充分受光，开关装在房门口。

(2) 层高低于 3 m,则可采用吸顶灯与光檐照明相结合,当吸顶灯与光檐一起照明时,客厅灯火通明,亮堂而热烈,适合会客、聚会;而当光檐单独照明时,由于檐口向上,使天花板产生朦胧、漂浮的效果,适合听音乐、听广播等。

(3) 沙发处及放置音响的地方宜采用落地灯作局部照明。落地灯灯罩下沿应与眼睛平齐或在眼睛水平线以上的地方。

(4) 若电视机放在客厅,为使看电视时周围环境不太暗,可开一只台灯或落地灯、壁灯,且最好用光线较弱的红色灯。

7.3 卧室灯饰

(1) 卧室的一般照明气氛应该是宁静、温馨、怡人、柔和、舒适的。那些闪耀的、五彩缤纷的灯具一般不宜安装在卧室内。图 7-6 为几种卧室用吊灯外形。

图 7-6 卧室用吊灯

(2) 卧室内灯具的造型不宜太夸张。

(3) 卧室内应安装整体照明和局部照明。整体照明应明亮,并能调节亮度。局部照明应柔和,并能在床上控制其开关。

(4) 局部照明可设置成多个小型吸顶灯,安装位置可以多样化,灯泡的颜色也可以多样化,以适应不同的情绪、氛围。

(5) 卧室的照明开关应安装在进门口一侧。开关可使用自动延时熄灯开关,或使用遥控开关。

(6) 床头灯的照明工作区不能有眩光,不能妨碍他人休息。床头灯的亮度应能调节。

(7) 床头灯的造型以柔和舒缓为宜,放置应牢固。

(8) 晚上有看书报习惯的人,可在卧室安装壁灯。壁灯的亮度也应方便调节。

(9) 在墙角处可安装一台落地灯,方便夜晚走动。

7.4 浴卫灯饰

(1) 浴室是一个使人身心松弛的地方,因此要用明亮柔和的光线均匀地照亮整个浴室。面积较小的浴室,只需安装一盏吸顶灯就足够了;面积较大的浴室,可以采用天花板漫射照明或采用顶灯加壁灯的照明方式。

(2) 在墙上安装壁灯时,要注意灯具的安装位置,避免在窗上反映出人体的阴影。在顶棚装灯时,也要注意避免将顶灯安装在浴缸的上面。浴室洗脸池玻璃镜上方可装镜前灯(图 7-7),但镜前灯不宜太亮。

(3) 浴室灯具要防潮、防霉、防锈、防触电。浴室灯具的开关最好装在室外,若一定要装在浴室内,最好装拉线开关,且开关的位置应是水不易淋到且难以溅到之处。

(4) 卫生间也要明净。由于卫生间的开关使用比较频繁,所以宜用白炽灯;若用荧光灯,则要用电子启动式的。

(5) 灯具要避免装在坐便器的正上方或人坐时的背后位置,以免产生阴影。

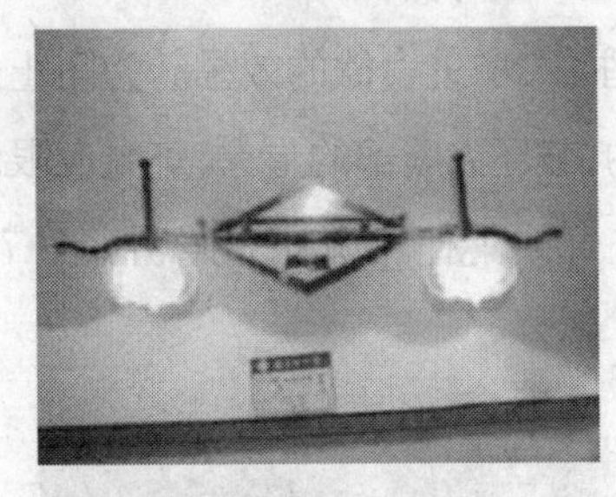

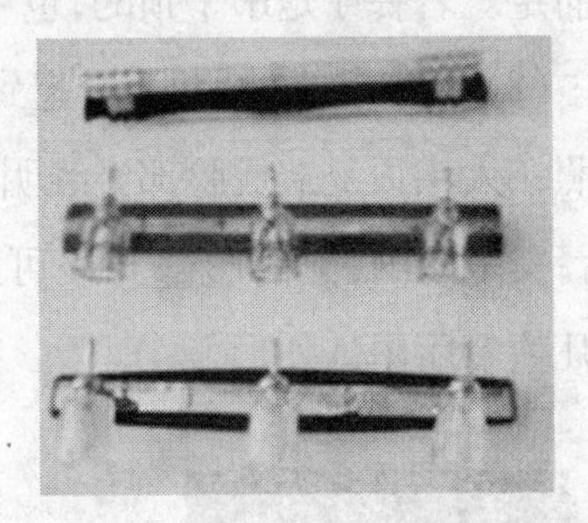

图 7-7　镜前灯

7.5　厨房灯饰

(1) 厨房照明要明亮。炉灶、炉架、洗涤盆、操作台都要有足够的亮度,使备菜、洗菜、切菜、烧菜都能安全有效地进行。

(2) 厨房中的工作位置通常是面对墙壁,所以中央的照明并非一定需要,灯具宜安装在工作位置的上方。

(3) 厨房通常以吸顶灯或吊灯作一般照明,也可采用独立开关的轨道射灯系统在厨房各个角度发挥光照的作用。

(4) 灯具造型以功能性为主,应简洁大方。由于厨房油烟多,所以灯具要求方便清洁,灯具材料应不易氧化生锈或具有较好表面保护层。

7.6　餐厅灯饰

餐厅是家庭成员品尝佳肴、招待亲朋好友的场所,需要营造轻松愉快、亲切的就餐气氛。安排餐厅灯饰时应注意以下几点:

(1) 餐厅的照明重点是应将人们的注意力集中到餐桌上。局部照明采用向下直接照射配光的灯具，一般以碗形反射灯具或吊灯为宜，安装在餐桌上方 80 cm 左右，如灯具能升降更好。灯具的艺术性可根据个人爱好而定。若餐厅是吊平顶的，也可采用嵌入式灯具。

(2) 突出餐桌的照明，可起到引人注目、增进食欲的效果。为防止灯光照在人头顶上造成脸部光线明暗不均，破坏人脸部的形象，灯光应限制在餐桌范围内，人的脸部光线可通过壁灯或其他光源补充照明。图 7-8 为几款餐厅用灯外形。

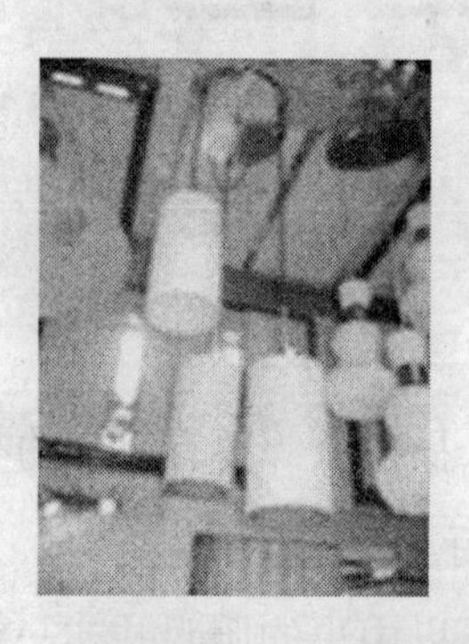

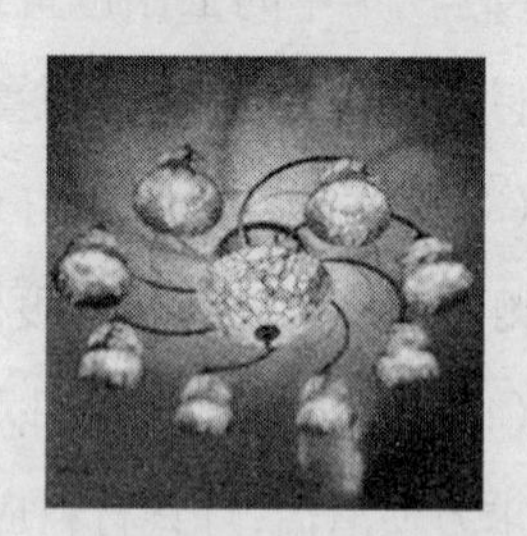

图 7-8　餐厅用灯

(3) 有的家庭餐厅设有吧台或酒柜，则可利用轨道灯或嵌入式顶灯加以照明，以突出气氛。

(4) 有的家庭餐厅以玻璃柜展示精致的餐具、茶具及艺术品，可在柜内装小射灯或小顶灯，使整个玻璃柜玲珑剔透，对餐厅的气氛起到点缀的作用。

■ 7.7 书房灯饰

书房是人们工作和学习的场所，有时也兼有会客功能，通常采用整体照明和局部照明相结合的方式。实验证明，照明是否科学对学习效果十分重要，特别对小学生来说，当照度从 90 勒克斯提高到 500 勒克斯时，记忆力提高 15%，思维能力提高 10%，计算速度和准确度提高 5%。在实际应用灯具照明时，应注意照明的科学性。

(1) 书房的公共用灯一般采用吸顶灯和日光灯，能够满足正常的使用功能即可。书桌上的照明一般采用调光台灯(图 7-9)，台灯应放在读书人的左方或左前方。灯罩的下沿不应比处在正确姿势看书或写字人的眼睛高或低很多，以避免眩光。

图 7-9　台灯

(2) 工作面与周围环境的亮度比应一致,不应出现工作面的光线较亮,而周围环境的光线较暗的现象。因为这样容易造成视觉疲劳,影响学习效果。

(3) 为避免工作、学习时的视觉疲劳现象,在工作、学习时,除了打开工作区的照明外,还应打开整个房间的照明,房间的照明应比工作区稍暗,并有合适的照度。

(4) 运用计算机工作时,除了工作区周围要有合适的照度外,照明灯具的摆放也应有所考虑,应使得灯光不直接照射到电脑屏幕上,否则容易造成操作者视觉疲劳。

(5) 有条件的话,书桌上可以使用护眼灯。护眼灯因有效地避免了普通灯具的频闪现象,从而对视力有所保护。

7.8 老人卧室灯饰

老人房间的照明要按照老人的生理特点来设计。光照度要适中,房间光线不要有死角,最好不要安装台灯或落地灯等,以免影响老人的行动;开关要装在进门处或床头柜上,以方便老人操作。一般可在老人卧室安装吸顶灯或日光灯,配以壁灯进行辅助照明,便于老人夜间行动。

在距地面 150 mm 处可安装长夜灯(图 7-10),以方便夜间老人使用。

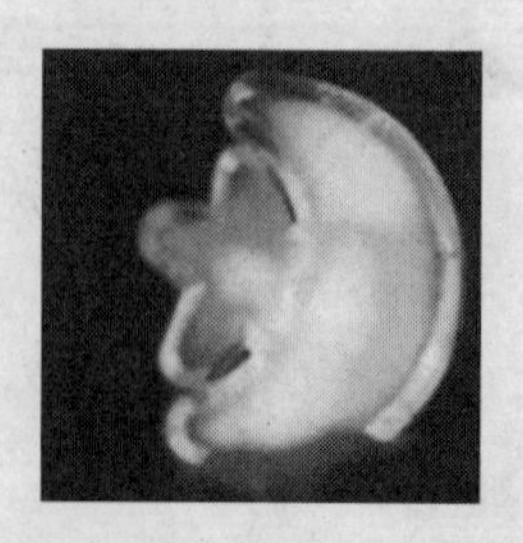

图 7-10 长夜灯

■ 7.9 儿童卧室灯饰

一般儿童活泼爱动,因而首先要考虑安全问题,然后再考虑灯光及色彩和艺术造型的选择。常见的儿童间灯具一般采用安全系数较高的吸顶灯管和镶嵌式灯具来作为主要光线,可选用一些色彩艳丽的灯管或灯泡作为点缀光线,使室内环境生动活泼迎合儿童的生理心理特点。设计安装时要注意,安装走线线路不宜过低,以免使儿童容易接触到灯具、线路、插座等而发生危险。图 7-11 为几款儿童卧室用灯。

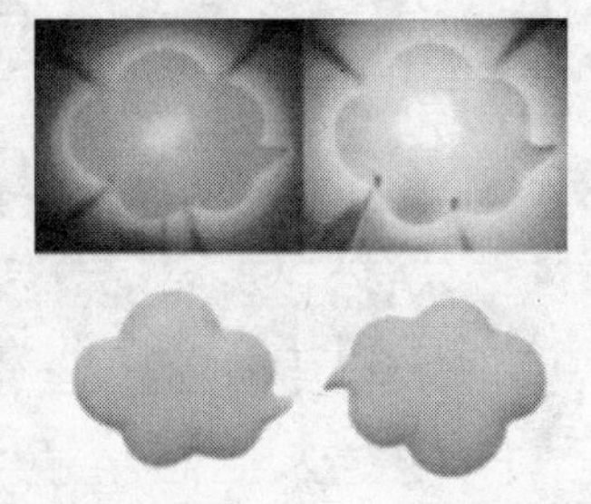

图 7-11 儿童室用灯

■ 7.10 门厅、走廊及楼梯灯饰

门厅是表现装饰效果的关键之处,特别是外门厅,要求光照度强,灯具安排较密集,多采用龙珠灯、镶嵌式筒灯或连枝灯,将其组成方形、圆形或几何形图案,给人以华丽壮观的感觉。内门厅,因在室内多采用组合式吸顶灯或多花式吸顶灯具,并伴有少量闪烁的眩光,使室内装饰显得富丽豪华。同时,也可安装造型美观大方的壁灯。

走廊与楼梯照明多采用吸顶灯和格栅灯(图 7-12),光照度不宜过高。当需要加强其艺术装饰性时,可同时采用二级吊顶,内藏反射光带进行照明。

楼梯照明因楼梯板呈现斜度,不宜安装其他灯具,多采用漫射型壁灯、墙脚和踏步地灯来满足照明所需。在楼梯的踏脚处,因顶部平整,可选用吸顶灯和吊灯进行装饰。

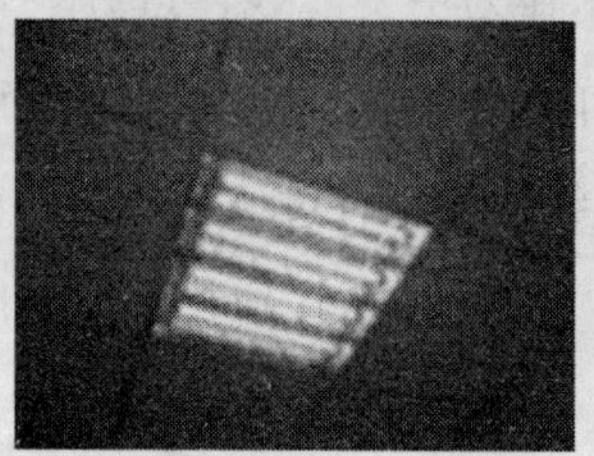

图 7-12　格栅灯

chapter 8 >>

第 8 章 家庭配电线路与布线施工

8.1 配电线路

1. 一室一厅配电线路

一室一厅配电线路如图 8-1 所示。一室一厅配电系统中共有三个回路,即照明回路、空调回路、插座回路。QS 为隔离开关,QF1、QF2 为双极低压断路器,其中 QF2、QF3 具有漏电保护功能。PE 为保护接地线。

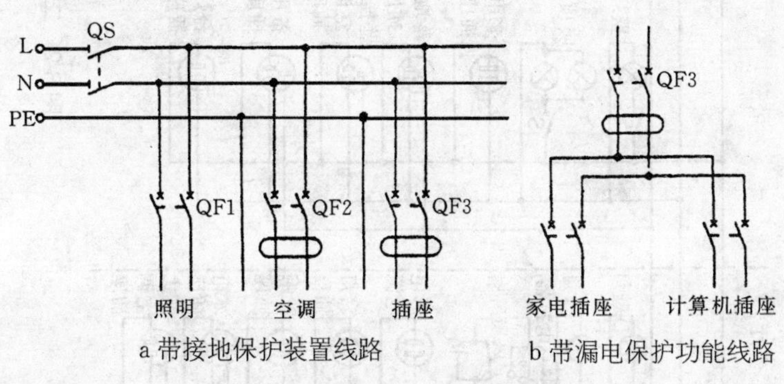

图 8-1 一室一厅配电线路

2. 二室一厅配电线路

二室一厅配电线路如图 8-2 所示。三室一厅的房间基本上布线方式与二室一厅相同,只是增加了一个卧室,可根据卧室的使用特点加装日光灯、吸顶灯、插座等。

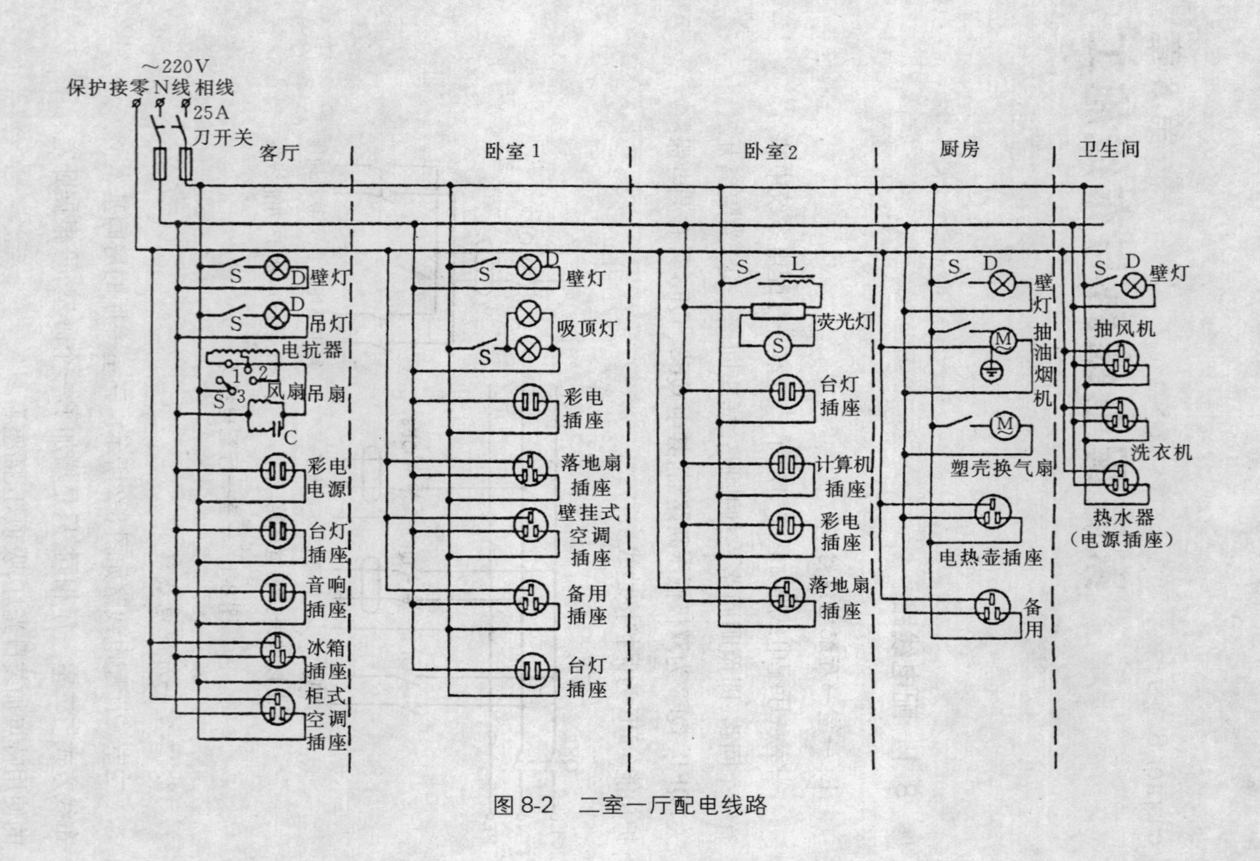

图 8-2 二室一厅配电线路

3. 四室两厅配电线路

四室两厅配电线路如图 8-3 所示。它设计有 11 支路电源,6 路空调回路通至各室,即使目前不安装,也须预留,为将来要安装时做好准备。空调为挂壁式,所以可不装漏电保护断路器。

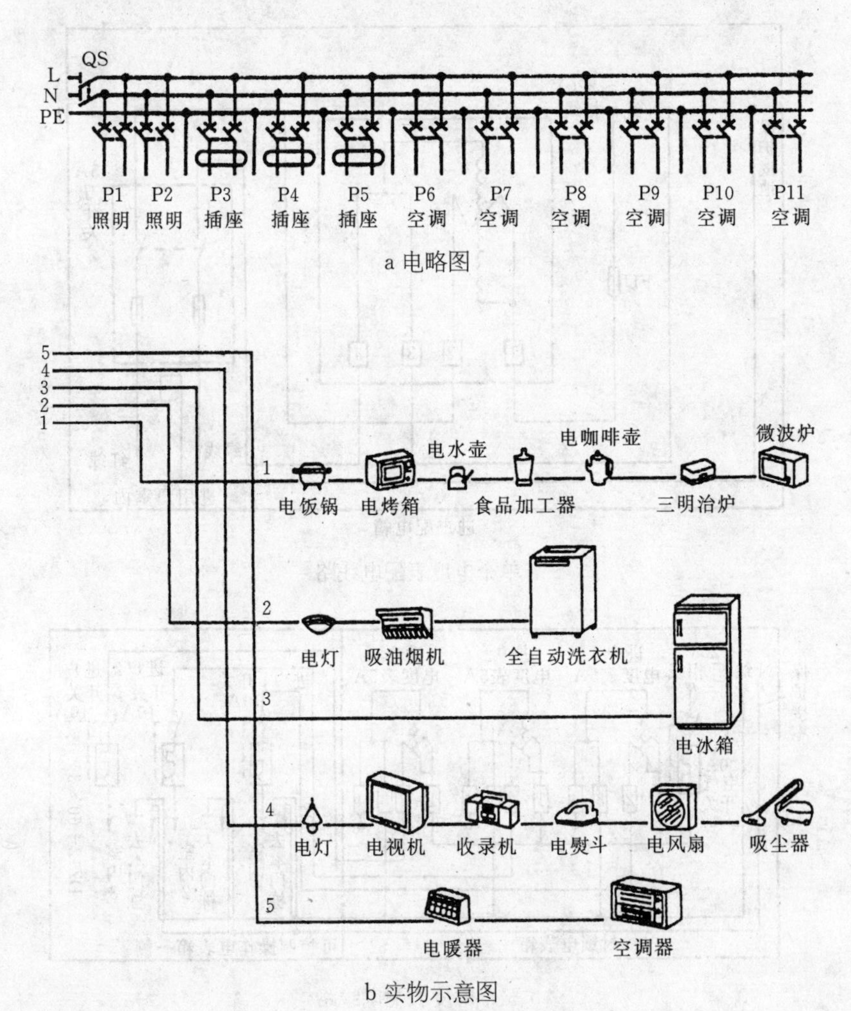

a 电略图

b 实物示意图

图 8-3 四室两厅配电线路

4. 照明进户配电箱线路

照明进户配电箱线路如图 8-4 所示。电度表电流线圈 1 端接电源相线,2 端接用电器相线,3 端接电源 N 线进入线,4 端接用电器 N 线。总之,1、3进线,2、4 出线后进入用户。

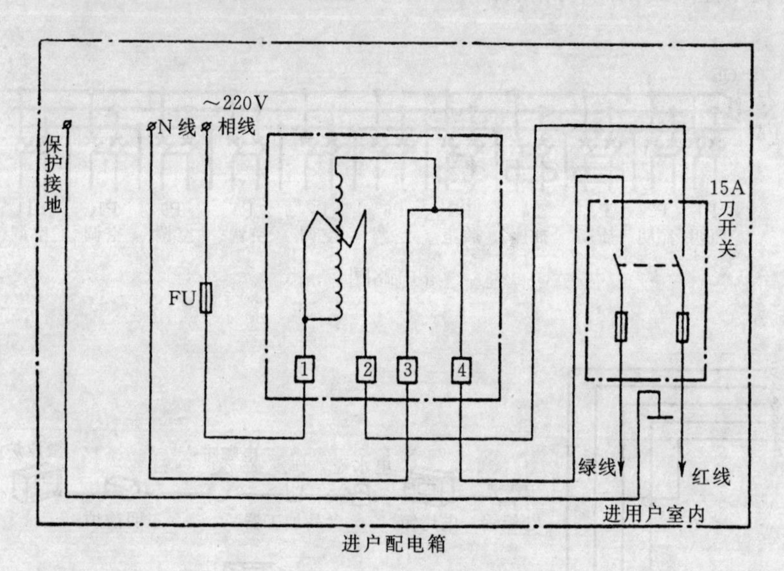

a 单个电度表配电线路

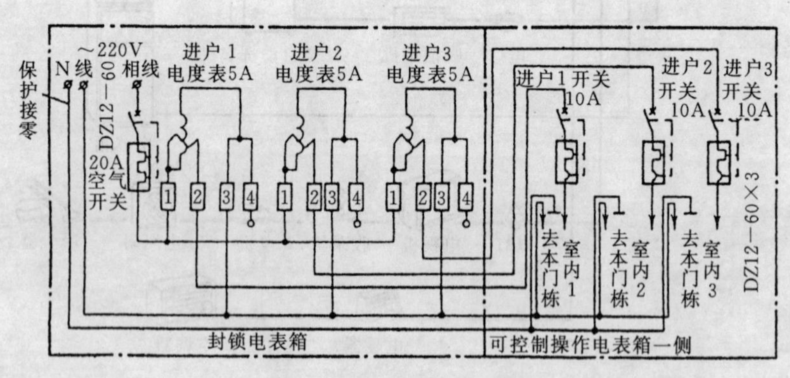

b 三个电度表配电线路

图 8-4 照明进户配电箱线路

8.2 照明配电箱的安装

在室内电气线路中，通常将照明灯具、电热器、电冰箱、空调器等电器分成几个支路，电源相线接入低压断路器的进线端，断路器的出线端接电器，零线直接接入电器，每个支路单独使用一只断路器。这样，当某条支路发生故障时，只有该条支路的断路器跳闸，而不影响其他支路的用电。必要时也可单独切断某一支路。安装好后的配电箱外壳需要接地。

照明配电箱的安装见表8-1。

表8-1 照明配电箱的安装

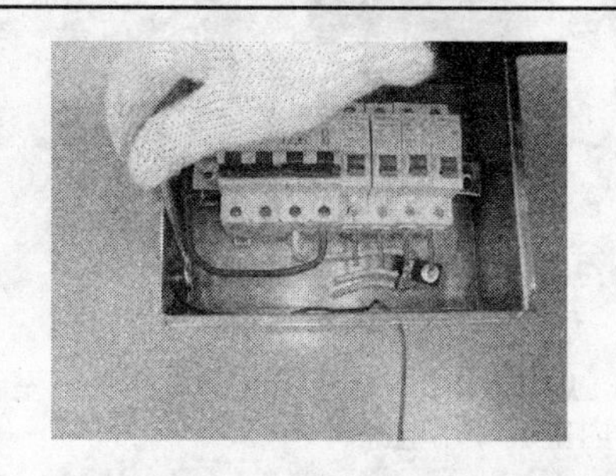 ① 打开照明配电箱，将照明保护地线接在照明配电箱外壳的接地螺丝上	 ② 将照明电源线相线接在照明配电箱断路器右上端口
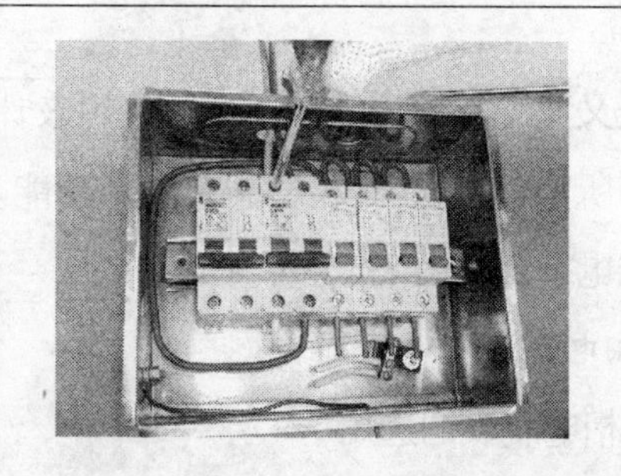 ③ 将照明电源零线接在照明配电箱左上端口	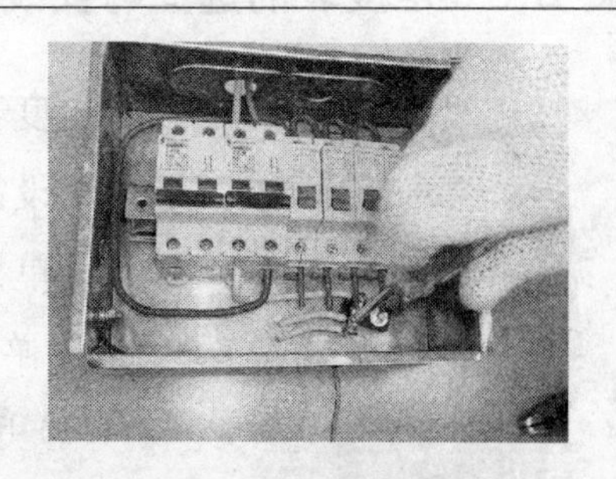 ④ 将所有照明零线都接在零线的接线柱上

（续表）

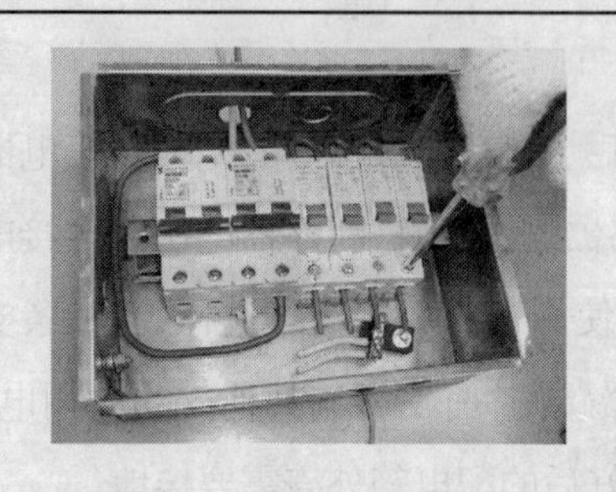 ⑤ 照明第一路相线接所有室内照明灯	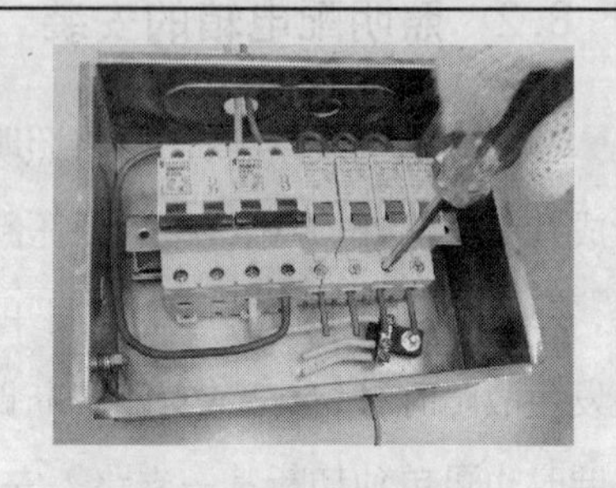 ⑥ 照明第二路相线连接室内所有插座，作插座电源供电用
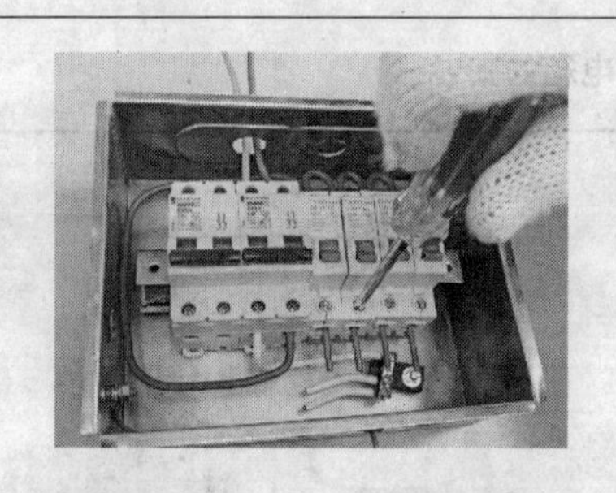 ⑦ 照明第三路相线电源可作室内空调专用电源	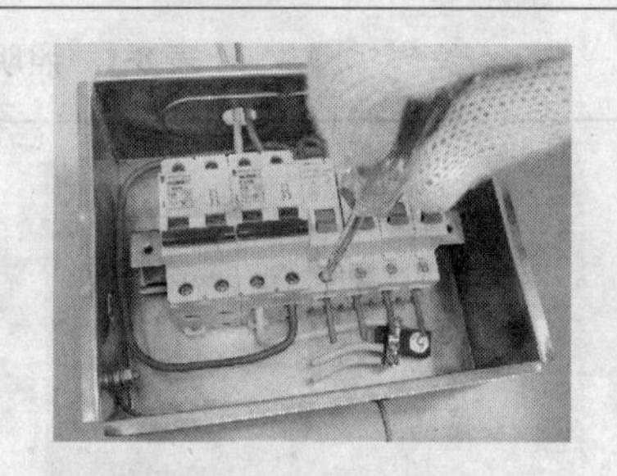 ⑧ 照明第四路相线电源可作另一室内空调专用电源

8.3 电度表的选择与安装

图 8-5 单相电度表

电度表又叫千瓦小时表、电能表，是用来计量电气设备所消耗电能的仪表，具有累计功能。常用的单相电度表如图 8-5 所示。

1. 单相电度表

(1) 单相电度表的选用

电度表的选用要根据负载来确定，也就是说所选电度表的容量或电流是根据计算电路中负载的大小来确定的,容量或电流选择大了,电度表不能正常转动,会因本身存在的误差影响计算结果的准确性;容量或电流选择小了,会有烧毁电度表的可能。一般应使所选用的电度表负载总瓦数为实际用电总瓦数的 1.25～4 倍。所以在选用电度表的容量或电流前,应先进行计算。例如:家庭使用照明灯 4 盏,约为 120 W;使用电视机、电冰箱等电器,约为 680 W;试选用电度表的电流容量。由此得: $800\times1.25=1\,000(\text{W})$, $800\times4=3\,200(\text{W})$, 因此选用电度表的负载瓦数在 1 000～3 200 W之间。查表 8-2 可知,选用电流容量为 10～15 A 的电度表较为适宜。

表 8-2 单相电度表的规格

电度表安数(A)	1	2.5	3	5	10	15	20
负载总瓦数(W)	220	550	660	1 100	2 200	3 300	4 400

(2) 单相电度表的安装和接线

① 电度表应安装在干燥、稳固的地方,避免阳光直射,忌湿、热、霉、烟、尘、砂及腐蚀性气体。

② 电度表应安装在没有震动的位置,因为震动会使电表计量不准。

③ 电度表应垂直安装,不能歪斜,允许偏差不得超过 2°。因为电度表倾斜 5°,会引起 10%的误差,倾斜太大,电度表铝盘甚至不转。

④ 电度表的安装高度一般为 1.4～1.8 m,电度表并列安装时,两表的中心距离不得小于 200 mm。

⑤ 在雷雨较多的地方使用的电度表,应在安装处采取避雷措施,避免因雷击而使电度表烧毁。

⑥ 电度表应安装在涂有防潮漆的木制底盘或塑料底盘上,用木螺钉或机制螺丝固定。电度表的电源引入线和引出线可通过盘的背面穿入盘

的正面后进行接线，也可以在盘面上走明线，用塑料线卡固定整齐。安装示意如图8-6所示。

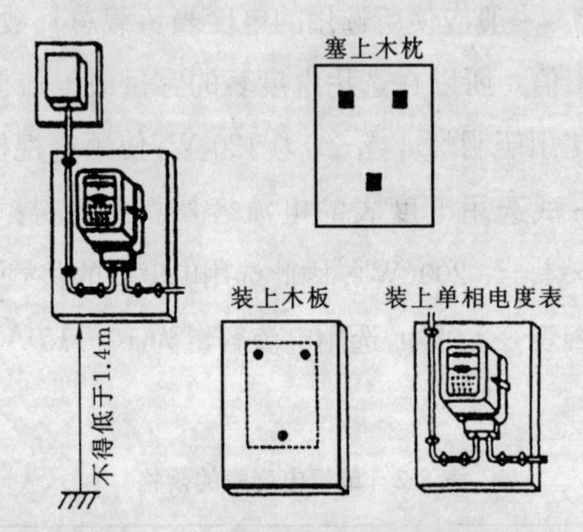

图8-6　单相电度表的安装示意图

⑦ 在电压220 V、电流10 A以下的单相交流电路中，电度表可以直接接在交流电路上，如图8-7所示。电度表必须按接线图接线（在电表接线盒盖的背面有接线图）。常用单相电度表的接线盒内有四个接线端，自左向右按1、2、3、4编号。接线方法为1、3接电源，2、4接负载。

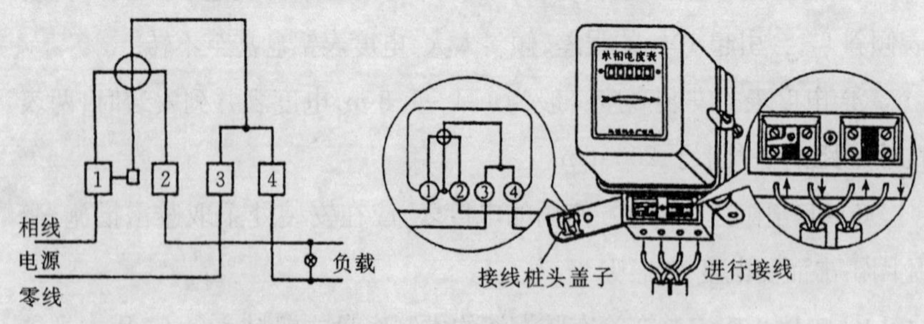

图8-7　单相电度表的接线

⑧ 如果负载电流超过电度表电流线圈的额定值，则应通过电流互感器接入电度表，使电流互感器的初级与负载串联，次级与电度表电流线圈串联，如图 8-8 所示。

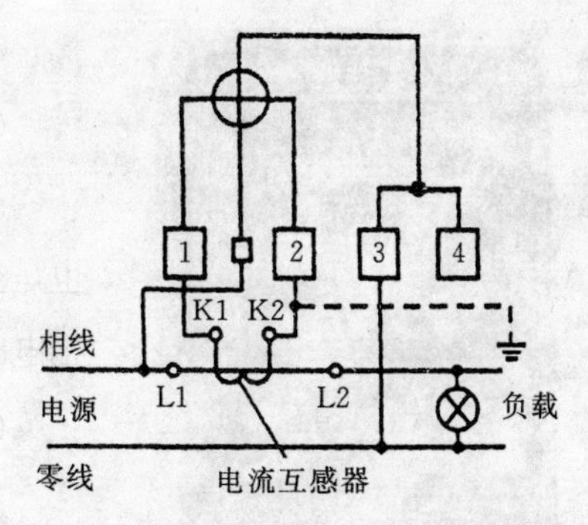

图 8-8 使用电流互感器的电度表的接线

(3) 电度表的常见故障及检修

电度表的常见故障及检修方法见表 8-3。

表 8-3 电度表的常见故障及检修方法

故障现象	产生原因	检修方法
单相电度表不转或倒转	1. 直接式单相电度表的电压线圈端子的小连接片未接通电源 2. 如果是经电流互感器接电度表的，可能是互感器二次侧极性接反 3. 电度表安装倾斜 4. 电度表的进出线相互接错引起倒转	1. 打开电度表接线盒，查看电压线圈的小钩子是否与进线相线连接，未连接时要重新接好 2. 若为互感器二次侧极性接反，要重新连接 3. 重新校正电度表的安装位置 4. 单相电度表应按接线盒背面的线路图正确接线
三相四线制有功电度表不转或倒转	1. 直接接入式三相四线制电度表电压线圈端子连片未接通电源电压 2. 电度表电源与负载的进出线顺序相互接错 3. 电度表的电压线圈与电流线圈在接线中未接在相应的相位上 4. 经电流互感器接入的电度表，二次侧极性接反 5. 电度表的零线未接入表内	1. 打开电度表，检查三相四线制电度表电压线圈的小钩子连片是否接通电源电压，如果未接通应接在电源上 2. 对照电度表线路图把进出线相互调整过来 3. 更正错误接法 4. 电流互感器的二次侧一般是有极性的，所以经电流感器接入电度表的也要纠正接线极性 5. 检查电度表零线断线故障点，并把电度表零线接上

图 8-9 三相电度表

2. 三相电度表

(1) 三相电度表

三相电度表的外观如图 8-9 所示。它也是交流感应式电度表,供计量 50 Hz 三相电路中有功功率或无功功率用。

(2) 三相电度表的安装

三相电度表应安装在室内,选择干燥通风的地方,安装电度表的底板应安置在坚固耐火、不易受震动的墙上,电度表安装高度建议在 1.8 米左右,安装后电度表应垂直不倾斜,图 8-10 是三相电度表接线线路,图 8-11 是三相电度表接线实例。

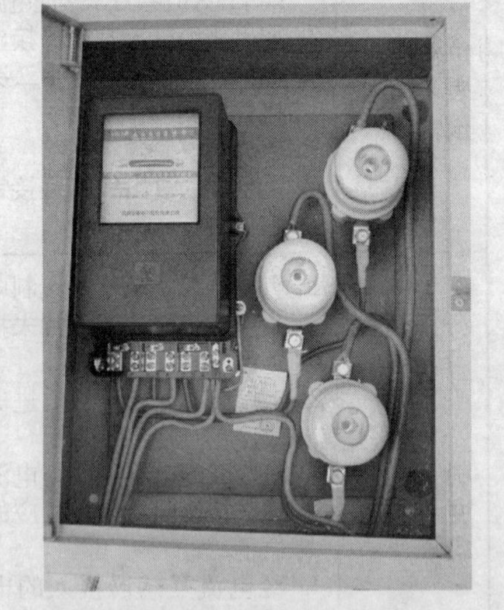

图 8-11 三相电度表全部接线方法实例

三相电度表在安装时,按照规定相序(正相序)及正确的接线图进行接线,在选择接入端钮盒的引入线时,目前国内使用铝线较多,现在虽然将端钮盒接线孔径放大了,但由于铜铝线接触电位差较大,铝线易氧化,所以最好用铜线或铜接头引入,避免端钮盒铜接头因接触不良而烧毁端钮盒。

在雷雨较多的地区安装使用电度表,需要在安装处采取避雷措施,避免因雷击使电度表烧毁。

如图 8-12 是附带互感器三相电度表接线线路,图 8-13 附带互感器三

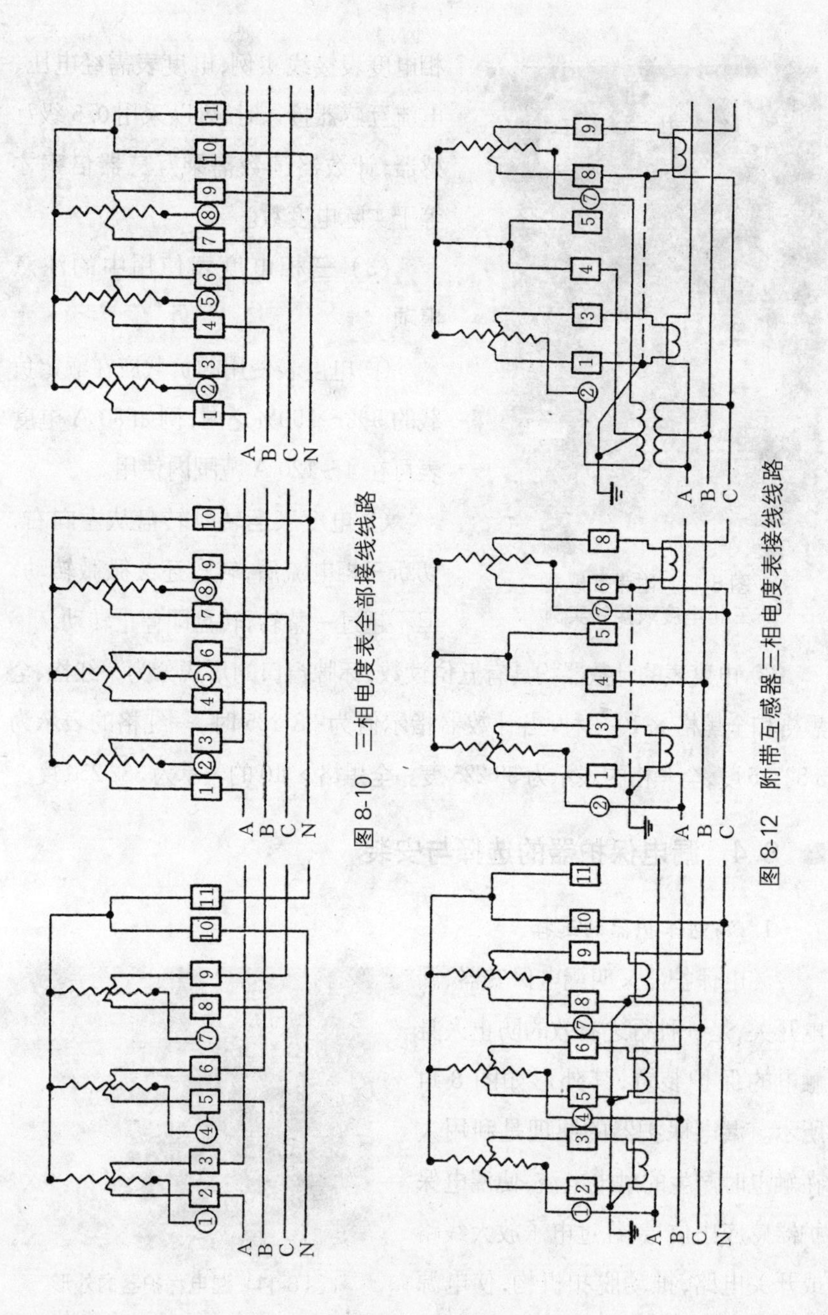

图 8-10 三相电度表全部接线路

图 8-12 附带互感器三相电度表接线线路

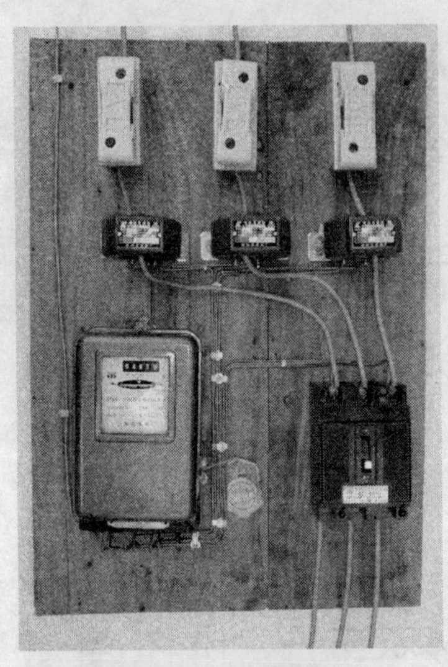

图 8-13　附带互感器三相电度表接线实例

相电度表接线实例，电度表需经电压、电流互感器接入时，可以采用 0.5 级互感器，计数器读数需乘互感器倍率才等于实际电度数。

(3) 三相电度表使用中的注意事项

① 电度表使用的负载应在额定负载的 5%～150%之内，例如 80 A 电度表可在 4～120 A 范围内使用。

② 电度表运转时转盘从左向右，切断三相电流后，转盘还会微微转动，但不超过一整转，转盘即停止转动。

③ 电度表的计数器均具有五位读数，标牌窗口的形式分为一红格、全黑格和全黑格×10 三种，当计数器指示值为 38 225 时，一红格的表示为 3 822.5 度，全黑格的表示为 38 225 度。全黑格×10 的表示为 382 250 度。

8.4　漏电保护器的选择与安装

1. 漏电保护器的选择

漏电保护器又叫漏电保安器、漏电开关，是一种行之有效的防止人身触电的保护装置，其外形如图 8-14 所示。漏电保护器的原理是利用人在触电时产生的触电电流，使漏电保护器感应出信号，经过电子放大线路或开关电路，推动脱扣机构，使电源

图 8-14　漏电保护器的外形

开关动作，将电源切断，从而保证人身安全。漏电保护器对电气设备的漏电电流极为敏感。当人体接触了漏电的用电器时，产生的漏电电流只要达到 10～30 mA，就能使漏电保护器在极短的时间（如 0.1 秒）内跳闸，切断电源。

(1) 型式的选用

电压型漏电保护器已基本上被淘汰，一般情况下，应优先选用电流型漏电保护器。电流型漏电保护器的电路如图 8-15 所示。

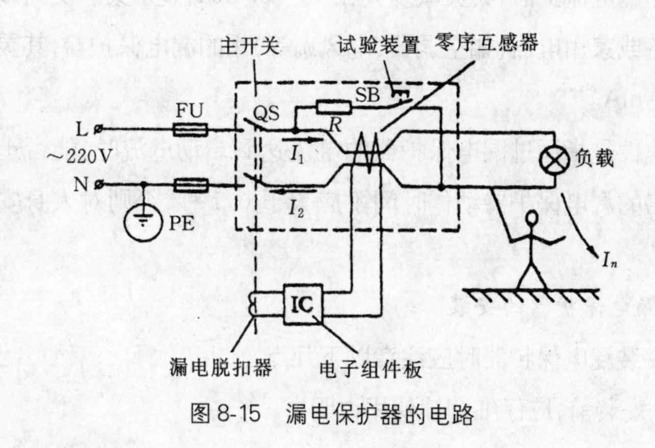

图 8-15 漏电保护器的电路

(2) 极数的选用

单相 220 V 电源供电的电气设备，应选用二极的漏电保护器；三相三线制 380 V 电源供电的电气设备，应选用三极式漏电保护器；三相四线制 380 V 电源供电的电气设备，或者单相设备与三相设备共用电路，应选用三极四线式、四极四线式漏电保护器。

(3) 额定电流的选用

漏电保护器的额定电流值不应小于实际负载电流。一般家庭用漏电保护器可选额定工作电流为 16～32 A。

(4) 可靠性的选用

为了使漏电保护器真正起到漏电保护作用,其动作必须正确可靠,即应具有合适的灵敏度和动作的快速性。

灵敏度(即漏电保护器的额定漏电动作电流),是指人体触电后促使漏电保护器动作的流过人体电流的数值。灵敏度低,流过人体的电流太大,起不到漏电保护作用;灵敏度过高,又会造成漏电保护器因线路或电气设备在正常微小的漏电下而误动作,使电源切断。家庭装于配电板(箱)上的漏电保护器,其灵敏度宜在 15～30 mA;装于某一支路或仅针对某一设备或家用电器(如空调器、电风扇等)用的漏电保护器,其灵敏度可选 5～10 mA。

快速性是指通过漏电保护器的电流达到启动电流时,能否迅速地动作。合格的漏电保护器动作时间不应大于 0.1 秒,否则对人身安全仍有威胁。

2. 漏电保护器的安装

在安装漏电保护器时应注意以下几点:

(1) 安装前,应仔细阅读使用说明书。

(2) 安装漏电保护器以后,被保护设备的金属外壳仍应进行可靠的保护接地。

(3) 漏电保护器的安装位置应远离电磁场和有腐蚀性气体环境,并注意防潮、防尘、防震。

(4) 安装时必须严格区分中性线和保护线,三极四线式或四极式漏电保护器的中性线应接入漏电保护器。经过漏电保护器的中性线不得作为保护线,不得重复接地或接设备的外露可导电部分;保护线不得接入漏电保护器。

(5) 漏电保护器应垂直安装,倾斜度不得超过 5°。电源进线必须接在漏电保护器的上方,即标有“电源”的一端;出线应接在下方,即标有“负载”的一端。

(6) 作为住宅漏电保护时,漏电保护器应装在进户电度表或总开关之后,如图 8-16 所示。

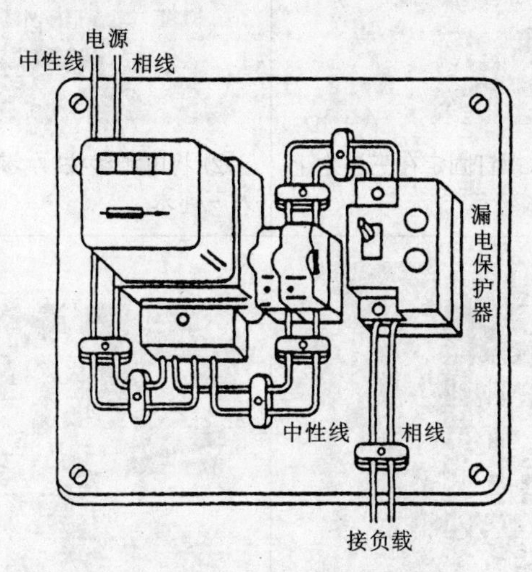

图 8-16 漏电保护器的安装

(7) 漏电保护器接线完毕投入使用前,应先做漏电保护动作试验,即按动漏电保护器上的试验按钮,漏电保护器应能瞬时跳闸切断电源。试验 3 次,确定漏电保护器工作稳定,才能投入使用。

(8) 对投入运行的漏电保护器,必须每月进行一次漏电保护动作试验,不能产生正确保护动作的,应及时检修。

8.5 闸刀开关的安装

1. 闸刀开关的安装方法

闸刀开关的安装方法见表 8-4。

表 8-4　闸刀开关的安装方法

<table>
<tr><td>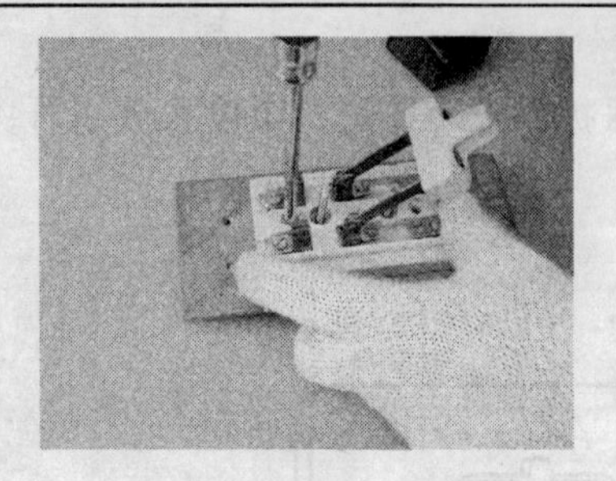
① 将闸刀用木螺钉固定在三连木上</td><td>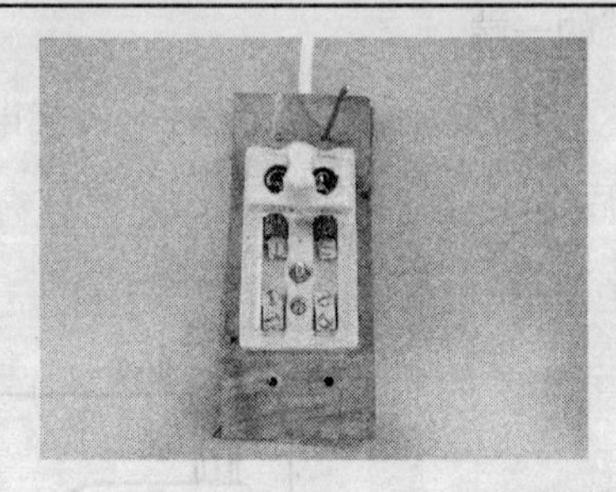
② 将电源线按“左零右火”的顺序穿入三连木</td></tr>
<tr><td>
③ 将负载线按“左零右火”的顺序穿入三连木</td><td>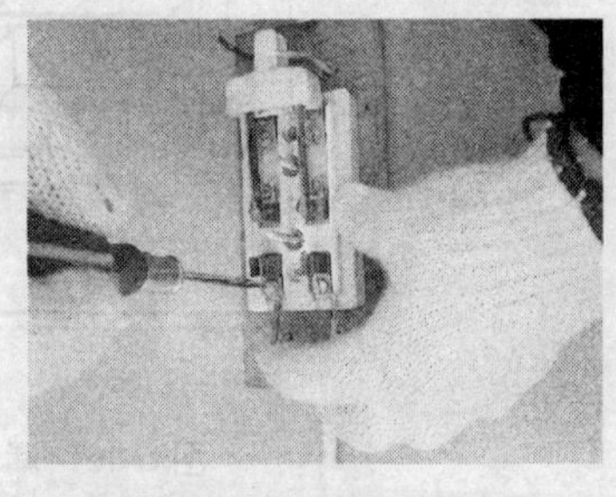
④ 将电源线接在闸刀上桩头上</td></tr>
<tr><td>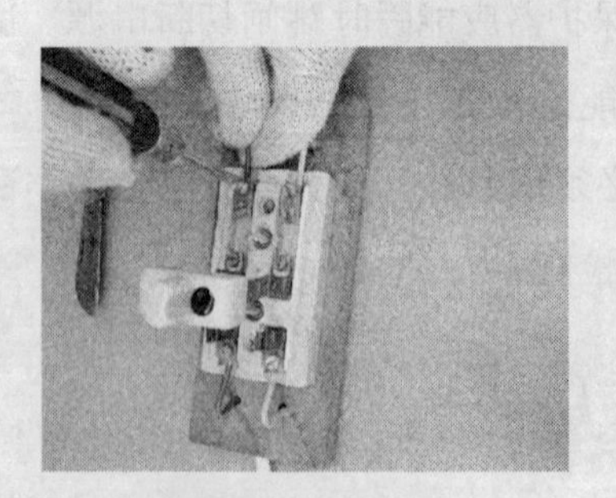
⑤ 将负载线接在闸刀下桩头上</td><td>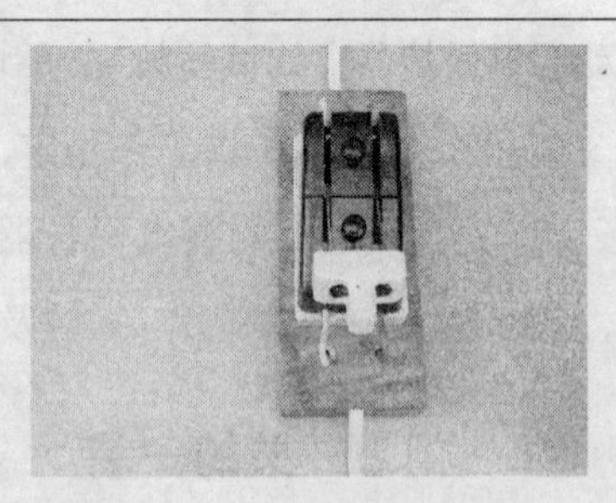
⑥ 接线完成后，检查接线是否压紧，如接线压紧，应盖上闸刀盖，闸刀安装完毕</td></tr>
</table>

2. 瓷插式保险丝的更换方法

瓷插式保险丝的更换方法见表 8-5。

表 8-5 瓷插式保险丝的更换

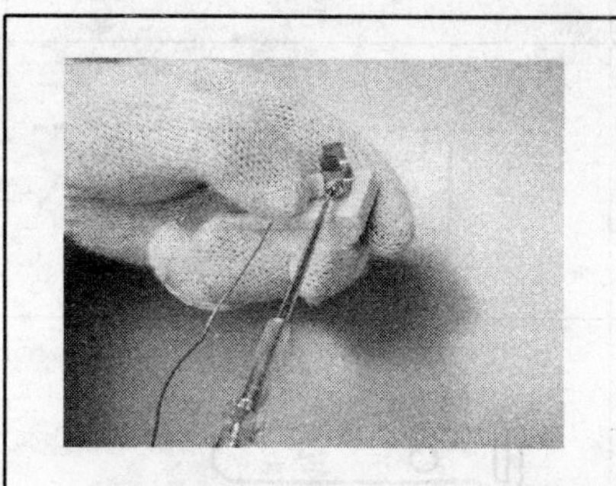 ① 用小型螺丝刀将保险丝的一端压接在螺丝及垫片下	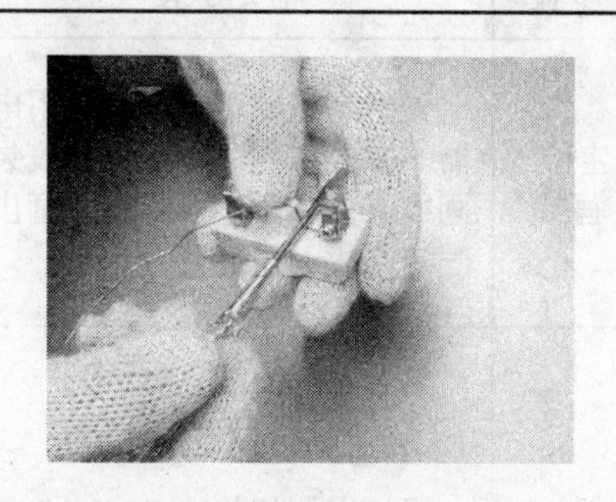 ② 保险丝在压接中要顺着瓷插保险的槽放置，切勿把保险丝拉得太紧
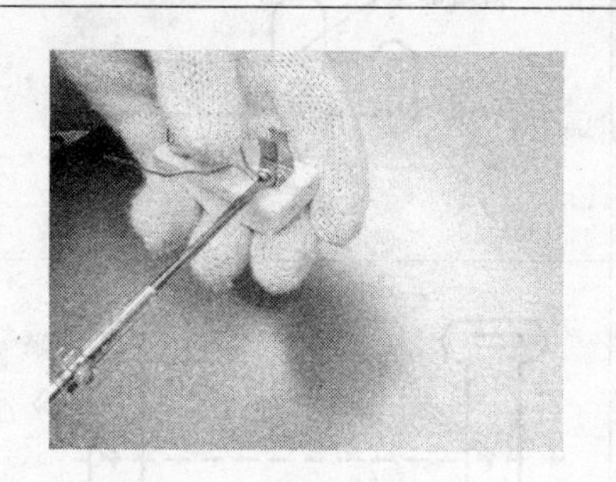 ③ 保险丝另一端也用小螺丝刀压接在螺丝及垫片下	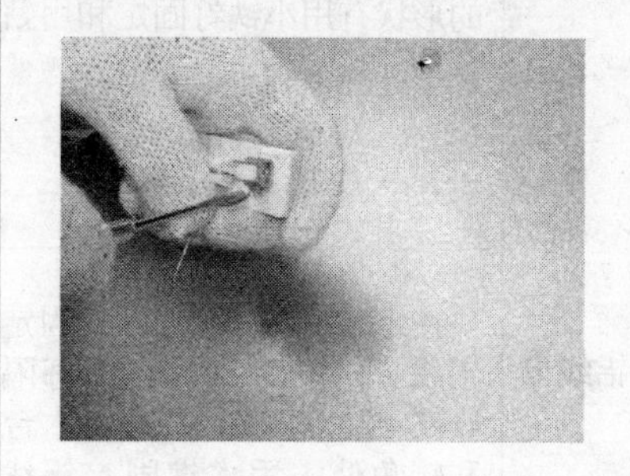 ④ 压接完成后，将多余的保险丝用螺丝刀切下

8.6 塑料护套线布线

塑料护套线是一种具有塑料保护层的双芯或多芯绝缘导线，它具有防潮、线路造价低和安装方便等优点，可以直接敷设在墙壁、空心板及其他建筑物表面，此种方式广泛用于室内电气照明线路及小容量生活、生产等配电线路的明线安装。

塑料护套线的布线方法如表 8-6 所示。

表 8-6 塑料护套线的布线方法

步骤	相关要求	图　　示
定位、画线	先确定线路的走向、各用电器的安装位置,然后用粉线袋画线,每隔 150～300 mm 画出固定铝线卡的位置	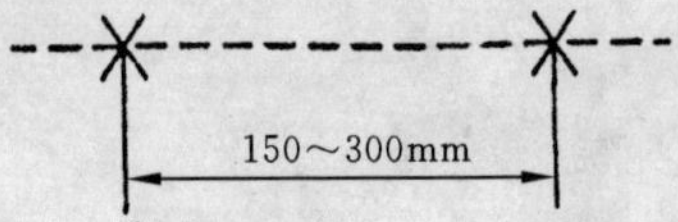 150～300mm
固定铝线卡	铝线卡的规格有 0、1、2、3 和 4 号等,号码越大,长度越长。按固定方式不同,铝线卡的形状有用小铁钉固定和用黏合剂固定两种	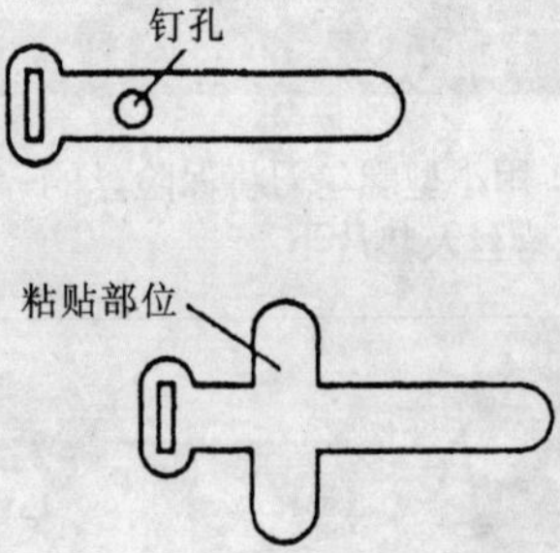 钉孔 粘贴部位
	在木结构上可用小铁钉固定铝线卡;在抹灰的墙上,每隔 4～5 个铝线卡处,及进入木台和转角处需用木榫固定铝线卡,其余的可用小铁钉直接将铝线卡钉在灰浆墙上	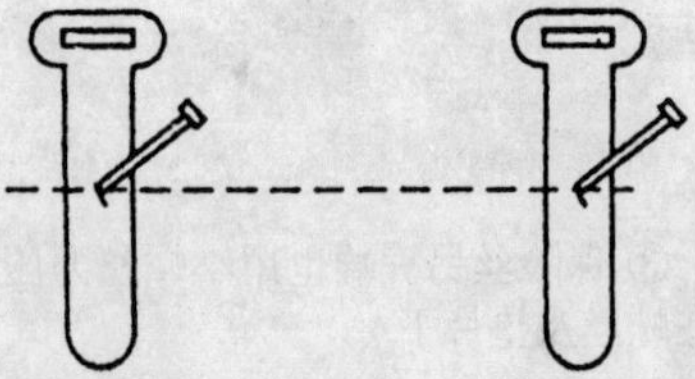
	在砖墙上或混凝土墙上可用木榫或环氧树脂黏合剂固定铝线卡	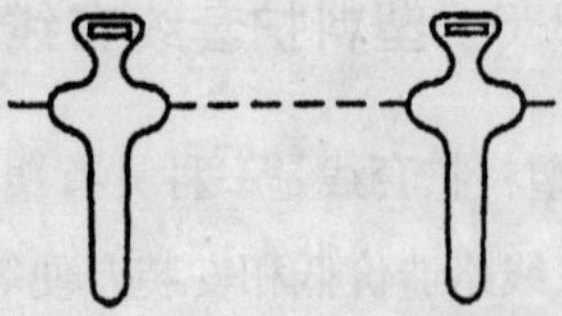

(续表)

步骤	相关要求	图示
敷设护套线	为了使护套线敷设得平直,可在直线部分的两端临时安装两副瓷夹,敷线时先把护套线一端固定在一副瓷夹内并旋紧瓷夹,接着在另一端收紧护套线并勒直,然后固定在另一副瓷夹中,使整段护套线挺直,最后将护套线依次夹入铝线卡中	
	护套线转弯时,转弯圆度要大,其弯曲半径不应小于导线宽度的6倍,以免损伤导线,转弯前后应各用一个铝线卡夹住	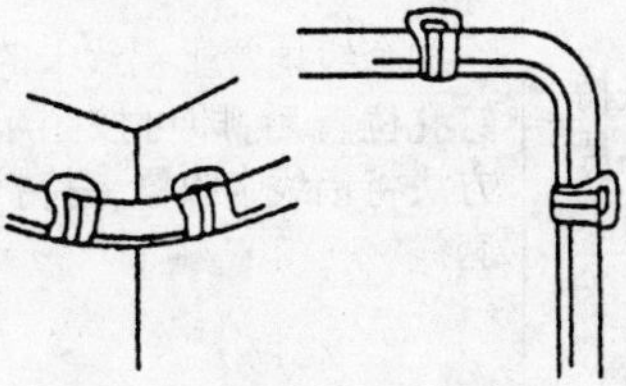
	护套线进入木台前应安装一个铝线卡	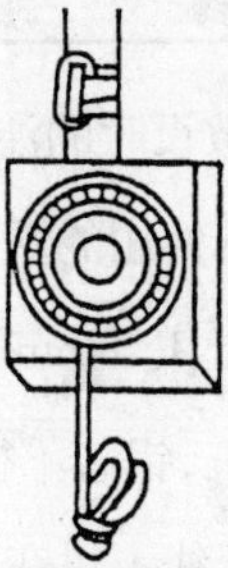
	两根护套线相互交叉时,交叉处要用4个铝线卡夹住	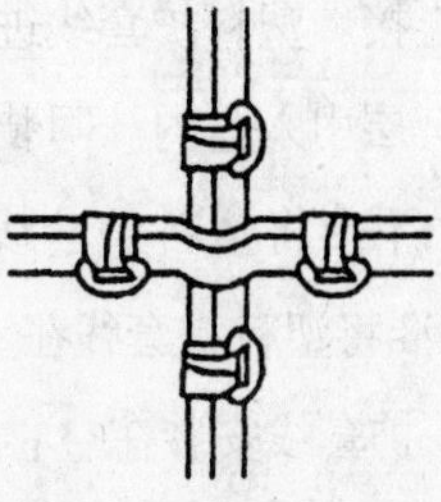

（续表）

步骤	相关要求	图　示
敷设护套线	如果是铅包线，必须把整个线路的铅包层连成一体，并进行可靠的接地	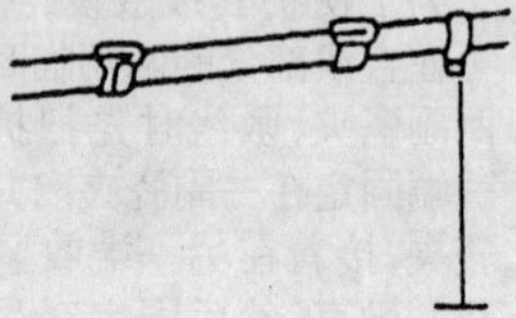
夹持铝片线卡	护套线均置于铝线卡的钉孔位置后，即可按图示方法将铝线卡收紧夹持护套线	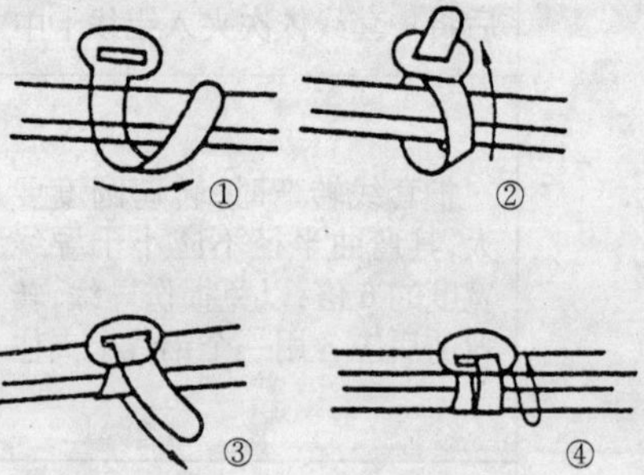 ① ② ③ ④

护套线敷设时的注意事项：

(1) 室内使用的塑料护套线，其截面规定：铜芯不得小于 0.5 mm^2，铝芯不得小于 1.5 mm^2；室外使用的塑料护套线，其截面规定：铜芯不得小于 1.0 mm^2，铝芯不得小于 2.5 mm^2。

(2) 护套线不可在线路上直接连接，其接头可通过瓷接头、接线盒或木台来连接。塑料护套线进入灯座盒、插座盒、开关盒及接线盒连接时，应将护套层引入盒内。明装的电器则应引入电器内。

(3) 不准将塑料护套线或其他导线直接埋设在水泥或石灰粉刷层内，也不准将塑料护套线在室外露天场所敷设。

(4) 护套线安装在空心楼板的圆柱孔内时，导线的护套层不得损伤，并做到便于更换导线。

(5) 护套线与自来水管、下水道管等不发热的管道及接地导线紧贴交叉时，应加强绝缘保护，在容易受机械损伤的部位应用钢管保护。

(6) 塑料护套线跨越建筑物的伸缩缝、沉降缝时，在跨越的一段导线两端应可靠地固定，并应做成弯曲状，以留有一定余量。

(7) 严禁将塑料护套线直接敷设在建筑物的顶棚内，以免发生火灾事故。

(8) 塑料护套线的弯曲半径不应小于其外径的 3 倍；弯曲处护套和线芯绝缘层应完整无损伤。

(9) 沿建筑物、构筑物表面明配的塑料护套线应符合以下要求：①应平直，不应松弛、扭绞和曲折；②应采用铝片卡或塑料线钉固定，固定点间距应均匀，其距离宜为 150～200 mm，若为塑料线钉，此距离可增至 250～300 mm。

8.7 钢管布线

1. 选用钢管

选择时要注意钢管不能有折扁、裂纹、砂眼，管内应无毛刺、铁屑，管内外不应有严重锈蚀。根据导线截面和根数选择不同规格的钢管使管内导线的总截面(含绝缘层)不超过内径截面的 40%，如图 8-17 所示。

图 8-17 选择钢管

2. 加工钢管

(1) 除锈与涂漆。用圆形钢丝刷，两头各系一根铁丝穿过线管，来回拉动钢丝刷进行管内除锈；管外壁可用钢丝刷除锈；管子除锈后，可在内外表面涂以油漆或沥青漆，但埋设在混凝土中的电线管外表面不要涂漆，以免影响混凝土的结构强度，如图 8-18 所示。

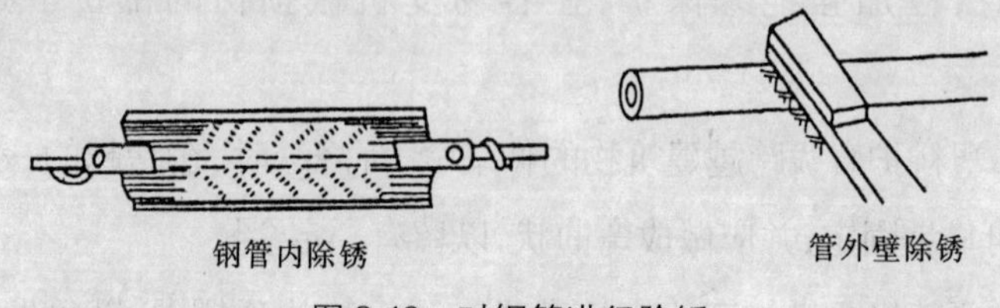

图 8-18　对钢管进行除锈

(2) 锯割。锯管前应先检查线管有否裂缝、瘪陷和管口有否锋口。然后以两个接线盒之间为一个线段，根据线路弯曲转角情况决定几根线管接成一个线段并确定弯曲部位，最后按需要长度锯管，如图 8-19 所示。

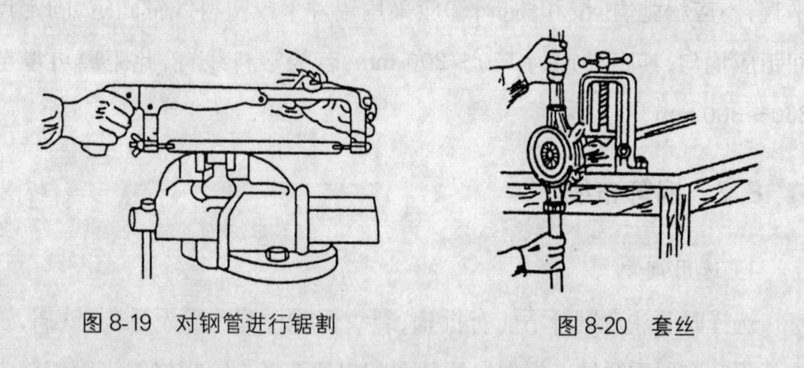

图 8-19　对钢管进行锯割　　图 8-20　套丝

(3) 套丝。先选好与管子配套的圆板牙，固定在铰手套板架内，将管子固定后，平正地套上管端，边扳动手柄边平稳向前推进，即可套出所需丝扣，如图 8-20 所示。

(4) 弯管。弯管时应将钢管的焊缝置于弯曲方面的两侧，以避免焊缝出现皱叠、断裂和瘪陷等现象。如果钢管需要加热弯形，则管中应灌入干燥无水分的沙子，如图 8-21 所示。

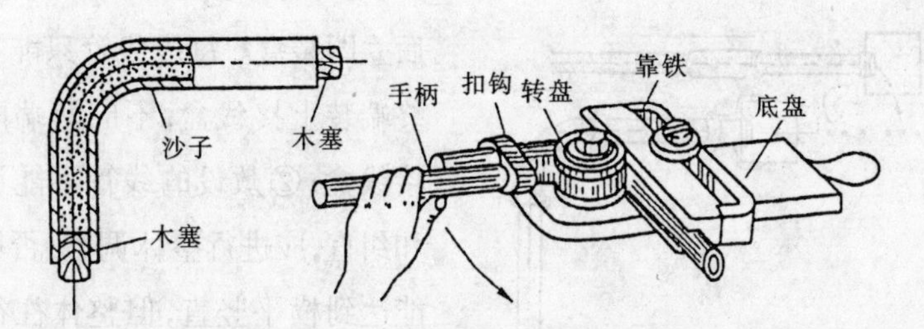

a 弯形前应灌沙子和加木塞　　b 弯形工具和弯形方法

图 8-21　对钢管进行弯曲

3. 管间连接与管盒连接

(1) 管间连接。为了保证管子接口严密,管子的丝扣部分应缠上麻丝,并在麻丝上涂一层白漆,如图 8-22 所示。

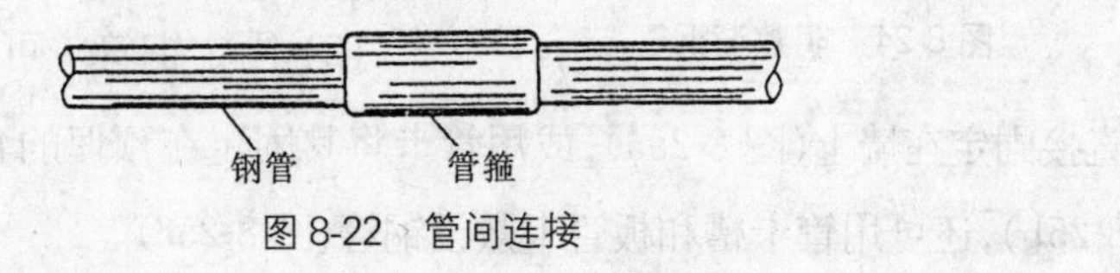

图 8-22　管间连接

(2) 管盒连接。先在管线上旋一个螺母(俗称根母),然后将管头穿入接线盒内,再旋上螺母,最后用两把扳手同时锁紧螺母,如图 8-23 所示。

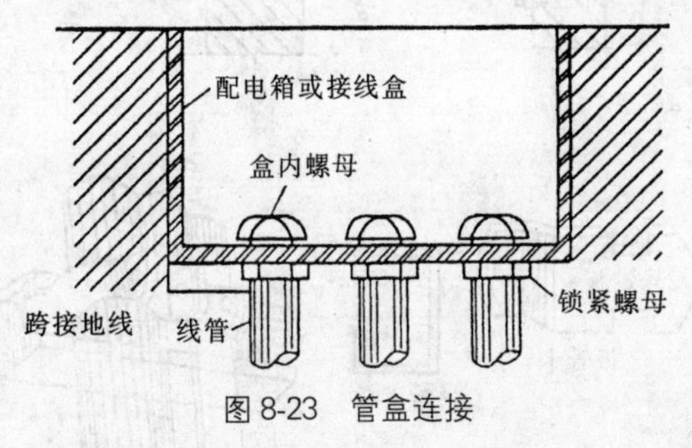

图 8-23　管盒连接

4. 明敷设钢管

(1) 敷设钢管。①敷管应分段进行,选取已预制好的本敷设段线管

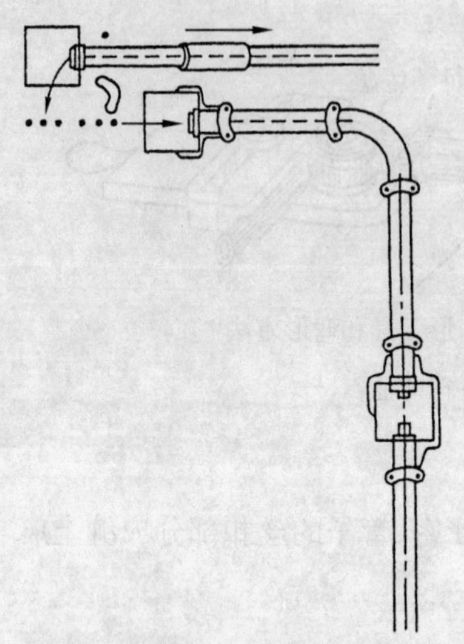

后立即装盒。每段线管只能在敷设向终端装上接线盒,不应两端同时装上接线盒;②敷设的线管不能逐段整理和纠直,应进行整体调整,否则局部虽能达到横平竖直,但整体往往折线状曲折;③纠正定型后,若采用钢管的,应在线管每一连接点进行过渡跨接;④在每段线管内穿入引线,并在每个管口塞木塞或纸塞;若有盒盖,还应装上盒盖,如图 8-24 所示。

图 8-24　明敷设钢管

(2) 固定钢管。可用管卡将钢管直接固定在墙上(图 8-25a),或用管卡将其固定在预埋的角钢支架上(图 8-25b),还可用管卡槽和板管卡敷设钢管(图 8-25c)。

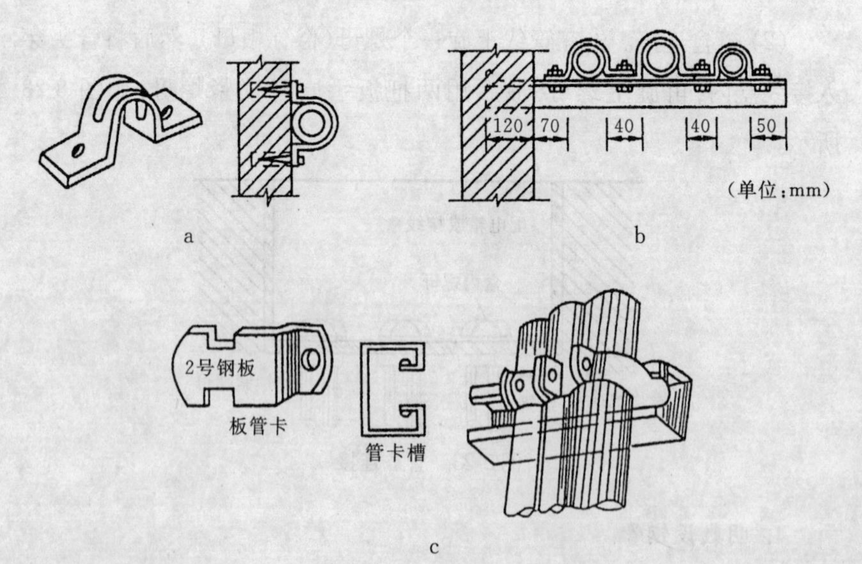

图 8-25　固定钢管

(3) 装设补偿盒。在建筑物伸缩缝处,安装一段略有弧度的软管,以便基础下沉时,借助软管弧度和弹性而伸缩,如图 8-26 所示。

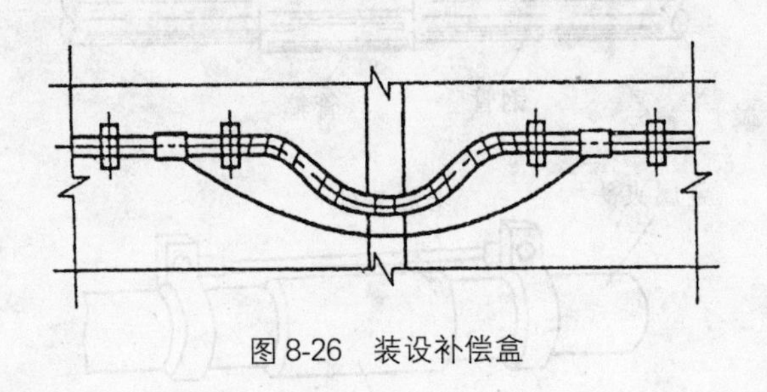

图 8-26 装设补偿盒

5. 暗敷设钢管

(1) 在现浇混凝土楼板内敷设钢管。敷设钢管应在浇灌混凝土以前进行。通常,先用石(砖)块在楼板上将钢管垫高 15 mm 以上,使钢管与混凝土模板保持一定距离,然后用铁丝将钢管固定在钢筋上,或用钉子将其固定在模板上,如图 8-27 所示。

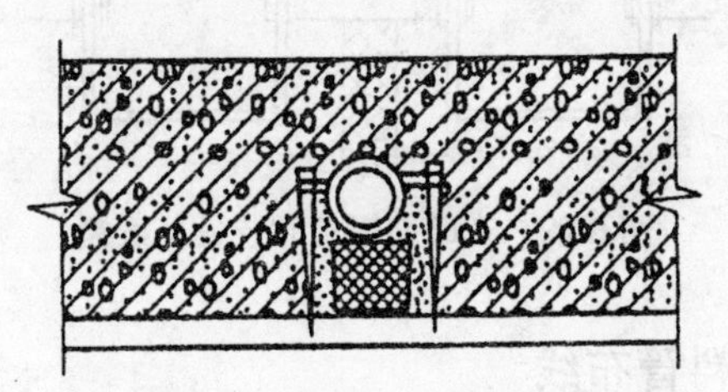

图 8-27 在现浇混凝土楼板内敷设钢管

(2) 钢管接地。敷设的钢管必须可靠接地,一般在钢管与钢管、钢管与配电箱及接线盒等连接处用 Φ6 mm～Φ10 mm 的圆钢或多股导线制成的跨接线连接。并在干线始末两端和分支线管上分别与接地体可靠连接,如图 8-28 所示。

(3) 装设补偿盒。在建筑物伸缩缝处装设补偿盒,在补偿盒的一侧开一长孔将线管穿入,无需固定,而另一侧应用六角管子螺母将伸入的线

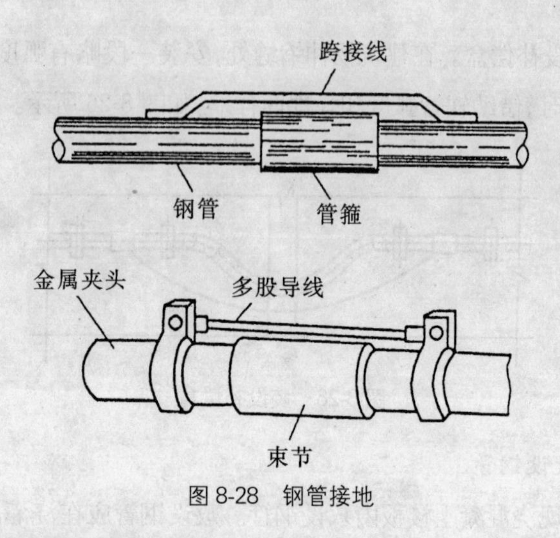

图 8-28 钢管接地

管与补偿盒固定,如图 8-29 所示。

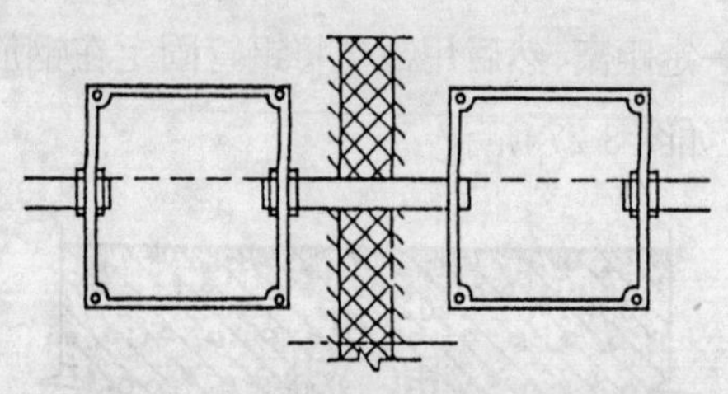

图 8-29 在暗装钢管时装设补偿盒

8.8 硬塑料管布线

1. 选择硬塑料管

敷设电气线路的硬塑料管应选用热塑料管。对管壁厚度的要求是:明敷时不小于 2 mm,暗敷时不小于 3 mm,如图 8-30 所示。

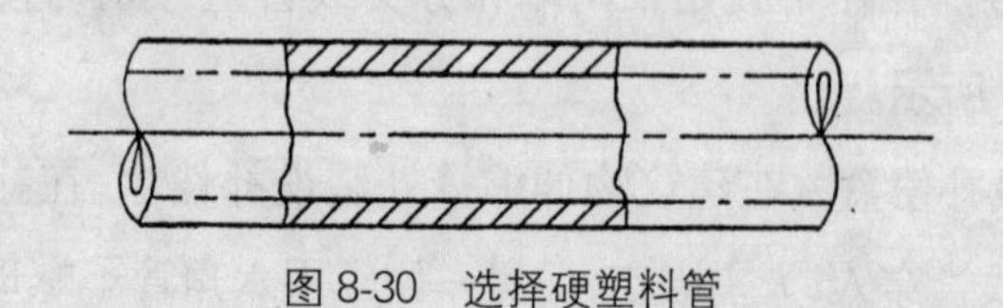

图 8-30 选择硬塑料管

2. 连接硬塑料管

(1) 烘热直接插接。此连接方法适用于 Φ50 mm 以下的硬塑料管。连接前先将两根管子的管口分别内、外倒角(图 8-31a),并用汽油或酒精把管子插接段擦净,然后将外接管插接段放在电炉或喷灯上加热至 145 ℃左右,呈柔软状态后,将内接管插入部分涂一层黏合剂(过氯乙烯胶)后迅速插入外接管,立即用湿布冷却,使管子恢复原来的硬度(图 8-31b)。

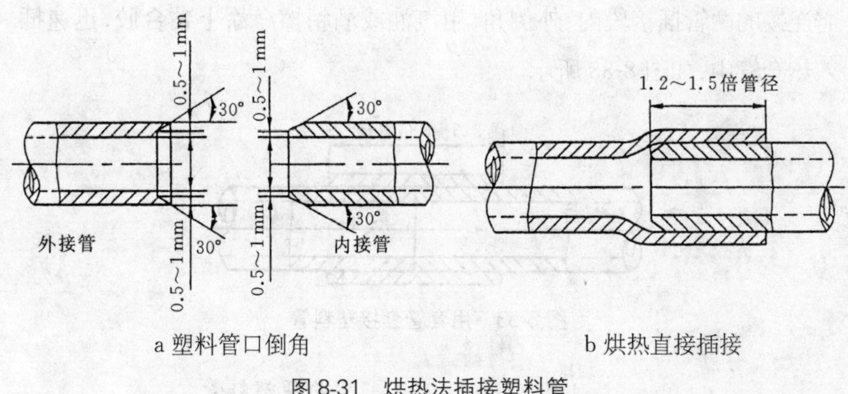

图 8-31 烘热法插接塑料管

(2) 用模具胀管插接硬塑料管。此连接方法适用于 Φ65 mm 及以上硬塑料管连接。按烘热直接插接法要求将外接管加热至 145 ℃呈柔软状态时,插入已加热的金属成型模具进行扩口,然后用水冷却至 50 ℃左右,取下模具,再用水冷却外接管使其恢复原来的硬度。在外接管和内接管两端涂过氯乙烯胶后,把内接管插入外接管并加热插接段,最后用水冷却即可。

如果条件具备,再用聚氯乙烯焊条在接合处焊 2~3 圈,以确保密封良好,如图 8-32 所示。

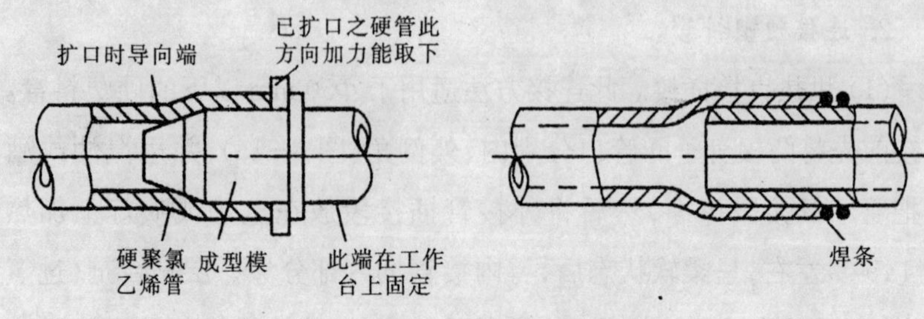

图 8-32　用模具插接塑料管

(3) 用套管套接。连接前将同径硬塑料管加热扩大成套管,然后把需连接的两管插接段内、外倒角,用汽油或酒精擦净涂上黏合胶,迅速插入热套管中,如图 8-33 所示。

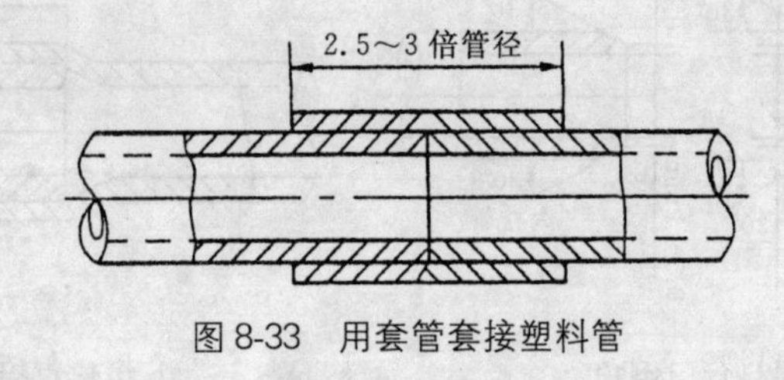

图 8-33　用套管套接塑料管

3. 弯曲硬塑料管

(1) 直接加热弯曲硬塑料管。此法适用于 Φ20 mm 及以下的塑料管。加热时,将待弯曲部分在热源上匀速转动,使其受热均匀,待管子软化,趁热在木模上弯曲,如图 8-34 所示。

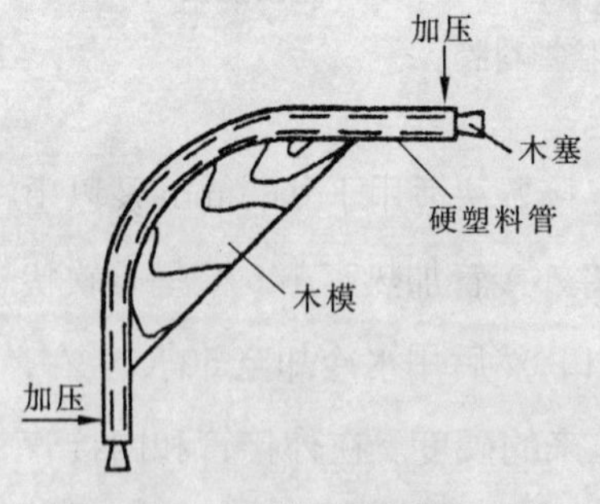

图 8-34　直接加热弯曲塑料管

(2) 灌沙加热弯曲硬塑料管。此法适用于 Φ25 mm 及以上的塑料管。沙子应灌实,否则,管子易弯瘪,且沙子应是干燥无水分的沙子。灌沙后,管子的两端应使用木塞封堵,如图 8-35所示。

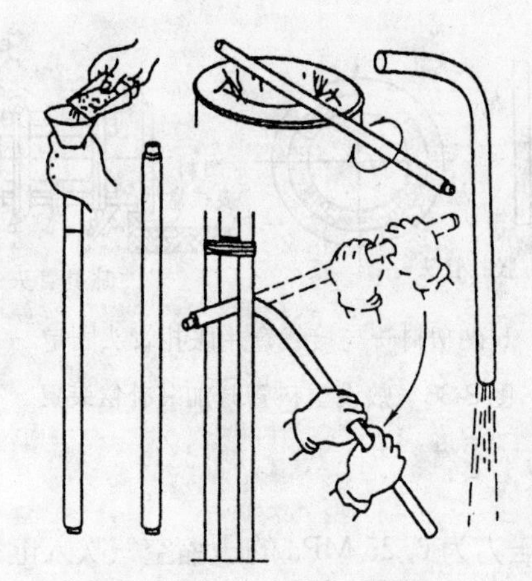

图 8-35 灌沙弯曲塑料管

4. 敷设硬塑料管

(1) 管径为 20 mm 及以下时，管卡间距为 1 m；管径为 25～40 mm 时，管卡间距为 1.2 m～1.5 m；管径为 50 mm 及以上时，管卡间距为 2 m。硬塑料管也可在角铁支架上架空敷设，支架间距不得超过上述标准。

(2) 塑料管穿过楼板时，距楼面 0.5 m 的一段应穿钢管保护。

(3) 塑料管与热力管平行敷设时，两管之间的距离不得小于 0.5 m。

(4) 塑料管的热膨胀系数比钢管大 5～7 倍，敷设时应考虑热胀冷缩问题。一般在管路直线部分每隔 30 m 应加装一个补偿装置(图 8-36a)。

(5) 与塑料管配套的接线盒、灯头盒不得使用金属制品，只可使用塑料制品。同时，塑料管与接线盒、灯头盒之间的固定一般也不得使用锁紧螺母和管螺母，而应使用胀扎管头绑扎(图 8-36b)。

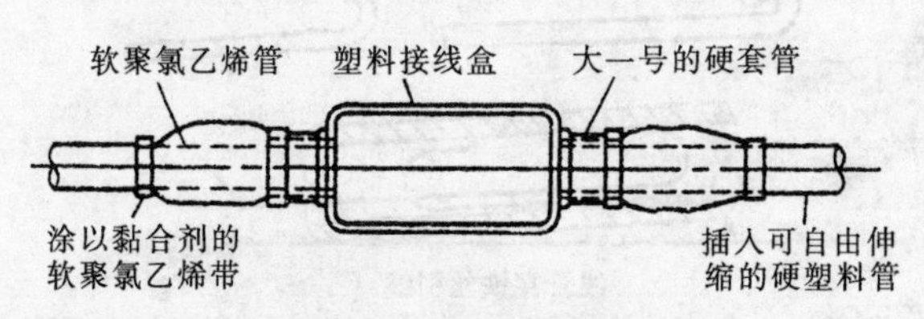

a 硬塑料管伸缩补偿装置

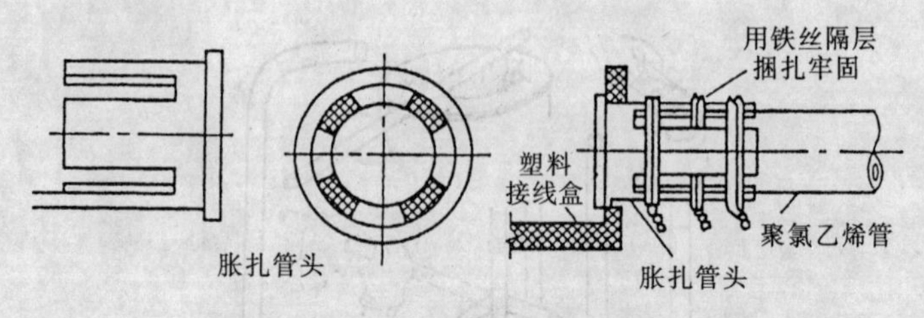

b 硬塑料管与接线盒用胀扎管头固定

图 8-36　敷设塑料管时加装补偿装置

5. 管内穿线

(1) 除灰。用压力为 0.25 MPa 的压缩空气吹入电线管,或用钢丝上绑以擦布在电线管内来回拉数次,以便除去线管内的灰土和水分,最后向管内吹入滑石粉,如图 8-37 所示。

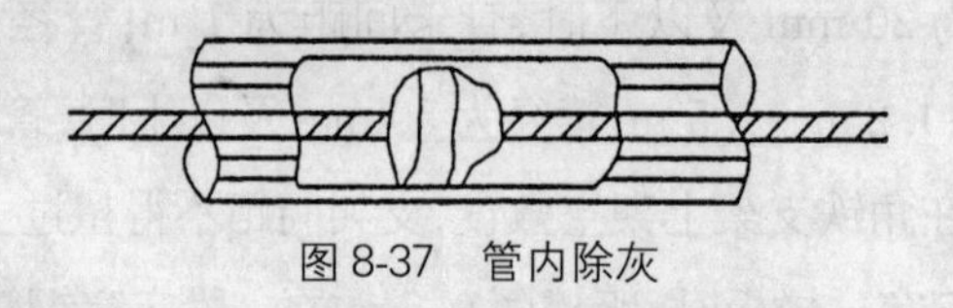

图 8-37　管内除灰

(2) 穿入铁丝引线。将管口毛刺锉去,选用 Φ1.2 mm 的钢丝做引线,当线管较短且弯头较少时,可把钢丝由管子一端送向另一端;如线管较长可在线管两端同时穿入钢丝引线,引线应弯成小钩,当钢丝引线在管中相遇时,用手转动引线,使其钩在一起,用一根引线钩出另一根引线,如图 8-38 所示。

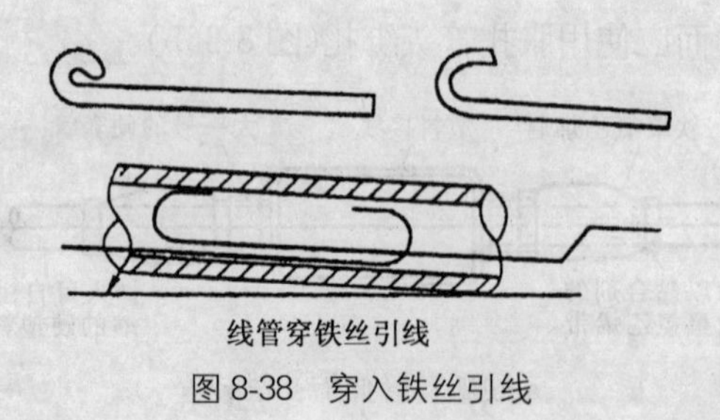

图 8-38　穿入铁丝引线

(3) 扎结线头。勒直导线并剖去两端导线绝缘层,在线头两端标上同一根的记号,然后将各导线绑在引线弯钩上并用胶布缠好,如图 8-39 所示。

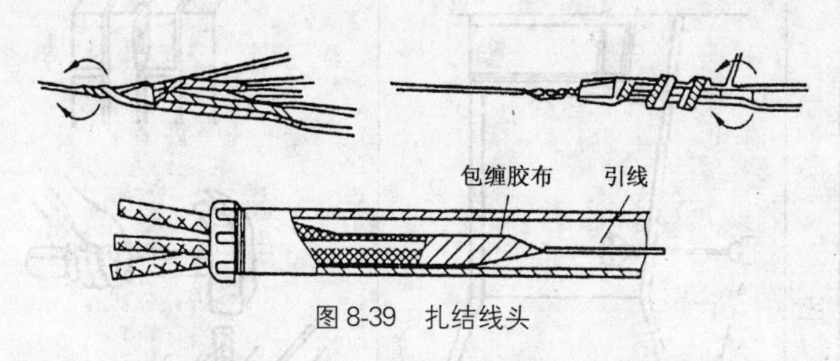

图 8-39 扎结线头

(4) 拉线。导线穿入线管前先套上护圈,并撒些滑石粉,然后一个人将导线理成平行束并往线管内送,另一人在另一端慢慢拉出引线,如图 8-40 所示。

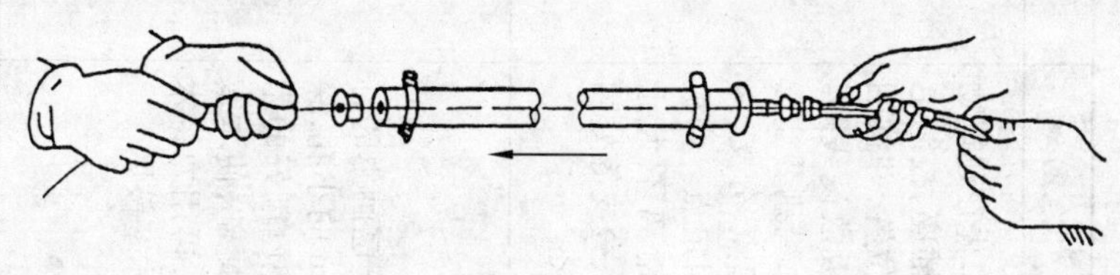

图 8-40 拉线

■ 8.9 线槽布线

线槽布线便于施工、安装便捷,多用于明装电源线、网络线等线路的敷设,常用的塑料线槽材料为聚氯乙烯,由槽底和槽盖组合而成。

塑料线槽的选用,可根据敷设线路的情况选用合适的线槽规格。线槽布线的方法如表 8-7 所示。

表 8-7　线槽布线的方法

步　骤	相关要求	图　示
定位画线	根据电路施工图的要求，先在建筑物上确定并标明照明器具、插座、控制电器、配电板等电气设备的位置，并按图纸上电路的走向划出槽板敷设线路。按规定画出钉铁钉的位置，特别要注意标明导线穿墙、穿楼板、起点、分支、终点等位置及槽板底板的固定点。槽板底板固定点间的直线距离不大于 500 mm，起始、终端、转角、分支等处固定点间的距离不大于 50 mm	
凿孔与预埋	用电锤或手电钻在墙上已画出的钉铁钉处钻出直径为 10 mm 的小孔，深度应大于木塞的长度。把已削好的木塞头部塞入墙孔中，轻敲尾部，使木塞与墙孔垂直、松紧合适后，再用力将木塞敲入孔中，注意不要将木塞敲烂	

（续表）

步骤		相关要求	图示
安装槽板	对接	将要对接的两块槽板的底板或盖板锯成45°断口，交错紧密对接，底板的线槽必须对正，但注意盖板和底板的接口不能重合，应互相错开20 mm以上	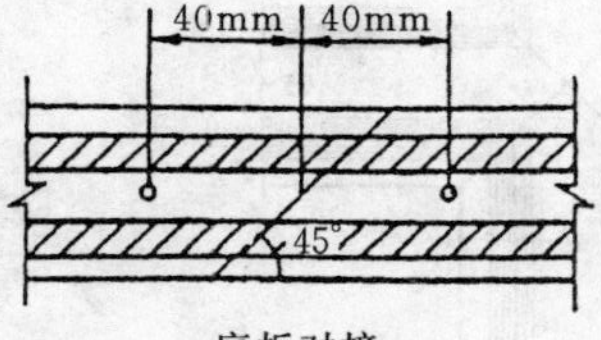 40mm 40mm 45° 底板对接 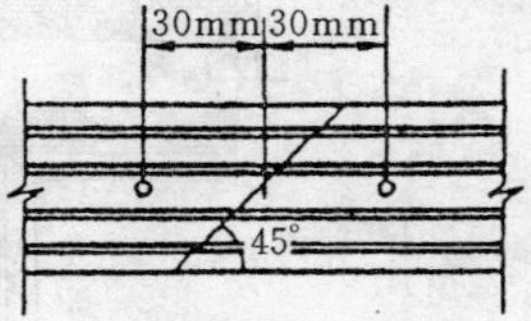 30mm 30mm 45° 盖板对接
	转角拼接	把两块槽板的底板和盖板端头锯成45°断口，并把转角处线槽之间的棱削成弧形，以免割伤导线绝缘层	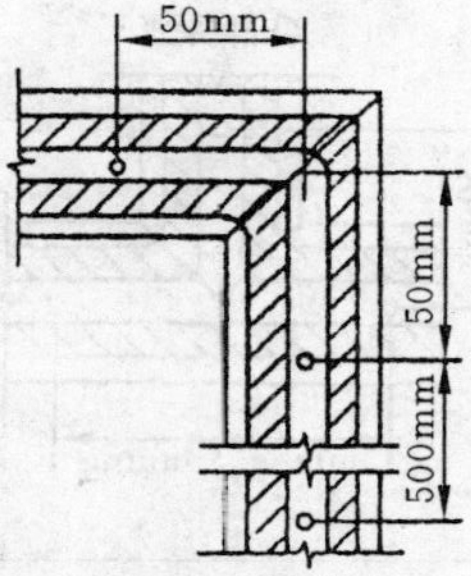 50mm 50mm 500mm 底板转角 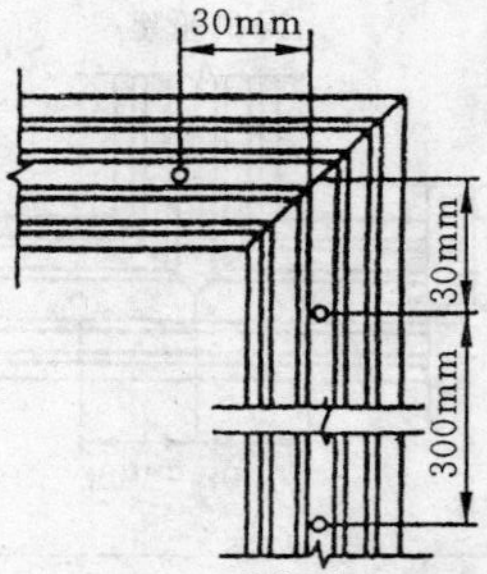 30mm 30mm 300mm 盖板转角

（续表）

步骤		相关要求	图示
安装槽板	T型拼接	在支路槽板的端头，两侧各锯掉腰长等于槽板宽度二分之一的等腰直角三角形，留下夹角为90°的接头。干线槽板则在宽度的二分之一处，锯一个与支路槽板尖头配合的90°凹角，拼接时，在拼接点上把干线底板正对支路线槽的棱锯掉、铲平、以便分支导线在槽内顺利通过	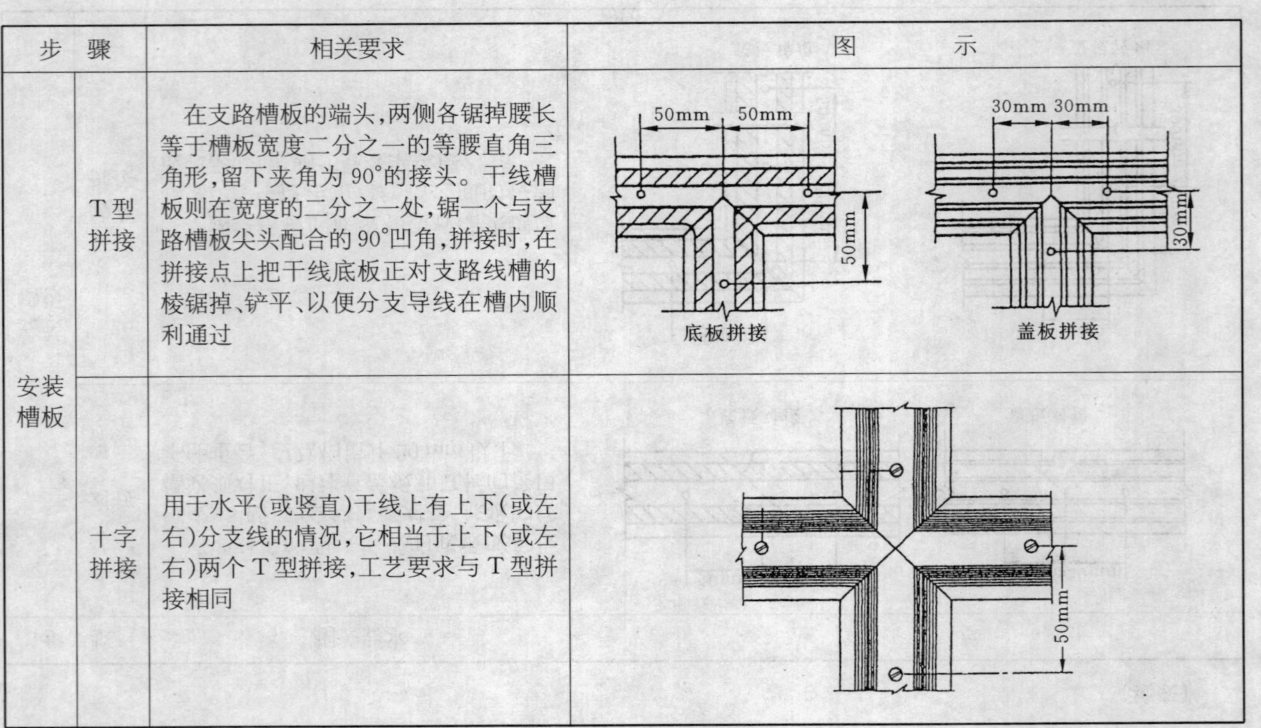
	十字拼接	用于水平(或竖直)干线上有上下(或左右)分支线的情况，它相当于上下(或左右)两个T型拼接，工艺要求与T型拼接相同	

（续表）

步　骤	相关要求	图　　示
敷设导线	敷设导线时，应注意三个问题：①一条槽板内只能敷设同一回路的导线；②槽板内的导线，不能受到挤压，不应有接头。如果必须有接头和分支，应在接头或分支处装设接线盒（图 a）；③导线伸出槽板与灯具、插座、开关等电器连接时，应留出 100 mm 左右的裕量，并在这些电器的安装位置加垫木台，木台应按槽板的宽度和厚度锯成豁口，卡在槽板上（图 b）。如果线头位于开关板、配电箱内，则应根据实际需要的长度留出裕量，并在线端作好记号，以便接线时识别	 接线盒 a 槽板伸入木台做法 b

（续表）

步　骤	相关要求	图　示
固定盖板	固定盖板与敷线应同时进行。边敷线边将盖板固定在底板上。固定时多用钉子将盖板钉在底板的中棱上。钉子要垂直进入，否则会伤及导线。钉子与钉子之间的距离，直线部分不应大于 300 mm；离起点、分支、接头和终端等的距离不应大于 30 mm。盖板做到终端，若没有电器和木台，应进行封端处理：先将底板端头锯成一斜面，再将盖板封端处锯成斜口，然后将盖板按底板斜面坡度折覆固定	30mm 小于300mm 盖板 底板 盖板的固定 20mm 20mm 30mm 30mm 盖板 底板 槽板封端做法 槽板的封端

chapter 9 >>

第9章 家用电器安装

9.1 家用电器线路导线的选择

1. 分支负荷电流的计算

线路负荷的类型不同,其负荷电流的计算方法也不同。线路负荷一般分为纯电阻负荷和感性负荷两类。

(1) 纯电阻性负荷如白炽灯、电热器等,其电流可按下式计算:

$$电流(A)=\frac{功率(W)}{电压(V)}$$

例:一只额定电压为220 V,功率为1 000 W的电炉,其电流为:

$$\frac{1\,000\ W}{220\ V}\approx 4.55(A)$$

(2) 感性负荷如荧光灯、电视机、洗衣机等,其负荷电流可按下式计算:

$$电流(A)=\frac{功率(W)}{电压(V)\times 功率因数\ \phi}$$

实际计算时,公式中的功率应为整个用电器具的负荷功率,而不仅是其中某一部分的负荷功率。例:

荧光灯的负荷功率 = 灯管功率 + 镇流器功率

洗衣机的负荷功率 = 洗衣机的整个输入功率

= 电动机功率 + 其他耗能器材功率

电冰箱的负荷功率 = 电冰箱的整个输入功率

= 压缩机功率+其他耗能器材功率

当荧光灯没有电容器补偿时,其功率因数可取 0.5~0.6;有电容器补偿时,可取 0.85~0.9。荧光灯的功率应为灯管功率与镇流器功率之和。不同功率的荧光灯灯管所配镇流器的功率如表 9-1 所示。

表 9-1　荧光灯功率核算表

灯管标定功率(W)	8	10	12	15	20	30	40
配用镇流器消耗功率(W)	4	5	5	7.5	8	8	8
总耗电功率(W)	12	15	17	22.5	28	38	48

例:一盏 40 W 荧光灯,正常工作时通过它的电流为:

$$(40+8)/220\times\cos\varphi = 48/220\times 0.53 = 0.41(A)$$

(3) 单相电动机(如洗衣机、电冰箱用电动机)的电流可按下式计算:

$$电流(A) = \frac{功率(W)}{电压(V)\times 功率因数\times 效率}$$

如果电动机铭牌上无功率因数和效率数据可查,则电动机的功率因数和效率都可取 0.75。

例:一台单相电动吹风机,功率为 750 W,正常工作时,它自电源吸取的电流为:

$$\frac{750}{220\times 0.75\times 0.75} = 6.06(A)$$

2. 总负荷电流的计算

家庭用电总负荷电流不等于所有用电设备电流之和，而是要考虑这些用电设备的同时用电率，总负载电流的计算式为：

总负载电流 = 用电量最大的一台家用电器的额定电流 + 同时用电率 × 其余用电设备的额定电流之和

一般家庭同时用电率可取 0.5～0.8，家用电器越多，此值取得越小。常用电器的功率与电流见表 9-2。

表 9-2 常用电器功率与电流(220 V、50 Hz)

电器名称	功率(W)	额定电流(A)	功率因数 $\cos\varphi$
照明电灯	200	0.9	1
彩色电视机	100	0.45	0.7～0.9
组合音响	300	1.36	0.7～0.9
电冰箱	120	0.55	0.3～0.4
洗衣机	300	1.36	0.5～0.6
电风扇	80	0.36	0.9
电熨斗	1 000	4.55	1
食品粉碎机	300	1.36	0.9
微波炉	1 000	4.55	0.7
排风扇	250	1.34	0.9
VCD	50	0.23	0.9
电饭煲	800	3.64	1
排油烟机	60	0.27	0.9
电脑(含打印机)	350	1.59	0.9
空调	1 125	5.11	0.7～0.9
吸尘器	800	3.64	0.94
消毒碗柜	700	3.18	0.9

（续表）

电器名称	功率(W)	额定电流(A)	功率因数 cos φ
冷热饮水机	800	3.64	1
电淋浴器	2 000	9.09	1
电烤箱	1 000	4.55	1
取暖器	2 000	9.09	1
红外线医疗器	1 000	4.55	1
录像机	50	0.23	0.9

家庭用电量和设置规格的选用见表 9-3。

表 9-3　家庭用电量和设置规格的选用

套型	使用面积(m^2)	用电负荷(kW)	计算电流(A)	进线总开关脱扣器额定电流(A)	电度表容量(A)	进户线规格(mm^2)
一类	50 以下	5	20.20	25	10(40)	BV-3×4
二类	50～70	6	25.30	30	10(40)	BV-3×6
三类	75～80	7	35.25	40	10(40)	BV-3×10
四类	85～90	9	45.45	50	15(60)	BV-3×16
五类	100	11	55.56	60	15(60)	BV-3×16

3. 导线的选择

(1) 根据不同电压选择

通常使用的电源有单相 220 V 和三相 380 V。不论是 220 V 供电电源，还是 380 V 供电电源，导线均应采用耐压 500 V 的绝缘电线；而耐压为 250 V 的聚氯乙烯塑料绝缘软电线（俗称胶质线或花线），只能用作吊灯用导线，不能用于布线。

(2) 根据不同的用途选择

几种常用导线的用途见表 9-4。

表 9-4　常用绝缘导线的结构、型号及用途

结　　构	型　号	名　　称	用　　途
单根线芯 塑料绝缘 7 根绞合线芯	BV BLV	聚氯乙烯绝缘铜芯线 聚氯乙烯绝缘铝芯线	用于作为交直流额定电压为 500 V 及以下的户内照明和动力线路的敷设导线，以及户外沿墙支架敷设的导线
棉纱编织层 单根线芯 橡胶绝缘	BX BLX	铜芯橡胶线 铝芯橡胶线 （俗称皮线）	
塑料绝缘多根束绞线芯	BVR	聚氯乙烯绝缘铜芯软线	适用于活动不频繁场所的电源连接线
绞合线 平行线	RVS(或 RFS) RVB(或 RFB)	聚氯乙烯绝缘双根绞合软线（丁腈聚氯乙烯复合绝缘） 聚氯乙烯绝缘双根平行软线（丁腈聚氯乙烯复合绝缘）	用来作为交直流额定电压为 250 V 及以下的移动电具、吊灯的电源连接线

（续表）

结　构	型　号	名　称	用　途
橡胶绝缘；棉纱编织层；多根束绞线芯；棉纱层	BXS	棉纱编织橡皮绝缘双根绞合软线(俗称花线)	用来作为交直流额定电压为 250 V 及以下的移动电具、吊灯的电源连接线
塑料绝缘；塑料护套；2根线芯	BVV BLVV	聚氯乙烯绝缘和护套铜芯线(2 根或 3 根) 聚氯乙烯绝缘和护套铝芯线(2 根或 3 根)	用来作为交直流额定电压为 500 V 及以下的户内外照明和小容量动力线路的敷设导线
橡胶或塑料绝缘；橡胶或塑料护套；麻绳填芯；4芯；线芯；3芯	RHF RH	氯丁橡胶套软线 橡胶套软线	用于移动电器的电源连接导线，或用于插座板电源连接导线，或短期临时送电的电源馈线

附:电线型号的含义

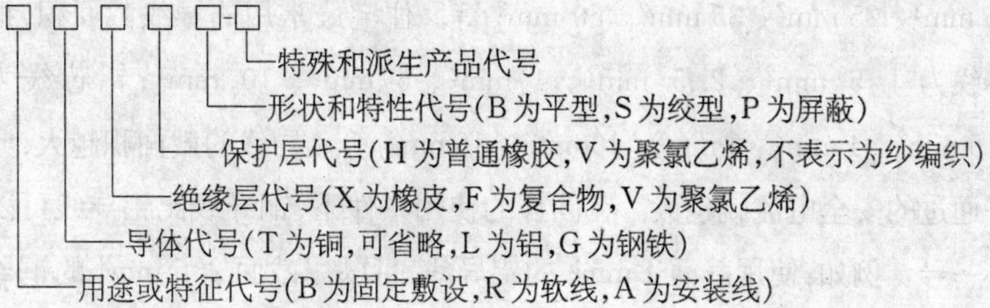

```
□□□□□-□
│ │ │ │ │ └特殊和派生产品代号
│ │ │ │ └──形状和特性代号(B为平型,S为绞型,P为屏蔽)
│ │ │ └────保护层代号(H为普通橡胶,V为聚氯乙烯,不表示为纱编织)
│ │ └──────绝缘层代号(X为橡皮,F为复合物,V为聚氯乙烯)
│ └────────导体代号(T为铜,可省略,L为铝,G为钢铁)
└──────────用途或特征代号(B为固定敷设,R为软线,A为安装线)
```

(3) 根据不同的导线颜色选择

敷设导线时,相线 L、零线 N 和保护零线 PE 应采用不同颜色的导线。导线颜色的相关规定见表 9-5。

表 9-5 导线颜色的相关规定

类 别	颜色标志	线 别	备注
一般用途导线	黄色 绿色 红色 浅蓝色	相线 L1 相 相线 L2 相 相线 L3 相 零线或中性线	U 相 V 相 W 相
保护接地(接零)中性线(保护零线)	绿/黄双色	保护接地(接零)中性线(保护零线)	颜色组合 3∶7
二芯(供单相电源用)	红色 浅蓝色	相线 零线	
三芯(供单相电源用)	红色 浅蓝色(或白色) 绿/黄色(或黑色)	相线 零线 保护零线	
三芯(供三相电源用)	黄、绿、红色	相线	无零线
四芯(供三相四线制用)	黄、绿、红色 浅蓝色	相线 零线	

4. 导线截面的选择

导线的截面积以 mm^2 为单位,除了弱电系统使用的软线外,有以下常用规格：1.0 mm^2、1.5 mm^2、2.5 mm^2、4 mm^2、6 mm^2、10 mm^2、16 mm^2、25 mm^2、35 mm^2、50 mm^2 等。住宅最常用的导线截面积，铜芯线为 1.5 mm^2、2.5 mm^2、4 mm^2、6 mm^2、10 mm^2；铝芯线为 2.5 mm^2、4 mm^2、6 mm^2、10 mm^2、16 mm^2 等。导线的截面积越大，允许通过的安全电流就越大。在同样的使用条件下，铜导线比铝导线可以小一号。例如：使用截面 4 mm^2 的铝导线，可以用截面 2.5 mm^2 的铜导线代替，而截面 2.5 mm^2 的铝导线可以用截面 1.5 mm^2 的铜导线代替。

在选择导线的截面时，主要是根据导线的安全载流量来选择导线的截面。家庭用电路的导线截面，通常可按铜芯绝缘导线为 3～4 A/mm^2；铝芯绝缘导线为 2～3 A/mm^2 选择。一般来说，照明线路所接的电线截面积为 1.5 mm^2 的铜芯线即可，而插座线路的电线截面以 2.5 mm^2 的铜芯线为宜。空调线路，则应接 4 mm^2 的铜芯线。

在选择导线时，还要考虑导线的机械强度。有些小负荷的设备，虽然选择很小的截面就能满足允许电流的要求，但还必须查看其是否满足导线机械强度所允许的最小截面，如果这项要求不能满足，就要按导线机械强度所允许的最小截面重新选择。表 9-6 列出了各机械强度允许的导线最小截面。

表 9-6　机械强度允许的导线最小截面

用途及敷设方式	线芯的最小截面(mm^2)		
	铜芯软线	铜线	铝线
照明用灯头线 (1) 屋内 (2) 屋外	 0.4 1.0	 1.0 1.0	 2.5 2.5
移动式用电设备 (1) 生活用 (2) 生产用	 0.75 1.0		

(续表)

用途及敷设方式	线芯的最小截面(mm^2)		
	铜芯软线	铜线	铝线
架设在绝缘支持件上的绝缘导线其支持点间距 (1) 2 m 及以下,屋内 (2) 2 m 及以下,屋外 (3) 6 m 及以下 (4) 15 m 及以下 (5) 25 m 及以下	—	 1.0 1.5 2.5 4 6	 2.5 2.5 4 6 10
穿管敷设的绝缘导线	1.0	1.0	2.5
塑料护套线沿墙明敷设	—	1.0	2.5
预制板板孔穿线敷设的导线	—	1.5	2.5

5. 电线的选购

(1) 铜芯绝缘线的选购方法

铜芯绝缘线的选购方法见表 9-7。

表 9-7 铜芯绝缘线的选购方法

称重量法	测量线径法
可用一个最简单的称重量的方法来辨别。根据国家规定,不同型号的电线,其延长米的重量是定值。如重量不足,不是电线直径小就是长度短少,这种电线就不能用	另外一种方法,就是用千分卡尺,量测线径。如线径不足,将会影响电线荷载能力。当线径粗而重量不足,说明电线芯材不是纯正的电解铜,属于劣质品不能使用

(2) 铝芯绝缘线的选购

铝芯绝缘线的选购见表 9-8。

表 9-8 铝芯绝缘线优劣产品对照表

项目	优质产品	劣质产品
内芯	优质铝线线芯为银白色，柔软	劣质铝芯绝缘电线线芯颜色发乌、较硬。若现场做接线试验，则硬如钢丝，稍短的线头根本无法绞合
外观	优质铝线外皮颜色较艳，并打印有生产厂家名称或型号	劣质铝芯绝缘电线外观陈旧，根本无厂名、型号等标志
包皮	铝线外包皮与芯线接触紧密	劣质铝芯绝缘电线线皮与芯线接触很松，“套”大芯小
长度	优质铝线每盘长度误差一般在 1%～2%	劣质铝线每盘误差一般达 10%～20%

(3) 电线槽管的选购

电线槽管的选购见表 9-9。

表 9-9 电线槽管优劣产品对照表

项目	优质产品	劣质产品
外观	尺寸定型好，外观色泽稳定，手感平滑，两头切口平整，扣接配合良好	尺寸不稳定，手感粗糙，两头切口有毛边，扣接配合不良
喷字	厂名等字迹清楚，是采用先进的喷码技术喷在产品上的	厂名等字迹模糊，且不平行
编号	正规企业的产品在每根线槽、线管喷字内容的末端加喷编号(一般为五位数字左右)，每扎中的每条产品号码各不相同，并且是连号	同一扎产品不连号或出现重号，甚至根本就没有编号
用酒精擦涂	不易将字迹擦掉	极易将字迹擦掉

9.2 空调器的安装

这里主要介绍分体挂壁式空调器的安装。

1. 选择安装位置

(1) 室内机组。室内机组应安装在以下位置：

① 选择在进、出气流不被挡住的地方。

② 室内机组吹出的冷气可以到达房间任何地方。

③ 不至于发生震动的坚固墙壁上。

④ 应将机组安装在避免阳光直射的地方。

⑤ 容易泄掉排水的地方。

⑥ 距离电视机、收音机 1 m 以上的地方。

⑦ 尽可能远离日光灯、白炽灯处。

⑧ 可自由地进行装、卸空气滤清器的地方。

(2) 室外机组。室外机组应安装在以下位置：

① 选择不易被大风刮到的地方。

② 选择通风良好、灰尘少的地方。

③ 不容易雨淋或阳光直晒的地方。

④ 不要使运行噪音或吹出热风有妨碍邻居的地方。

⑤ 应避免有易燃气体泄漏危险的地方。

⑥ 应尽可能装在离室内机较近的地方，以方便连接。

⑦ 室外机组的安装高度应尽可能与室内机组平齐，以利制冷循环。

⑧ 室内机组与室外机组之间距离最大为 15 m，高低差最大为 5 m。

2. 室内机组的安装

(1) 固定安装板。打开包装后从空调器室内机组上拆下金属安装板；用水泥钉将安装板固定在墙上合适位置，使安装板保持水平，如图 9-1 所示。

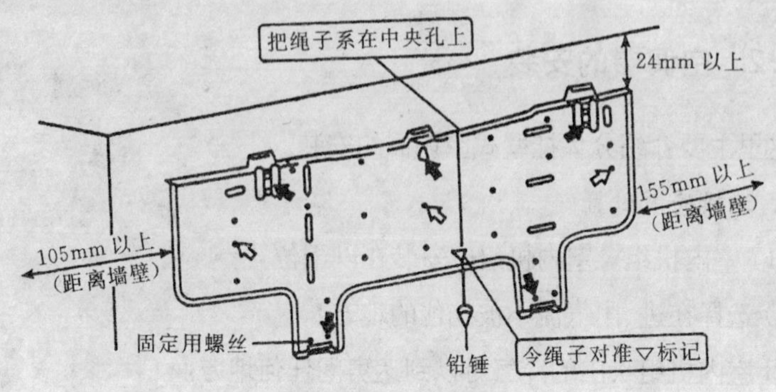

图 9-1　安装板的固定

(2) 在墙壁上钻孔。在墙上的合适地方开一直径为 65 mm 的孔，孔洞应稍向室外倾斜，将比墙体稍长的套筒插入墙孔中，以避免室内和室外连接导线与墙内的金属部件接触。

(3) 连接室内、室外电线。将电线穿过墙管引入室内；然后将电线从

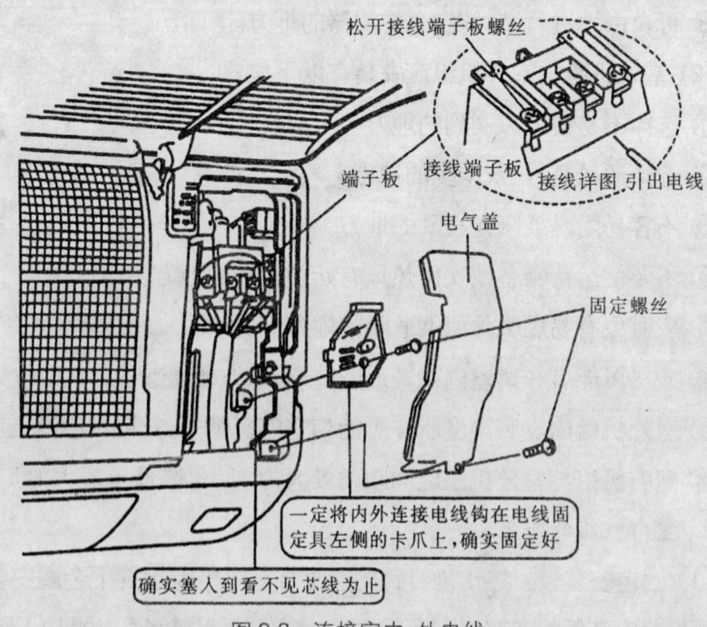

图 9-2　连接室内、外电线

室内机的背后引入，并把电线连接到对应的接线端固定，如图 9-2 所示。最后用螺丝将电气部件盖固定好。连接时需注意：

① 切勿接错电线。

② 接线端子板上的螺丝，必须确实拧紧，不得有松动。

③ 拧紧后，一定要将电线轻轻地拉一下，确认一下是否不脱落。

④ 电气部件盖必须确实固定好。电气部件盖如没有装好，则可能因为灰尘、水分原因而造成火灾或触电危险。

(4) 连接管及排水管的安装，如图 9-3 所示。

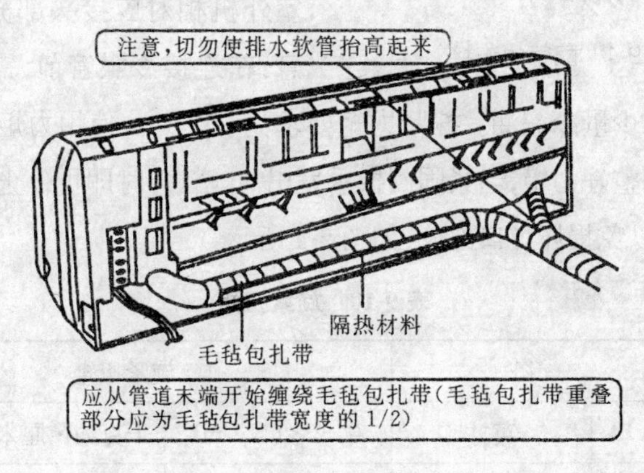

图 9-3 连接管及排水管的安装

① 将排水软管插到排水盘接口处时，一定要确认软管是否确实卡住排水盘的排水软管接插处的突起卡爪，否则可能成为滴露水的原因。

② 一定要将排水软管道配置在冷却剂管道的下方。

③ 不要使排水软管隆起或盘曲。

④ 排水软管须通过室内时，一定要用市售的隔热材料缠绕包扎。

⑤ 用包扎带将排水管和连接管包扎在一起，并在接触到墙面的部分

贴以隔热材料，最好将其收纳在室内机组的管槽内。

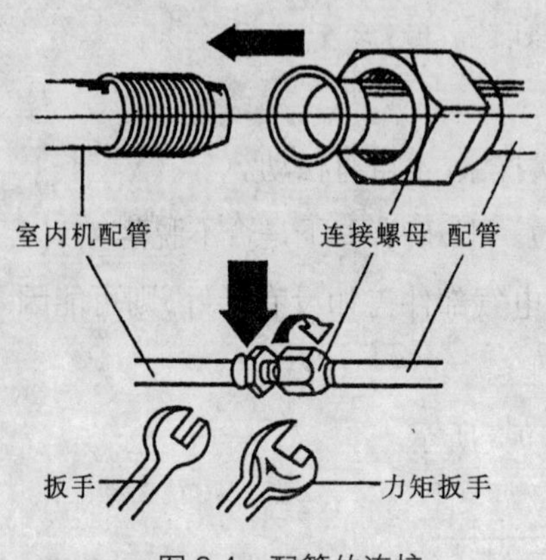

图 9-4　配管的连接

(5) 室内机的固定。引出电源线后，将包扎在一起的室内机管道通过穿墙管伸出到室外。然后将室内机组安装到墙壁安装板上部的两个挂钩上。

(6) 配管的连接。将配管中的粗管和细管的两端分别与室内和室外机相对应接头部分拧紧。注意:在连接冷媒管前，需在喇叭口接头处涂抹少量冷冻油。拧紧力矩要求见表 9-10。使用力矩扳手紧固，应按规定调整好力矩，当紧固到扳手发出"咔嗒"声时即可停止，请注意勿过度扭紧，以免损坏扩口部分，如图 9-4 所示。

表 9-10　旋紧扭矩

管径		旋紧扭矩	
毫米	英寸	牛·米(N·m)	千克力·厘米(kgf·cm)
6.35	1/4	13.7～17.7	140～180
9.52	3/8	34.3～41.2	350～420
12.7	1/2	49.0～56.4	500～575

(7) 配管保温层的包扎。为防止热损失和冷凝水浸湿环境，冷媒管和排水管应用保温材料包扎，保温层的厚度应不小于 8 mm。用管道包扎带将冷媒管、电线、排水管包扎在一起，包扎时应从室外机下部一直包到室内机组处，后一圈应压住前一圈半条带宽。用粘胶带将管道包扎带粘贴固定，以防松脱。但不要将粘胶带缠得过紧，以免影响保温

效果。

3. 室外机组的安装

(1) 将来自室内机组的电线,正确地连接在接线端子板上。为了以后维护需要,连接电线应留有余度。

(2) 然后固定好室外机组的维修板,如图 9-5 所示。维修板一定要固定好,否则将因为灰尘、水分等而成为火灾、触电事故的原因。

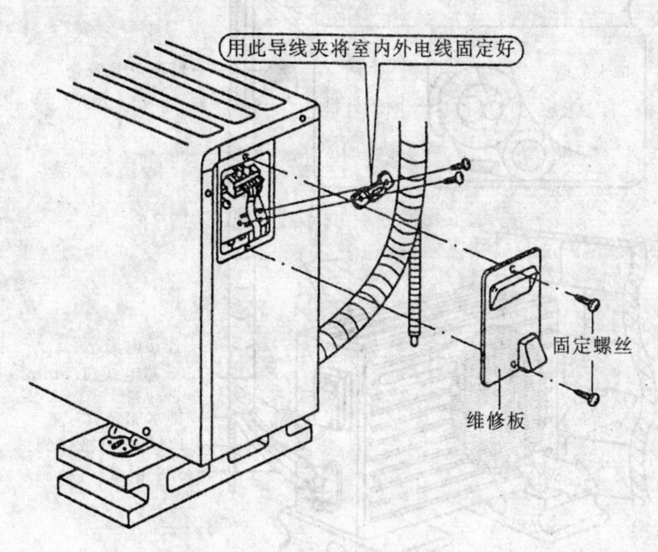

图 9-5 固定维修板

(3) 最后将室外机组固定在支架上或水泥基座上。室外机如果悬挂安装,应制作坚固的支架,做支架的角铁材料应不小于 40 mm×40 mm 的规格。焊接或螺栓的连接要坚固,在高层建筑物上安装室外机组,更要注意安装牢固,否则会造成安全事故或引起噪声和振动。安装好的分体挂壁式空调器如图 9-6 所示。

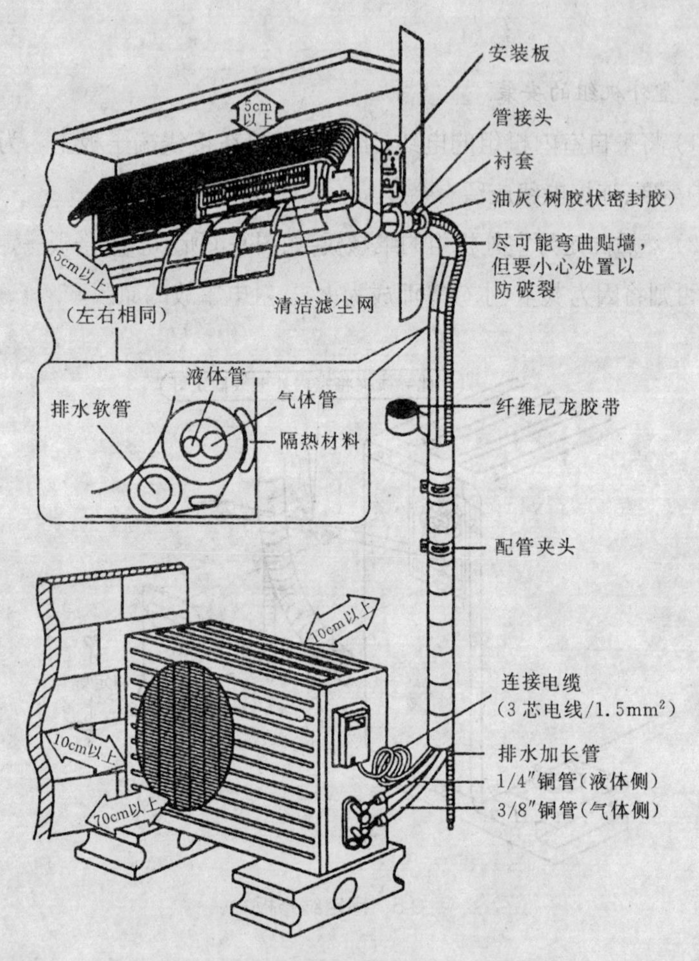

图9-6 安装好的分体挂壁式空调器

9.3 空气加湿器的安装

1. 安装位置

空气加湿器应安放在0.5～1.5 m高的稳固平面上,远离热源和腐蚀性物质,避免阳光照射,并应与家具保持一定的距离。

2. 电源要求

空气加湿器使用220 V电源，由于家用空气加湿器功率较小(一般为几十瓦)，对电源没有特殊的要求，可以安装专用插座，也可以利用家庭的现有插座，但要考虑加湿器与电源插座的距离(电源线的长度)，以便使用。

9.4 空气除湿机的安装

1. 安装位置

(1) 空气除湿机应安放在牢固的地面上，调整好机脚的高度，使之呈水平状态。

(2) 空气除湿机的四周不得有高大的障碍物，以免阻挡空气流通而影响除湿效果。

2. 电源要求

(1) 空气除湿机的电源，应符合铭牌上标注的要求，一般中、小型除湿机为220 V/50 Hz。

(2) 空气除湿机的电源应由专线供电，选用正品的电源插座，并良好接地。

9.5 吊扇的安装

1. 吊扇的安装要求

(1) 连接吊扇的电源线应采用固定式布线安装。

(2) 吊扇的输入电源应装有具备至少3 mm触点开距的可同时切断相线、零线的全极开关。

(3) 吊扇的悬挂机构应牢固可靠，吊钩应能承受十倍扇重，扇头底面离地高度不低于2.3 m，以免伤及人身。使用中切勿撞击扇叶，以确保风扇正常使用。

(4) 安装时,应将吊扇的电源线严格按照电气线路图所示连接到吊扇接线柱上。

(5) 调速开关应固定安置于墙壁上,并按接线图连接,以保证吊扇的安全使用。

2. 吊钩的安装

由于吊扇在运转时,其连杆会有一定幅度的摆动,所以与顶棚之间的安装不能像吊灯那样完全固定,而是要有一定的"自由度"。吊扇连杆顶端均设置一个橡胶或塑料轮,应通过这个轮与顶棚安装装置连接,连接件可采用钢质吊钩。

(1) 吊钩在空心预制板上安装。在需要安装吊钩的空心预制板处打一个 ϕ40 mm 左右的孔。放入 ϕ10 mm、长 100 mm 的钢筋,用自制的吊钩与钢筋连接,如图 9-7a 所示;也可以放入一条长 100 mm、截面为 20 × 5 mm^2 的扁铁,其中心打一个通孔,并套上不小于 M8(应与吊钩配套)的螺纹,同时在孔的上方焊一个 8 mm 的螺帽,最后将吊钩旋在铁板的螺纹孔内,如图 9-7b 所示。

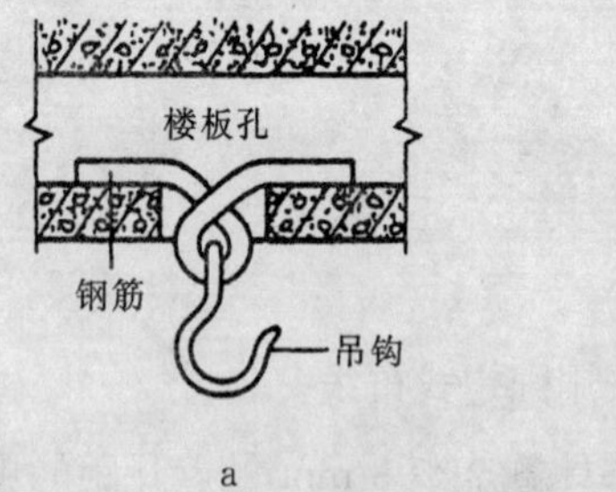

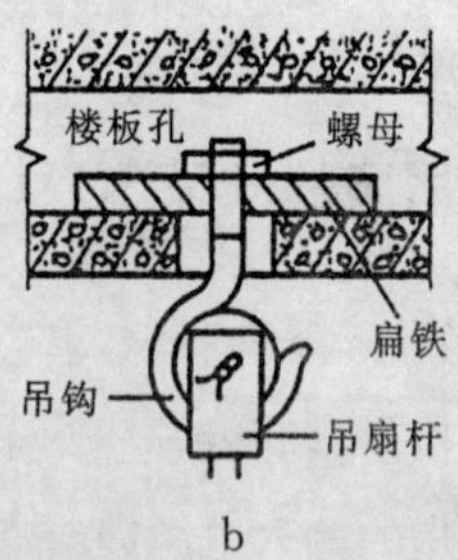

图 9-7 吊钩的安装

(2) 吊钩在预制梁上安装。用 40 mm × 3 mm 规格的扁钢按图 9-8 所示形状先预制好吊钩架。吊钩架的底宽应按梁底宽度制作,架高应按梁高(梁顶至梁底)的 1/2 加 100 mm 制作;安装孔应按梁高 1/2 加

50 mm 加工,吊钩安装孔应钻在架底的中点。吊钩与架底的组合,可用两只螺母加平垫圈和弹簧垫圈来紧固,也可采用焊接固定。吊钩与梁壁的组合,可采用通孔穿入螺栓来固定,也可采用梁壁两侧相对各装一个膨胀螺栓来固定。

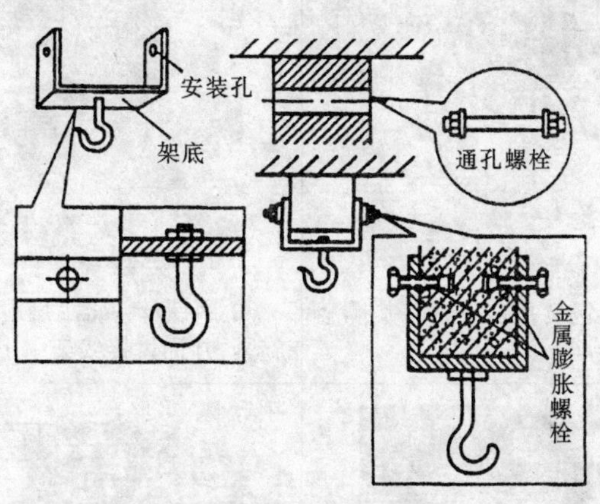

图 9-8　吊钩在梁壁上安装

3. 吊扇的接线

固定好吊钩,安装吊扇前,先将扇头(带吊臂)安装妥当,接好线路,再将扇叶固定在扇头上(扇叶的凹面应向下)。如果先固定扇叶再装扇头不但妨碍安装,而且容易造成扇叶变形。吊扇的接线如图 9-9 所示。

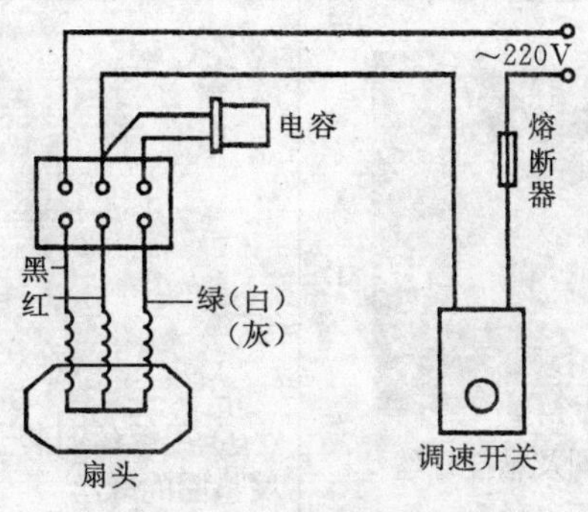

图 9-9　吊扇的接线

4. 吊扇的安装步骤

吊扇的安装步骤如表 9-11 所示。

表 9-11　吊扇的安装步骤

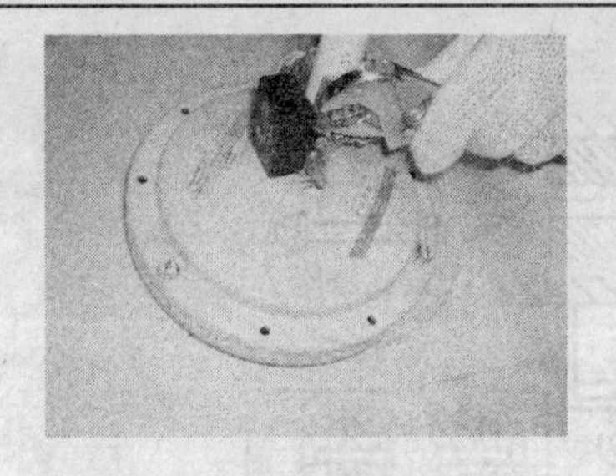 ① 拆开吊扇包装,装上吊杆,并插上防护销钉	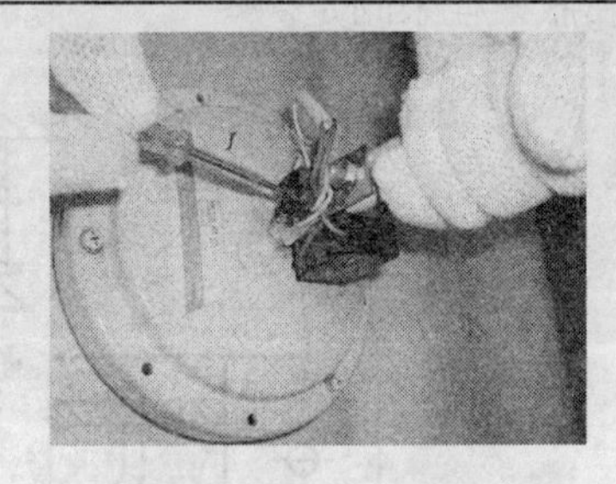 ② 用螺丝刀将吊扇电源线中的一根旋紧,并通过接线架引出去
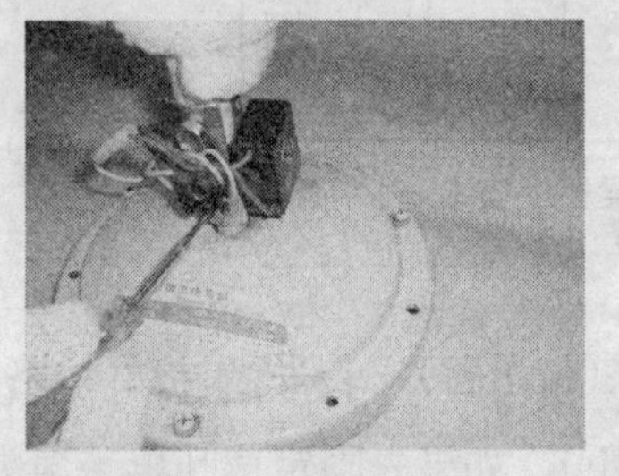 ③ 用螺丝刀将吊扇电源线的另一根旋紧,并通过接线架引出去	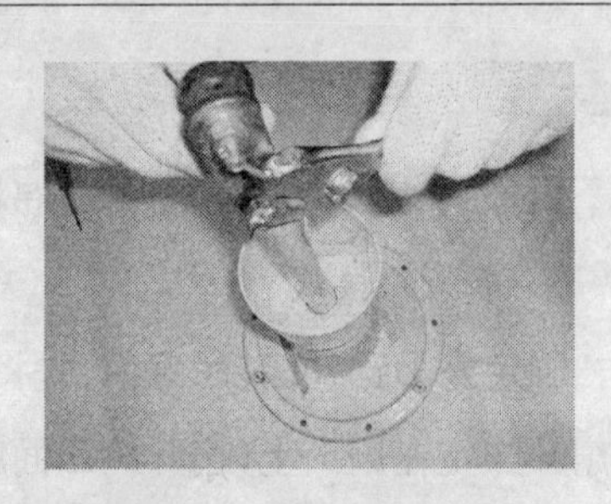 ④ 拧紧吊杆上的固定螺丝
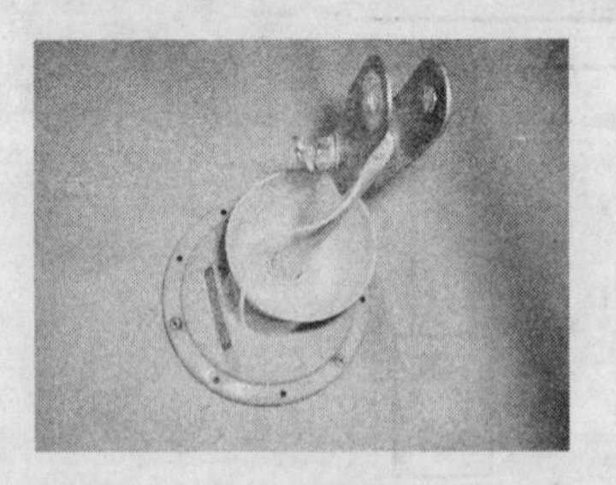 ⑤ 剥掉吊扇橡皮圈及悬挂螺丝	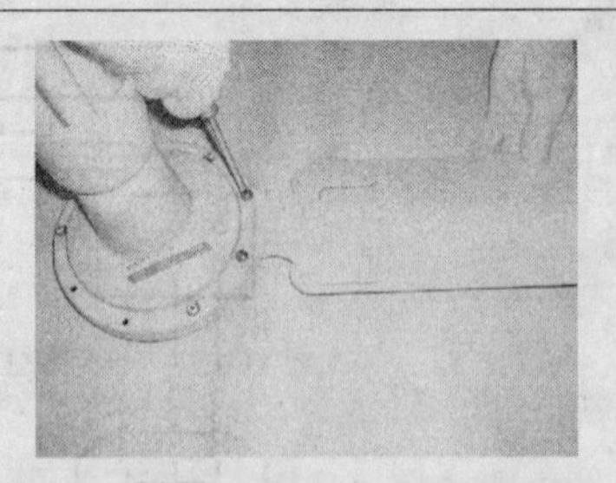 ⑥ 用螺丝刀装上扇叶,并旋紧带弹簧垫圈的螺丝

（续表）

<table>
<tr><td>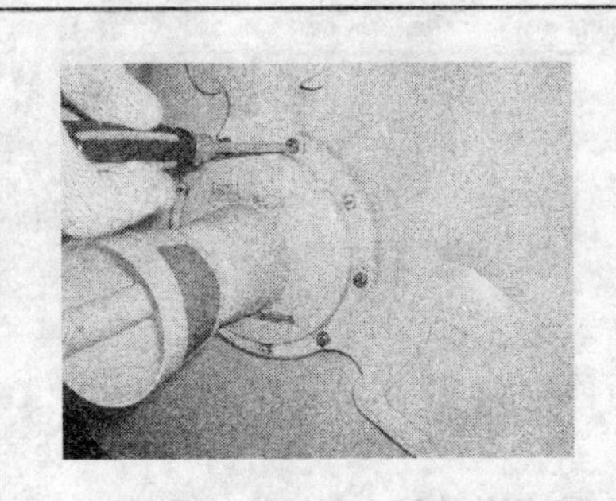
⑦ 用螺丝刀装上另外两片扇叶</td><td>
⑧ 将橡皮圈放置在吊钩上</td></tr>
<tr><td>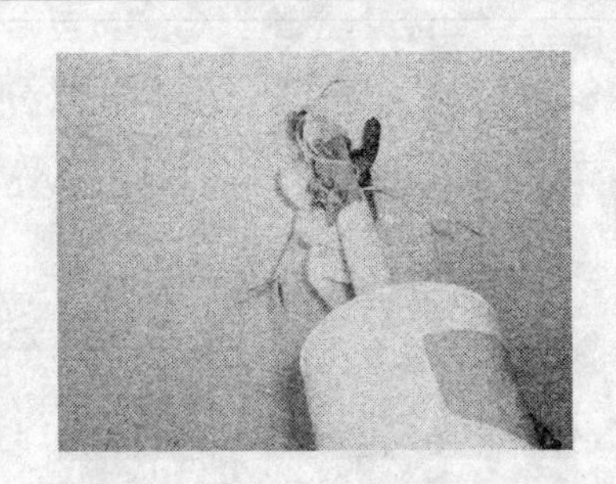
⑨ 挂上吊扇，穿上螺钉，拧紧螺丝</td><td>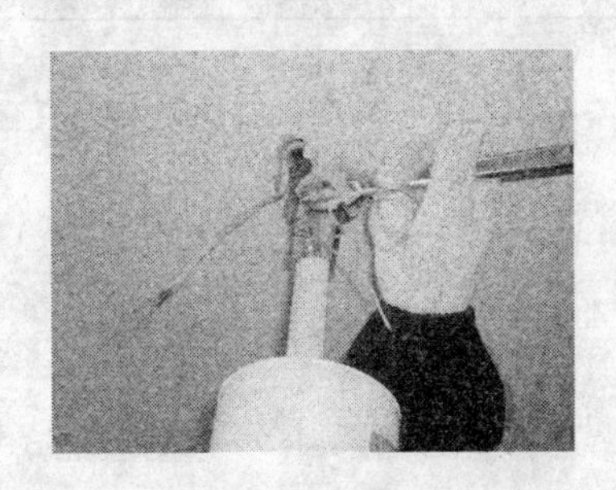
⑩ 用扳手将吊扇悬挂横担螺丝拧紧</td></tr>
<tr><td>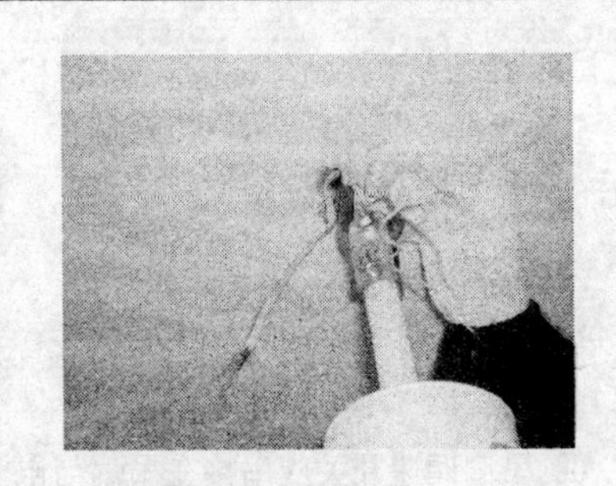
⑪ 装上防护销钉</td><td>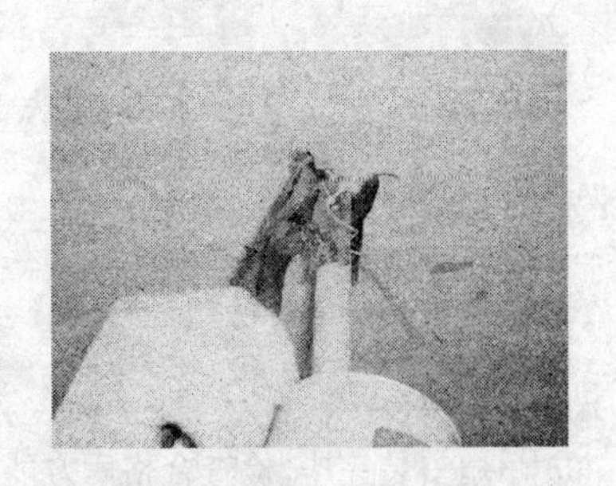
⑫ 用钢丝钳将防护销钉两头分开</td></tr>
</table>

（续表）

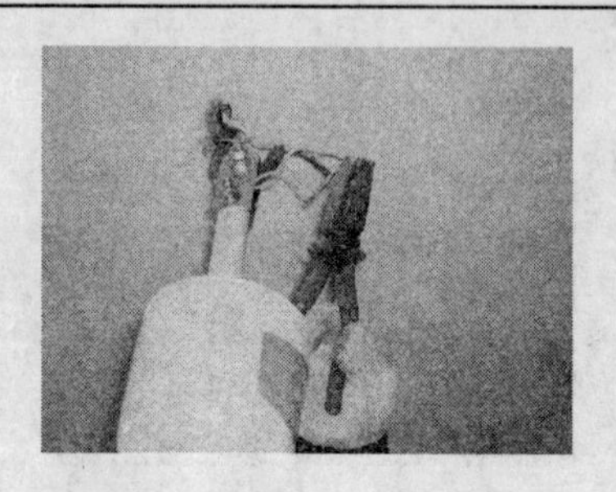 ⑬ 将吊扇引出线与预埋好的电源线相连接	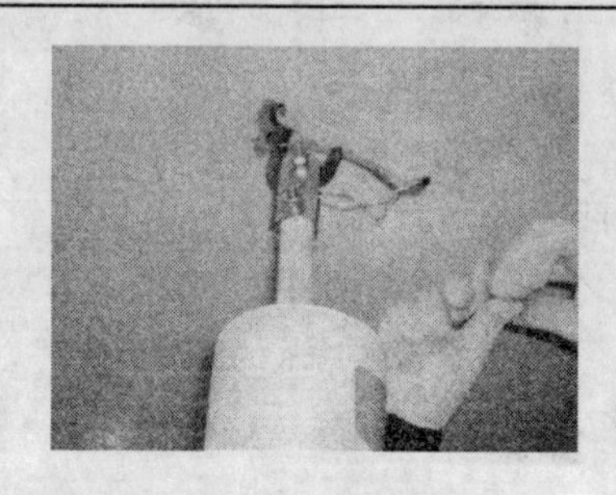 ⑭ 用绝缘胶布将接头包好
 ⑮ 对接线头进行整形	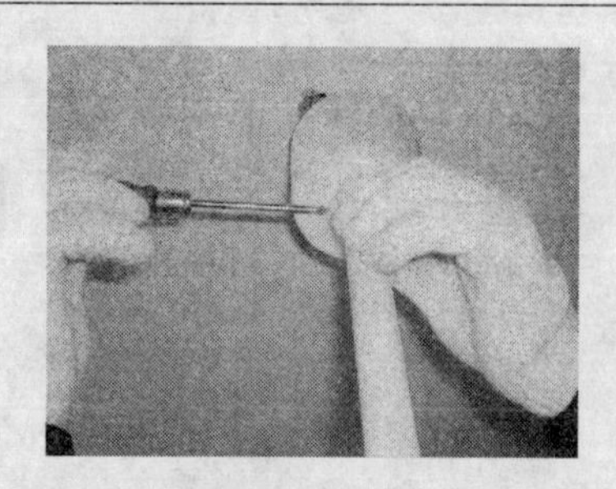 ⑯ 装上吊扇防护罩
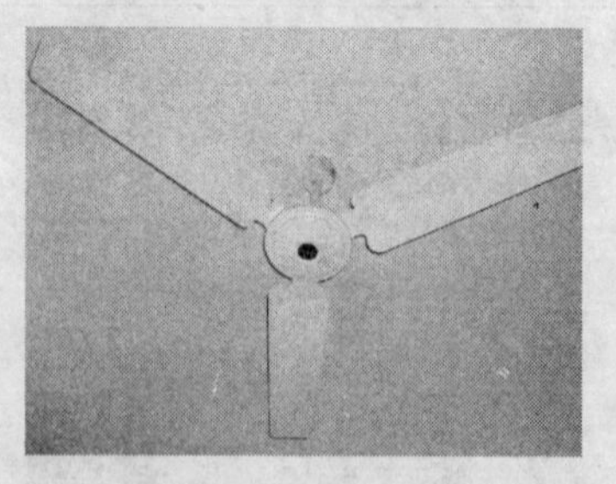 ⑰ 吊扇安装完毕，检查合格后方能通电试运行	 ⑱ 吊扇调速开关应串接在吊扇与电源之间

9.6 换气扇的安装

换气扇既可安装在墙上，也可直接安装在窗户上；既可安装在窗户的中间位置，也可安装在窗户的边角位置。因此，换气扇应根据不同的安装位置及安装方式而采取不同的安装方法。下面仅介绍在墙上及在窗户上安装换气扇的一些方法，供读者参考，在具体安装时，可以灵活应用。

1. 在窗户上安装换气扇

为了在窗户上牢固地安装换气扇，需先做一个内围尺寸与换气扇外围尺寸相同的木框(木框的厚度约为 25 mm)。然后在窗户上割掉或卸下一块尺寸与木框外围尺寸相同的玻璃，以便将木框镶套在窗框上。再取四块厚度约 2 mm、宽度约 20 mm 的扁铁，其长度以稍长于窗框的窗角为准，在扁铁的中心和木框的四角钻上小孔。将木框嵌放在窗框内，校正前后左右位置后，从木框的四个角的小孔内穿入螺栓，再从窗框的外侧套上扁铁以及螺母，使得扁铁卡住窗框角的两边，旋紧螺母把木框紧固在窗框上，如图 9-10a 所示。最后通过换气扇上的安装孔用木螺钉将换气扇拧固在木框上，并装上面板。

2. 在墙上安装换气扇

不管是在砖墙还是在混凝土墙上安装换气扇，都需先在墙上开一个洞，洞内嵌放一个预制的木框。木框的内围尺寸与换气扇框架尺寸相同，木框厚度约 25 mm。把木框嵌入洞内固定好后，四周用水泥砂浆封好。水泥凝固干燥后，即可将换气扇安装在木框上。安装时，通过换气扇框架上的安装孔用螺钉将换气扇拧固在木框上。最后装上面板。如图 9-10b 所示。

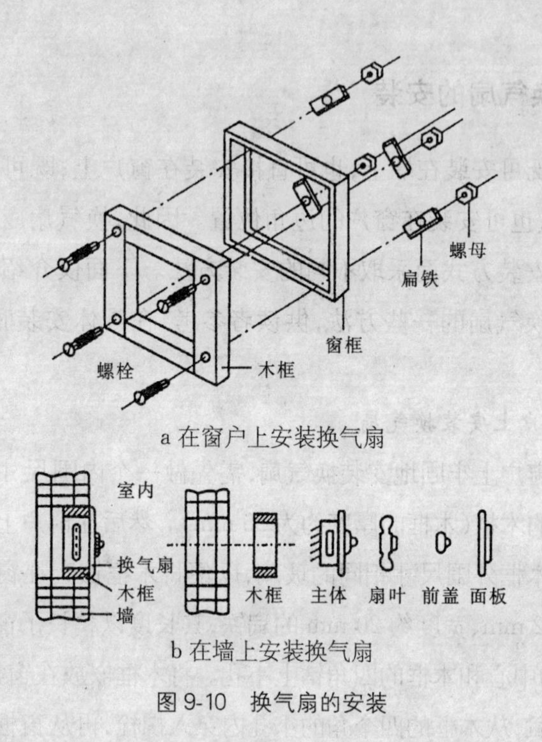

a 在窗户上安装换气扇

b 在墙上安装换气扇

图 9-10　换气扇的安装

9.7　电话机出线插座的安装

1. 电话机出线插座的安装位置

电话机出线插座的安装位置应考虑下列几点：

(1) 方便连接电话机。电话机出线插座应设置在用户能方便连接电话机的位置，如办公桌旁、床头柜边、沙发旁等。

(2) 振铃声、通话声要听得清。电话机出线插座（即放置电话机）的位置，应是室内所有地点都能听到电话铃声的位置。另外，为了使通话时双方都能听清说话，电话机应避开电视机、音响、电冰箱、洗衣机等响声较大的地方。

(3) 使用安全。电话机安装位置要避开热源、直射阳光、厨房的油烟及热气、浴室或其他地方的潮气等，以免外壳褪色或变形；要避开冲击、震动较大的地方，以及不稳定、有摔下危险的地方，以免震坏、摔坏机件；要避开灰尘较多的地方，以免电话机机内进入灰尘，引起故障或缩短使用寿命；要避开电视机、音响及其他电子设备，以防相互干扰。

(4) 出线盒的安装高度，应从安全、美观方面来考虑，一般底边离地面 20～30 cm 为宜。

2. 电话机出线插座的连接

对明敷电话线路，常用圆形或长方形电话接线盒与电话线路入口连接，然后再通过线绳连接到电话机上。对暗敷入户的电话线路，现在比较流行使用 86 系列的电话机出线暗插座，插座内有 4 个接线端子，供电话机插座与分线盒连接。对于普通电话机只需将两根电话入户线接到插座中间的 3、4 两个接线端子上(粉红色和蓝色)，其余两个接线端空着不接，如图 9-11 所示。然后，再通过线绳连接到电话机的 616 K 标准插座上。对于多功能电话机或数字电话机则要从分线盒引出 4 根线，分别接到插座的 4 个接线端，再通过四芯组合线连接到电话机上。

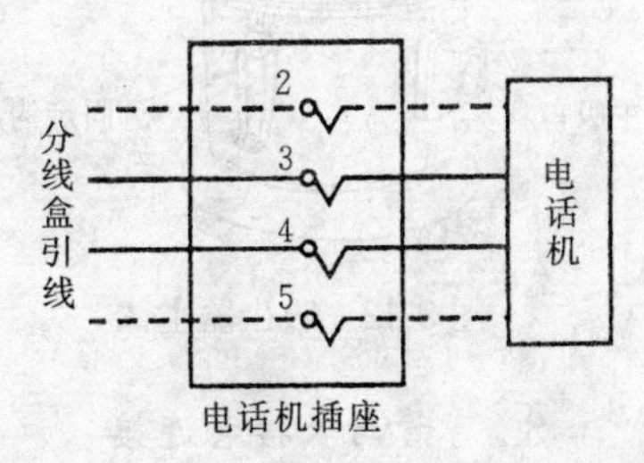

图 9-11　电话机出线暗插座的连接

9.8　吸尘器的拆装

1. 吸尘器主体的拆装

(1) 拆卸

将两侧固定钩扳出，即可将主机取下。

(2) 安装

将吸尘器主机安装在桶体上，将两侧的固定钩卡到主机的卡槽内，压下即可。

注意:主机的附件架应该与桶体的主吸口处于相反方向(见图 9-12)。

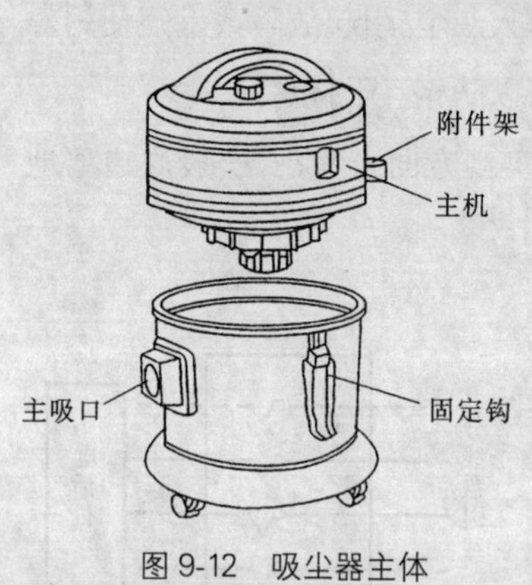

图 9-12　吸尘器主体

2. 软管与吸尘器的拆装

(1) 拆卸

先握住软管接头向左旋转,然后向外拔出即可。

(2) 安装

将软管接头对准吸尘器进风口插入向右旋转直至其锁住为止。吹风时,打开出风网板,将软管接头与出风口连接即可。

3. 弯管与长接管连接

将长接管管径较大的一端接到弯管上,然后相反用力加以转动以连接牢固。

4. 长接管与地刷管连接

将长接管管径较细的一端插入地刷管内,然后用力插紧并加以转动以使连接牢固。

5. 集尘桶的拆装

(1) 拆卸

将两侧固定钩扳出,将主机取下,从主机上取下进风过滤片,依次将集尘桶内喇叭罩、栅板、弓形管等部件取出即可(见图 9-13)。

(2) 安装

按拆卸相反顺序将各部件安装到位即可。

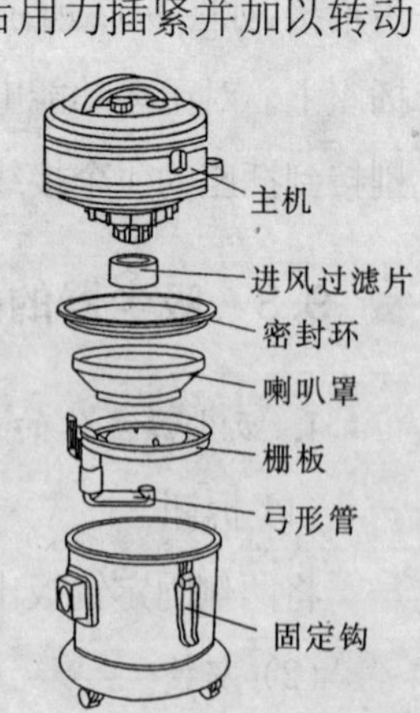

图 9-13　集尘桶分解图

注意:安装时,要将喇叭罩的定位孔对准栅板上的定位销,并安装到位。

■ 9.9 吸油烟机的安装

吸油烟机安装的是否正确,对使用性能有很大的影响。下面介绍吸油烟机的正确安装方法。

(1) 吸油烟机下沿与煤气灶面之间距离为 65～80 cm 为宜。距离太小不利于炊事者的操作,太大则不利于充分发挥吸油烟机的功能。

(2) 在未安装之前,应先检查吸油烟机的性能。将它水平放置在台面上,接上电源,按下各功能键。照明灯亮,左右电机转动正常,才可以进行安装。

(3) 将吸油烟机左右进风口正对炉灶,使进风口距离炊具 65～80 cm。在安装墙面上记下吸油烟机两个挂耳的位置,用冲击电钻在固定挂耳的墙上钻两个水平钻孔,直径为 8 mm,深约 30 mm。将直径 8 mm 的膨胀螺栓打入安装孔内。

(4) 拧松机体两侧挂耳的螺钉,向上拉出挂耳后再将螺钉拧紧。

(5) 把吸油烟机的挂耳挂入膨胀螺栓,将圆垫圈、弹簧垫圈、螺母依次套入螺栓,将吸油烟机左右端调校至水平状态,并且使吸油烟机工作面与水平面成 3°～5°的仰角,以利污油流入集油盒,最后用扳手将螺母拧紧,如图 9-14 所示。

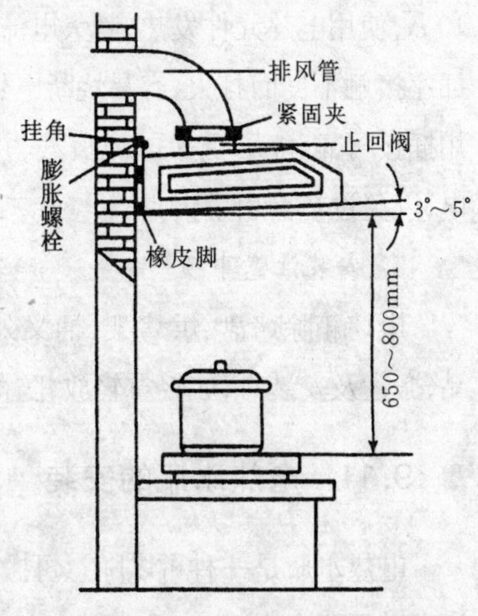

图 9-14　吸油烟机的安装示意图

(6) 将出风口接上排烟管通出

屋外。为了能将油烟畅通排出,要求排烟管弯头越少越好,且排烟管不宜过长,接头应密封不漏气。

(7) 将两个集油盒分别插入吸油烟机左右集油盒安装孔内。

(8) 吸油烟机安装好后确认牢固就可以投入正常使用。

9.10 电烤箱的安装

1. 安装位置

(1) 电烤箱是用来烹饪食物的厨用电器,因此应安装在厨房或餐厅的台板上。安装时,注意调整四个脚的高度,使箱体平稳。

(2) 电烤箱一定要安放在通风良好的地方,不要紧靠墙体,以便于散热。

(3) 电烤箱不要放在靠近水源的地方,因为电烤箱工作时整体温度都很高,如果碰到水会因温差太大而导致烤箱损坏。

2. 电源的安装

电烤箱属于大功率电器,一般功率为500～2 000 W,工作电流在4～10 A,使用电热元件发热,其大电流电热元件需要可靠供电。如果插头与插座接触不良而打火,容易烧断电热元件或引起火灾。因此,电烤箱应选用插接可靠、能承受大电流负载、并有可靠的过载保护的高质量插座供电,以免过热而引发火灾。

3. 安装注意事项

电烤箱除烤盘、烘烤架、柄叉外,其余是一个整体,且箱门为玻璃制品,搬运及安装时,应轻拿轻放,防止碰撞,避免造成损坏。

9.11 电热水瓶的安装

电热水瓶是一种可以随意可搬动的小家电,其安装非常方便,但也要注意以下两个方面:一是确保安全;二是要方便使用。

1. 安装位置

电热水瓶一般安装在客厅或餐厅内，并应安放在一个牢固的平台上。

2. 电源要求

① 电热水瓶应使用专用插座，不能与其他电气设备共用一个插座，而且插座必须固定在墙上，以确保安全。

② 电源插头、插座、电源线的容量应选择适当。功率在 2 000 W 以下的应选用 10 A 规格的插座；如果功率超过 2 200 W，插座的规格还应更大一些。

③ 电热水瓶的插头通常带有接地极，应与带接地插口的插座连接。

④ 电热水瓶的金属外壳应可靠接地。

9.12 洗碗机的安装

洗碗机是用来自动清洗碗、筷、碟等餐具的设备，在现代家庭厨房中被广泛使用。洗碗机应摆放在厨房中靠近电源，避免太阳直射的台面上。其机体的侧面或后面可以靠橱柜或墙壁，进水管和排水管可根据安装的需要置于右侧或左侧。同时还应考虑靠近自来水龙头及下水道，以便于进水及排污。

1. 主机的安装

不同型号的洗碗机安装要求不一样。独立式洗碗机的安装如图 9-15 所示，将机器安装在平稳台面上，排水管的高度应保证在 40～100 cm 之间，安放后，调节底脚的调节螺钉，使洗碗机保持水平，以确保洗碗机的正常使用。

2. 进水管的连接

① 用于洗碗机的进水压力应为 $3\times10^{4}\sim6\times10^{5}$ Pa。

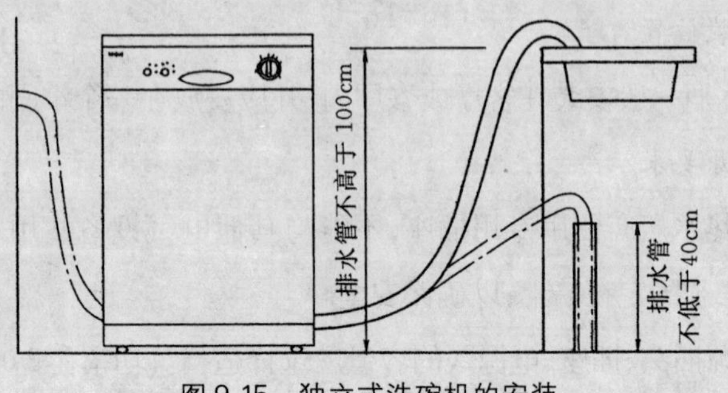

图 9-15　独立式洗碗机的安装

② 按照如图 9-16 所示，先在自来水管上接上进水管，与相适应的水阀接头连接牢靠。

③ 打开水阀，确认不漏水即可。

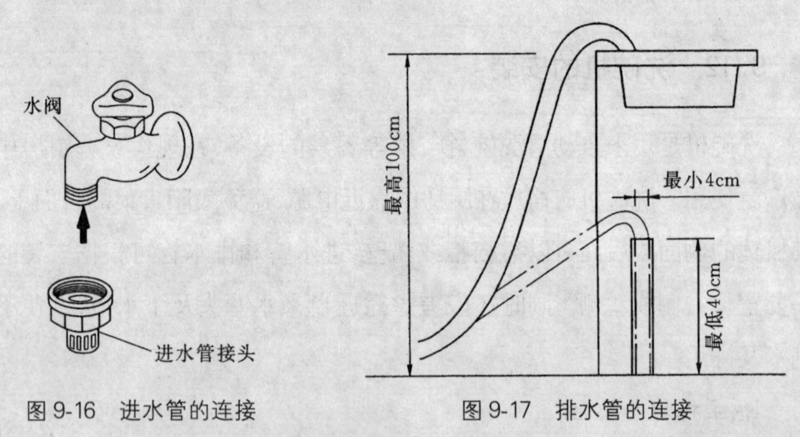

图 9-16　进水管的连接　　　　图 9-17　排水管的连接

3. 排水管的连接

按照如图 9-17 所示安装连接排水管。

① 将排水软管安装在排水管上或挂在水池上，管子的终端放置高度应在 40～100 cm 之间，下水管的端口应高于自本端口起到下水管汇入主下水管连接口之间的任何部分，以防止污水在管内滞留。

② 排水管不可浸入下水管内的水面,以防止废水倒流。

③ 检查排水管有无凹瘪或折弯。

4. 电源的安装

① 根据洗碗机的位置安装专用电源插座,并注意接地。

② 检查电源电压和频率是否与机器铭牌上规定的相一致,然后将电源插入电源插座中,试运转。

9.13 消毒柜的安装

消毒柜的安装方式通常有三种。

1. 平放安装

平放安装即将消毒柜平放在台板或桌面上,安装时应达到如下要求:

① 消毒柜必须放置平稳。

② 消毒柜的电源线与电源插座的距离必须适当。

③ 消毒柜应远离热源及煤气等易燃物品,并避免潮湿。

2. 壁挂式安装

壁挂式安装是将消毒柜挂在墙壁上。安装时,应达到如下要求:

① 安装的墙体必须坚实、牢固。

② 首先定好支架的位置,再使用冲击钻在墙上打孔,用膨胀螺钉将支承架固定,然后再将支承块套入支承架上。

③ 检查确认支承架无松动。

3. 嵌入式安装

嵌入式安装是将消毒柜安装在厨房装修时已预留的位置内。安装时,应根据厨房的整体设计,达到以下要求:

① 将消毒柜平稳放入预留的位置,不得倾斜。

② 电源插座与消毒柜的距离应控制在 2 m 以内。

③ 在与其他电器(器件)组合时,应注意给消毒柜留有通风孔,以确保空气流通良好。

9.14 浴霸的安装

1. 吸顶式浴霸的安装

(1) 安装前的准备工作

① 通风孔应开在吊顶上方略低于浴霸离心通风机罩壳的位置,以防止通风管内的结露水流入浴霸内。通风孔为圆形,可采用专用于安装管道的打孔机。操作时,先在墙壁上确定通风孔的位置尽量避免损坏墙体。

② 安装通风窗。取出通风管,将通风窗套在通风管的一端,将通风管的另一端从墙壁外沿通气窗固定在外墙出风口处,并用水泥砂浆将通风管与通风孔的间隙填满,使其密封。

③ 确定浴霸安装位置。浴霸应安装在吊顶的中央或略靠近浴缸或沐浴的位置。如果是先装修而后安装浴霸,在安装时还应确认天花板的强度。安装完毕后,灯泡离地面的高度应为 2.2 m 左右,最小不得少于 2.1 m,以确保安全和使用效果。

如果浴室没有装修,应在安装浴霸前对浴室吊顶,方法如下:

先用铅笔在四周的墙上画线确定吊顶位置,吊顶与房屋顶部形成的夹层空间高度应不少于 200 mm,并四周保持平行。然后使用 30 mm×40 mm 的木条作龙骨,并在浴霸的安装位置留出空位,再铺设天花板。天花板铺完后,再按照浴霸的实标尺寸在吊顶上割出相应的方孔,准备安装。

(2) 安装浴霸箱体

① 取下面罩。取下所有的灯泡,将弹簧从面罩的环上脱开并取下面罩。

注意:在拧下灯泡时,手势要平稳,不得用力过猛。灯泡取下后应放到柔软的布上,防止损坏。

② 接线。接线应按照产品说明书的接线图进行。打开箱体上的接线柱罩,按接线图及接线柱上的标志进行连接,接好后盖上接线柱罩,用螺钉将接线柱罩盖固定,然后将多余的电线塞进吊顶。

③ 连接通风管。把通风管伸进室内的一端拉出套在离心风机的出风口上。

注意:通风管的走向应保持笔直,防止弯曲而导致出风受阻。

④ 将浴霸的箱体推进孔内。按照出风口的位置,将浴霸箱体推进天花板的预留孔中。检查确认电线不与箱体碰触后,用四颗 20 mm×4 mm 的木螺钉将箱体固定在吊顶的龙骨上。

(3) 装配浴霸

① 安装面罩。将面板的定位脚与箱体定位槽对准后插入,再将弹簧安装在面板对应的挂环上。

② 安装灯泡。将灯泡依次装上,安装时应用力均匀,使灯泡与灯座接触良好。

(4) 安装开关

将开关固定在墙上,以防止使用时电源线承受拉力。但开关的位置必须适当,应方便使用并防止进水。

2. 壁挂式浴霸的安装

(1) 安装位置的确定

壁挂式浴霸的安装位置应根据淋浴的水龙头位置来确定,一般安装在与浴室进门对面的墙体上。

(2) 安装机体

先用冲击钻在墙上打安装孔,用塑料膨胀管与自动螺钉将挂钩牢固地固定在墙壁上。然后根据产品的规格在膨胀管下方用同样的方法安装限位螺钉,螺钉头凸出墙面 5 mm。然后将浴霸挂到挂钩上,将凸出墙面的限位螺钉插入支座底板的圆孔中。

(3) 连接线路

将浴霸与电源连接,并将开关固定在适当的位置。

3. 浴霸安装应注意的事项

浴霸安装是否规范与日后能否安全使用有着直接的关系,而安装位置的选择、安装稳定性和连接线的安全性是浴霸安装中最重要的三个主要问题。

(1) 正确选择安装位置

浴霸吸顶式和壁挂式两种,一般安装在洗澡间或卫生间。在安装时,应根据浴室的空间大小、室内布置情况选择安装位置。

① 吸顶式浴霸安装位置的选择。吸顶式浴霸应安装在浴室或卫生间的顶部中心,离地面的高度为 2.2 m,最少不得少于 2.1 m。很多家庭将其安装在浴缸或淋浴位置上方,从表面上看来冬天升温很快,但却存在安全隐患。因为红外线辐射灯升温快,离得太近容易灼伤人体。因此,正确的安装方法应将浴霸安装在浴室或卫生间顶部的中心位置或略靠近浴缸的位置,这样既能保证安全又能最大程度地发挥功能。

② 壁挂式浴霸安装位置的选择。壁挂式浴霸应安装在靠近浴缸或淋浴方向的墙壁上,浴霸离地面的高度应为 2 m 左右,最少不得少于 1.9 m。

浴霸在安装时,应远离窗帘和其他可燃物。

(2) 稳定性要求

浴霸具有一定的重量,在安装时,必须注意充分计算,以保证其安装的稳定性。

对于吸顶式浴霸,应考虑浴室的顶棚支架能否承载浴霸自身以及线路的重力。如果先吊顶而后安装浴霸,可重新在顶棚内增加两根横梁,保证浴霸安装得稳定牢靠。

对于壁挂式浴霸,则需在墙上打孔,用膨胀螺钉固定,但必须注意,墙体一定要坚固,膨胀螺钉一定要上紧,并用水泥砂浆将孔眼封好。

(3) 连接线路要求

连接浴霸的线路布置应规范,浴霸电源配线应使用铜芯线,能承载功率应在 1 100 W 以上。此外,所有配线都要用塑料管套好镶在墙内,绝不允许有明线设置,浴霸电源控制开关必须是带防水功能容量为 10 A 以上的合格产品,防止漏电,发生火灾或人员触电事故。

9.15 电热水器的安装

1. 储水式电热水器的安装

储水式电热水器的产品型号较多,安装的基本方法大同小异,现以海尔 FCD-HY50 型电热水器为例,介绍其安装步骤。

(1) 确定安装位置。电热水器采用挂墙安装。安装前应确认安装的墙壁应坚固牢靠,能承受 2 倍加满水后热水器的重量。然后按照图 9-18 所示尺寸用冲击钻在墙上钻四个 ϕ12 mm、深为 65 mm 的孔。

(2) 安装热水器主体。将膨胀螺栓、膨胀挂钩插入对应的墙孔内,固定好,然后将热水器抬起,将挂墙架套在挂钩及螺栓上,将垫片、热水器背面连线及螺母依次安装到螺栓上,如图 9-19 所示。然后拧紧螺母,检查是否安装牢固。

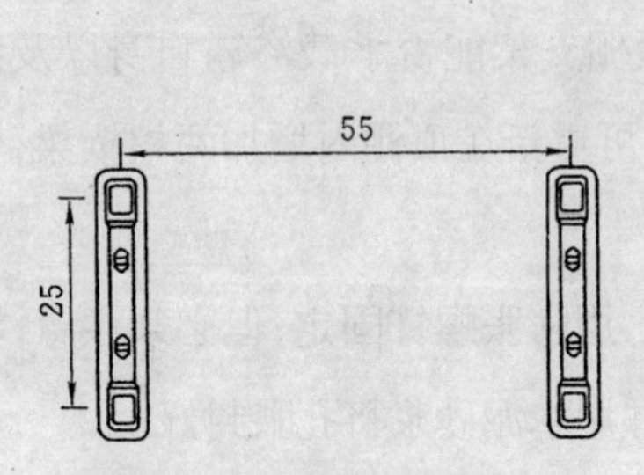

图 9-18　用冲击钻在墙上钻四个 ϕ12 mm、深为 65 mm 的孔

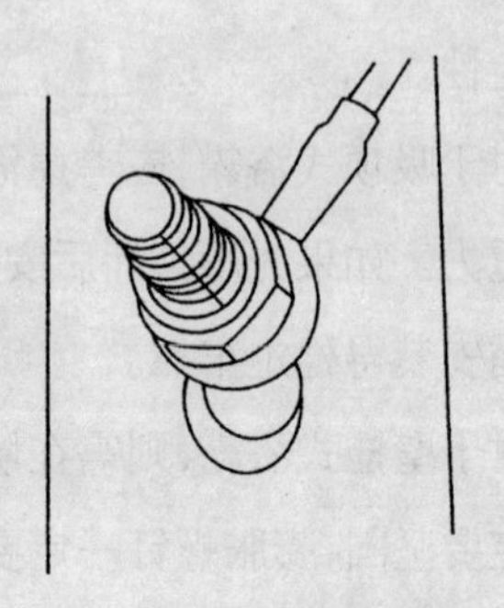

图 9-19　将垫片、热水器背面连线及螺母依次安装到螺栓上

(3) 安装阀门及管件。按照图 9-20 所示，将安全阀、混合阀、淋浴喷头、软管等附件安装到位。安装时，注意加生料带，防止漏水。

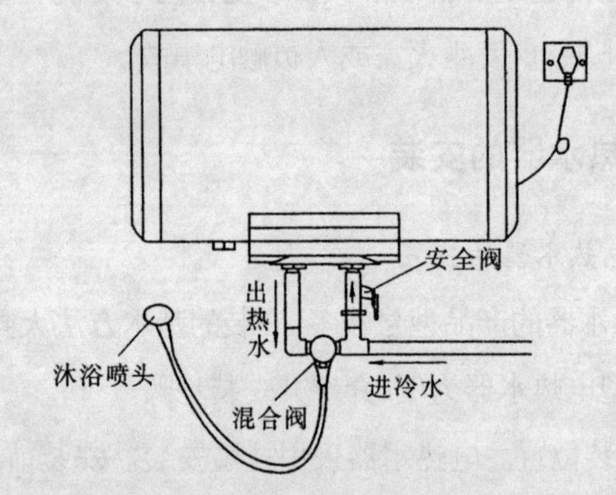

图 9-20　将安全阀、混合阀、淋浴喷头、软管等附件安装到位

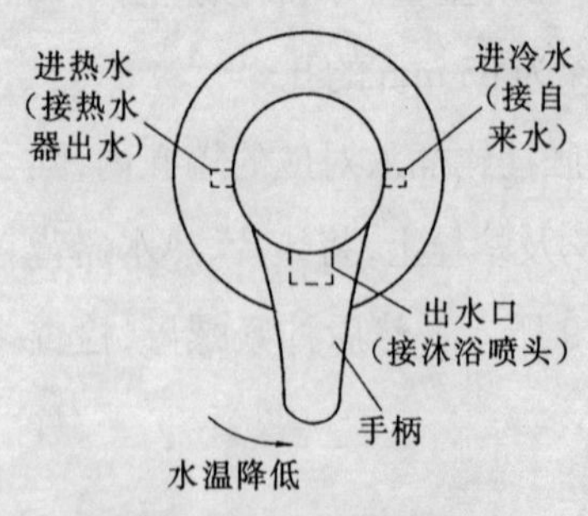

图 9-21　混合阀的连接方法

① 混合阀的连接方法。使用随机附件的三个木螺钉将阀体固定在墙上，然后将混合阀的进冷水口和进热水口的螺母内加上胶垫，旋上紧固件；采用配套的六角扳手通过螺钉将把手固定在阀体上，塞上红、蓝指示塞，如图 9-21

所示。

上下扳动手柄可调节出水流量大小,即向上扳动角度越大,出水量越大,反之越小。左右扳动手柄为调节水温,即手柄自左向右慢慢旋转,水温逐渐降低直至全部为冷水,反之为热水。

② 安全阀的连接方法。安装安全阀时应注意上下位置,如图 9-22 所示,上端与热水器相连接,下端与冷水管相连接,安全阀的泄压孔应保持与大气相通,切勿堵塞。热水器通电加热时,泄压孔会有少量滴水流出,这是因机内水受热膨胀所致,属正常现象。

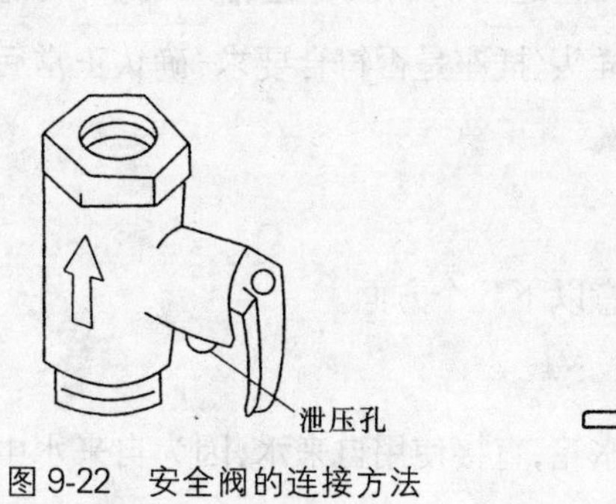

图 9-22 安全阀的连接方法

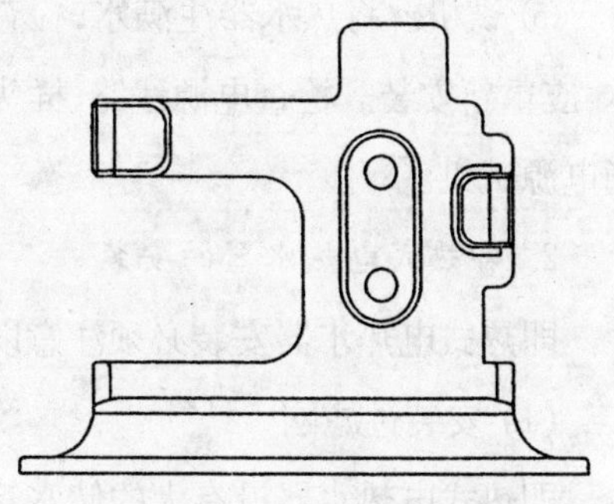
图 9-23 安装遥控器支架

③ 淋浴喷头支座的安装。选择合适的位置将淋浴喷头支座固定在墙上,将淋浴喷头、软管连接到管路中。

④ 安装遥控器支架。用随机附件中相应的螺钉将遥控器支架固定到墙上的合适位置,如图 9-23 所示,将遥控器插入支架内即可。

遥控器面板上有“冬/夏”、“开/关”、“调温”、“定时”等四个按键,如图 9-24 所示。其中,“冬/夏”用于冬、夏模式的选择;“开/关”用于开机或关机的选择;“定时”用于加热时间的选择;“调温”用于温度的调节。

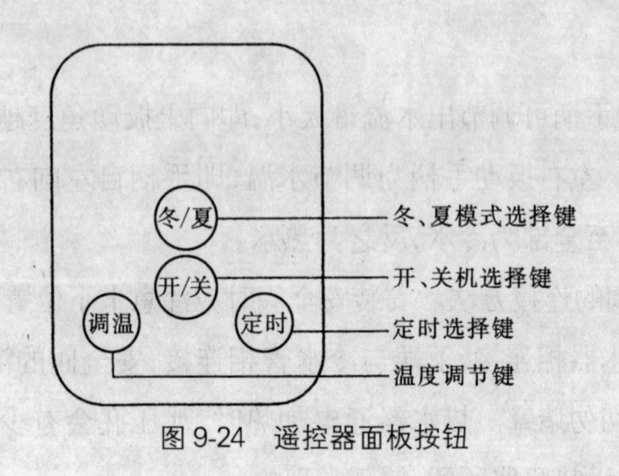

图 9-24 遥控器面板按钮

⑤ 试机。将热水器注满水,检查连接阀门及管道有无漏水;若有漏水,应重新安装。检查电源线路、插头、插座是否符合要求,确认正常后接通电源试机。

2. 即热式电热水器的安装

即热式电热水器安装必须注意以下几个方面。

(1) 安装过滤网

即热式电热水器没有大的储水箱,直接使用自来水,因为自来水中有少量的杂物,如果杂物堵塞淋浴喷头,会使出水量越来越小,若杂物将浮磁卡住,还会造成无法加热。因此,必须在进水口处安装过滤网,并定期对过滤网进行清洗,以保证正常使用。

(2) 检查“浮磁”位置

即热式电热水器在浮磁实际就是水电联动开关,打开水阀自动加热,关闭水阀即停止加热。安装时,必须使“浮磁”处于自由活动状态,才能正常工作。

(3) 不安装混水阀

即热式电热水器的功率大,可以通过控制功率来控制热水的温度,使用时,直接开机到热水端,无需混入冷水,因此不需要安装混水阀。

(4) 使用厂家配置的淋浴喷头

即热式电热水器必须使用厂家配置的淋浴喷头,因为这种淋浴喷头可以在热水器正常工作的情况下,调节水的流量或增加挡位提升水温,使用方便。

9.16 燃气热水器的安装

1. 燃气热水器安装的一般要求

不管是哪种形式的燃气式热水器,在安装时,都应满足以下要求。

(1) 安装位置

燃气热水器的安装位置应保证管路连接和维修的方便。

(2) 安装高度

燃气热水器安装高度一般为 1.6 m 左右。

(3) 管件质量

燃气热水器的供气、供水管最好使用耐油管,供水管应选用耐压管,软管的长度不超过 2 m,软管与接头应用卡箍卡紧,不得有漏气、漏水现象。

(4) 防水要求

燃气热水器的上部不允许有电气设备、电力明线和易燃易爆物质。热水器与电气设备、燃气表、燃气灶等火源的水平净距离应在 0.5 m 以上。

2. 直排式燃气热水器的安装

直排式燃气热水器产生的烟、气直接排放在室内,再依靠排风设备将废气排出室外。如果排风不好,一旦空气不足,燃气燃烧不完全,生成大量的一氧化碳,极易造成煤气中毒事故。因此,在安装时,要格外小心。

(1) 安全位置的选择

直排式燃气热水器不能安装在洗澡间之内,而应安装在厨房与洗澡间之间的过道中或厨房内,以保证使用安全。

(2) 管路连接方法

安装直排式燃气热水器时,可在洗澡间内加装一个冷水阀门,通过调整该阀门,使进入热水器的冷水增加或减少,就可以调整用水温度的高低,不但使用方便,而且避免了危险。

(3) 排烟口距离要求

直排式燃气热水器的排烟口与房间顶棚间的距离不得小于 6 cm。

3. 平衡式燃气热水器的安装

平衡式燃气热水器燃烧所需的助燃空气直接取自室内,燃烧产生的烟气则直接排到室外。其具体安装方法如下:

(1) 安装位置的选择

平衡式燃气热水器可以直接安装在洗澡间内,只要安装位置的外墙无障碍,室内不影响美观和使用即可。

(2) 安装操作方法

在外墙上打一个稍大于进、排气管的孔洞,装上进、排气管,然后用水泥、砂浆将进孔洞与进、排气管之间的间隙塞满,防止废气倒灌。

用冲击钻在墙上打一个孔(孔的规格与附件中的膨胀螺栓相符),用膨胀螺钉将热水器固定于墙面上,装好密封垫圈,再盖好上盖即可。

(3) 对洗澡间的要求

安装平衡式燃气热水器的洗澡间的面积应大于 4 m^2,高度应不小于 2 m,且洗澡间上部应装有排气扇或排气百叶窗,门与地面之间应留有 20 mm的间隙,以便于空气流通。

9.17 太阳能热水器的安装

1. 安装太阳能热水器的一般要求

太阳能热水器由于体积大,且安装在屋顶上,因此必须正确安装才能确保其使用安全和技术性能的发挥。

(1) 安装位置必须正确

太阳能热水器应安放在朝正南偏西 10°左右的位置上,且排列整齐,以最大限度地吸收热量。

(2) 支架固定必须牢靠

太阳能热水器的支架必须固定牢靠,应能经得起当地最大风力,必要时,除利用水泥板块固定支架的铁鞋外,还可以使用膨胀螺钉挂钩,将支架固定牢靠。

(3) 储水箱与支架必须平衡

储水箱设置在支架的上部,与真空集热管相连,安装时,先将水箱下部的连接螺钉插入支架上的桶托长孔内,调整连接螺钉在长孔内的位置,使水箱与支架保持平衡。

(4) 吸热器件安装必须符合要求

尾座、尾架、真空管尾端必须贴紧,不能松动。

(5) 前后支脚必须保持水平

热水器的前后支脚必须穿上铁鞋,并使整个支脚保持水平。

(6) 保温软管必须处理科学、合理

① 保温管路的切割角度应准确,拐弯必须严密无缝;

② 保温管必须用胶纸缠绕,不得裸露;

③ 缠绕保护带必须严密平整;

④ 超过 1 m 以上的保温管必须附上支撑物,使之挺直。

(7) 室内管阀必须安装规范

室内管阀必须安装规范,配件结合处不能缠绕太多生胶带,生胶带缠绕应平整,不影响美观。

(8) 室内控制件必须安装合理

球阀扳柄要顺手,配件组合应合理,便于使用且美观。

2. 安装太阳能热水器的一般程序

太阳能热水器的整机结构如图 9-25 所示，保温桶下方有四个孔，分别是下排气孔、进出水孔、辅助电源加热孔、工程连接孔。

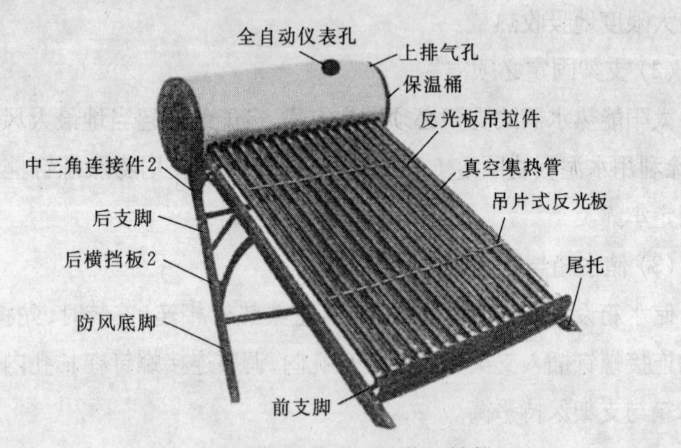

图 9-25　太阳能热水器的整机结构

(1) 安装位置的确定

太阳能热水器应安装在阳光充足，主体朝正南或偏西 10°左右。

(2) 安装方法

安装方法如图 9-26 所示。

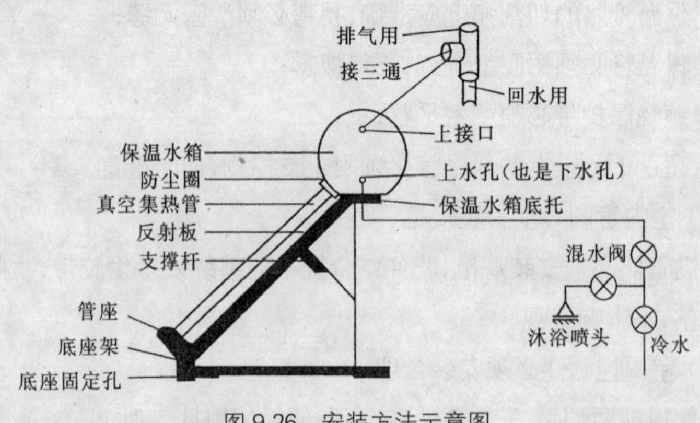

图 9-26　安装方法示意图

① 安装程序。先组装主体,后安装管道。组装主体的顺序是先组装支架,后安装保温水箱,再安装真空集热管,最后安装反光板。主体组装后,即可进行管道安装。

② 安装操作方法及应注意的事项

a. 安装真空集热管时,先将尾托卡入尾托板,然后在真空集热管环形口外壁涂上少许润滑剂,套上防尘圈,再将真空管轴线与水箱真空管孔轴对准,慢慢地旋入水箱内,再小心拉回到尾座上。注意先安装保温水桶最外侧的两根真空集热管,调整好真空集热管与水箱孔四周的间隙使之均匀,然后再安装其他的真空集热管。

b. 安装管道时,应注意保温水箱两侧盖上有五个孔,可根据实际需要灵活安装。但不管采取哪种安装形式,都要妥善安装好通气管,保证上通气,下溢流,以免造成水箱损坏。

c. 在安装真空集热管时,应避免在烈日下曝晒。如果受条件限制而必须在烈日下安装,可将真空管内注满水,但要注意不能在高温下突然向真空管注水,以防止真空管爆裂。

d. 布置管道时,应尽量与建筑物配合,上下水管与建筑物固定牢靠,不影响建筑物的外形美观。

③ 调试。安装完毕后,必须进行调试才能正式投入运行。调试时应注意以下几点:

a. 调试前应先对安装质量进行一次全面检查,对安装材料特别是管阀的型号和性能进行核对。

b. 安装后的真空集热管被太阳曝晒后管内的温度为200～250 ℃,因此不可立即进冷水,应在夜间待真空集热管冷却后再上水,防止集热管爆炸。

3. 太阳能热水器的具体安装步骤

以海尔太阳能热水器为例,介绍其安装步骤及应注意的事项。

(1) 支架组装

① 组装步骤

a. 组装左侧支架:先将左前斜拉柱和左后架主柱与左桶托连接,然后将斜立柱与左前斜拉柱、左后架主柱用螺栓连接固定。

b. 组装右侧支架:先将右前斜拉柱和右后架立柱与右桶托连接,然后将立柱与右前斜拉柱、右后立柱用螺栓固定。

c. 组装前部支架:分别将尾架及一根横梁用螺栓固定于左侧支架和右侧支架上的对应位置,然后将两根小斜拉梁和两块小三角件与此横梁和左、右前斜拉柱连接固定。

d. 组装后部支架:取两个横梁连接左右后立柱(上下各一根),然后将两根小斜拉梁与上部的横梁、左右后架主柱连接固定。

e. 安装地脚、支撑件。

② 注意事项

a. 前后支架必须上铁鞋。

b. 安装完毕后,前后支架应保持水平。

支架组装示意图如图 9-27 所示。

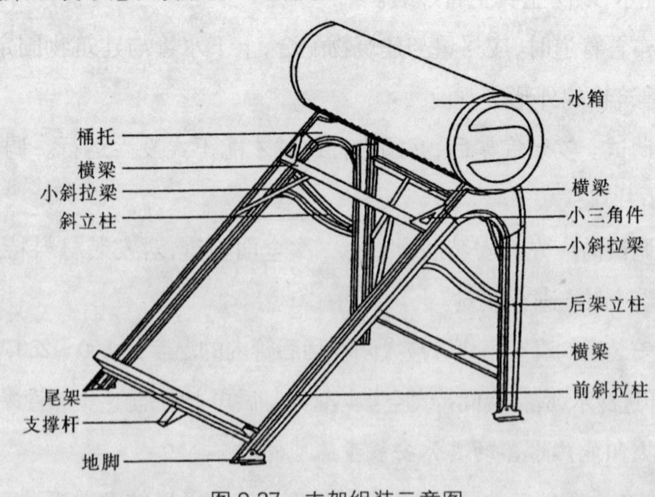

图 9-27 支架组装示意图

(2) 水箱安装

① 安装步骤

a. 将水箱从包装箱中取出,取下固定在水箱两端螺栓上的螺母和垫片。

b. 将水箱下部螺栓插入支架桶托上的长孔中,垫上垫片将螺母固定即可。

② 注意事项

a. 热水器组装形式为螺栓连接,螺母固定。安装组件时可暂时不将螺母固定,待整机组装完毕再将所有螺母紧固,以便于调整。

b. 水箱安装时,应使水箱的真空集热管连接孔中心线与支架斜拉柱保持平行。

c. 水箱在出厂时,是用塑料保护膜包装的,应在安装结束后再撕掉,以防止外表划伤。

(3) 支架固定

① 基本要求

a. 平置式热水器,推荐将热水器地脚固定于带有预埋件的地脚基础上,或制作水泥板块,在水泥板块上打膨胀螺栓,将热水器的地脚固定在膨胀螺栓上。

b. 通过硬质防水垫片调节支架高度,使各地脚受力均匀。

② 注意事项

a. 确保热水器所有的地脚与支撑面紧密接触,不得有地脚悬空,反之,会引起支架变形,损坏热水器。

b. 在台风多发地区应使用钢丝绳把水箱、支架牢固固定,以防止热水器被大风刮走或生产移位、松动而损坏。

(4) 真空集热管安装

① 安装方法

真空集热管安装前,应采用黑色织物遮盖,尽量避免阳光照射,否则会由于真空集热管产生高温不便于安装,甚至造成人员烫伤。真空集热管的安装步骤如图 9-28 所示。

a. 将挡风圈套入真空集热管中,如图 9-28a 所示。

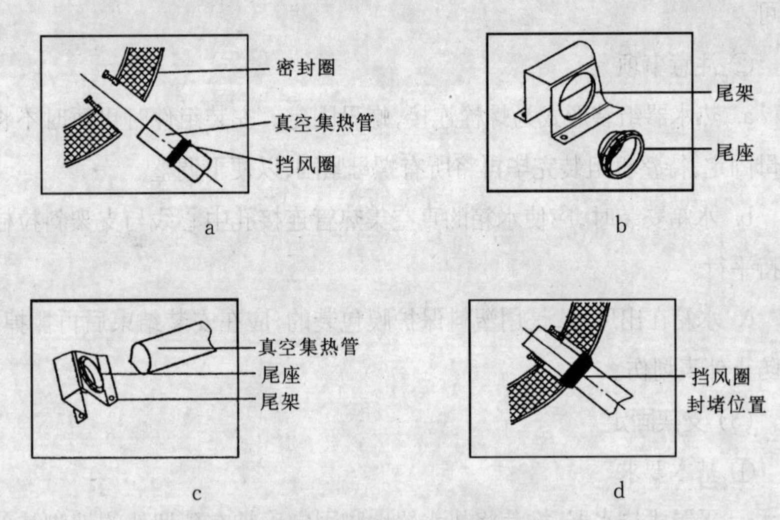

图 9-28 真空集热管的安装步骤

b. 插管时边均匀用力边旋转真空集热管,使其旋转着进入密封圈,合力方向应与真空集热管轴线的方向一致。

c. 将尾座放入支架尾架中,如图 9-28b 所示。

d. 将真空集热管固定到尾座上,如图 9-28c 所示。

e. 真空集热管插入密封圈内的深度约为 1 cm 左右,将挡风圈推至水箱孔处封堵,如图所示。

f. 安装真空集热管时,应首先在热水器水箱两侧安装一支,以使热水器水箱与支架整体定位。

② 注意事项

a. 检查水箱孔内密封圈是否齐全、密封处是否清洁、有无异物或破损等。

b. 将挡风圈斜面向下，套在真空集热管开口端距管口约 1 cm 处，插管前可将管口用水浸湿，以便安装。

(5) 室外管路安装

室外管路与水管接口，安装如图 9-29 所示。

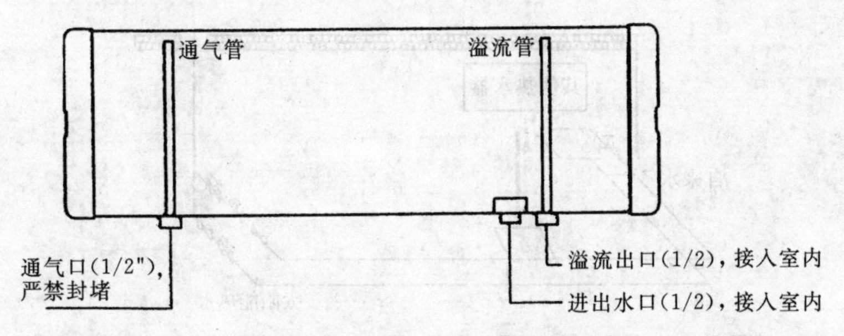

图 9-29　室外管路与水管接口安装

(6) 室内管路布置及安装

① 室内管路布置及安装方法，室内管路布置及安装如图 9-30 所示。

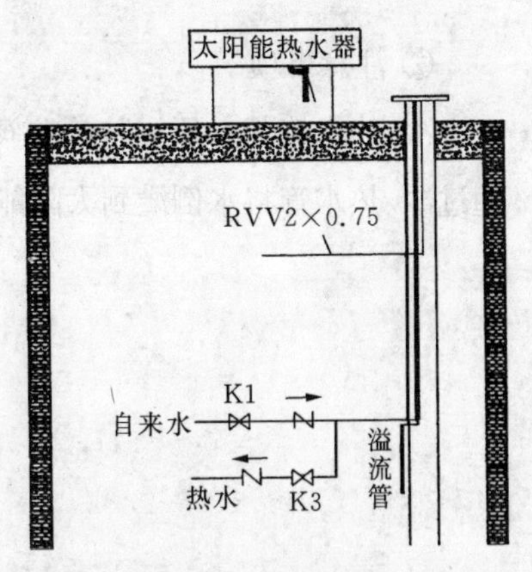

图 9-30　室内管路布置及安装

② 注意事项

a. 进入室内的穿墙孔必须保证有倒坡，并密封，以防雨水、异味等进入室内。

b. 溢流管口内开口应保持向下，并保证溢流管固定牢靠，排出的液体可直接排入下水道。溢流管口与下水道口的平面距离不得大于 150 mm。

不得将溢流管悬挂，以防止溢流水飞溅室内物品上。

c. 上下水管与自来水对接干路上应加装单向阀，避免停水时，水箱内的水回流。

(7) 太阳能热水器与其他热水器并存时供水管路连接方法

① 管路连接方法。当太阳能热水器与其他热水器并存时，其管路连接方法如图 9-31 所示。

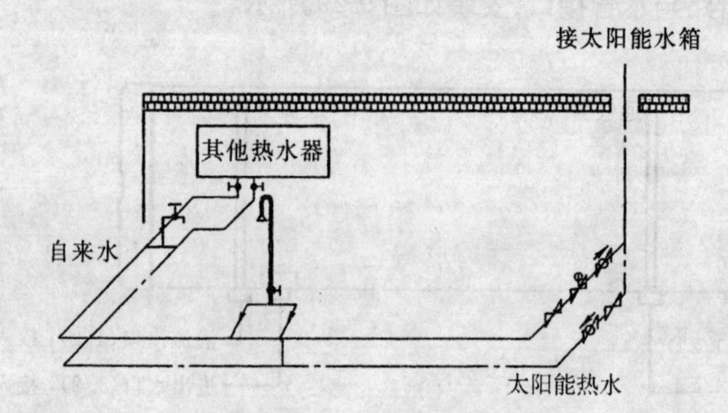

图 9-31　太阳能热水器与其他热水器并存时的管路连接方法

② 注意事项

冷、热水管都必须加装单向阀，以防止由于其他热水器箱内压力大，通过冷、热水管将水倒灌到太阳能水箱中，造成危害。

chapter 10 >>

第10章 家用电器型号、选购、使用、保养与检修

10.1 空调器

空调器是空气调节器的简称，是一种人为的温度调节装置。它可以对房间进行降温、减湿、加热、加湿、热风、净化等调节，利用它可以调节室内的温度、湿度、气流速度、洁净度等，从而使人们获得新鲜而舒适的空气环境。图10-1a、b所示是分体立柜式空调器的外形和结构。

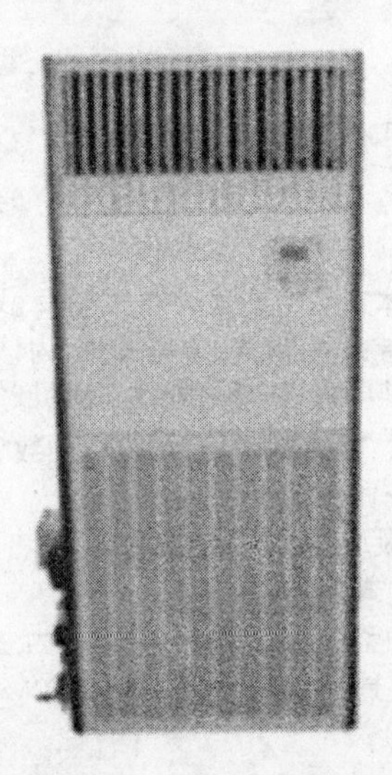

a

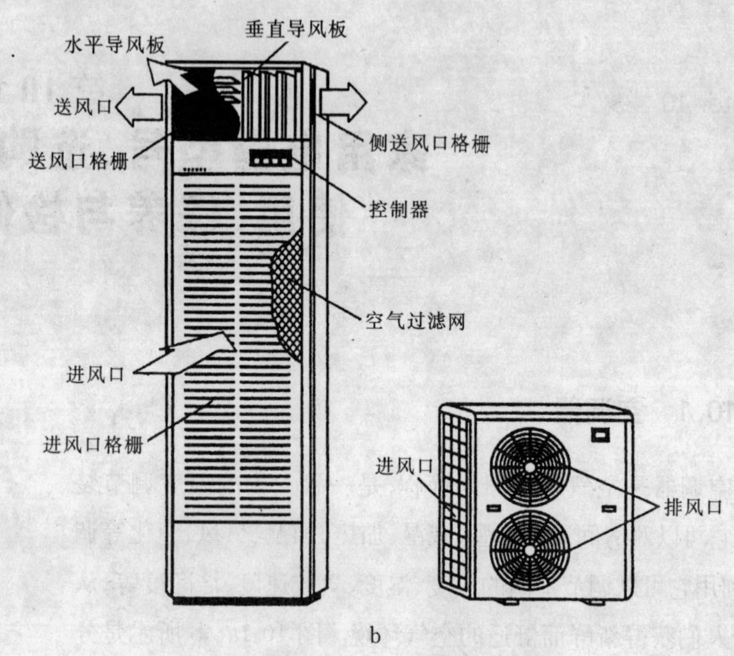

b

图 10-1 分体立柜式空调器外形和结构

1. 空调器的型号

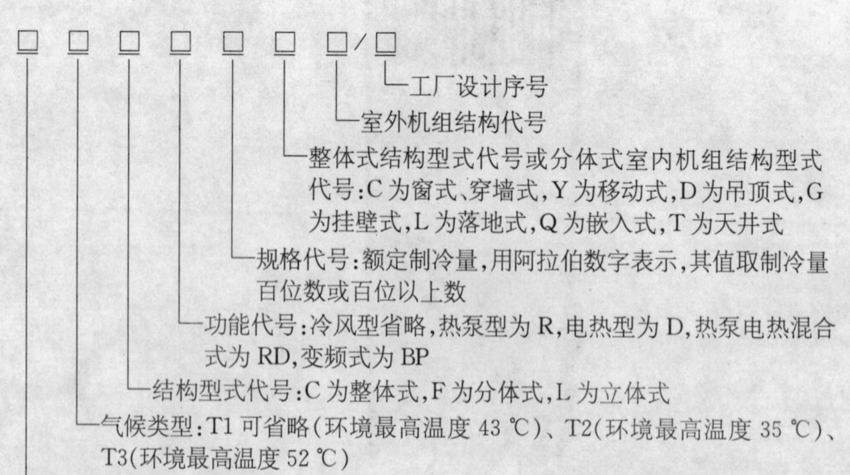

如:KT3C-32/A　表示为T3气候类型、整体式窗式冷风型空调器,额定制冷量为3 200 W。

KFR-25GW　表示为T1气候类型、分体热泵型挂壁式空调器,额定制冷量为2 500 W。

KFR-35LW/BP　表示为T1气候类型、分体热泵型落地式变频空调器,额定制冷量为3 500 W。

2. 空调器的选购

(1) 匹数的选择

空调器的制冷量是以输出功率来计算的。不同的空调器在具体的系统及电路控制设计上存在着差异,其输出的制冷量也是不同的。空调器的匹数指的是输入功率,一般来说,1匹空调器的制冷量大约为2 000 kcal/小时(千卡或大卡),若换算成国际单位应乘以1.162,所以1匹空调器的制冷量应为2 000×1.162＝2 324(W),而1.5匹空调器的制冷量应为2 000×1.5×1.162＝3 486(W)。一般情况下,2 500 W左右都可称为1匹,3 500 W左右可称为1.5匹,5 000 W左右可称为2匹。当制冷量确定后,即可根据自己家庭的实际情况估算制冷量,选择合适的空调器。

(2) 制冷量的选择

根据国际制冷学会提供的资料数据可知,居室所需制冷量＝单位面积所需制冷量×居室面积＋室内平均每人所需制冷量×室内人数。在室外温度不超过40 ℃,相对湿度约为70%时,密封室内每平方米及每人所需制冷量均约为150 W。例如,一家三口人住15 m^2 房间,则房间所需制冷量为150×15＋150×3＝2 700(W),即用在这个房间的空调器的制冷量约为2 700 W,也可称为1匹。一般来说,空调器制冷量与房间面积大小的关系是:1匹空调器适合15 m^2 左右的空间;1.5匹空调器适合20 m^2

左右的空间;2 匹空调器适合 30 m^2 左右的空间;2.5 匹空调器适合 40 m^2 左右的空间;3 匹空调器适合 50 m^2 左右的空间;5 匹空调器适合 70 m^2 左右的空间。

(3) 类型的选择

如需制冷量大,可选择分体柜式空调器;如居住环境需要安静,应选择分体式挂壁式空调器;制冷量要求不大,且只需制冷,可选择单冷空调器;如果经济条件许可,可选择新型的变频式空调器,虽然变频式空调器的价格比一般空调器高,但它具有节能、能快速达到设定温度、启动电流小、能使室内空气控制在最舒适的环境下等优点。

(4) 挑选

① 看:空调器的外形要新颖美观,喷漆应无脱落、无漏喷,色光应均匀。电镀件表面应色泽均匀,无锈蚀、无漏镀、无花斑和划痕等。塑料件应无老化、裂纹、气泡等现象。各部件的安装应牢固可靠,管路与部件之间不能互相摩擦、碰撞。

② 摸:以手动方式调节的垂直、水平导风板应能上下或左右拨动,不能太紧,更不能太松,应拨在任何位置都能定位,不能自动移位。过滤网拆装应方便,无破损。面板上的旋钮应转动灵活,不滑动。

③ 试:对整体式空调器,可通电检查其制冷和制热功能。测试制冷功能时,可调低温度控制值,通电数分钟后应有冷风送出。测试制热功能时,先选择制热功能,然后调节风速选择钮,应有热风吹出。空调器在制冷运行时,不能有异常的撞击声等噪音,震动也不能过大。

3. 空调器的使用

(1) 在空调器产品包装中都有产品使用说明书,在首次使用时,必须仔细阅读使用说明书,按规定要求进行操作,切勿随意操作。

(2) 在安装空调的同时,宜安装一台负离子发生器,它能改善室内空气质量。但要注意负离子发生器的放电电极要定期清洁,保持干燥。还可安装一台换气机,在不影响室内温度的条件下,为空调房间输送大量经过过滤的新鲜空气。

(3) 不能长时间依赖空调器升降温,要间断开窗通风,保持室内空气流通,避免缺乏新鲜空气。也可以在室内放置一些能吸收二氧化碳等有害气体的植物花卉。

(4) 夏季使用空调器制冷时,室内机应选择接近水平方向送风,以使相对重的冷空气朝房间上部排出;冬季使用空调器制热时,应采用向斜下方送风,以使相对较轻的热空气朝下排出,这样有利于使整个房间的温度尽量达到均衡,且能在一定程度上减少不必要的能量损失。

(5) 夏季不要把室内温度调得过低,室内外温差以 5~8 ℃为宜。如果室内外温差过大,易引起感冒或其他不适。

(6) 空调器在停机后,至少应等候 3 分钟才能再开机。若停机后马上开机,由于机内压力尚未处于平衡,压缩机无法启动,有可能因电流过大而烧坏保险丝,甚至可能损坏压缩机。尤其是窗式空调器,应严格禁止压缩机停机后 3 分钟内重复启动的现象。

(7) 调动温度后若再次调动,要必须等候 2~3 分钟。否则,可能损坏空调器。

(8) 更换电源熔断丝应按产品说明书标明的额定电流来选择熔断丝的规格,过大不起保险作用,过小则常会熔断。

(9) 电器系统受潮后易漏电。所以电器系统部位切忌进水,特别是伏天、梅雨季节,更要注意防潮。要经常检查电源插头与插座的接触是否良好,有无松动或脱落。

(10) 对空调及除湿装置要定期检查并进行清洗,以消除潜藏的细菌、病毒、霉菌等,达到保护人体健康的目的,尤其要按时清洁过滤网,使其真正能起到滤粉尘、病菌和有害气体的作用。过滤网的外形如图 10-2 所示。

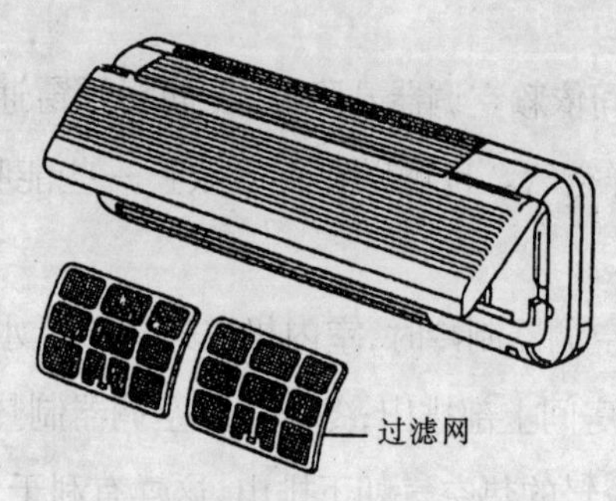

图 10-2 过滤网

4. 空调器的清洁和保养

(1) 经常用柔软抹布擦拭,保持空调器机壳、面板清洁,使用清洁剂只能用中性洗涤剂。

(2) 室内机的空气过滤网一般 2～3 个星期就要清洗一次。清洗时,将空气过滤网放在自来水龙头下冲洗,由于过滤网采用塑料框与涤纶丝压制而成,所以不可用 40 ℃以上热水清洗,以防受热后收缩变形。清洗后可将过滤网上的水甩干,插入面板即可。

(3) 每隔半年对室外冷却器用长毛刷进行清洗灰尘。检查机架螺丝,如有松动应拧紧加固。对倒塌的蒸发器翅片,用镊子钳仔细钳直修整。每年拆下机芯,对风扇电机轴承注入适当的润滑油,制冷系统不必处理,只要清除外表污垢即可。

5. 空调器的常见故障检修

空调器的常见故障及检修方法见表 10-1。

表 10-1 空调器的常见故障及检修方法

故障现象	产生原因	检修方法
不启动	1. 保险丝熔断 2. 电源插头或开关、线路接触不良 3. 温控器调节不当或失灵 4. 启动继电器失灵 5. 空调器停止工作后再次启动的时间间隔小于3分钟 6. 压缩机电机烧坏 7. 压缩机轴卡死	1. 检查保险丝熔断原因,排除后更换新的同规格保险丝 2. 检查并维修 3. 更换温控器 4. 更换启动继电器 5. 停机3分钟,待制冷系统内压力平衡后再启动 6. 更换同一规格、型号的压缩机 7. 更换压缩机轴
制冷量不足	1. 过滤网积灰太多 2. 空调器外侧的散热器积尘太多,散热效果差 3. 制冷剂不足 4. 阀板关闭不严密或活塞与汽缸磨损 5. 制冷系统内有脏堵,产生节流现象	1. 每隔一个月拆下过滤网,放入清水中洗刷,晾干后再装上 2. 用软毛刷清除散热器上的尘垢 3. 修补制冷系统渗漏点,加制冷剂 4. 更换压缩机 5. 排除脏堵或更换过滤器
空调器运转但无冷气	1. 制冷剂泄漏 2. 制冷系统内过滤器堵塞,制冷剂不流动,无法制冷 3. 制冷系统的压缩机气阀严重损坏,失去吸排气功能	1. 检查出泄漏点修补后,加制冷剂 2. 清洗或更换过滤器 3. 检修或更换压缩机
空调器噪声大	1. 固定螺钉松紧不当,引起振动噪声 2. 空调器安装不当,支承架不牢固 3. 机内零件、管路相互碰撞 4. 风扇叶螺钉松动或风扇电动机轴承磨损,使风扇叶移位或风扇电动机转子"扫膛" 5. 压缩机内部紧固螺栓松动,阀片破裂,活塞磨损及电动机转子"扫膛"	1. 调整固定螺钉松紧度,直到噪声最小 2. 使空调器安装平稳 3. 卸下空调器外壳,查出管子相碰处并调整分开 4. 卸下空调器外壳,通电观察风扇运转情况,若有松动或碰壳,视情况修理或更换 5. 卸下空调器外壳,检查后调整或修理
空调器向室内流水	1. 空调器安装的水平位置不对 2. 接水盘或排水管堵塞或渗漏	1. 调整空调器使冷凝水流向室外 2. 清除堵塞或堵漏

10.2 洗衣机

洗衣机是一种以湿洗方式洗涤棉、麻、丝绸、化纤、羊毛以至羊绒等各种针纺织物的洗涤器具，它以电能为动力，利用机械、物理和化学的去污作用来完成洗涤。图 10-3a、b 所示是双桶半自动波轮式洗衣机的外形和结构。

a

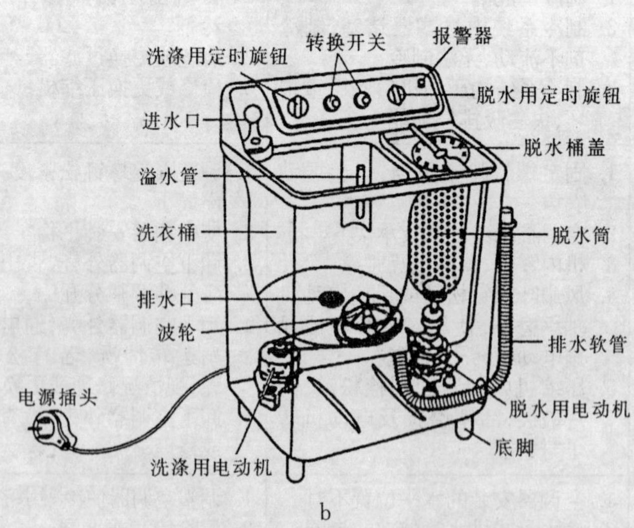

b

图 10-3 双桶半自动波轮式洗衣机外形和结构

1. 洗衣机的型号

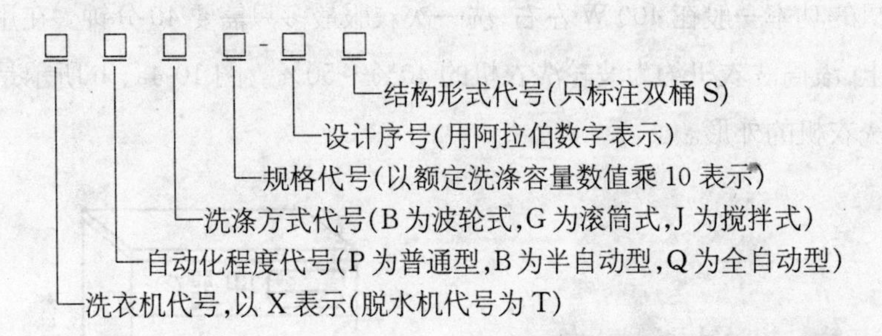

如:XPB20-1 表示为第 1 次设计、洗涤容量为 2 kg 的普通型单桶洗衣机。

XPB50-4S 表示为第 4 次设计、洗涤容量为 5 kg 的普通型双桶洗衣机。

XQB42-8 表示为第 8 次设计、洗涤容量为 4.2 kg 的全自动洗衣机。

2. 洗衣机的选购

(1) 机型的选择

一般地讲,双桶洗衣机比较经济实惠,省水、省电,只是洗涤、漂洗、脱水这些程序需手工转换。套桶全自动洗衣机使用起来较为轻松、省力、省时,但消耗水、电、洗衣粉都比较多一些。滚筒式洗衣机磨损率较低、用水也省,但洗净率不高,价格较贵。

(2) 容量的选择

一般的三口之家,买 4.5 kg～5.0 kg 的洗衣机比较合理,如果人口较多,则宜选大容量或超大容量的洗衣机,如 5 kg 或 6 kg 都可以。

(3) 波轮式或滚筒式洗衣机的选择

滚筒洗衣机模拟手搓,洗净度均匀、磨损率低,衣服不易缠绕;波轮洗衣机洗净度比滚筒洗衣机高 10%,自然其磨损率也比滚筒洗衣机高 10%。滚筒洗衣机洗涤功率一般在 200 W 左右,如果水温到 60 ℃,一般洗一次衣服都要100分钟以上，耗电在1.5 kWh左右。相比之下，波轮洗衣机的功率一般在400 W左右，洗一次衣服最多只需要40分钟。在用水量上，滚筒洗衣机约为波轮洗衣机的40%～50%。图10-4a、b所示是滚筒洗衣机的外形。

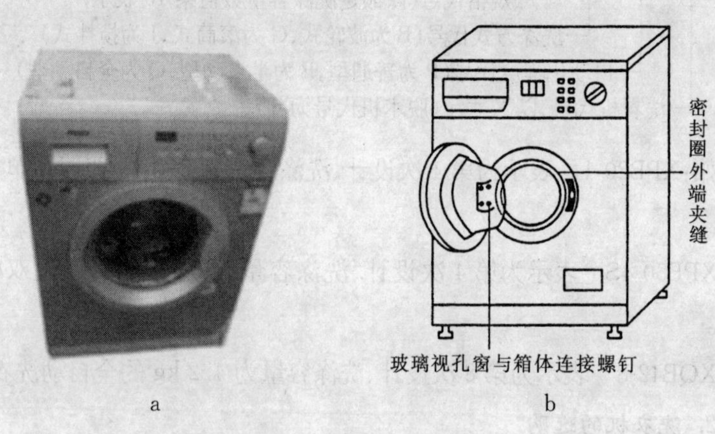

图10-4　滚筒洗衣机外形

具体买哪一种洗衣机好，要结合自己的生活习惯和家庭条件考虑。如果常洗涤的衣物以毛料、丝绸衣物较多，建议选购滚筒式洗衣机；如以洗涤棉布衣服为主，则建议选择波轮式洗衣机。

(4) 具体挑选

当确定选购的品牌、机型、规格后，作具体挑选时，通常采用看、摸、听、试等感官方法进行挑选。

① 看：外箱体的喷漆要均匀无损伤、色彩线条清晰、电镀件无锈蚀、塑料件无弯曲变形及毛刺裂纹。

② 摸：手摸整个内桶表面应光滑平整，桶壁厚薄均匀。手摸波轮表面，应光滑无毛刺、无棱角，波轮边缘与洗衣桶波轮槽的间隙要均匀，而且间距要小，约1 mm。用手转动波轮芯，正、反皆应运转灵活，无异常声音。

试通电后,用手抚摸金属部件应无“麻电”感觉。

③ 试:将选定的洗衣机注水通电,看波轮的正反转、定时时间、脱水桶转动和停止制动性能、进水和排水等功能是否符合要求。对全自动洗衣机在通电后,要求能按设定的程序进行运行。

④ 听:洗衣机在运行中的噪声越低,洗衣机的质量就越好。

3. 洗衣机的使用

(1) 放置洗衣机应选择通风、避免日照和靠近热源的地方。放置应平稳,如地面松软或倾斜,支脚不平就会产生强烈振动和噪声。最好选择离水源和出水口较近处,以免再加长水管,排水管长度不宜超过 3 m。

(2) 洗涤衣物的数量都应在洗衣机的额定容量以内。超负荷工作不仅会影响洗涤效果,还会使电动机发热,转速降低,甚至缩短使用寿命。因此,恰当地掌握洗涤容量至关重要,首先要对待洗干衣物的重量有一个大概的估计,常见衣物的重量见表 10-2。

表 10-2 常见衣物的重量

衣物名称	数 量	重量(kg)
双人床单、被里、大毛巾被	每条	1.0～1.2
棉涤服装	每套	0.9～1.2
棉纤维工作服	每套	1.0～1.3
棉毛衫、裤	每件	0.4～0.6
单人床单、沙发巾、大浴巾	每条	0.6～0.8
男女衬衫	每件	0.2～0.3
袜子	每件	0.02～0.03
内衣	每件	0.15～0.2
睡衣	每套	0.3～0.5

(3) 当洗涤的衣物较多时，要将衣物分类洗涤，以便达到既清洁衣物又节水、节电、节省洗涤剂的目的。分类的原则是：

① 先洗颜色浅的衣物，后洗颜色深的衣物。

② 同样色度的衣物，先洗不掉色的，后洗易掉色的。

③ 先洗内衣，后洗外衣。

④ 先洗较干净的衣物，后洗比较脏的衣物。

⑤ 先洗不易掉毛絮的衣物，后洗易掉毛絮的衣物。

(4) 合理选择水温。一般加酶的洗衣粉不能直接用开水化开，以防酶失活。普通纯棉纺织品宜选择 50～70 ℃水温，涤棉混纺衣物宜选择 40～60 ℃水温，纯毛纺织品宜选择 30～50 ℃水温，丝绸和锦缎类纺织品宜选择 30～50 ℃水温，维纶、丙纶、氯纶纺织品可选 20 ℃的水温。

(5) 合理选择用水量。用水量过多不一定洗涤效果好，反而会使水外溢；一般洗涤 1.5 kg 的衣物时，用水量约为 30 kg；3 kg～5 kg 衣物，用水量约为 50 kg。只有用水适度，衣物才能翻滚均匀，而且洗净度也高。洗衣时用水量不可太少，否则在洗涤时会使洗涤物与转动翼轮摩擦，衣物的磨损率增加。

(6) 适当浸泡、预洗。人们习惯将洗涤前的脏衣物在清水或在洗涤剂溶液中浸泡 15 分钟～20 分钟，以利除去污垢提高洗净度和减少洗涤时间。但这种静止浸泡的时间不宜过长，否则达不到预期效果。预洗，是指衣物在加洗涤剂之前，先用清水浸洗一次。这对脏衣物来说，可除去水溶污垢、某些固体污垢和部分油脂，有利于提高棉、毛等亲水性纤维织物的洗涤效果，但对尼龙、涤纶等疏水性纤维织物却无显效。

(7) 在洗涤前要先抖清脏衣物上的灰粒，清除遗留在口袋里的物件，对缝有金属扣和金属牌的衣物，应将金属物翻入内侧，必要时用绳扎好，不要让其直接接触洗衣机内桶。

(8) 对衣袖或领口等特脏部位,可用衣领净洗涤剂或洗衣皂洗净后再投入洗衣机内洗涤。

(9) 羊毛毡之类的织物在波轮运转的过程中容易发生毛丝脱落现象,而且浸水后它的重量会增大许多,因此不宜用洗衣机清洗。

(10) 丝绸衣物和毛料服装最好不要在洗衣机中洗涤。丝绸衣物强度低,耐磨性差,受摩擦后易起毛或出现绒球,影响美观,降低寿命;毛料服装在加工制作时,已定型,若经洗衣机摩擦,必定走样,变形,影响美观。

4. 洗衣机使用注意事项

(1) 多数洗衣机内都使用了可燃性塑料零件,因此不要把热的东西或带明火的东西放在洗衣机附近。

(2) 洗衣机排水管长度不宜超过 3 m,安置也不宜过高,过长或过高均会使排水排不空。

(3) 洗衣前要有准备,洗衣后要把桶身揩抹干净。洗衣机箱体要防止机械冲击、碰撞或划伤;不要在有腐蚀性气体(煤炉)的场合使用,以免装饰件镀层氧化或早期锈蚀。

(4) 对于塑料制作件如箱体、内桶、波轮等,要避免日光直射和热源或开水的直接影响,以防引起变形或过早老化。

(5) 洗衣量不宜过多。普通洗衣机都标称有衣物的洗涤重量,如果洗衣时投放的衣物过多,不仅翻滚差、磨损率高、洗净度低,而且还有可能引起过载烧坏电机。

(6) 洗涤时间不宜过长。洗涤时间长,效果不一定就好,洗涤开始阶段,洗净度明显提高,但过一段时间后,洗净度就难以再提高,这时反而会增大衣物的磨损率。

(7) 注意衣物洗涤强度。在洗衣过程中,要尽量减轻衣料的磨损,应根据衣料的性质和脏污的程度,掌握适当的洗涤强度。一般棉布、混纺纤维等适合中洗;丝绸、毛料等高档衣料宜用弱洗,对特别脏的工作服、质地较厚的洗涤物,才需用强洗。

(8) 严禁在不安全情况下进行洗涤。平时,洗衣机的金属外壳和电器部分是绝缘的,由于某种原因,电器部分的绝缘性能下降或被破坏时,就会使金属外壳带电。这时,人体一旦接触水浸衣物或金属外壳,就会引起触电事故。所以,在使用洗衣机时,一定要注意保护地线性能良好。另外,控制面板或其他有电器元件的部件,不可用水冲洗,应保持清洁干燥。

(9) 每次洗衣结束后,应立即断开电源并排尽桶内积水,及时清除线屑杂物以防止污垢沉积。用清水冲洗后,用干布将桶揩擦干净。如准备放置不用,则宜开启桶盖通风,使水分蒸发出去,以免潮气损害机内电气部件和产生难闻的气味。不要用塑料布等罩住机身防尘,以防止洗衣机生锈。

(10) 不可在 0 ℃及以下的环境温度中使用,也不可在桶内贮水。

5. 洗衣机的常见故障检修

全自动波轮洗衣机的常见故障及检修方法见表 10-3。

表 10-3　全自动波轮洗衣机的常见故障及检修方法

故障现象	产生原因	检修方法
通电后,按下功能键,指示灯不亮,波轮不转动,电动机无声	1. 电源插头和插座接触不良或损坏 2. 定时器开关接触不良或损坏 3. 功能键接触不良或损坏 4. 机内电气导线脱落 5. 指示灯损坏或接触不良	1. 修理或更换插座,并使插头与插座接触良好 2. 检修或更换定时器 3. 检修或更换功能键 4. 找出脱落导线,重新焊接 5. 更换指示灯或重新紧固好

(续表)

故障现象	产生原因	检修方法
通电后,按下功能键,指示灯亮,波轮不转动,电动机有"嗡嗡"声	1. 波轮被异物卡住 2. 轴套内的含油轴承碎裂,卡住波轮轴,使其不能转动 3. 皮带脱落或断裂 4. 大皮带轮与波轮的紧固螺钉松动 5. 洗衣机电容器容量减小或损坏 6. 电动机线圈绕组有一相开路	1. 排除卡住波轮的异物 2. 更换轴承 3. 重新装好皮带或更换新皮带 4. 拧紧紧固螺钉 5. 更换电容器 6. 重绕线圈或更换
洗衣机不能进水	1. 进水阀过滤网堵塞 2. 进水阀动作失灵 3. 电磁铁心与进水阀连接的开口销损坏 4. 水位压力开关接触不良 5. 程序控制器内部接触不良	1. 清洗过滤网 2. 更换进水阀 3. 更换开口销 4. 更换水位压力开关 5. 更换程序控制器
在洗涤过程中突然停转	1. 传动皮带脱落或折断 2. 拼紧螺钉和紧固螺钉松脱 3. 波轮底部有异物 4. 波轮轴抱轴或严重缺油	1. 重新装上皮带或换新皮带 2. 重新紧固螺钉 3. 清除异物 4. 更换或加油
不能排水或排水不畅	1. 排出管出口位置太高 2. 排水管内有杂物 3. 排水管折弯或压扁 4. 排水阀拉带松扣,排水阀门的开启程度减小 5. 排水过滤网被线头等杂物堵塞 6. 排水电磁铁线圈开路 7. 电磁铁与程控器间导线断路	1. 降低排水管出口位置 2. 清除杂物 3. 修理或更换排水管 4. 适当调紧排水拉带 5. 清除杂物 6. 更换电磁铁线圈 7. 重新连接好导线

(续表)

故障现象	产生原因	检修方法
洗涤时波轮只能单向转动	1. 控制正反转的触片始终闭合 2. 控制正反转的触片断开 3. 程控器内微电机故障 4. 棘爪不到位,抱簧将洗涤轴和脱水轴抱在一起,使洗涤轴不能转动 5. 抱簧头断裂 6. 小油封漏水,引起离合套、脱水轴及抱簧表面锈蚀,相互间的相互配合过紧 7. 紧固件松动	1. 把触片分开,用砂纸进行磨光 2. 调整簧片 3. 更换微电机 4. 调整棘爪位置 5. 更换抱簧头 6. 清洗离合套、抱簧及脱水轴,除锈后在抱簧内侧涂以黄油,同时更换小油封 7. 调整、拧紧紧固螺钉
洗涤时,脱水桶也跟着转动	1. 离合器扭簧滑动或断裂而引起脱水桶逆时针方向转动 2. 刹车太松而造成脱水桶顺时针方向转动	1. 更换弹簧 2. 调松离合器的顶开螺丝,调紧刹车带
脱水时脱水桶突然停止转动	1. 洗衣机盖板被打开 2. 安全开关太灵敏 3. 电动机不旋转 4. 皮带打滑 5. 方丝离合簧或离合套磨损	1. 盖好盖板 2. 更换安全开关 3. 找出原因并修复 4. 调整电动机与离合器的间距或更换皮带 5. 更换方丝离合簧或离合套
洗涤时有异常声响	1. 离合器的皮带轮开裂 2. 紧固件松动 3. 棘爪不到位 4. 内轴含油轴承磨损或内、外轴之间有杂质	1. 更换皮带轮 2. 检查并紧固 3. 调整好棘爪位置 4. 更换含油轴承或清理内、外轴之间的杂质

10.3 电冰箱

电冰箱是一种以电能为动力,通过制冷机使箱体内保持恒定低温环境的一类电气器具。它可以用来冷藏、冷冻食品，储存饮料、鲜果、蔬菜或特定制品（如药品、种子等），还可制作冷饮。图 10-5a 双门电冰箱外形 10-5b 双门电冰箱外形常规型制冷系统。

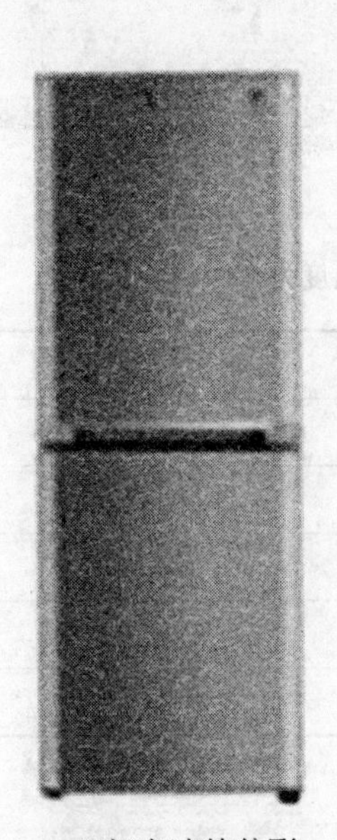

a 双门电冰箱外形

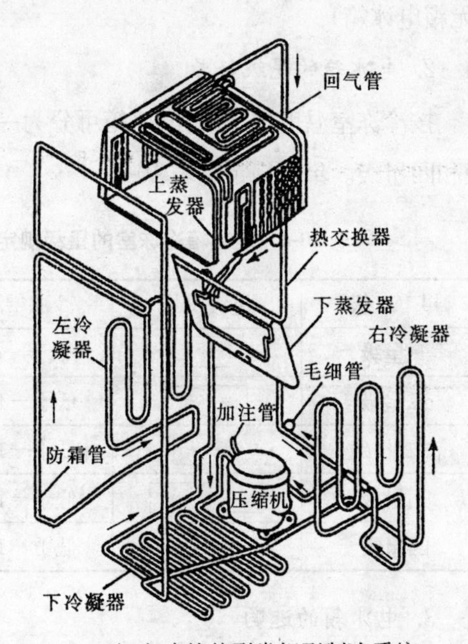

b 双门电冰箱外形常规型制冷系统

图 10-5

1. 电冰箱的型号

□ □-□ □ □

- 设计序号
- 冷却方式代号（直冷式有霜电冰箱不标注字母，间冷式无霜电冰箱用拼音字母 W 表示）
- 规格代号（用阿拉伯数字表示有效容积，单位为 L）
- 类型代号（C 为冷藏，D 为冷冻，CD 为冷藏冷冻）
- 电冰箱代号（用 B 表示）

如:BCD-150　表示为总有效容积为 150 L 的直冷式家用冷藏冷冻箱(有霜电冰箱)。

BCD-230W　表示为总有效容积为 230 L 的间冷式无霜冷藏冷冻箱(无霜电冰箱)。

2. 电冰箱的星级符号

按冷冻室温度的不同,电冰箱可分为一星级、二星级、高二星级、三星级和四星级。星级规定见表 10-4。

表 10-4　电冰箱冷冻室的星级规定(环境温度为 32 ℃)

星　级	星级符号	冷冻室温度	冷冻室一般储存期
一星级	[*]	低于−6 ℃	1 星期
二星级	[* *]	低于−12 ℃	1 个月
高二星级	* [*]	低于−15 ℃	1.8 个月
三星级	[* * *]	低于−18 ℃	3 个月
四星级	* [* * *]	低于−18 ℃	3 个月

3. 电冰箱的选购

(1) 电冰箱容积的选择

先量一下选定安放电冰箱位置的尺寸以便于合理安置,然后从现有人口(按人均 50～60 L 容积计算,如 3 人家庭可选 180 L, 4 人家庭选 240 L)加上发展因素,适当偏大一点便可决定电冰箱容积的大小。

(2) 电冰箱结构形式的选择

市场上家用电冰箱从结构形式来看有单门电冰箱、双门电冰箱、三门电冰箱以及多门电冰箱。电冰箱的箱门多少,表示箱内可以分隔的不同温度空间的多少。这样,各类食品就可以存放在适合自己贮存温度的空间,使用效果自然更好。然而,电冰箱的箱门越多,价格越贵。对大多数用户来说，购买双门电冰箱比较适中，经济条件较宽裕的，可以购买三门以上的电冰箱。

(3) 电冰箱品牌的选择

选择电冰箱牌号首先考虑的是产品的质量，即可靠性问题。因而要选择知名度好，技术力量雄厚的企业的名优产品。同时，也要考虑该品牌产品的售后服务条件，最好有上门维修服务。

(4) 电冰箱外观的选择

电冰箱在大多数家庭中还带有一定的装饰摆设意义，因而，在选购时也要根据自己家庭摆放的位置及装修整体效果来选购外观造型和相配的颜色。

(5) 电冰箱耗电量的选择

选购电冰箱时不要只看电冰箱的价格，还要考虑电冰箱的运行费用。电冰箱的运行费用由电冰箱的日耗电量、电冰箱的使用寿命及当地的电价决定。如果节能电冰箱的价格比普通电冰箱的价格贵一些，但它的价格差低于电冰箱的运行费用，买节能电冰箱既省电又省钱；如果节能电冰箱的价格贵很多，价格差超过运行费用，这样会出现节电而不省钱的情况。因此，购买时要综合考虑电冰箱的价格与运行费用。

4. 电冰箱的挑选

(1) 四看

① 看外观。检查箱门与箱体颜色是否一致、漆膜是否完整光亮、有无凸凹或划伤等缺陷。电镀件装饰层是否光滑细密、色泽均匀。

② 看密封性。检查箱门门封是否平整，有无翘角，与箱体吸合是否良好。可将打开的手电筒放入箱内关上箱门，从箱外沿门封向内看有无光线漏出，以显示密封性的优劣。

③ 看塑料内胆。检查表面是否平整，有无明显变形、收缩和裂缝出

现。因为裂缝会因热胀冷缩而扩大,因此要特别注意。此外,箱内附件是否完整,有无短缺、损坏,也应注意。

④ 看照明灯情况。打开冷藏箱门,箱内灯亮;关闭箱门,灯灭。箱门接近全关闭时,箱内照明灯应熄灭。

(2) 手摸耳听

① 摸内胆表面。与发泡隔热层结合是否完好,用手按压内胆应手感坚硬、无松软感觉。否则说明隔热层发泡未发好,这会造成箱内冷气泄出、耗电量增加。

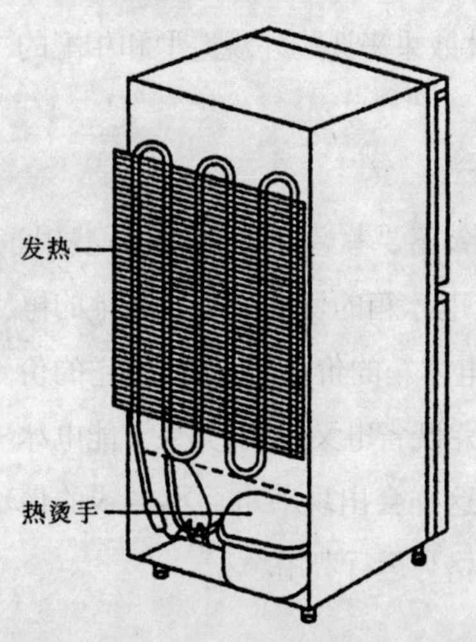

图 10-6 冷凝器、压缩机的正常温度

② 摸冷冻室蒸发器表面。通电15分钟后手摸蒸发器表面,应有均匀的微冷粘手感;将手放在间冷式冰箱出风口处应感觉有冷风吹出为好。

③ 摸箱背外面冷凝器。其表面以热得快且均匀的感觉为好,如图10-6所示。对于内藏式冷凝器应摸箱体左右两侧面或后背面,有同如上感觉。

④ 听压缩机运转时是否出现"咯咯咯"或"嗒嗒嗒"的声音。如有,并且压缩机有明显振动,这说明压缩机内部机件有松动或损坏,甚至有撞击或碰壳。

⑤ 听制冷压缩机从启动、运转到停止的全过程,若未发生异常噪声和振动,说明该电冰箱能正常工作。

(3) 四试

① 检查启动性能。电源接通后,电冰箱就能启动运转;切断电源时

电冰箱应正常停机。

② 检查压缩机运转情况。启动电冰箱,压缩机运转,电冰箱会微微颤动,并听到运行噪声,但噪声不应高于45分贝。粗略验证方法是,距箱体2 m远处若几乎听不到压缩机运转声,则认为合适。

③ 检查温控器性能。将温控器调在停的位置时,压缩机应立即停转,环境温度在15 ℃~40 ℃范围内,调到弱冷位置时,压缩机应能启动运转;一段时间后,压缩机应能按一定时间自动启动、停止。此时,冷藏室温度不应高于5 ℃,冷冻室温度应达到星级规定。

④ 检查制冷效果。接通电源10分钟左右,冷凝器应全热,有制冷剂流动声,箱内应变冷。试机40分钟左右,蒸发器应全部结霜粘手(无霜冰箱出风口应手感极冷)。将温控旋钮调置"普冷挡",1小时后应能自动停开,则证明制冷和温控器正常。有条件时也可在超低电压180 V下验证启动性能,或用电流表检测运行电流是否符合额定值。

5. 电冰箱的安放与使用

(1) 电冰箱搬运时不能撞坏制冷管道系统,搬运时要抬起底部,不可在门把手上用力。

(2) 电冰箱要带包装运输,移动时切忌过度倾斜,千万不能使电冰箱的倾斜角超过40°。因为压缩机电机是用3根避震弹簧挂在密封的金属容器中的。一倾斜就有脱钩的危险,压缩机内部的润滑油也有可能流入制冷系统,影响制冷效果。

(3) 电冰箱应放置在通风良好、干燥的地方,背面离墙距离应不小于100 mm,两侧应各留20 mm以上的空隙,并远离热源,以利散热,减少电耗。电冰箱底部可适当垫高,有利于防潮和通风,但不能垫得太高,以免翻倒、增加振动和增大噪声。

(4) 电冰箱应放置平稳,遇不平地面应调整前角调平螺钉或垫平。

电冰箱安放好接通电源之前,必须先检查电路电压与电冰箱工作电压是否一致。如果一致,则可接通电源进行使用,如不相符,则应配备相应功率的调压器和变压器后才可使用。

(5) 电冰箱要使用单独的电源线路和专用插座。由于电冰箱是频繁启动工作,在一个插座上使用很多电器会影响电冰箱压缩机的正常运转。为了确保使用安全,电冰箱接地线应可靠连接。

(6) 电冰箱内存放的食物不宜过满、过紧,要留有空隙,以利冷空气对流、减轻机组负荷、延长使用寿命、节省电能。

(7) 热食物应先经冷却后再放入冰箱中;可以洗涤的食物最好洗干净并擦干水分后贮存;水果、蔬菜只能在果菜盘中冷藏,不能用塑料袋包扎;蔬菜在进入冰箱前,应先将污泥及污、烂部分去掉,防止农药、细菌被带入冰箱内;肉类食物最好用保鲜膜盖好再放,以避免风干或串味。

(8) 电冰箱温控器上标的数字 1、2、3、4、5 挡,数字越大,温度越低。一般冬天开 1、2 挡,夏天开到 3、4 挡,不必开到强冷挡,以免增加压缩机的负荷与耗电量。

(9) 电冰箱在使用过程中要尽量减少开门次数和时间,以减少冷量流失、节省用电。

(10) 食物菜肴应放在有盖的容器内冷藏,或用保鲜膜封好,以防水分散失或串味。

(11) 生、熟食品要分开存放,防止交叉污染。已经变质或腐败的食物应立即取出,不应再存放。

(12) 定期对电冰箱进行清洁工作,发现有霉菌后,应立即进行清扫和消毒。

(13) 不可把玻璃瓶装的汽水、啤酒等放入冷冻室内,以免冻裂玻璃容器。此类物品应放在冷藏箱内或门挡上,以 4 ℃左右温度储藏为好。

(14) 电冰箱内严禁放入易燃、易爆物品或化学试剂,以免引发意外事故。

(15) 电冰箱停机后,必须待3分钟～5分钟后才能再行开机。因为电冰箱在运行中,其压缩机吸气侧和排气侧压差很大,在停机后的短时间内两侧系统仍保持较高的压差,此时如果立即启动,压缩机活塞压力将大增,电动机绕组电流剧增,很有可能将电机烧坏。

(16) 下列食物不宜放入电冰箱内保存。

① 鲜荔枝。如将鲜荔枝在冰箱0℃的环境中放置一天,会使荔枝表皮变黑、果肉变味。

② 西红柿。西红柿经低温冷冻后,肉质呈水泡状,显得软烂;或者出现散裂现象,表面有黑斑、煮不熟、无鲜味;严重的则会变质腐烂。

③ 火腿。如将火腿放入电冰箱低温贮存,则其中的水分就会结冰,脂肪析出,腿肉结块或松散,肉质变味,极易腐败。

④ 巧克力。巧克力在电冰箱中冷存后,一旦取出,在室温条件下即会在其表面结出一层白霜,极易发霉变质,失去原味。

6. 电冰箱的维护和保养

(1) 使用中的冰箱,蒸发器表面结霜层是一种自然现象,除无霜冰箱具有全自动化霜功能外,一般直冷式电冰箱如出现霜层厚度超过5 mm时,均需要人工帮助除霜。人工除霜(装有半自动化霜按钮的电冰箱,在通电下按下除霜按钮,化霜终了可以自动弹起开机)一般均是拔掉电源插头让其霜层自然融化,或打开箱门加速融化。具有抽屉式的冷冻室也可将抽屉抽出,在每个隔层上放一盘热水加快化霜,除霜后应用软布擦干霜水,全面清理污物,再开机制冷运转。除霜应选择在食品最少时进行。

(2) 电冰箱暂时不用时,可拔下电源插头;停机清洁冰箱后,开门晾

1～2天，在门封条上涂一层滑石粉，箱门不要关严，要留一点缝，以免箱内产生异味。电冰箱在存放期间，上面不要堆放重物，以免引起箱体变形。若停用时间较长，最好每月通电运行数分钟，防止润滑用的冷冻机油凝固，造成以后使用时出现故障。

(3) 冰箱使用1～3个月后应进行一次清理，除清除过期和发霉的食品、避免细菌生存、防止箱内腐蚀外，应断开电源后用中性洗涤剂及软布擦拭内胆附件和箱体，用清水复擦恢复晾干，以防电气元件受潮。切忌用开水、去污粉、汽油、油漆稀料、香蕉水等有腐蚀性溶剂擦洗，以免损伤漆层和塑料零件。对外露冷凝器及发热管路，应用长毛刷清除积尘。对接水盘要每月清洗一次。尤其是对门封条及箱体要经常保持清洁。

7. 电冰箱的常见故障检修

电冰箱的常见故障及检修方法见表10-5。

表10-5　电冰箱的常见故障及检修方法

故障现象	产生原因	检修方法
通电后不运转，没有声音	1. 电源插头接触不良或插座无电 2. 电源线折断或脱焊 3. 温控器旋钮处在停止位置 4. 温控器短路 5. 启动继电器触点接触不良或线圈短路 6. 过载保护器的热元件烧损或触点断开 7. 压缩机内电机引出线松脱 8. 压缩机电动机主绕组短路、烧坏或者内部短路	1. 检查电源是否有电，插头接触是否良好 2. 检修导线或更换导线 3. 将温控器旋钮旋在中点位置 4. 更换温控器 5. 用细砂纸轻擦触点，或者更换启动继电器 6. 用万用表检查两接线端子之间是否导通，若不通，更换过载保护器 7. 检查后将引出线焊牢 8. 卸下启动继电器和过载保护器，从三个接线柱直接测量主绕组，如损坏，重绕电动机绕组或者更换压缩机

(续表)

故障现象	产生原因	检修方法
通电后，只听到压缩机内有“嗡嗡”声，但不能启动	1. 电源电压过低或过高 2. 启动继电器动、静触点不能分开 3. 启动电容器失效 4. 系统内制冷剂充注过多，以致压力升高，负荷过重 5. 压缩机磨损或润滑不良 6. 压缩机卡死，不能转动	1. 待电源电压恢复正常后再使用 2. 修理或更换启动继电器 3. 更换新启动电容器 4. 检查系统的高压和低压部分的压力是否正常，适当减少制冷剂 5. 检修压缩机或加合适的润滑脂 6. 修理或更换压缩机
压缩机启动频繁	1. 温控器的感温管松脱 2. 温控器控制范围过小 3. 磁性门封不严，保温不好箱内温升过快 4. 蒸发器霜层太厚，热传导性能差	1. 将感温管与蒸发器表面夹紧 2. 把温控器旋钮向“冷”点适当调整 3. 更换磁性门封，修理箱门 4. 除去蒸发器的霜层
压缩机运转不停，但不制冷	1. 制冷剂全部泄漏 2. 严重冰堵 3. 严重脏堵 4. 压缩机内高压缓冲管破裂或吸、排气阀损坏	1. 仔细检漏和补焊，对制冷系统干燥抽空，重新充灌适量的制冷剂 2. 对制冷系统干燥抽空，重新充灌适量制冷剂 3. 更换毛细管和干燥过滤器对制冷系统干燥抽空，充灌适量制冷剂 4. 拆开压缩机检修，然后检漏、干燥抽空，充灌适量制冷剂
压缩机运转不停，但制冷量少	1. 环境温度过高 2. 箱内存放了过多的温度较高的物品，或连续冻结大量冰块 3. 开箱门过于频繁或开箱门时间过长	1. 环境温度高于 43 ℃时，不是冰箱故障 2. 适当减少放入的物品，并使物品降至常温再放入，减少冻冰量 3. 减少开门次数和时间

(续表)

故障现象	产生原因	检修方法
压缩机运转不停，但制冷量少	4. 制冷剂部分泄漏 5. 部分冰堵，制冷剂循环不畅 6. 部分脏堵，制冷剂循环不畅 7. 压缩机活塞和气缸磨损或气门阀门或阀片底座封闭不严	4. 仔细检漏和补焊，然后干燥抽空，充灌适量制冷剂 5. 对制冷系统干燥抽空，充灌适量制冷剂 6. 更换毛细管和过滤器，检漏、干燥抽空，充灌制冷剂 7. 压缩机使用 8 年以上是正常磨损，可更换压缩机，如果使用时间短，可拆开检修
电冰箱工作时噪声过大	1. 箱脚未调平，箱体振动 2. 管道间有物体与箱体碰撞摩擦 3. 压缩机底部的固定螺丝松动 4. 压缩机内悬挂弹簧折断 5. 压缩机固定用的减振胶垫压得过紧，过松或老化 6. 压缩机严重磨损或润滑不良 7. 压缩机内液面过高，造成压缩机吸液现象	1. 重新调整箱脚螺钉，使之平稳 2. 适当移开管道 3. 拧紧压缩机的固定螺丝 4. 拆开压缩机，更换弹簧 5. 调整或更换减振垫 6. 修理或更换压缩机，添加适量润滑油 7. 重新调整加液量
箱内温度过低	1. 温控器旋钮旋到“强冷”挡 2. 温控器的触点粘连 3. 温控器感温管离蒸发器过远 4. 热敏元件短路或其阻值变小	1. 重新调整温控器旋钮到“中”挡 2. 清除触点粘连 3. 调整至适当位置，一般以贴着蒸发器表面为宜 4. 更换新的热敏元件
箱内温度过高	1. 箱内放入食物过多过满，影响冷气流动 2. 电冰箱内风扇不转动 3. 结霜层过厚 4. 箱门密封不严，漏冷严重	1. 适当减少食物储藏量，便于冷气自由循环流动 2. 检修电扇及控制电路 3. 及时除霜 4. 修正箱门位置，更换磁性门封条

(续表)

故障现象	产生原因	检修方法
箱内温度过高	5. 毛细管等管道轻微堵塞 6. 压缩机制冷效率低 7. 温控器或感温管位置不当或失灵 8. 关门后箱内灯不熄灭 9. 电动机的运行电流过大	5. 更换堵塞件,重新干燥、抽空、加液 6. 修理或更换压缩机 7. 调整至适当位置,修理或更换 8. 检修门控灯开关 9. 检修或更换电动机
人体接触箱体或开门时有电麻感觉	1. 未安装接地线 2. 温控器受潮短路 3. 压缩机接线端子周围有油污,漏电	1. 按规定安装好接地线 2. 进行干燥处理 3. 清除压缩机接线端子周围的油污杂物,并进行干燥处理
外壳凝露滴水	1. 门封条有损坏或间隙大 2. 外界环境的温度过高 3. 过量的制冷剂使回气管部位滴水 4. 门封条不严或有“冷桥”	1. 检修或更换门封 2. 移至通风好,温度低的环境使用 3. 减少制冷剂 4. 更换门封条

10.4 微波炉

微波炉是利用微波辐射烹饪食物的一种厨房电器,具有热效率高、省时节能、清洁卫生、烹饪快捷和使食物不失新鲜营养等优点。图 10-7a、b 是微波炉的外形和结构。

a

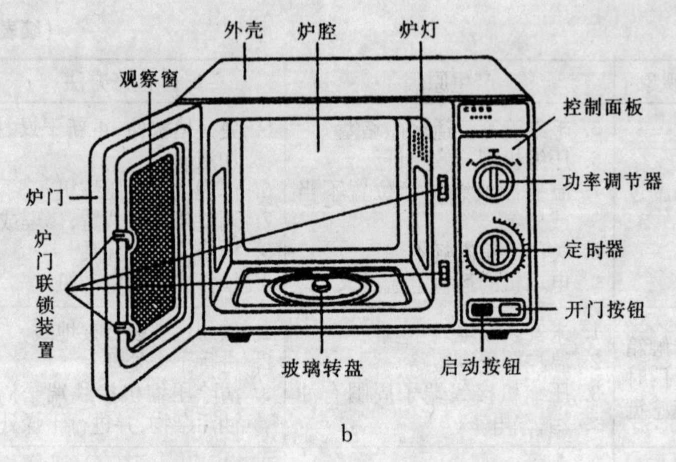

图 10-7 微波炉外形和结构

1. 微波炉的选购

(1) 规格的选择

家用微波炉的规格一般都以微波输出功率来标称,常见规格有500 W、600 W、700 W 和 800 W 等规格。一般来说,选择功率比较大些的为好,因为微波输出功率就是微波炉的加热能力和加热速度,输出功率大并不意味着费电,因为相应的加热时间可缩短。但考虑到用电负荷、加热食品的数量、人口的多少、价格等因素,3～4 人的家庭,700 W 以下的微波炉足以够用,4 人以上的家庭,或是想进一步加快烹饪速度,700～800 W 的微波炉就能满足需要。

(2) 挑选

在挑选微波炉时主要应检查以下几项:

① 看外观。微波炉的造型是否美观大方,色彩是否为你喜欢,产品上的各种颜色是否协调,该产品与安置处其他家具的颜色是否协调。

② 看表面。查看产品表面的涂层、漆层或镀层有无机械碰伤或擦

伤,各部件有无裂缝、损伤。

③ 看面板。要求面板平整无凹凸、无擦毛、无碰伤、无加工痕迹、色泽均匀、光泽好、图案、字符清楚。

④ 看零部件配合。要求各零件之间的配合、组装平服、平整,无明显缝隙,零部件无变形。底座平整度稳定性良好,微波炉的四只脚在玻璃平板上应平整着地,无摇动、晃动现象。

⑤ 看炉门密封性。炉门是防止微波泄漏的关键部位之一,可用一台中波收音机调到无电台处,放在靠近炉门的四周,关上炉门,如听不到放电似的噪声,则说明炉门密封良好,微波泄漏量小。启动开门按键应自如;关门时门钩弹入声应清晰。

⑥ 看输出功率是否正常。将一杯 200 mL 的冷水,放入功率为500 W 的微波炉内,开动 4 分钟将水烧开,放入功率为 600 W 的微波炉内,开动 3 分钟将水烧开,就属于正常。

2. 微波炉的使用

(1) 把食物置于微波炉专用的盆子上,放入炉腔内,或直接将食物放到炉腔的盛放架上。也可用塑料、玻璃和陶瓷制作的容器盛放食物,但不能用金属容器。

(2) 使用时,关好炉门,选择好所需时间,以防过火焦煳或欠火不熟。

(3) 从微波炉内提取食物和器皿时,应当使用锅夹或戴上隔热手套,以免高温烫伤。

(4) 如果烹制冷冻食物,要先解冻。解冻时按控制板上的解冻按钮(DEFROST)。若所用微波炉没有自动解冻装置,可用最小功率挡(60 W 左右)进行解冻。对于没有功率调节标志的微波炉,可用间歇操作的方法解冻。

(5) 按食物的种类和烹调要求调节控制板上的时间控制旋钮或

温度控制旋钮，并调节功率输出旋钮。如果使用的是微电脑控制微波炉，按食物的种类和烹调的要求可依次按动或触摸控制板上的程序按钮。

(6) 达到预定的烹调时间，或者食物的温度升到预定值之后，微波炉自行停止烹调，同时发出信号，此时可打开炉门将食物取出。如果不准备马上食用，也可按下控制板上的保温按钮(WARM)，留在炉内待用。

3. 微波炉使用注意事项

(1) 微波炉不能放在磁性材料的周围，否则将影响其工作效率。炉内没有被加热的食物时不要空开，以免使微波炉处于空载下工作，使磁控管损坏。

(2) 不能用金属容器、搪瓷容器和刻纹较深的玻璃容器、结晶玻璃容器、涂有金粉、银粉的容器和部分使用金属的竹、木制品、纸制品等盛放食物装入微波炉内烹饪。否则会因微波的反射而干扰炉腔正常工作，甚至产生高频短路，损坏微波炉。应选用耐热玻璃容器(图 10-8)、耐高温硼酸玻璃容器、瓷制容器、耐高温的塑料容器。

图 10-8 微波炉用玻璃盘

(3) 烹调食品时间宁可不足，不要过度，不足可增加时间，过度则无法挽回。

(4) 已煮好的汤圆或荷包蛋等，马上取出可能会造成其内部液体沸腾爆破而溅伤人体。应打开炉门后，略搁置一会儿，再取出食用。

(5) 切勿煮带壳蛋，压力会使蛋爆裂。加热熟蛋时，蛋黄、蛋白要用牙签刺穿数次。

(6) 烹调中如发生冒烟或起火现象时,切勿立刻打开炉门,否则遇空气会加大火势,应立即将微波炉电源断开,使之自然熄灭。

(7) 为防止触电,微波炉必须可靠接地。不可在炉顶放置任何物件。

(8) 微波炉必须放置平稳、可靠,与墙壁等物体之间应留有 10 cm 空隙,以保持空气流通。为使微波炉经久耐用,不可放在高温高湿的地方使用。

(9) 微波炉不能与电视机、收音机接近,以免造成干扰。

(10) 每次用完后,应及时用软布将炉腔和外壳抹拭干净。暂时不用时,最好拔去电源插头,或在炉腔内放进一个盛水的玻璃杯,以免小孩打开开关时使微波炉空载运行,损坏磁控管。

4. 微波炉的清洁和保养

(1) 切勿使用强洗涤剂、香蕉水、汽油、研磨粉和金属刷来清洗微波炉的任何部位。

(2) 清洗炉腔时,须关闭微波炉,并从插座上拔去电源线插头。

(3) 要经常保持炉腔的清洁。当食物或汤水溅到炉内壁时,可用湿布擦去。如果炉内壁很脏则可使用软性洗涤剂,切勿使用粗糙、磨损性的洗涤剂。

(4) 必须经常清洁玻璃盘。可先用温热的肥皂水清洗,再用清水洗净擦干。

(5) 必须经常擦洗转盘支撑和炉腔底面。可用软性剂擦洗炉腔底面,而转盘支撑则可用温热的肥皂水洗,清洗后放回原处。

(6) 必须经常清洁门的密封面。可先用软干布浸肥皂水清洗,再用软干布擦净。

(7) 微波炉外表面用软干布浸肥皂水清洗后,再用软干布擦净。注意不要让水渗入炉缝或通风口。

(8) 如控制板被弄湿,则用软的干布抹擦,不能用粗糙、磨损性的洗涤剂来擦控制板。擦控制板时,要将炉门打开,以免误操作。

(9) 炉内外如有蒸汽凝成的水滴,可用软干布擦净。

(10) 当使用薄块烧烤或微波烧烤功能时,有些食物的油渍会留在炉的内壁上,如不作定期清洁,可能在使用时冒烟。这些污渍必须及时清洁。

(11) 如果炉内有异味,可用一杯水加几匙柠檬汁煮5分钟~7分钟后擦试,便可清除。

(12) 微波炉若长期不用,应拔掉电源插头,放在通风干燥、没有腐蚀性气体的环境中。

5. 微波炉的常见故障检修

微波炉的常见故障及检修方法见表10-6。

表10-6 微波炉的常见故障及检修方法

故障现象	产生原因	检修方法
微波炉不工作	1. 电源插头未插好 2. 炉门未关好 3. 家电保护器跳闸或烧断 4. 定时器未调节好时间	1. 重新插好电源插头 2. 重新关好炉门 3. 检查跳闸或烧断原因,给予排除 4. 调节好定时器时间
炉腔照明灯亮,但不能加热食物	1. 倍压整流与磁控管之间的高压线路断路 2. 电源变压器高压绕组损坏 3. 整流二极管击穿 4. 高压电容器击穿 5. 磁控管损坏 6. 炉门联锁开关损坏	1. 检查线路,排除故障 2. 更换变压器或重绕绕组 3. 按原规格更换 4. 更换同规格电容器 5. 更换同规格磁控管 6. 修复或更换联锁开关

(续表)

故障现象	产生原因	检修方法
炉腔照明灯不亮,也不能加热食物	1. 炉门未闭合好 2. 热断路器动作断开电路 3. 烹调继电器绕组断路 4. 连接线有断路	1. 关好炉门 2. 检查风道是否闭塞,散热风机是否损坏,若损坏应更换 3. 更换继电器 4. 检查线路,接好断线和脱焊部位
烹饪出来的食物不均匀	1. 食物太厚,外熟里不够熟 2. 上层堆放食物太多,阻碍微波进入下层食物 3. 搅动器电机接线松脱或损坏 4. 炉腔内污垢太多,以致反射失效	1. 切成块状放入炉内,中途翻转一下,使微波辐射均匀 2. 适当减少上层堆放的食物,中途翻转一下 3. 重新接好断线,或更换电机 4. 把炉腔清扫干净
温度控制器失调,不能保温	1. 温度控制器接触不良或接线松脱 2. 温度控制器损坏,双金属片失去弯曲特性;触点烧坏,触片失去弹性	1. 重新调校,使其接触良好;使松脱的线路接牢 2. 更换双金属片或其他零件或整体更换
可以加热食物,但定时器旋盘不能回复到"0"位	1. 定时器接线松脱,触片失去弹性或触点损坏 2. 定时器损坏	1. 重新接好接线或更换损坏零件 2. 更换定时器
烹饪期间,指示灯突然熄灭,烹饪立即停止	1. 炉门被打开 2. 热断路器动作 3. 停电或超负荷,熔丝熔断 4. 电源变压器烧坏或短路	1. 重新关好炉门 2. 清除冷风道上的障碍物 3. 待供电正常或更换熔丝 4. 更换变压器

10.5 电饭锅

电饭锅又称电饭煲，是利用电热烹饪食物的厨房器具。用电饭锅煮饭，不仅方便快捷、安全可靠、饭质松软可口，而且还具有清洁卫生、能自动煮饭和饭熟自动保温的优点。图 10-9a、b 所示是电饭锅的外形和结构。

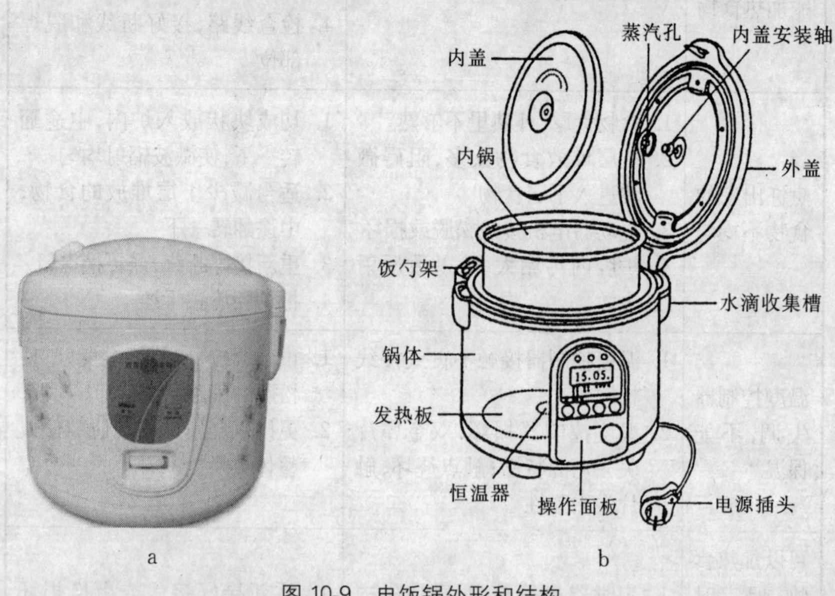

图 10-9　电饭锅外形和结构

1. 电饭锅的选购

(1) 类型的选择。自动保温电饭锅有普通型和定时启动型两种。如家中经常有人，可买普通型的，因为普通型价格便宜，也基本能满足家庭使用要求；如果家里平时没有人做饭，而且中午要回家照顾小孩吃饭，买定时启动型的就比较合适了。

(2) 规格的选择。应根据家庭人口数和煮米的多少来选择。各种电饭锅的规格、容量及可供用餐人数如表 10-7 所示。

表 10-7 电饭锅的容量、功率及可供人数

额定容积(L)	额定功率(W)	额定煮米量		可供用餐人数
		质量(kg)	容积(L)	
1.2	≤400	0.48	0.6	1～3
2.4	≤500	0.8	1.0	2～4
3.6	≤600	1.2	1.5	3～6
4.8	≤700	1.6	2.0	5～8
6.0	≤800	2.0	2.5	7～10
7.2	≤1 000	3.0	3.0	8～12
8.4	≤1 500	3.6	3.6	10～14
9.6	≤2 000	4.2	4.2	12～16

(3) 检查电热盘和内胆。电热盘和内胆的工作表面应有较高的光洁度,不应有孔眼、凹凸不平、明显砂痕、机械砂痕、氧化腐蚀斑点等缺陷。电热盘和内胆底的配合面必须相吻合,否则将严重影响电饭锅的使用性能。

(4) 通电检查。购买时应查看外锅是否有损伤、变形等机械损坏情况。然后把内锅放在外锅内,上下按动按键,应无阻挡,声音清脆。然后,再进行通电试验,查看指示灯是否亮,电热盘是否热及恒温器是否恒温等。还要特别注意锅体和电源引线是否有漏电现象。

(5) 其他检查。锅盖应无扭曲碰伤,并与内胆和外壳的密封良好;电源线、量杯、蒸架、使用说明书、保修卡等应齐全无损;电源线两端的插头插孔应接插灵活,不宜过紧或过松。

2. 电饭锅的使用方法

(1) 淘米。用其他容器先将米淘洗干净后放入电饭锅的内锅里,锅内的米要大致分布均匀,不要堆积在一边,否则煮出来的饭会软硬不均匀。不宜直接用内锅淘米,以免碰撞引起锅底变形,影响使用。

(2) 放置。将内锅放入电饭锅时,应随手将内锅左右转动两下,使它与电热盘紧密接触，然后再盖上锅盖，否则会影响电饭锅的使用寿命或煮出夹生饭。

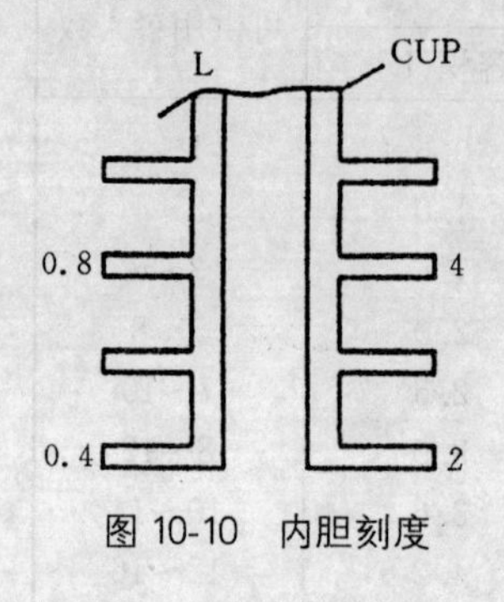

图 10-10　内胆刻度

(3) 加水。不同质的米，煮饭时吸水量也不同，需要凭煮饭经验灵活加水。有些电饭锅的内锅壁刻有放米和加水的刻度，如图 10-10 所示。刻度的左边以升为单位，即把量好洗净的米放进锅内，然后加水至刻度线。例如，量米 0.8 升，水便加到刻有“L”字母一边的 0.8 线上；刻度右边以量杯为单位，即量米 4 杯，水便加到刻有“CUP”字母一边 4 的刻度线。

(4) 连接电源。先将电源线一端的连接插头插入电饭锅的电源插座内，然后再将电源线另一端的电源插头插到交流 220 V 插座内。此时，电饭锅黄色指示灯亮，表示电饭锅已接通电源，但不表示煮饭。

(5) 煮饭。按下开关的按键，红色指示灯亮，开始煮饭。饭熟后，按键自动复位，红色指示灯熄灭，黄色指示灯亮，表示米饭进入保温状态。为了把饭焖透，饭熟后不宜马上打开锅盖，利用余热再焖 10 分钟～15 分钟，这样做可使米饭熟透，香滑可口。

(6) 保温。饭煮好后如不马上食用，锅内饭的温度降至 70 ℃以下时，红色指示灯又亮，其后不断时灭时亮，这表示是自动保温，如果不需要自动保温，应将电源插头拔下。通常保温时间以不超过 3 小时为宜。

(7) 煮粥时务必有人看管，并按规定加米加水，煮粥不能超过 2 小时，否则会有大量汤水外溢而损坏元件。

3. 电饭锅使用注意事项

(1) 电饭锅的内锅可以用水洗涤，但切忌使用金属利器铲刮米锅巴，外锅与电热盘不能浸水，只可以在断开电源以后，用湿布揩抹。

(2) 使用时,应将蒸煮的食物放入电饭锅内盖好锅盖,再接通电源。取出食物时,则应先拔去电源插头。

(3) 在接通电源后,不得取出内锅,否则电热盘会有熔化烧毁的危险。

(4) 使用电饭锅前,先检查内锅和发热盘间有无饭粒、水滴或其他异物,若有应立即擦除。

(5) 内锅放入后应随手转动两次,使其与发热盘中心限温器感温软磁铁贴合,以防因接触不良使感温元件失灵而损坏发热盘。务必待内锅放入后,才能接通电源。

(6) 内锅是电饭锅的专用配套件,不允许用其他容器代替内锅放在发热盘上使用。

(7) 内锅不能放在其他炉子上加热,否则容易变形。

(8) 电饭锅用毕后,务必将电源插头拔下,否则温控器断续保温,既浪费电力又容易烧坏电热元件。

(9) 电饭锅不宜烧煮酸、碱食物。不用时也不宜放在有腐蚀性气体或潮湿的处所。

4. **电饭锅的常见故障检修**

电饭锅的常见故障及检修方法见表10-8。

表10-8 电饭锅的常见故障及检修方法

故障现象	产生原因	检修方法
不发热	1. 电源插头和插座接触不良或断线 2. 煮饭开关接触不良 3. 操作按键未按下 4. 发热盘电热元件断路 5. 磁铁限温器失效 6. 双金属片保温器失效	1. 检修插头和插座,使之接触良好 2. 检修开关 3. 按下操作开关 4. 更换发热盘 5. 更换磁铁限温器 6. 修理或更换保温器

（续表）

故障现象	产生原因	检修方法
煮不熟饭	1. 限温器失效 2. 内锅与电热盘之间有异物 3. 内锅变形，热传导不良 4. 内锅加水不足	1. 更换限温器 2. 检查并清除异物 3. 内锅需整形或更换 4. 按规定添加适量的水
煮焦饭	1. 限温器不能及时断开 2. 压紧弹簧失去弹性 3. 电压过低，致使煮饭时间过长	1. 更换限温器 2. 更换压紧弹簧 3. 待电压恢复正常再煮饭
不能自动保温或保温不正常	1. 温控器触点或触片损坏 2. 温控器烧坏	1. 更换温控器触片 2. 更换温控器

10.6 电磁灶

a

电磁灶又称电磁炉，是利用电磁感应加热原理烹饪食物的一种新颖烹调器具。电磁灶不仅可以加工传统灶具所能烹调的一切食物，而且还可以方便地控制加热温度，操作十分方便。图 10-11a、b 所示是电磁灶的外形和加热原理。

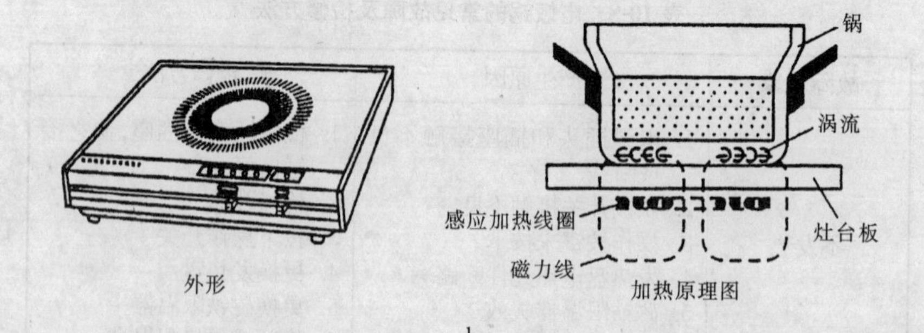

b

图 10-11 电磁灶外形和加热原理

1. 电磁灶的选购

(1) 功率的选择

首先要根据自己的使用目的,选择输出功率适当、热效率高的电磁灶。作为家用灶具,从省电的角度考虑,当然希望功率小些。但是功率太小,烹饪时间会延长,相对来说并不省电,4~5 口人的家庭最好选择功率为 1 300 W 左右的电磁灶。

(2) 功能的选择

为了使用方便和绝对的安全可靠,应尽量选择具有多功能装置的电磁灶。这些功能包括:

① 防止过热装置。空锅放在灶面板上,锅底很快被加热,当其温度达到 250~300 ℃时,可自动切断电源,防止锅底过热而引起意外事故。

② 防止灶内温度过高装置。电磁灶中都有冷却风扇,以防止灶内温度过高而损坏内部元件。如果电磁灶放置在温度很高的物体附近,或者室内温度过高时,灶内的恒温器就会发生作用,使电磁灶停止工作。当周围的温度下降时,电磁灶就会自动继续加热。

③ 灶面板裂纹检测装置。电磁灶的灶面板一般是用微晶玻璃制作的,耐急冷急热的能力很强,抗冲击的强度也很高。万一由于某种原因灶面板破裂时,检测电路即会动作,切断电源,以防触电。

④ 锅的检测装置。在使用过程中,如果在磁力线范围内没有放上锅,或者放上的不是磁性锅而是铜锅、铝锅、陶瓷锅时,灶内的检测装置就会动作,给出音响或光电信号以提醒使用者注意。

⑤ 小物件检测装置。如果小刀、小勺、叉子等放到灶面板上,小物件检测装置就会使电磁灶停止功率输出,并发出报警信号。当人手拿着金属小物件在电磁灶磁力线范围内操作时,检测装置也会发出报警信号。

2. 电磁灶的使用

(1) 电磁灶需放置在平整的面板上使用。

(2) 必须使用专用的平底锅,并与电磁灶加热面相吻合。

(3) 电磁灶应离墙 10 cm 以上,以利排风口散热。

(4) 电磁灶使用前、后应及时抹拭台面,保持清洁干燥。

(5) 不用时锅不要放在台面上。

(6) 电磁灶的温度由发光二极管功率显示器显示。显示盘上标记一般分多个功率等级:1～3 级为小功率,约为 400 W; 4～7 级为中功率,约为 800 W; 8～10 级为大功率,约为1 200 W。各种烹调方式使用不同火候,例如煮饭,开始时用大火 10 级加热,水煮沸后改用中火 4～7 级继续煮,快要熟时再改用小火 1～3 级煮一会儿即可。

3. 电磁灶使用注意事项

(1) 电磁灶功率较大,使用时必须选用 250 V、10 A 的电源插座。

(2) 非导磁体的锅具,诸如陶瓷、玻璃等制成的锅具以及导磁不良的不锈钢锅具,传统半球状生铁锅等不宜用于电磁灶。底部凹凸差距过大且直径或边长小于 12 cm 的导磁的锅具也不适宜用于电磁灶。

(3) 禁止将电磁灶摆放于铁制台面或家用电器上工作(如铁制厨柜、消毒柜、冰箱等)。

(4) 电磁灶不宜长时间空烧。

(5) 灶具使用后勿用手触摸灶面加热区,因受锅具的高温影响,加热区温度颇高。

(6) 切忌堵塞进排气口,以确保灶内热空气循环。电磁灶勿放置于台布上使用。

(7) 即使未接通电源,易被磁化的物品诸如手表、录音带、录像带等也不宜放在电磁灶面板上,以免被磁化损坏。

(8) 高频电磁灶虽有屏蔽装置,但工作时仍可能产生电磁波干扰,因而电视机、收音机不要放在电磁灶方圆 3 m 之内使用。

(9) 未开口的金属箔包装的食物、饮料等不宜放到电磁灶面板上加热,以免发生爆炸。

(10) 灶具有轻微的污迹,可用拧干的湿布轻轻擦拭。油污过量,可蘸些肥皂水擦拭,再用干的湿布擦净,然后用柔软干布擦干水分。

(11) 切忌将电磁灶浸入水中洗擦,以免电子元件受潮导致损坏。

4. 电磁灶的常见故障检修

电磁灶的常见故障及检修方法见表 10-9。

表 10-9 电磁灶的常见故障及检修方法

故障现象	产生原因	检修方法
锅具不发热,指示灯不亮	1. 停电 2. 保险丝熔断 3. 插头与插座接触不良	1. 待供电正常再使用 2. 找出保险丝熔断的原因并排除,更换合适的保险丝 3. 修理或更换
锅具不发热,不断发出警报声	1. 锅体材质不适于电磁灶,或形状不符合要求 2. 供电导线容量不足	1. 更换适于电磁灶使用的锅具 2. 选用容量符合要求的供电导线
使用一段时间后,发出急促警报声	1. 进气口或排气口被异物堵塞 2. 空锅加热时间过长 3. 使用电磁灶的环境温度过高	1. 清除异物,使排气道畅通 2. 正确使用锅具 3. 改变环境,或在温度较低场所使用
排风扇不转,无热风送出	1. 排风口有异物堵塞 2. 风扇接插件接触不良 3. 风扇电机转轴缺油 4. 电机定子绕组烧坏 5. 风叶变形卡死	1. 清除异物 2. 修理或更换 3. 适量注油 4. 修理或更换 5. 校正变形部位

10.7 吸油烟机

a

吸油烟机又称抽油烟机，是一种净化厨房环境的厨房电器。它安装在厨房炉灶上方，能将炉灶燃烧的废气和烹饪过程中产生对人体有害的油烟迅速抽走，排出户外，从而减少对厨房污染，净化空气，同时还起到防毒、防爆的安全保障作用。图 10-12a、b 所示是吸油烟机的外形。

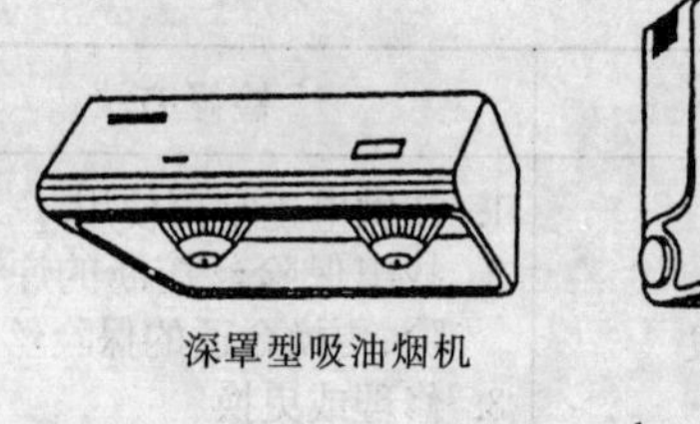

深罩型吸油烟机

深柜型吸油烟机

b

图 10-12 吸油烟机

1. 吸油烟机的选购

(1) 规格的选择。一般来说，排风量大的吸油烟机净化厨房空气的速度快，对人体健康有利。但随着吸油烟机排风量的增加，电动机的功率也相应增加，耗电量较高，整机的噪声也比较大。因此，在购买时，应优先考虑选用那些排风量相同，而电动机功率较小，即耗电量较低的产品。

(2) 外观的挑选。选购时应注意检查机壳油漆喷涂层有无伤痕(原因是里面的薄板长期接触油烟，如有伤痕就很容易被氧化)，漆层是否均匀、光亮，塑料件有无破裂。

(3) 是否容易清洁的选择。吸油烟机的清洗是用户购买后日常维护中很重要的工作。选购时,应特别强调选用那些不用任何专用工具,便能轻松地拆卸下网罩和风机涡轮扇叶的机型。

(4) 通电检查。接通电源进行试运转,看琴键开关的各个按键是否灵活,控制是否有效;听吸油烟机工作时的噪声大不大。在一般情况下,吸油烟机的噪声应小于 70 分贝。

(5) 检查附件。检查有无产品合格证,生产单位和厂址。根据说明书检查随机附件是否齐全。

2. 吸油烟机的使用

(1) 点火烹饪前应先启动吸油烟机,在进风口处形成一个负压区,以保证烹饪时的排油烟效果。

(2) 吸油烟机处于潮湿环境中使用,容易造成漏电。因此,必须配置三孔电源插座。

(3) 烟管出口应避免设在迎风处,以免外面强风倒灌而影响烟气的排放。

(4) 使用吸油烟机时,应尽量减少厨房空气对流因素,以保证吸油烟机的使用效果。

(5) 吸油烟机运行中,不要试图用手触摸风扇,更不要用硬物插入,以免伤手或损坏风扇。

3. 吸油烟机的清洁和保养

(1) 清洁吸油烟机时必须切断电源,严禁带电清洁。

(2) 集油盒集油达到油盒高度三分之二时,拆下将油倒掉,抹净后插回原位。

(3) 集油盒收集的污油,向外倒时很不顺利,若污油多为动物油时这种情况更明显。为解决倒油难的问题,可在刷好的油盒或新油盒内装衬一塑料薄膜,当油满时将塑料膜一起拔出,再换一新薄膜即可,既方便又卫生。

(4) 机壳外表脏污,可用软布蘸些中性清洁液进行抹拭,再用干净软布抹干净。

(5) 风扇布满油污时,先拆出防护罩,右旋风扇的紧固螺母,拆下风扇。清洁干净后,嵌回风扇,左旋拧紧螺母。

(6) 为了方便地清洗风扇上的油污,可将刷洗好的扇叶晾干后,涂上一层办公用胶水,使用数月后将风扇上油污成片取下来,既方便又干净,若再涂上一层胶水又可使用数月。

4. 吸油烟机的常见故障检修

吸油烟机的常见故障及检修方法见表10-10。

表10-10 吸油烟机的常见故障及检修方法

故障现象	产生原因	处理方法
按下琴键开关,风机不转,整机无任何反应	1. 电源插头、插座接触不良 2. 琴键开关损坏或触点接触不良 3. 保险丝熔断 4. 电机定子绕组引线开路或绕组烧毁	1. 检修插头、插座 2. 检修或更换开关 3. 查出原因,更换同规格保险丝 4. 焊牢引线,修理或更换绕组
按下琴键开关,风机不转,但电动机有"嗡嗡"声	1. 轴承损坏或磨损,导致转子、定子相碰 2. 启动电容开路失效 3. 定子绕组损坏 4. 叶轮轴套紧固螺钉松动,叶轮脱出与机壳相碰卡死	1. 更换轴承 2. 更换同型号电容器 3. 修理或更换绕组 4. 调整叶轮位置,将螺钉重新拧紧
电动机转速变慢	1. 电容器容量减小 2. 定子绕组匝间短路	1. 更换同型号电容器 2. 检修或更换绕组
电动机时转时不转	1. 电源线折断或电源插头与插座接触不良 2. 琴键开关接触不良 3. 机内连接导线焊接不良 4. 电容器引线焊接不牢	1. 更换电源线,检修插头与插座使其接触良好 2. 更换琴键开关 3. 重新焊牢 4. 重新焊接

（续表）

故障现象	产生原因	处理方法
排烟效果差	1. 油烟机与灶具距离过高 2. 排气管太长，拐弯过多 3. 出烟口方向选择不当或有障碍物阻挡 4. 排气管道接口严重漏气 5. 集油盒封条破损	1. 重新调整高度 2. 正确安装排气管 3. 改变位置，清除障碍物 4. 使其密封好 5. 更换封条
工作时噪声大	1. 轴套紧固螺钉松动，叶轮脱出与机壳相碰 2. 叶轮严重变形 3. 叶轮装配不良，与顶壳相碰	1. 调整叶轮位置，将紧固螺钉拧紧 2. 调校叶轮，使之恢复原状 3. 正确安装叶轮
漏油	1. 排油管破损或脱离 2. 集油盒封条破损 3. 集油杯安装不良 4. 集油盒内油满外溢	1. 更换或将脱离端重新插牢 2. 更换粘牢 3. 重新装好集油杯 4. 清除盒内油污

10.8 电风扇

电风扇又称电扇，它由电动机带动扇叶旋转来加速空气流动，作防暑降温、调节局部范围空气流动速度之用，适用于家庭居室、办公室等场所。图10-13a、b所示为转页落地扇的外形。

1. 电风扇的选购

(1) 类型的选择

电风扇大致可分为台扇、吊扇、落地扇、转页扇、排风扇、壁扇和冷风扇等。台扇的特点是美观大方，移动方便，适用于小面积场所；吊扇适用于面积较大的场所，风量也较大，但不能移动；落地扇高低位置可以调节，不占用桌子，但移动较为不方便；转页扇质量轻，体积小，风力柔和。可根据需要确定购买哪一种类型。

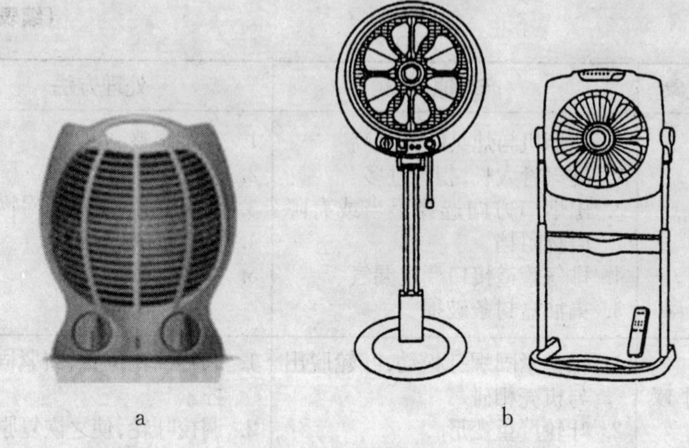

图 10-13 转页落地扇外形

(2) 通电检查

① 检查低挡启动性能。按下低速挡,启动快;按下停止键,惯性大、继续转动时间长的电风扇为启动性能好。

② 检查运转情况。电风扇各挡运转时,要求风叶平稳,振动和噪声要小,风量要大。在正常情况下,应该只能听到连贯和均匀的风声,不应有嗡嗡或其他噪声。在最高挡运转时,风叶、网罩不得有明显抖动,否则,表明风叶安装不平衡。

③ 检查开关和旋钮。电风扇的调速开关、摇头开关、定时旋钮等操作应灵活,调速挡应接触良好。按下停止键,各速度挡键应能正常复位。

④ 安全情况。电风扇外壳不能有带电现象。电风扇连续运转 15 分钟,外壳温度不应超过 15 ℃。

2. 电风扇的使用

(1) 移动电扇前要先拔掉电源插头,断开电源。移动电扇时,不可随意硬拉电源线,以免将电源线拉损或绝缘破坏而影响用电安全。

(2) 手指及其他物件不得伸入电风扇的网罩内。

(3) 使用琴键开关调速时注意不可用力过猛,以免损坏键钮或使锁片位移,造成按键按不下或锁不住等故障。也不要同时按下两个按键,以免烧坏电动机或电抗器。

(4) 使用揿拔式摇头按钮时按下或提起按钮应到位,以防止打坏离合器齿轮使摇头无法控制。使用旋钮式摇头开关时,切不可强行作 360°旋转,以防软轴钢丝脱落或旋钮损坏,造成摇头控制失灵。

(5) 定时旋钮允许正反向转动,但作反方向运转时不可强行扭转,以免损坏定时开关。

(6) 夏季炎热,使用电扇时不可图一时之快对着直吹。须知传统电扇的风速每挡都是恒定的,吹风时间一长,由于人体的受风面与背风面散热不同,人体内循环会失去平衡,会感到头昏、胸闷、乏力等所谓的“电扇病”。因此,使用时应经常变换风速挡位和吹风方向,使全身均匀地散热。睡眠时除设睡眠风调速外,要防止睡后着凉。

(7) 清洁电风扇前,要先断开电源。用湿布蘸些肥皂水或中性洗涤剂擦拭,然后再用干布揩干。严禁使用各种油类和溶剂(如汽油、香蕉水等)擦洗表面,以防损坏油漆涂膜和电镀层。清洗扇叶、网罩时,要防止受压变形。

(8) 电风扇在搬运、移动位置或组装、拆卸时,应防止摔倒和碰撞,并与窗帘保持一定距离,防止窗帘被扇叶卷住而损坏。

(9) 每年收藏前应对电风扇作一次较彻底的清洁工作,在轴伸端和镀铬网罩表面涂上一层薄机油,用净布或塑料袋包扎好,存放在干燥通风处。同时要避免叠压、碰撞。

3. 电风扇的常见故障检修

电风扇的常见故障及检修方法见表 10-11。

表 10-11　电风扇的常见故障及检修方法

故障现象	产生原因	检修方法
通电后不转动	1. 电源线断路 2. 插头与插座接触不良 3. 罩极绕组接触不良 4. 定子绕组断路 5. 电容器断路、短路或容量不够 6. 轴承孔太松,引起定子与转子摩擦 7. 轴承太紧或卡死 8. 电风扇线圈绕组断路 9. 定时开关损坏	1. 检查电源线 2. 检修插头、插座 3. 查找故障点,重新焊接 4. 更换新绕组 5. 更换电容器 6. 更换轴承 7. 更换轴承 8. 重绕绕组 9. 更换定时开关
电风扇时转时停	1. 开关内部有接触不良地方 2. 电容器接线端子接触不良 3. 摇头零件配合过紧,转到某一位置卡死 4. 进线有破损处、短路处或折断处 5. 连接线有接触不良处 6. 主、辅绕组断路或短路碰线	1. 检修或更换开关 2. 进行焊接处理 3. 修配过紧零件,使其转动灵活 4. 更换新的进线 5. 重新焊接接触不良处 6. 重新绕制绕组
转速慢	1. 电源电压过低 2. 吊扇转子下沉 3. 吊扇平面轴承损坏或缺油 4. 绕组匝间短路 5. 电容器容量不够或损坏 6. 风叶斜度不够	1. 调整电源电压 2. 重新装配转子 3. 更换轴承或清洗加油 4. 更换短路绕组 5. 更换新的电容器 6. 校正风叶斜度或更换风叶
调速失灵	1. 调速开关短路 2. 调速电抗器短路 3. 调速绕组引出线接触不良 4. 开关接触不良 5. 调速绕组短路	1. 更换调速器开关 2. 更换调速电抗器 3. 重新焊接 4. 修复开关 5. 重绕调速绕组
摇头失灵	1. 摇头机构磨损 2. 齿轮磨损失去传动能力 3. 连杆横杆磨损严重	1. 更换严重磨损件 2. 更换齿轮 3. 更换连杆横杆

（续表）

故障现象	产生原因	检修方法
摇头失灵	4. 连杆开口销脱落或断掉 5. 摇头传动部分不灵活或卡死 6. 离合器弹簧断裂损坏 7. 离合器下面滚珠脱落 8. 软轴钢丝接头脱焊	4. 重新装好开口销 5. 对传动部位进行清洗加油 6. 更换离合器弹簧 7. 重新装配滚珠 8. 重新焊接
定时器失灵	1. 发条断裂或松脱 2. 定时开关损坏 3. 定时器主轴磨损，触点接触不良 4. 传动齿轮损坏 5. 定时器导电触点脱焊，或接触不良	1. 更换发条 2. 修复或更换定时开关 3. 更换主轴，调整触点接触压力 4. 修理或更换齿轮 5. 重新焊接或用砂纸打磨触点
琴键开关失灵	1. 开关触片接触不良 2. 导线与开关连接处脱落	1. 检修触片 2. 重新焊接脱落处的导线
运转时有杂声	1. 轴承松动或缺油、损坏 2. 轴向前后移动大、松动 3. 调速绕组铁心松动 4. 风叶螺丝松动 5. 风叶轻重不平衡 6. 定子与转子平面不齐 7. 定子与转子内有杂物摩擦	1. 更换轴承 2. 调整移动位置 3. 拧紧铁心上的夹紧螺丝 4. 拧紧螺丝 5. 更换风叶 6. 校对定子与转子的平面 7. 清除内部杂物

10.9 电取暖器

电取暖器是利用电热元件通电发热取暖的一类家用电器。其主要功能是在寒冷的冬天为在室内的人们提供温暖的生活环境。图10-14a、b所示是电取暖器的外形。

a

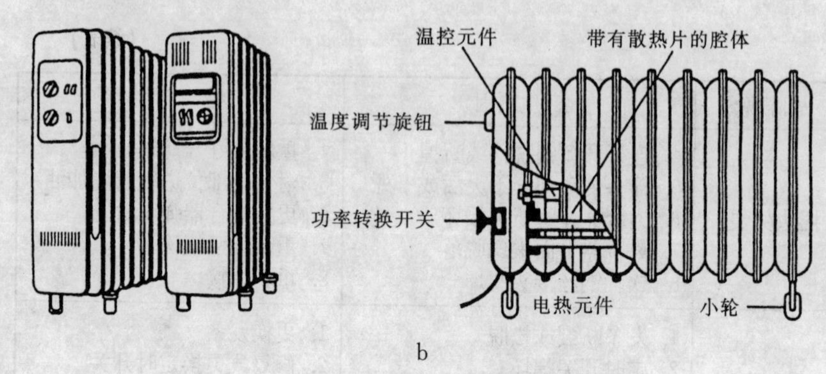

图 10-14　电取暖器外形

1. 电取暖器的选购

(1) 种类的选择

市场上的取暖器主要分为对流式取暖器和辐射式取暖器两大类。

① 对流式电取暖器。对流式电取暖器内部充有水、油等传热性较好的液体,内芯中的电热管通电发热后,传热给管道中液体循环流动,温度升高后通过散热片使室内温度升高。功率在 1 500～3 000 W 之间,耗电量大。其优点是安全可靠、散热面积大,表面温度不高,适合多人取暖。缺点是热惯性大,升温慢及耗电量大。

② 辐射式电取暖器。辐射式电取暖器的功率大多在 400～900 W之间,耗电量小,优点是外形美观、热惯性小、耐湿性好、电气安全性高,适用于局部空间加热。缺点是机械强度较差,受外物撞击时易坏。

(2) 规格的选择

电取暖器的规格从 500 W 到 4 000 W 不等。一般房间面积在 6～12 m^2 的宜选 600～2 000 W 的电取暖器,15～20 m^2 的宜选 2 000～3 000 W 的电取暖器。

2. 电取暖器的使用

(1) 电取暖器宜放置在小孩不易碰触到的地方;在其附近不应有易流失热量的通风口;其周围不能放置纸、布、窗帘等易燃物品;也不要在电取暖器上面放湿衣服,以防引起火灾;对流式电取暖器的进风口和出风口,应保持畅通无阻。

(2) 使用没有摇头和摆动机构的反射型电暖器时,要注意适时移动送暖方向,以防某一方向送暖热量过于集中。

(3) 电取暖器不论是对流形式还是辐射形式,其散热、送风出口部位,都禁用任何物体覆盖,以免损坏器具甚至引起火灾。

(4) 清洁电暖器时务必切断电源,以确保安全。对辐射式电暖器的石英管、光亮铝或不锈钢反射板表面,应保持清洁、光亮,避免沾污积垢,以保持良好的反射率。

(5) 电取暖器不使用时,用干毛刷去除电暖器外表的尘埃,然后用湿抹布擦净,最后用干布抹干净,套上防尘罩存放于干燥处。

3. 电取暖器的常见故障检修

电取暖器的常见故障及检修方法见表 10-12。

表 10-12 电取暖器的常见故障及检修方法

故障现象	产生原因	检修方法
不能发热	1. 电源引线断路 2. 电热元件损坏 3. 熔丝熔断	1. 检查接插件、清除氧化层,接好引线或更换引线 2. 更换电热元件 3. 更换熔丝
升温缓慢	1. 反射板积垢 2. 进气或排气口被堵塞 3. 送风机叶片变形 4. 送风机电动机损坏 5. 控温器失灵	1. 清洁反射板 2. 清理气道保持进出气畅通 3. 更换叶片 4. 检修或更换电动机 5. 更换控温器

（续表）

故障现象	产生原因	检修方法
自身过热	1. 进气口或排气口堵塞 2. 控温器失灵 3. 熔丝失效	1. 清除进、排气口堵塞物 2. 更换控温器 3. 更换符合规格的熔丝

10.10 电热水器

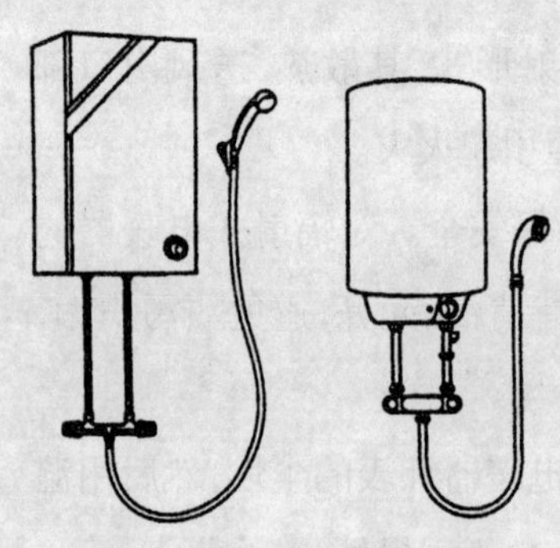

图 10-15 贮水式电热水器外形

电热水器是利用电加热方式为人们提供生活用(淋浴和洗涤)热水的一类器具。按结构形式可分为贮水式和快热式电热水器两种。图 10-15 所示是贮水式电热水器的外形。

1. 电热水器的选购

(1) 规格大小的选择。主要根据所需热水量(即持续供应的热水量)及加热所需的时间和水温等来定。若按容量考虑,通常家庭选用 10 L、15 L、20 L 左右即可。

(2) 安全性的选择。由于电热水器是带水工作的,所以选购时应特别注意其电气性能,必须安全可靠,确保无漏电现象。

(3) 结构的检查。选购电热水器时,应仔细检查加热器和箱身的接口、进出水口的管路接口等,确保密封良好,无漏水现象。温度控制装置应调节灵活,安全可靠。

2. 电热水器的安装

(1) 人在使用电热水器时由于身体要直接接触到水,万一漏电就会严重地威胁到人身安全,因此电热水器必须严格按规程安装。

(2) 电热水器的功率较大,应单独敷设电源线及插座,如图 10-16 所示。

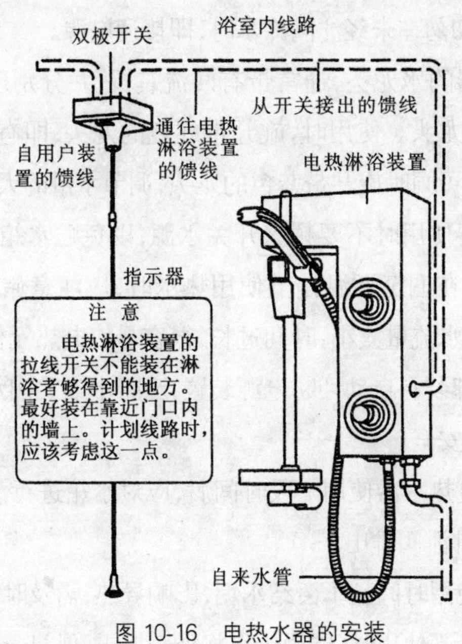

图 10-16 电热水器的安装

(3) 在安装电热水器时,外壳必须接地良好,外壳对地的电阻应小于 4 Ω,以保证使用安全。

(4) 如果住宅未实现保护接地系统,则必须安装漏电保护器。漏电保护器的动作整定电流尽可能取接近 5 mA。

(5) 贮水式电热水器的安装高度必须高于淋浴者的头顶,这样经加热后的水流能通畅地放出。安装时不能倒置或倾斜,也不能远离水源开关。

(6) 水电系统安装完毕后,切勿马上通电试验,应先按说明书认真仔细地检查和处理后方可进行。

3. 电热水器的使用

(1) 贮水式电热器使用时,接通电源,指示灯亮,表示通电;当水达到预定温度后，指示灯灭，表示断电；指示灯时亮时灭，则表示自动保温。

(2) 电热水器使用时，必须首先接通水源，等到出水管有水流出才能接通电源加热。切勿在未经注满冷水时，即接通电源。

(3) 电热水器的水龙头，通常带有回流装置，并分别以"蓝"、"红"色表示"冷"、"热"水龙头。使用时，旋开带红色的龙头，即有热水流出。若此热水温度过高，可同时旋开带蓝色的龙头，调节水量的大小和水温。

(4) 电热水器使用时不要频繁开关水源，以免贮水箱内储水不足烧坏电热元件；特别在调至调温挡上使用热水时，应注意储水量或进水流量，储水不足或进水流量太小，时间过长，很容易使电热元件过热而烧坏。新颖的电热水器都装有自动切断电源装置，当断水或关闭水源时，即可自动切断电源，确保安全。

(5) 贮水式电热水器使用一段时间后，应对水箱进行清洗，清洗后污水从水箱底部的排泄阀排出。

(6) 电热管使用时间长了会结水垢，影响导热，需及时清理或更换。

(7) 电热水器不使用时，要用干布将外壳擦干，保持干燥清洁。

4. 电热水器的常见故障检修

电热水器的常见故障及检修方法见表 10-13。

表 10-13　电热水器的常见故障及检修方法

故障现象	产生原因	检修方法
不能提供热水	1. 插头、插座接触不良或电源线断开 2. 电热元件烧坏 3. 加热器严重积垢 4. 恒温器接触不良或损坏 5. 储水式电热水器中的直流继电器失灵，触点不能合上 6. 速热式电热水器水压太低，不能使压电转换器动作	1. 检修或更换 2. 更换电热元件 3. 拆下加热管，用醋或清洁剂清洗干净，并装好 4. 更换恒温器 5. 调整触点或更换 6. 增加进水水压

（续表）

故障现象	产生原因	检修方法
水不够热，温度低	1. 电压过低 2. 上部或下部加热管部分损坏 3. 温控器调节不当或控温参数偏低 4. 水箱容量太小，用热水量与供热水量不相适应	1. 加装稳压器 2. 更换损坏部分 3. 重新调整 4. 更换容量较大的热水器
水温太高（超过 90 ℃）	1. 储水式电热水器的温控器失灵 2. 过热保护温控器失灵 3. 速热式电热水器水流量太小 4. 速热式电热水器水槽堵塞	1. 更换温控器 2. 更换过热保护温控器 3. 加大进水流量 4. 拆下清洗
热水内有蒸汽	1. 恒温器调节温度太高，箱内水温过高 2. 恒温器触点烧蚀黏死	1. 重新调整恒温器至适当 2. 打磨触点或更换触点
漏电	1. 加热管绝缘失效 2. 温控器损坏 3. 电源线及带电体绝缘破坏 4. 速热式电热水器的接地线没有接好或出水口金属网格失效 5. 漏电保护插头严重受潮	1. 更换加热管 2. 更换温控器 3. 检查修复并加强绝缘处理 4. 接好地线，更换金属网格 5. 进行干燥处理
漏水	1. 储水箱受潮腐蚀穿孔 2. 进水管或出水管与箱体连接处垫圈损坏或松动 3. 加热器与箱体连接处，垫圈损坏或松动 4. 安全阀引出管处松动或损坏 5. 排泄阀松动或损坏	1. 修补穿孔部位或更换储水箱 2. 修理或更换，或重新紧固 3. 修理紧固或更换 4. 修理紧固或更换 5. 重新紧固或更换

10.11 燃气热水器

燃气热水器是以燃气为燃料，能快速提供热水的家用器具。图 10-17 所示是燃气热水器的外形。

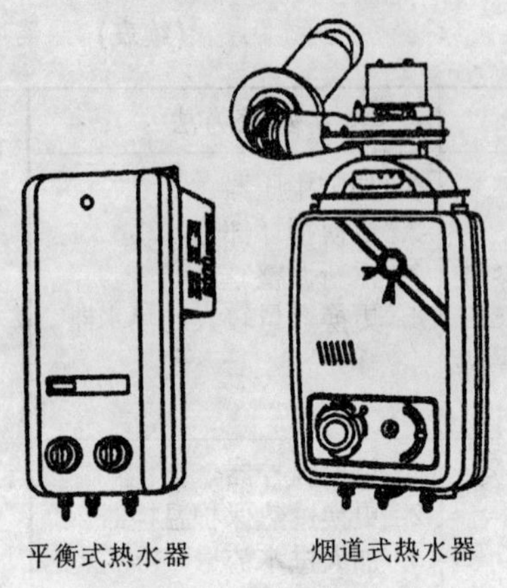

图 10-17　燃气热水器

1. 燃气热水器的选购

(1) 首先应确定自己家中所使用的燃气种类。液化石油气俗称煤气罐,天然气和人工煤气是通过管道供应给用户的。燃气热水器是根据不同燃气种类设计的,必须使用设计时所依据的燃气,使用燃气错误会造成很大危险。

(2) 确定安装热水器的地点,根据其房屋的结构等选择适合的形式。燃气热水器按照安装和排烟气方式可分为直排式、烟道式、平衡式、强制排气式和室外安装式等,用户应根据具体情况选择。

(3) 根据实际需要选择合适的热水产率。燃气热水器按照热水方式可分为快速式和容积式,最新又有采暖、热水两用型,应根据家庭人口和用水方式来选择。

(4) 应在正规的商业部门购买热水器。

(5) 选择具有生产许可证和售后服务可靠的企业的产品。

2. 燃气热水器的使用

(1) 定期用肥皂水进行防漏气检查,打火和熄火时注意检查是否点着或熄灭火,使用过程中要经常检查燃烧是否正常。不用热水器时,一定要关闭气源开关,预防燃气泄漏。

(2) 使用过程中,应注意水温,特别是在关闭热水后,再次继续使用时,要防止瞬间水温过高,烫伤皮肤。

(3) 热水器发生燃气泄漏时,必须立即停止使用,关闭燃气总开关,打开门窗,使燃气逸出室外。查明漏气故障并排除后,才能继续使用热水器。

(4) 在严寒地区,每次用完热水器后,要把积存在热水器内的水放完,以免因气温过低使热水器内积水结冰,损坏热水器管道及部件。

3. 燃气热水器的常见故障检修

燃气热水器的常见故障及检修方法见表10-14。

表10-14 燃气热水器的常见故障及检修方法

故障现象	产生原因	检修方法
不能点火	1. 燃气总阀未开 2. 电池用完或压电陶瓷损坏 3. 燃气压力过低或过高 4. 点火喷嘴堵塞 5. 放电针损坏或间隙大	1. 打开燃气总开关 2. 更换电池或压电陶瓷元件 3. 更换减压阀 4. 清理异物 5. 更换放电针或调整间隙
使用中火熄灭	1. 燃气阀门半开 2. 燃气压力过低 3. 供水水压不足 4. 安全装置误动作 5. 热交换器堵塞 6. 进、出水阀门故障 7. 脉冲点火器故障	1. 把燃气阀门全开或更换燃气阀门 2. 调整或更换减压阀门 3. 水压正常后再使用 4. 重新启动 5. 清理或更换热交换器 6. 检查修复进、出水阀门 7. 更换点火器
爆燃	1. 主燃烧器与小燃烧器距离太远 2. 燃气压力过高 3. 燃气阀门开度过小	1. 调整两者间的距离 2. 降低燃气压力 3. 把燃气阀门全开
火焰反常带有异味	1. 空气通风不好 2. 燃烧器堵塞 3. 热交换器堵塞	1. 改善室内通风条件 2. 清除或更换燃烧器 3. 清理或更换热交换器
着火时有异常声音	1. 燃气压力过高 2. 空气通风不良 3. 燃烧器堵塞	1. 检查减压阀 2. 改善通风条件 3. 清理或更换燃烧器
漏水	1. 进、出水管连接不正确 2. 密封胶圈损坏 3. 蓄水箱焊缝破裂或受腐蚀穿孔	1. 重新正确连接进、出水管 2. 更换密封胶圈 3. 焊接蓄水箱损坏处或更换蓄水箱

■ 10.12 饮水机

饮水机是利用电能给桶装纯净水进行加热或制冷,同时提供两种(或三种)不同温度饮用水的一类器具。图 10-18a、b 所示是饮水机的外形和结构。

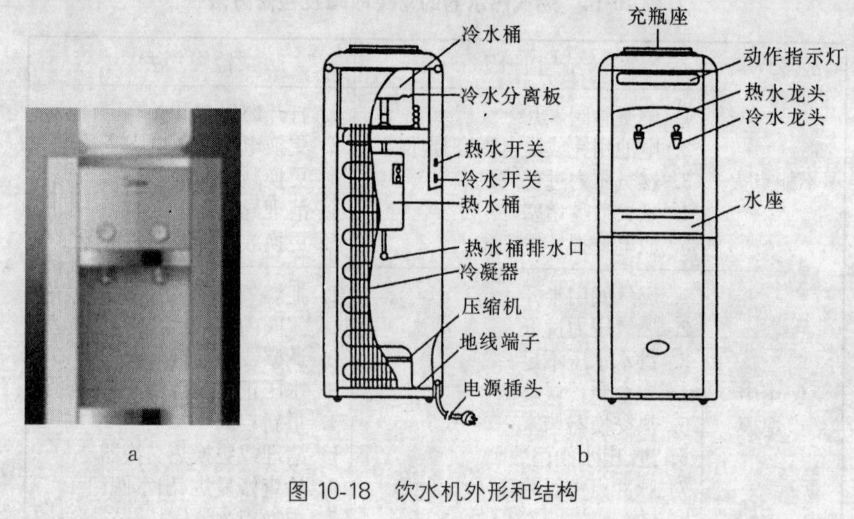

图 10-18 饮水机外形和结构

1. 饮水机的选购

(1) 类型的选择。饮水机按出水温度可分为温热型、冷热型和冷热温型三种。如果日常只用于泡茶和冲咖啡,购买一台温热饮水机就可以了。冷热型饮水机大致分为半导体制冷和压缩机制冷两大类。就制冷速度而言,在制冷时间相同情况下,压缩机制冷饮水机要比半导体制冷饮水机快得多,因而压缩机制冷型饮水机的冰水供应量要比半导体制冷饮水机多得多。因此,压缩机制冷饮水机适合饮水人数较多的场合,如酒吧、卡拉 OK 厅、办公楼等,而人数不多的一般家庭,选购半导体制冷饮水机就足够了。

(2) 放置方式的选择。饮水机按放置方式可分为台式、立式两种。台式饮水机体积较小,适用于人口较少的家庭;立式饮水机体积大,且带有储物柜、消毒保鲜柜,适用于人口较多的家庭。用户可根据家庭成员和室内空间位置选用饮水机。

(3) 通电检查。将饮水机水箱注入自来水,水龙头无漏水现象后接通电源,按下制冷开关,人离饮水机 1 m 听不到噪声或噪声很弱,说明风扇运转性能良好。2 小时后,按下制冷水龙头,接出的水若有冰冷的感觉(水温大概 5 ℃),则说明饮水机制冷系统正常;按下制热开关,加热 15~20 分钟,水温应能达到 96 ℃,则说明制热系统正常。

2. 饮水机的使用

(1) 饮水机应平稳放置于室内阴凉干燥的地方,避免阳光直射。机背与墙壁至少有 25 cm 的距离,底部不能垫泡沫、纸板等杂物,以免水分积聚而导致漏电。

(2) 按压热水按键直至热水水龙头有水流出后才能插上电源,以免造成干烧而损坏部件。

(3) 饮水机必须使用有可靠接地的三芯插座,并使用动作可靠的漏电保护开关。

(4) 勿使用汽油等有机溶剂擦拭机体;严禁用水冲洗机身或用喷溅水清洗饮水机。

(5) 若长时间不使用饮水机,应把电源插头拔掉,并通过排水口将机内余水全部放清。当机器处于冰点以下环境,导致机体内结冰时,需先清除冰堵,方可工作。

(6) 压缩机型饮水机在断开制冷开关或电源开关后,需经过至少 3 分钟才允许重新启动。

(7) 压缩机型饮水机在搬动时不要倒置,倾斜不得超过 45°,以免损坏机器或发生意外。

3. 饮水机的常见故障检修

温热饮水机的常见故障及检修方法见表 10-15。

表 10-15 饮水机的常见故障及检修方法

故障现象	产生原因	检修方法
指示灯不亮，不能加热	1. 停电 2. 保险丝熔断 3. 电源插头与插座接触不良或电源线断路	1. 来电后再使用 2. 查明原因后更换同型号保险丝 3. 修理或更换插头插座及电源线
加热指示灯亮，但不能加热	1. 手动复位温控器未复位 2. 电热管接线脱落或接触不良 3. 电热管已烧断	1. 按下复位按钮 2. 检查并使其接触良好 3. 更换同规格电热管
水温过高或过低	1. 加热温控器动作温度过高或过低 2. 温控器安装不良或安装腔内有异物造成传热不好，影响动作温度	1. 调整或更换加热温控器 2. 拆下温控器，清理安装腔内毛刺、异物后，再在安装腔和温控器面上涂抹一层薄硅脂装好
按下热水龙头，热水出水慢或不出水	1. PC 桶中水已用完 2. 充瓶座入水口被标签等堵塞 3. 热罐进水口有异物堵塞 4. 热罐进水管或热水出水管扭曲，进出水不畅 5. 进水单向阀内部有异物堵塞，阀芯顶住阀盖，不能自由下沉或上升 6. 排气单向阀的阀芯和阀盖被油污粘死，不能自由下沉上升，空气不能进入热罐	1. 换上新的一桶水 2. 清除充瓶座上异物后，再装上水瓶 3. 清除异物 4. 检查修理，正确安装好进、出水管 5. 检查并清除异物 6. 拆出排气单向阀，清洗油污，装好后用手摇动单向阀芯能上下移动，再将单向阀装回原处
漏水	1. 龙头漏水、渗水 2. 充瓶座漏水 3. 单向阀漏水 4. 排水管漏水 5. 硅橡胶管漏水 6. 热罐漏水	1. 修理或更换水龙头 2. 修理或更换充瓶座 3. 修理或更换单向阀 4. 修理或更换排水管 5. 选用松紧度合适的管子按要求捆扎好 6. 修理或更换热罐

(续表)

故障现象	产生原因	检修方法
漏电	1. 进水接头、进水管、进水单向阀漏水，导致电热管、温控器、带电导线接头受潮 2. 电热管引脚封口严重积污或氧化，使绝缘距离缩短到1 mm以下 3. 热罐漏水 4. 带电导线外露，与金属件、热罐、侧板等碰触 5. 电热管密封圈损坏 6. 电热管被击穿短路，管壁有裂纹，水渗进内部	1. 接好橡胶管，更换破裂件，然后做干燥驱潮处理 2. 清理积污或氧化物，再做干燥处理，使绝缘电阻在2 MΩ以上 3. 修理或更换热罐 4. 修理外露接头并加绝缘保护套 5. 更换密封圈 6. 更换电热管

10.13 电子消毒柜

电子消毒柜是一种集餐具消毒、烘干、保洁、储存于一体的新型厨用电器。电子消毒柜通常采用臭氧、高温、紫外线、热风干燥等方法对餐具进行灭菌消毒，广泛用于家庭、幼儿园、接待室、会议厅、办公室、宾馆、饮食行业和医疗卫生等单位。图 10-19 所示是低温型电子消毒柜。

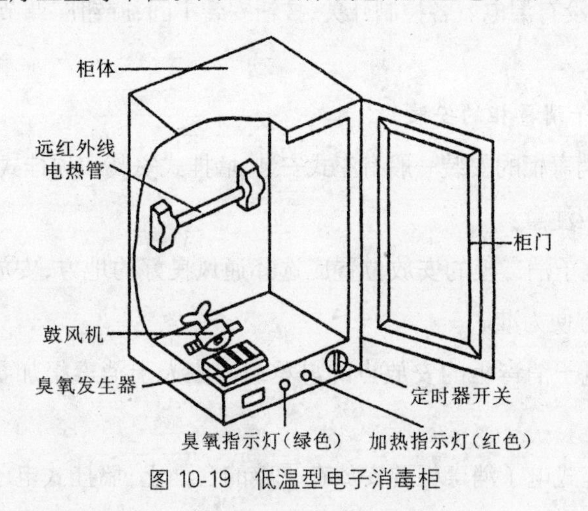

图 10-19 低温型电子消毒柜

1. 电子消毒柜的选购

(1) 外观检查。电子消毒柜的表面应光亮平滑,无凹陷和划痕。拉手手感圆滑、无毛刺。柜门的铰链活动自如,无锈蚀,两门铰链应处于同一轴线上。门体平整无变形,磁性门封严密、无缝隙。

(2) 内部检查。内柜、碗架、碟架和杯架等焊接牢固,无锈蚀。架子推入和拉出自如,无卡阻现象。电热管、温控器、鼓风机、电子装置等安装牢固,无搬运过程引起的脱落、散失现象。

(3) 通电检查。对于高温型消毒柜,接上电源,指示灯亮,几分钟后打开柜门,柜内的石英电热管呈微红色,且在附近能感受到一股暖气流,说明石英电热管工作正常。对于低温型电子消毒柜,消毒过程中耳朵靠近柜门,能听到一种放电的"吱吱"声,打开柜门能闻到臭氧的鱼腥味,则说明臭氧发生器工作正常。检查完毕,关上柜门,通电到预定时间,消毒柜能自动切断电源,指示灯熄灭,整机停止工作,说明消毒柜的控制性能正常。

(4) 安全检查。电源插头连接牢固,电源线良好,无破损,接通电源,手摸消毒柜外壳金属部分,应无漏电感觉。手持测电笔检查,测电笔氖泡不亮,说明没有漏电。各控制开关,按钮安装牢固,旋钮应调节自如,无卡滞现象。

2. 电子消毒柜的安装

电子消毒柜的安装一般有座式安装、墙挂式安装和顶挂式安装 3 种。在安装时应注意:

(1) 电子消毒柜的安放位置应选择通风良好的地方,安放高度以操作和使用方便为准。

(2) 电子消毒柜的安放点的总承载力应大于消毒柜加餐具总质量的 150%。

(3) 座式电子消毒柜要安放在平整的台面上;墙挂式电子消毒柜需

用随机附件及螺钉固定在碗柜某侧墙壁上;顶挂式电子消毒柜需用随机附件及螺钉固定在碗柜附近的天花板上。

3. 高温型电子消毒柜的使用

(1) 高温型电子消毒柜的供电电源插座的耐压应大于 500 V,容量大于 6 A,并应有可靠的安全接地保护。

(2) 使用前,应先将载物筐平整地放入筐托架上,然后倒去餐具里多余的水分或其他杂物,轻轻放入。餐具放置时应立插在筐内,不要重叠,也不要超载,以免损坏承受支架。有盖的餐具应将盖子打开。

(3) 柜内集水盒是用来收集柜中滴水的。如有积水要及时倒掉,以免满溢而影响安全。集水盒放置要平稳。

(4) 操作前应先关好柜门,切勿开着柜门工作。消毒过程中不允许打开柜门,以免影响消毒效果。

(5) 使用时,时间不宜定得太长,以免浪费电源。一般消毒时间定在高温指示灯(红灯)灭后再延长 1 分钟~2 分钟为宜。

(6) 当柜内温度达 125 ℃左右时,不宜立即取用餐具,一定要经 10 分钟后方可开门。

(7) 经灭菌消毒后的餐具,如暂不使用,最好不要开门取出,这样可保洁一周以上。

(8) 应经常保持柜内清洁。清洁柜内时,先拔下电源插头,用细布蘸肥皂液轻轻擦洗,再用拧干的湿布擦净。

4. 低温型电子消毒柜的使用

(1) 使用时要将柜门关严,防止臭氧溢出。在工作期间和消毒期间不要打开柜门。在开门状态下,不得接通电源。

(2) 为了增强消毒效果,保证臭氧分子与餐具表面充分接触,柜内餐具的摆放要留有一定的间隙,不可堆叠,以保证臭氧气体在柜内流动顺畅。

(3) 由于臭氧管的外壳是玻璃制成的,防爆能力差,因此在使用或清洁时,要避免与硬物碰撞而导致破裂。

(4) 应经常保持柜内清洁。清洁时要先拔下电源插头,用湿毛巾蘸少许中性洗涤液轻轻擦洗,再用拧干的湿布擦净。切勿用强腐蚀性化学液体擦拭,以免腐蚀。勿用大量的水泼淋和冲洗消毒柜,以免漏电。

(5) 应经常清洁过滤器处的灰尘。

(6) 经常检查磁性门封条是否密封良好,以免温度不能保持或逸出臭氧,影响消毒效果。

5. 电子消毒柜的常见故障检修

电子消毒柜的常见故障及检修方法见表 10-16。

表 10-16 电子消毒柜的常见故障及检修方法

故障现象	产生原因	检修方法
通电后指示灯不亮	1. 电源插头松动或插头与插座间接触不良 2. 电源插头尾部或底板固定套弯曲处的电源线折断 3. 接线器相关螺钉松动,电源不通 4. 指示灯损坏 5. 定时器损坏	1. 插好插头或清除插头与插座铜片上的氧化物使其接触良好 2. 重新接好或更换新线 3. 拧紧螺钉 4. 更换指示灯 5. 更换定时器
指示灯亮,但不发热	1. 温控器接线脱落或触点接触不良 2. 温控器双金属片损坏 3. 电源按键开关损坏 4. 继电器管脚与管座接触不良 5. 继电器绕组开路或烧坏 6. 电热管接头至接线板相关螺钉松动或接触不良 7. 电热管全部损坏	1. 重新接线或打磨触点使其接触良好 2. 更换温控器 3. 更换开关 4. 清除氧化物或修复烧蚀触点 5. 更换继电器 6. 紧固螺钉或消除引棒、接线板上的氧化物,使其接触良好 7. 更换同规格电热管

(续表)

故障现象	产生原因	检修方法
无臭氧产生	1. 臭氧发生器输入导线脱落或接触不良 2. 臭氧管两电极距离变大 3. 臭氧管漏气或老化 4. 臭氧发生器升压变压器绕组断路或烧坏 5. 臭氧发生器激发电阻变值或损坏 6. 臭氧发生器振荡电容开路 7. 臭氧发生器中触发二极管损坏 8. 臭氧发生器中晶闸管损坏	1. 紧固导线,使其接触良好 2. 更换同型号臭氧管 3. 更换漏气或老化的臭氧管 4. 更换变压器 5. 更换同规格电阻器 6. 更换电容器 7. 更换二极管 8. 更换晶闸管
定时功能失效	1. 定时器接线脱落 2. 机械式定时器传动件或动力发条脱落或损坏 3. 电子定时器的元件或集成电路损坏 4. 定时器控制触点接触不良或损坏	1. 紧固接线 2. 修理或更换 3. 修理或更换 4. 打磨触点或更换新定时器
风扇不转或时转时停	1. 风扇电动机引出线断路或接触不良 2. 电动机绕组烧毁 3. 电动机碳刷、换向器磨损严重或碳刷架变形	1. 更换引线或重新焊接 2. 更换绕组 3. 更换碳刷、换向器或修理碳刷架
温度过高,外壳发烫	1. 温控器失控,消毒室内温度远远超过 125 ℃ 2. 继电器触点熔结黏连而不断电	1. 更换温控器 2. 修理触点或更换继电器

10.14 吸尘器

吸尘器又称真空吸尘器,是一种利用电动机驱动风叶快速转动,产生空气负压来清除灰尘垃圾的电动清扫用具。它除了清扫地面之外,还能清扫地毯、墙壁、家具、衣物、工艺品以及各种缝隙中的灰尘。用吸尘器清扫时,灰尘不会扩散飞扬,而且节省时间、劳力,用电很少,清洁度却很高。图 10-20a、b 所示为卧式吸尘器的外形。

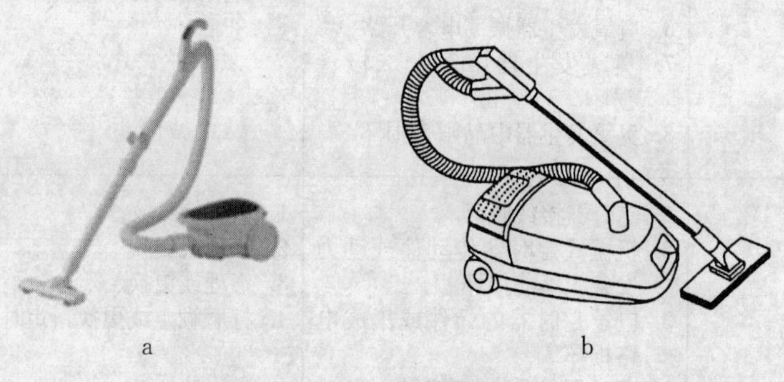

a　　　　b

图 10-20　卧式吸尘器

1. 吸尘器的选购

(1) 功率和吸尘嘴的选择。好的吸尘器,不仅要求其具备足够大的吸力,而且应当配备适合各种需要的吸尘嘴和附件,这样才能使吸尘器的吸尘效率更高,清洁效果更好。

(2) 储尘容量的选择。由于吸尘器在工作时,是把所吸的尘埃垃圾等储存在集尘袋或储尘室里,待使用完毕后或使用多次后才倒掉。因而,在选购吸尘器时,应根据家庭的具体情况挑选集尘袋和储尘室的大小。一般应有 2～3 L 的储尘容量。

(3) 过滤系统的选择。一般来说,吸尘器多重过滤网的材质很重要,其密度越高,过滤效果越好。好的过滤系统应将细微的灰尘都能留住,防止其流出机外,造成二次污染。过滤系统的优劣要一并考虑过滤网的材质和层数。

(4) 功能检查。具有电源线自动卷进机构的吸尘器,应检查卷线是否可靠。具有热保护装置的吸尘器,一旦吸入口被堵塞一段时间电源应自动切断。待冷却几分钟后应能恢复运转。

(5) 主机性能检查。吸尘器主机性能的好坏可通过耳听、手摸的办法来判断,接通电源,听吸尘器工作时的运转声是否平稳,有无尖啸或摩擦等杂音,摸吸尘器的主机在工作时有无大幅度振动的感觉。

(6) 电源线及附件的检查。电源线宜选用塑料护套软电线,其长度应符合规定。吸尘器的附件,不仅件数要齐全,而且各附件的连接应牢固且装卸方便。软管要柔软且具伸缩性,在冬天购买时,要注意不应有脆裂现象。附件管道内壁应光滑,弯曲处的半径要大,截面变化要小。地板刷吸嘴颈部转动应灵活,可方便地清洁家具底部的地面。地板刷上的二位开关扳动应轻松,毛刷伸缩明显。

(7) 外观与装配零部件表面应光滑、无毛刺、装配吻合良好。吸尘部分与电动机部分对接与脱卸应方便。电源开关应安全可靠,操作时手感灵活。

2. 吸尘器的使用

(1) 预捡杂物。如发现在需要清洁的地面上有大纸片、纸团、塑料袋或大于吸管内径的杆子等杂物,应预先捡除,以免这些杂物阻塞吸尘器的进风口及风道,使吸尘器不能继续工作。

(2) 清除积尘。如果吸尘器内储尘已相当多,需要清洁的地方很脏、垃圾很多或清扫面积较大,在使用前应将容器内原有积尘倒掉并清除干净,以免吸尘不久,因尘屑过多而阻塞,使吸力下降,引起电动机过热。

(3) 避开不可使用的处所。吸尘器不可在堆放易燃易爆物品的场合使用。因为吸尘器排出的是热气流,在这种场合使用很不安全。干式吸尘器不能在潮湿的地方使用,也不可吸取湿泥尘或液体,以防过滤器及电动机受潮。

(4) 注意被吸物体。决不可吸取燃烧着的物体、未熄灭的烟蒂或易燃物。锐利的金属屑、尖针等也不可吸进,以免损坏过滤器,同时尖针会刺破软管或横在软管中间,阻挡垃圾吸入。

(5) 注意电源线的使用。使用装有自动卷线装置的吸尘器时,把电源线拉出足够的使用长度即可,不要把电源线拉过头,若见到电源线上有黄色或红色标记时,即要停止拉出。需卷回电源线时,按下按钮即可自动缩回。

(6) 注意不要用脚踩在吸嘴、接长管及软管上,或在附件及主体上堆放重物,以免损坏附件及外壳。使用时也不可利用软管来牵拉吸尘器主体。

(7) 注意使用时间。吸尘器大多采用串激式电动机,功率大、转速高,因此每次连续使用时间不要超过 1 小时,以防电动机过热而烧毁。

3. 吸尘器的常见故障检修

吸尘器的常见故障及检修方法见表 10-17。

表 10-17 吸尘器的常见故障及检修方法

故障现象	产生原因	检修方法
接通开关,吸尘器不能启动运行	1. 电源插头或插座接触不良 2. 电动机引出线与电源引入线接触不良或损坏 3. 电动机换向器的电刷严重磨损造成接触不良 4. 电动机绕组断路或短路 5. 电动机轴承严重损坏	1. 检查插头或插座,使其接触良好 2. 检查引出、引入线的连接处,使其接触良好或更换导线 3. 更换新电刷 4. 检修或更换绕组 5. 更换轴承

(续表)

故障现象	产生原因	检修方法
电动机运转但不能吸尘	1. 滤尘袋装满,气流不能通过 2. 软管、吸嘴、滤尘袋接口处或滤尘袋滤孔被堵塞,造成气流不能通过 3. 软管两端与刷座及滤尘器的接头连接不好 4. 二次滤尘器堵塞 5. 吸尘器顶盖与壳体之间接触密封不严 6. 电动机与吸尘器壳体密封不严	1. 清除尘埃杂物 2. 检查、清除堵塞物使气流畅通 3. 检查并正确地接好连接处 4. 清扫二次滤尘器 5. 检查接触处,使其密封良好 6. 重新密封好
吸力不足	1. 软管、吸嘴或滤尘器接口或微孔严重堵塞 2. 风扇与电动机轴打滑 3. 起尘转刷严重磨损 4. 电动机转速低 5. 吸尘部分与电动机之间密封不严	1. 检查并清除障碍物使通道畅通 2. 重新固定风扇 3. 调节转刷组件的位置,使其与地面贴紧或更换转刷 4. 检查电压是否低、绕组是否有短路、轴承是否损坏、电刷与整流子是否接触良好,损坏部分应更换 5. 更换密封胶圈
噪声太大	1. 轴承润滑脂干枯 2. 叶轮失衡,晃动过大 3. 紧固件松动	1. 更换润滑脂 2. 更换叶轮 3. 检查各紧固件并紧固牢
自动卷线失灵	1. 制动轮未与盘线筒上摩擦盘接触 2. 制动连杆弹簧疲劳无力 3. 制动轮被外壳某处卡住 4. 装配时未预卷弹簧发条	1. 调整接触簧片,使之保持接触 2. 更换连杆弹簧 3. 调整位置,消除卡壳 4. 重卷弹簧发条
外壳过热	1. 风道堵塞 2. 定子绕组和电枢绕组短路或断路 3. 轴承无油或轴承内有杂质	1. 及时清除过滤器上吸附的灰尘和集尘室内的垃圾 2. 重新绕制绕组或更换 3. 加注润滑油,清除杂质

■ 10.15 电熨斗

电熨斗是日常家用器具之一，其主要功能是用来熨烫服装、花绣等类型针纺织物，将洗涤后衣服的褶皱熨烫压平。图 10-21a、b 所示是电熨斗的外形和结构。

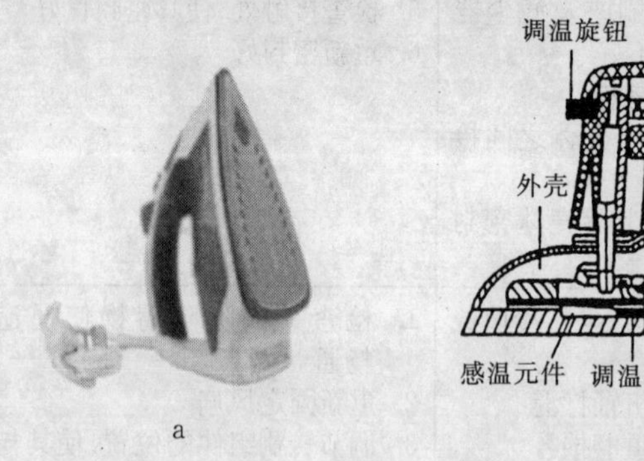

图 10-21　电熨斗外形和结构

1. 电熨斗的选购

(1) 品种规格的选择。调温型电熨斗可控制温度，不易烫坏衣服，一般以选购 500 W 为宜。蒸汽型和蒸汽喷雾型电熨斗功率应选得大一些，否则蒸汽、喷雾量不足，可选购 1 000 W 或 1 200 W。

(2) 电源线的选择。宜选购纱纤维编织橡胶绝缘三芯多股铜芯软电线。塑料线易被金属底板烫坏。全塑蒸汽型电熨斗允许使用双重绝缘塑料软电线。

(3) 外观的选择。各零、部件表面应平滑无毛刺，装配吻合良好。调温旋钮、蒸汽、喷雾键钮等可动部件，应转动灵活可靠、动作灵敏。

2. 电熨斗的使用

(1) 电熨斗镀铬底板出厂时为防止生锈均涂有防锈油。使用前应用软布或纸将防锈油擦干净，以免通电后防锈油焦化，留下难以消除的黑斑。

(2) 使用电熨斗时,操作者不得离开现场,以防引发火灾。电熨斗应竖立放置,若必须平放时,不得放在易燃物体上。

(3) 熨烫织物时最好垫块湿布进行,如图 10-22 所示,这样不仅容易定型,而且可避免布面上讨厌的亮光。既可使织物平贴,又能保持织物原来的光泽。

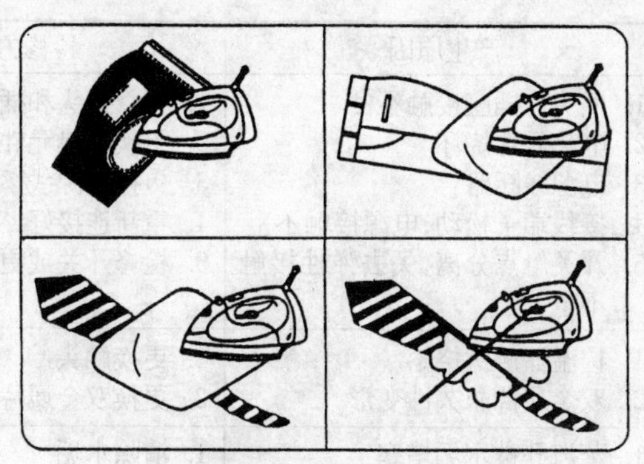

图 10-22 熨烫织物时加垫湿布

(4) 蒸汽型电熨斗均应加纯净水或蒸馏水以防止水垢。

(5) 蒸汽电熨斗每次使用后,必须将水箱里的水倒干净。若仍留有余水,应插电让蒸汽从底板喷出,否则水冷却后,余水会从底板流出,下次加热时,水中的矿物质就会沾在底板上,久了就会侵蚀底板。

(6) 蒸汽电熨斗最好直立收藏,可延长使用寿命。

(7) 至少每月使用"自动清洗"功能一次,将积聚在电熨斗内的水垢清除,并待它完全干爽后再收藏起来。

(8) 注意织物熨烫温度,转动控温旋钮时,使转盘标出的织物名称与被熨烫的织物相符。同样面料的衣物一并熨烫,不同面料的衣物由低温向高温顺序熨烫,可提高熨衣效率,亦可省电。

(9) 深色面料为避免产生亮光,应熨反面或者垫布熨烫,丝绒或其他一些发亮的纺织品应以同一方向顺毛熨。

(10) 用蒸汽熨好的衣服,不要马上放入衣柜,必须先将它挂在衣架上,让衣物内的热汽完全散发后再将它挂入衣柜。

3. 电熨斗的常见故障检修

电熨斗的常见故障及检修方法见表10-18。

表10-18 电熨斗的常见故障及检修方法

故障现象	产生原因	检修方法
不发热	1. 插头与插座接触不良 2. 电热元件烧坏 3. 电源线断路 4. 接线端子松动,电源接触不上 5. 开关触点分离,失去弹性接触不上	1. 检修插头和插座 2. 更换电热元件 3. 更换电源线 4. 重新连接好 5. 检修开关或更换开关
调温型不能调温	1. 控温器触头烧熔 2. 双金属片永久性变形	1. 更换触头 2. 更换双金属片
蒸汽、喷雾量不足	1. 蒸汽孔被水垢堵塞 2. 弹簧失效、针阀失控 3. 供水不足 4. 通电时间短汽化量小	1. 清除水垢 2. 更换弹簧使针阀复位 3. 增大水量 4. 适当延长通电时间
熨斗漏水	1. 蒸发室上、下两部分连接处有缝隙 2. 固定插销松动渗水	1. 用黏接剂黏接 2. 紧固插销螺钉
金属底板上有焦斑	1. 底板温度超过织物能承受的熨烫温度,织物表面细小纤维烧焦附着在底板上 2. 新电熨斗防锈油未擦掉通电后底板留下的黑斑	1. 电熨斗预热2分钟左右,把底板在粗布上用力来回擦拭,如在底板上涂些牙膏再在粗布上擦拭效果更好 2. 清除方法同上

10.16 电热毯

电热毯是一种电热取暖器具,它将电能转换成热能后,通过热传导与人体直接接触,可以铺到床上或作为坐垫取暖。这种电热器具通常用比较柔软的针纺织物作外保护。图10-23所示是调温型电热毯的外形。

1. 电热毯的选购

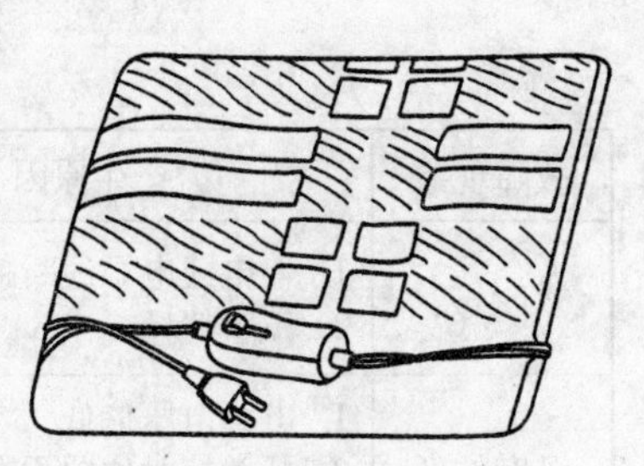
图 10-23 调温型电热毯

(1) 用螺旋形电热线制做的电热毯，抗拉性好，耐折叠，而用直线型电热线制作的电热毯抗拉性差，所以选购时最好选购用螺旋形电热线制作的电热毯。

(2) 单人电热毯一般选购 40～50 W 为宜，双人电热毯一般选购 60～80 W 为宜。

2. 电热毯的使用

(1) 电热毯使用中应避免折叠，以防损坏电热丝。

(2) 直线型电热毯不要在沙发床上使用，因为这种电热毯中的电热丝没有弹性易损坏。对于沙发床来说应选购螺旋形电热毯，它的弹性较大。

(3) 电热毯使用时要避免被小孩尿湿，因为这样将会造成短路现象使人身安全受到影响。

(4) 电热毯不用时一定要拔下电源插头，切断电源。

(5) 电热毯使用时上下所铺的棉褥要适中。

3. 电热毯的常见故障检修

电热毯的常见故障及检修方法见表 10-19。

表 10-19 电热毯的常见故障及检修方法

故障现象	产生原因	检修方法
通电后不发热	1. 电源插头插座接触不良或电源线断路 2. 电源开关接触不良或损坏 3. 电热线断路 4. 转换开关接触不良 5. 二极管断路 6. 保险丝熔断	1. 修理插头插座使其接触良好或更换插头插座、电源线 2. 修理微型床头开关，使其接触良好，严重损坏时应更换 3. 找出断头处，缠接焊好，并做绝缘处理 4. 修复或更换 5. 更换同型号二极管 6. 查明原因并排除后更换

（续表）

故障现象	产生原因	检修方法
灯不亮	1. 停电或电源线断路 2. 氖管烧坏	1. 检查电源线路 2. 更换氖管
温度偏低	1. 电源电压偏低 2. 开关接触位置不准 3. 电热褥上覆盖过厚	1. 加交流调压器或稳压器 2. 校正开关触点位置 3. 更换较薄的铺垫
温度过高	1. 有重叠部分 2. 电源电压过高 3. 电热线部分短路 4. 调温二极管击穿	1. 重新平整铺开 2. 加交流调压器或稳压器 3. 检修或降压使用 4. 更换同型号二极管
不能调温	1. 调温开关接触不良 2. 调温部分失灵	1. 检修开关使其接触良好 2. 检修调温部分
升温慢	1. 电源电压偏低 2. 电热线接线处接触不良 3. 温控元件失灵	1. 加交流调压器或稳压器 2. 找出故障点,使其接触良好 3. 检修温控电路,更换损坏元件
有焦煳味	1. 电热线引出线与电源线接触不良,产生拉弧 2. 电热线间呈半断状态,打火产生焦味 3. 长时间通电使用,温度太高,使绝缘材料发焦	1. 重接使其接触良好 2. 接好并做绝缘处理 3. 按使用要求,不能过长时间通电
漏电	1. 电热毯受潮或被尿湿 2. 带电体绝缘部分损坏 3. 电热丝绝缘层老化	1. 晾干后再使用 2. 重新进行绝缘处理 3. 更换同型号电热丝
出现触电、烧床等事故	1. 电热毯严重受潮 2. 电热线折断处打火 3. 接头未接好引起打火 4. 产品质量不合格	1. 干燥处理后再使用 2. 重新接好电热线并做绝缘处理或更换电热线 3. 重新接好并绝缘 4. 退货或更换

10.17 电视机

电视机是电视广播系统的终端接收设备。它的作用是从天线(或有线电视网络的同轴电缆)上选择接收高频电视信号,并进行一系列的变换和处理,还原成声音、图像及彩色信号,最终通过扬声器的电声转换和显像管的电光转换让用户听到逼真的声音,看到清晰的图画和真实的自然色彩,给用户带来舒适的视听享受。目前,彩色电视机还采用液晶 LED、等离子、或投影显示技术,使电视画面更加清晰逼真。图 10-24 所示是电视机的外形。

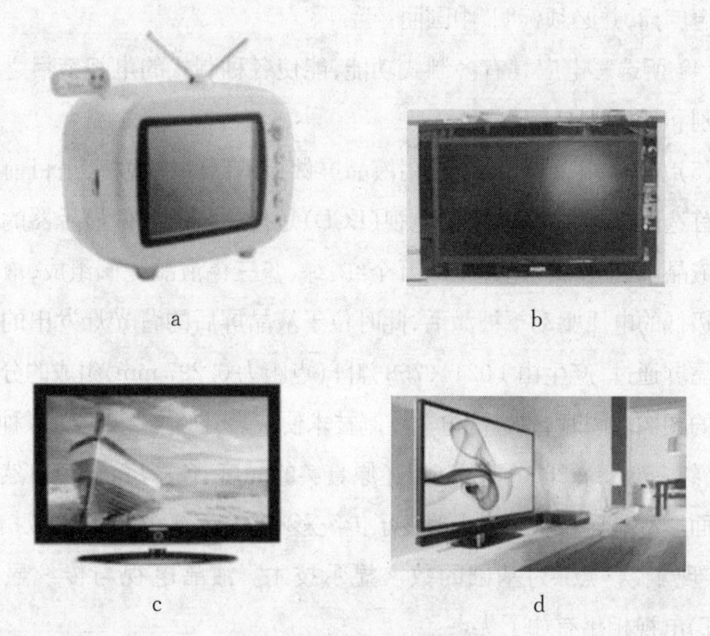

a　b　c　d

图 10-24　电视机外形

1. 电视机的选购

电视机从黑白到彩色,从模拟到数字,从普通彩电到高端彩电,新品种层出不穷,功能也越来越多,如何选购一台称心如意的彩电呢?

(1) 高清晰度数字电视机作为一种终端显示设备,要与高清晰度电视节目相匹配。目前我国无线电视台或有线电视台传输的大多数是模拟电视信号,而目前有些大城市也开始传送的数字电视信号,大多为标准清晰度数字电视节目。

(2) 数字高清晰度的显示设备及数字显像技术还在日新月异的发展,目前使用的 CRT 显像管还不能显示 HDTV 高清晰度图像,所以个人购买高清晰度数字电视机时,要认真考量选择。

(3) 所选彩电要有立体声音频输入,有数码丽音功能,能接收高保真立体声广播,并必须标明"中国丽音"。

(4) 所选彩电应具有多制式功能,能使各种制式的电视节目之间自动识别和切换。

(5) 液晶电视(LCD)是指用液晶屏做显示器的电视机,是目前最流行的首选电视品种之一,液晶电视(LCD)是指用液晶屏做显示器的电视机。液晶电视屏幕由超过 200 万个红、绿、蓝三色液晶光阀组成,液晶光阀在极低的电压驱动下被激活,此时位于液晶屏后的背光灯发出的光束从液晶屏通过,产生由 1 024×768 点阵(点距为 0.297 mm)组成的分辨率极高的图像。同时,先进的电子控制技术使液晶光阀产生 1 677 万种颜色变化(红 256×绿 256×蓝 256),还原真实的亮度、色彩度,再现自然纯真的画面。液晶显像从根本上改变了传统彩电以"行"为基础的模拟扫描方式,实现了以"点"为基础的数字显示技术。液晶电视与传统显像管(CRT)电视相比有如下优点:

① 画面稳定。去掉了隔行扫描方式,从而避免了因扫描带来的画面闪烁和不稳定。

② 图像逼真。采用数字点阵显示模式,将画面的几何失真率降为

零。采用高亮度、高对比度、防反光的液晶屏，大大增加了电视画面的透亮度和对比度，减少光线的反射和散射，可看到更明亮、清晰、细腻的画面。

③ 消除辐射。采用荧光灯透过液晶屏成像，彻底消除了CRT电子束高压加速轰击荧光粉产生的辐射和静电。

④ 节省空间。抛掉了庞大的CRT及其他元器件，使整机机身厚度不超过6 cm，薄得可以贴在墙上，能节省存放空间。

⑤ 节省能耗。液晶电视的最大耗电量为35 W，比传统电视机节能70%。

⑥ 延长寿命。其供电是用电源适配器将220 V的电压转为12 V，整机的使用寿命超过5万小时。即使一天开6小时，也可使用20年以上。

(6) 评判液晶显示器的标准主要有以下几点：

① 分辨率。分辨率是指屏幕上每行和每列有多少像素点，液晶显示器的分辨率与显像管不同，一般不能任意调整，它是制造商所设置和规定的。现在液晶显示器分辨率一般是800点×600行的SVGA显示模式和1 024点×768行的XGA显示模式。

② 刷新率。刷新率是指显示帧频，也就是每个像素为该频率所刷新的时间，它与屏幕扫描速度，以及避免屏幕闪烁的能力紧密相关。如果刷新频率过低，可能出现屏幕图像闪烁或抖动的现象。

③ 可视角度。可视角度是站在屏幕中心线的上下、左右某个位置时仍可清晰地看见屏幕图像的角度范围。一般来说，液晶显示器的可视角度都是左右对称的，但上下可就不一定对称了，常常是上下角度小于左右角度，当然可视角度也是愈大愈好。液晶电视的可视角度可在上下、左右160度范围内，均可达到良好的收视效果。

④ 亮度、对比度。亮度是表示液晶电视的最大亮度为每平方米多少

尼特(cd/m^2),对比度是指亮与暗的比例。目前液晶电视的最大亮度可达 450 cd/m^2,对比度为 500∶1。

⑤ 响应时间。响应时间反映了液晶显示器各像素点对输入信号反应的速度,即由暗转亮或由亮转暗的速度。响应时间越小,则在看运动画面时不会出现尾影拖曳的感觉。

2. 电视机的使用

(1) 电视机放置应平稳,前面有较大的空间,人不易碰着。电视机后盖距离墙或其他家具应不少于 15 cm,周围没有电磁干扰源、热源,能防潮防尘,不使用时应加防尘罩。

(2) 电视机的放置高度应保持其屏幕中心与观看者眼睛的高度相等。

(3) 注意保护屏幕。不能用手触摸屏幕,防止留下手印、污迹。切忌使用有机溶剂洗刷屏幕。

(4) 正确选择收看距离。一般来说,收看者与电视机之间的最佳距离为荧光屏规格尺寸的 4~5 倍。如果彩色电视机是 54 cm(21 英寸)的,收看距离不应小于 2.2~2.7 m。

(5) 不要频繁开关机,频繁开关容易使显像管老化,机内电容、电感元器件容易产生瞬间冲击波,使晶体管、集成电路加速损坏。

(6) 电视机的色彩、音量、对比度、亮度等要调节适中,亮度过大,容易使荧光粉失效,加速显像管老化,缩短显像管的寿命。

(7) 睡前不宜用遥控器关机,因遥控器关机并未切断电源,所以还应关掉电视机上的电源开关。

3. 电视机的日常维护

(1) 当电视机内温度超过额定温度时,每再升高 8 ℃,其寿命大约缩短一半,故障也会急剧增加。因此,电视机工作时要去掉防尘罩和挡住通风孔的东西。

(2) 严禁将水杯或其他盛液体的容器放在电视机上。潮湿季节应经常使用电视机,以防机件锈蚀、导线霉烂、降低绝缘性能,产生漏电打火。

(3) 严防灰尘、硬币、发卡及玩具等由透气孔或前面空间进入机内。电视机工作时,应避免房间内尘土飞扬。清除电视机内灰尘要在断电后机内电容释放掉所储存的电荷后进行。可用手动吹风机吹或用软湿布轻擦,切勿鲁莽从事,以防损坏显像管和电路元件。

(4) 电视机工作时不要随意搬动,处于炽热状态的显像管灯丝易受振动而断裂。

(5) 经常检查电视机的电源电压,发现不正常时,应装设调压器或自动稳压器。

(6) 擦拭电视机时,勿乱用化学清洗剂,只可用柔软抹布揩拭。清刷屏幕时,不应用湿的毛巾,而应使用软布或软纸来擦掉污垢。

4. 使用有线电视系统时应注意的问题

有线电视系统具有接收图像质量稳定等优点,但如果使用不当,也会影响收看的质量。在使用有线电视系统时,要注意以下几点:

(1) 连接馈线要短。电视机放置的位置要尽量靠近有线电视系统用户盒,连接馈线要尽量短,因为馈线较长、打折或直角弯等都会增加电视信号的衰减。此外,馈线的两端裸铜线不能相碰,否则,会影响收看的质量。

(2) 注意阻抗的匹配。有线电视系统用户盒的输出阻抗为 75 Ω,与彩色电视机天线输入端的阻抗相匹配,可直接用馈线相连;黑白电视机的阻抗为 300 Ω,不能直接用馈线相连,这时必须使用阻抗匹配器。

(3) 一个有线电视系统的用户盒只能接一台电视机,如果要连接两台电视机,需要使用电视信号分配器才可连接,以保证图像信号的阻抗匹配。否则，电视图像将会产生重影。

5. 电视机故障判断与检查

(1) 开机后，整个屏幕画面逐渐缩小变暗，这表明稳压电源或行输出部分有故障，如果继续使用，可能会造成电视机整个画面无光。

(2) 屏幕上突然出现一条水平或者垂直方向的光线(或亮带)，而其余部分则暗淡无光，这说明扫描部分有故障。如果不及时关闭电源，将会造成显像管灼伤、损坏。

(3) 屏幕上画面忽大忽小，持续不稳定，这说明电视机的高压供电系统有故障，如果继续使用，则有可能造成行输出管或高压硅堆等元器件损坏。

(4) 屏幕上不时出现黑色或白色的打火麻点，有时屏幕的画面四周出现黑条或黑带，同时可听到机内传出“噼啪”的打火声，甚至还可以闻到一股异常的腥臭味(臭氧味)，这说明机内的打火现象严重，此时应当立即关机并进行检修，否则会损坏显像管。

(5) 屏幕上画面基本正常，而伴音中出现连续不断的较大的杂噪声，即使没有播出电视节目时也有这种杂噪声，这说明机内某些元器件正在变质，损坏。应及时更换元器件，避免故障扩大。

(6) 开机后有声音，但屏幕一片黑。这可能是由行输变压器或行输出电路引起，此时应立即关机。

(7) 开机后图像模模糊糊或图像暗淡，但声音正常，持续一段时间后才清晰。这是由显像管管座引起，应及时更换管座，以免损坏显像管。

(8) 电视机图像正常但声音不好，电视机开机后出现图像正常但声音不好的故障，出现这种故障的大多数原因是多制式彩电的伴音制式调试不对，或者是在使用中由于误操作将彩电的伴音制式调乱。排除这种故障时先检查彩电的伴音制式是否正确，电视画面应显示 PAL/D，如果调乱，则需重新调试好便可恢复正常声音。

6. 电视机和家电遥控器常见故障及排除方法

电视机和家电遥控器的常见故障及检修方法见表 10-20。

表 10-20 电视机和家电遥控器的常见故障及检修方法

故障现象	原因及排除方法
遥控不起作用	为避免判断错误,先检查一下遥控接收器性能是否正常,最好能找一个同型号的遥控器试一下,如能正常遥控,证明接收正常,故障是在遥控发射器。然后置万用表于直流电流 50 mA 挡,串接在遥控器内的电池正极与弹簧卡之间,通过测量遥控发射时的动态电流来判断其性能是否正常,不按发射键时静态电流为几微安,按动任何键时电流约为 3~9 mA,且万用表的表针不停地抖动,表明遥控器在工作(电视机和影碟机遥控器电流在 3~5 mA 左右,空调遥控器在 6~9 mA),若测得的电流过大或过小,表针又不抖动,则表明遥控发射器有故障。遥控器不发射信号有以下原因:(1)电池的电能耗尽;(2)电路未接通。如电池松动,卡簧锈蚀,引线断路等;(3)电路上的原因,元件损坏或性能不良。如:晶体振荡器停振(但不一定损坏,也许接触不良)。有些遥控器多次掉在地上,不发射的原因是:晶振损坏,只要用一新的晶振换上即可。遥控发射 IC 芯片的故障是输出端不发送信号,可用万用表或示波器测输出脚是否有信号或波形输出,或测晶振两脚有无振荡信号产生。发射 IC 芯片一旦损坏,只能更换(虽然其工作电压低,电流小,一般不易损坏)。驱动三极管损坏,可用万用表测量判别,红外线发射管的测量与发光二极管相同。不过,多数遥控器故障是由于使用不当引起的,如遥控器到处乱放而不慎被坐压、摔落或水洒到遥控器上等等,这样均会使遥控器性能变坏和过早损坏。
遥控距离短	主要原因是电池电压低,当电池量低于 2 V 时,遥控距离就会缩短,还有如电池簧片锈蚀接触不良、红外发射管老化发射能力下降,均会造成遥控距离短,要一并处理和更换。另外,接于电池两端的电解电容漏电,不仅消耗电能,还会缩短发射距离。
按键不灵敏	电路板上的铜箔接点有脏污或氧化,与导电橡胶按键接触不良,可用医用药棉蘸少量酒精清洗,但有的电路板为碳质接点电路,就不能用酒精清洗,只能用药棉擦净。修好的遥控器最好置于塑料袋内使用,这样既可保持清洁又可防潮延长遥控器的使用寿命。

10.18 家庭影院

家庭影院就是利用普通家庭的居室环境,配置一套完善的视听设备(又称 AV 中心或视听中心),营造出具有专业影院水准视听效果的家庭视听环境。家庭影院由三大部分构成:一是 AV 节目源,主要有 LD、VCD、DVD 影碟机等;二是显示部分,如大屏幕(64 cm 以上)彩色电视机或投影电视机、壁挂电视机;三是放声系统,该系统是一套模仿影剧院环绕立体声效果的 AV 放大器及音箱组合。图 10-25 所示是家庭影院的组成示意图。

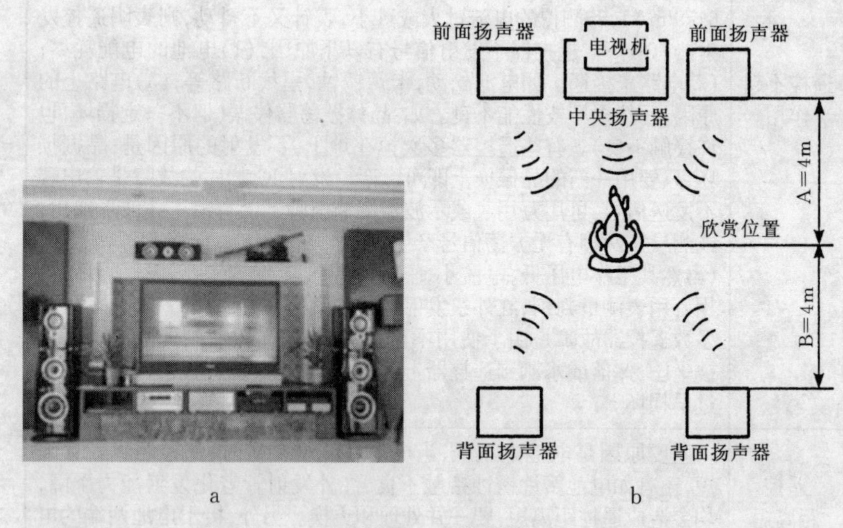

图 10-25 家庭影院

1. 音箱的选购

(1) 好音箱细微声音听得见。试听时不需要太大的声音,因为并不是音箱的功率越大越好,也不是声音能开得越响越好。一只好的音箱可听到更多的声音(而不是更响的声音)。好的音箱根据信号的不同可以惊天动地,也可以细腻如丝。试听时要仔细聆听音乐中的细节,如果低电平的细节听不大清,便说明音箱缺乏透明度。这是音箱优劣的区别之一。

(2) 好音箱能定位。如果不知道什么样的音质是好的,那么最简单的方法就是去听定位。也就是说,用自己的耳朵听出是什么乐器在演奏,在什么地方演奏。比如说,如果录音时钢琴是摆在右边的,尽管左声道也录进了钢琴声,但在正前方听音时,应感到同现场一样只有右边有钢琴声。但用差的音箱,会同时听到两边都有钢琴声,好像左右各有一架钢琴在合奏似的。越高级的音箱,人物形象感就越强。

(3) 好音箱有层次。即使是大型乐队演奏,声场也应丝毫不乱,可以听到各种乐器声音从舞台上不同的位置发出,而不是听到混合在一起的旋律。更好一点的音箱,除了能听到前后左右的平面感外,还能感到上下的立体空间感。即使不是发烧友,也能很容易就听到这一切。因此,试听时最好带上知道录音时乐器摆放位置的CD,以比较音箱的还原能力。音箱的档次越高,定位就越容易。

(4) 好音箱不吵人。品质优良的音箱,播放音乐时听起来松松的、甜甜的,很愿意多听一会。好音箱无论音量大小,声音都不会失真,更不会听起来不舒服。在一些大动态的场面如地震、爆炸时,强烈的低音可能会使坐着的沙发震动,但不会使耳朵不舒服,只会感到有强烈的震撼力。

2. 音箱的使用

(1) 音箱连接功放时,一定注意极性不能接反,正极与正极相对应,负极与负极相对应,正、负极端子在功放和音箱上一般均有明显的标志。在使用中,不能突然提高音量。对于音调的高低音调节要适当,尽量不要调节到极限。唱卡拉OK时,混响、延迟电位器都要调节适当,否则会因此产生自激烧毁音箱的中高音喇叭。

(2) 音箱与功放的连接还要注意阻抗匹配与功率匹配。有输出变压器的功放,配接的音箱阻抗应与功放的额定输出阻抗相一致。若采用OCL或OTL电路的功放,音箱的阻抗还可在一定范围内变动;功放的输出功率应比音箱的标称功率大1/4。如果音箱的标称功率选得过大而功放的推动功率不足,此时音箱虽然能响,但往往是功放音量开得很大,已引起严重的削顶失真,而声音仍然显得不足。若是音箱标称功率比功放输出功率小得太多,使用功放时要注意,音量旋钮要由小到大逐渐调节,音量不可过大,否则可能会烧毁音箱。

3. 家庭影院的调试

(1) 视听距离的选择。视听距离一般以稍近为宜,这样可以获得与电影院相似的视场和氛围。目前25、29、33英寸彩电的对角线大约为64、74和84 cm,按最佳视听距离为对角线的3～4倍计算,这三种尺寸彩电的最佳视听距离约为1.9～2.5 m、2.2～2.9 m、2.5～3.3 m。考虑到前方一对主音箱的间距应有2～3 m,而且电视、音箱均应与墙壁间留有适当间距,因此可选适宜的房间大小。

(2) 减小声波反射。为了减小声波反射的影响,可以在视听室内放置一些家具和装饰品,如沙发、书柜、吊篮、花瓶、茶几等,这些对声波有很好的漫反射作用。

(3) 图像亮度与色饱和度的调整。把室内照明调暗一些,调节彩色电视机或彩色投影机亮度电位器,将亮度减小,使图像画面变暗,黑灰界面不清楚后,再稍往回调一点,使图像画面亮度看起来比较舒适为止。调整图像画面的对比度与色相饱和度电位器,使图像画面层次感强,色彩不失真。

(4) 视听室内的灯光照明。视听室内的灯泡功率不能太大,一般使用15 W左右即可,这样既不影响观看效果,又能保护眼睛。

4. DVD影碟机常见故障检修

(1) 无声音,一般有三种原因:信号线没正确连接,应重新检查连接;

光盘变形和脏污，可将光盘表面进行除尘处理，变形的光盘可放在玻璃板上垫上干净的纸张，然后用重物压几小时即可，如果光盘变形严重，就需要更换；误操作触碰了静音键，使机器处于静音状态，再按一下静音键就可解决了。

(2) 无图像，主要有两方面原因，即信号没有正确连接，应重新正确地连接一次；电视没有调到正确位置，应调整电视机的 AV，TV 状态。

(3) 无彩色，主要是制式选择不正确，按遥控器上的制式键进行设定。另外，电视机色度未调好，应重新调整电视机的色度。

(4) 不读碟，机内没放入光盘或是光盘放置不正确，应重新检查并放入光盘，标签向上。

(5) 遥控失常，主要是遥控器没对准接收窗口；遥控器接收距离应大于 8 m，应调整缩短距离；遥控器电池电压不足，要及时更换电池；遥控器不起作用，大多是红外线光电管损坏，应更换。

(6) 图像滚动，通常是由于电视机制式设置不适合光盘制式而造成的，此时应调整电视机制式。

(7) 壳体带电，虽然电流很小，但给用户操作时带来了触电的感觉，其主要原因是该机电源滤波不好，可将机器的电源线用三芯电源线代替原来的二芯电源线即可，这样就使机壳体接入大地，解决了壳体带电的问题。(注：三芯电源插座必须接有地线。)

(8) 机内光盘重叠、卡住或滑出槽外。应打开机壳摆正光盘或取出多余光盘。

(9) 环境温度低而运行失常时，可以边加热边试机，待正常时立即停止加热。

(10) 激光头上有异物。可用 VCD 机专用清洁剂清洁或打开机壳，用软棉布蘸少许纯净蒸馏水轻拭激光头。

5. 话筒的使用事项与故障检修

(1) 注意话筒与声源应保持约 10 cm 距离。太近会造成放大器输入电压过高而产生失真和模糊;太远会引起背景噪声增加。

(2) 注意话筒与声源的夹角应保持约 45°以内,否则,高音损耗较大。

(3) 注意话筒线宜采用双芯屏蔽线,且长度不宜太长(一般在 10 m 以内),以减少信号的衰减及增加外界干扰。

(4) 注意话筒不要正对扬声器,防止引起啸叫和损坏高音喇叭。

(5) 要注意防震、防摔坏,试音时不要敲打、吹气,以免损坏音膜,降低其性能指标。

(6) 电容传声器要注意防潮,避免在湿度大的地方储存和使用,否则容易产生杂音。

(7) 话筒无声可能是插头与插座接触不良,话筒的芯线断开,或者话筒的引线断开,被摔跌的话筒通常会造成咪头引线断开,只要用电烙铁小心地焊上即可。

(8) 话筒声小、声音沙哑或变调可能是由于音膜或磁钢被摔跌错位造成的,此种故障一般难以拆开修理,可直接更换咪头。

(9) 话筒声音断续、噪声大或无声可能是由于开关处接触不良或引线与话筒下端的插头插座接触不良造成的。可拆开话筒,对相关部位进行适当处理即可排除故障。

chapter 11 >>

第11章 家庭电工经验与技巧

11.1 发现停电怎样检查

发现停电应首先判断停电的范围，是一间屋子内停电还是整套房全部都停电，是一个单元停电，还是整栋楼房都停电了。这种判断对迅速恢复供电十分重要。如只是自家停电时，就需要检查并找出停电的原因，再确定修理方案。

检查方法如下：

(1) 停电后先看一看其他房间是否也停电了，只要开关一下其他房间的照明灯或其他电器就可以作出判断。

(2) 若其他房间也没电，就需要检查用户总进线配电箱。进线配电箱一般安装在每户的进门处。打开箱门，用试电笔检查进户开关(闸刀开关或空气开关)的上下侧是否带电。若下侧无电、上侧有电，说明开关跳闸了或熔丝烧断了。若上、下侧均无电，说明停电范围不仅自己一户，这时可询问一下单元内各用户，若均停电，就可能是单元停电，这时可用试电笔去检查单元总开关，方法同上。若单元总开关亦无电，就说明停电范围更大了，一般此时应通知有关专业电工或供电部门来解决。

(3) 若发现进户开关上侧有电，下侧无电时，说明是开关自动断电，此时不要轻易合上开关，因为引起开关跳闸的因素是很多的,如果是因为家用电器故障引起的跳闸,轻易合上开关送电后,极易引起更大的事故。

■ 11.2 巧拧破碎白炽灯泡

白炽灯灯泡点燃运行中溅上冷水炸裂,或遇硬质铁木器碰破等情况下,不宜用手直接去拧取,以免扎伤。有时用钳子去拧取,不但取不下来,还会拧碎。这时可用一大小适当的土豆切去一小片,用大块面对着破碎灯泡,将破碎玻璃尖刺入土豆切面中,然后逆时针方向旋转土豆,便可轻松、安全地取下白炽灯泡。

■ 11.3 消除荧光灯镇流器响声的简便方法

有的镇流器由于制造工艺问题在工作中会发出令人厌烦的"嗡嗡"声。这是由于硅钢片的固有频率与交流电交变频率接近或相同时产生共振的缘故。消除或降低噪声的简便办法是拆开镇流器盒盖,取出铁心,用电吹风沿硅钢片四周加热。但要注意控制电吹风与硅钢片间的距离,温度不可过高,以免烤焦浸漆。然后再将准备好的石蜡或熔化了的蜡烛液滴进硅钢片缝隙,使蜡液与层层硅钢片成为一个整体,即可改变硅钢片的固有频率,使硅钢片不与交流电交变频率发生共振。

■ 11.4 判断荧光灯灯管是否漏气的方法

当荧光灯电路接通后,灯管两端发出像白炽灯似的红光,但中间不亮,在灯丝部位没有闪烁现象,尽管启辉器跳动,灯管却不启动。这种现象说明灯管已慢性漏气。凡是慢性漏气的灯管,通电点燃时间不久灯丝就会熔断。

11.5 鉴别荧光灯启辉器好坏的方法

启辉器质量的鉴别可用简易测定法,即将启辉器接入荧光灯电路中,在荧光灯正常的情况下,启辉器应在3秒内启跳,并且没有复跳现象;反之,如果启辉器在3秒内不能启动或金属片搭牢而不能复原,使灯管两头亮中间不亮,即灯管处于预热状态而不能点燃,则说明启辉器有问题,需要更换。

也可拆开启辉器的外壳,对着亮光观察启辉器玻璃壳内双金属片与电极之间的间距,正常间距应在0.5～1 mm,如果间隔较大或两极相碰,说明启辉器已损坏。

还可用万用表电阻挡测启辉器两脚通不通,如果测量后发现两脚之间有电阻或为“零”,则说明启辉器已损坏。

11.6 荧光灯延寿二法

(1) 尽量减少开关次数。荧光灯每开关一次,就相当于点燃了2小时。荧光灯的使用寿命不少于3 000小时,但条件是每启动一次应连续点燃3小时,如果点燃时间不足3小时,灯管的寿命就会缩短;超过3小时,其寿命额定值反而会延长。

(2) 打开开关,见灯管两端发红而不起跳时,要立即关闭开关,进行修理。否则会导致灯管很快发黑,寿命急剧缩短。这时只要换个启辉器就行了。

11.7 洗衣机脱水桶漏水的应急处理方法

双桶洗衣机使用日久,脱水桶密封磨损而导致漏水,致使电机受潮,绝缘被破坏,对此应更换密封圈。如果一时买不到合适的密封圈,应急处理的方法步骤如下:

(1) 松开电机轴上的固定螺钉,然后一只手固定电机转轴,另一只手边旋转脱水内桶,边向上拔,便可将脱水内桶卸下来。脱水桶安装结构图如图 11-1a 所示。

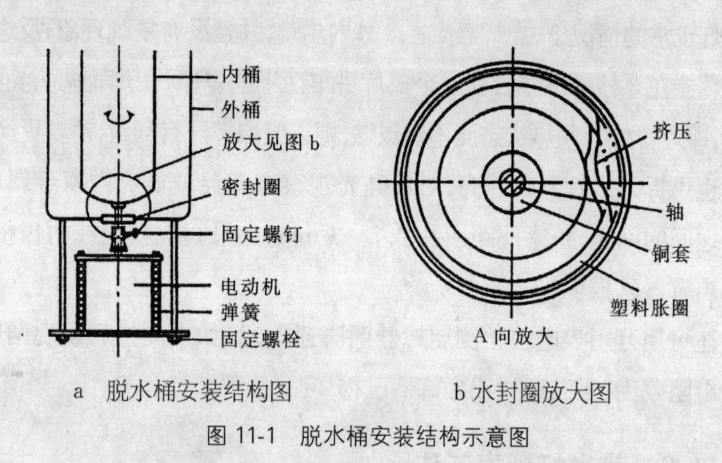

a 脱水桶安装结构图　　b 水封圈放大图

图 11-1 脱水桶安装结构示意图

(2) 卸掉电机的三个固定螺栓,拆下闸片上的软轴,电机便可被卸下来。

(3) 卸下脱水外桶的密封圈。拆卸时可按图 11-1 所示的方法,即将塑料涨圈挤扁卸下,然后检查卸下的密封圈。如果密封唇磨损得很厉害,需将镶嵌的铜轴套拆下,以便进一步修理。

(4) 买一只摩托车用油封,即减速齿轮箱上的油封,代号为 50、04、080。也可用工业上用的丁型骨架式橡胶油封。总之,只要能和脱水桶轴相配合就可以。

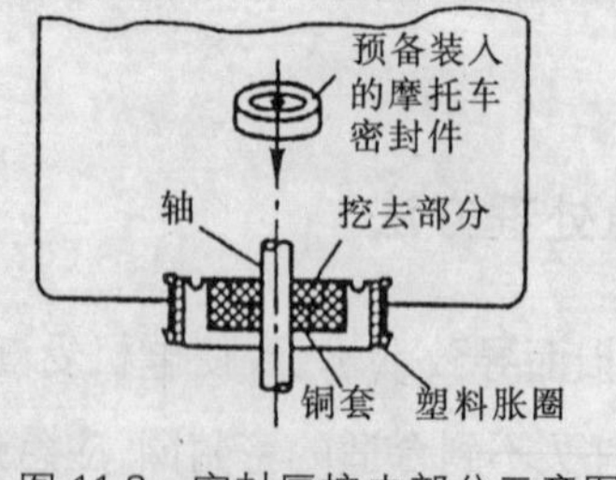

图 11-2 密封唇挖去部分示意图

(5) 用尖刀片将磨损的密封唇挖去,注意和油封外部尺寸的配合,不可挖得太大。内圆应比油封的外径稍小些,同时要挖得平整,如图 11-2 所示。

(6) 在油封的外圆和被挖去的密封唇内圆上涂敷强力胶(801),将油封有弹簧的一面向下,装入被挖好的密封唇内。注意胶液涂敷要均匀地充满空隙,以防止漏水。最后将油封的密封唇涂敷些黄油,最好用粘结度小一些的黄油。

(7) 等 4～6 小时胶接固化牢固后,将铜轴套装好,按顺序装好水封圈、电机、脱水桶,试验不漏水后即可使用。

11.8 洗衣机电容器的应急代换

一般洗衣机的电动机均采用单相电容式异步电动机,而洗衣机上的电动机功率有 60 W、90 W、120 W 等,所配接的电容容量分别为 6 μF、10 μF、15 μF 的无极性纸介电容器。它们的耐压均为 400 V,如果洗衣机电容器在使用一段时间后,出现容量变小或短路、断路、漏电、外壳鼓肚现象时,可按同型号更换,如果一时买不到合适的洗衣机专用移相电容,那么可利用旧日光灯的补偿电容代替,一般日光灯上的电容为 4.75 μF,耐压在 400 V 以上,它与洗衣机电容器是同类型电容,只是容量不够,如果所配接的洗衣机为 90 W 的 10 μF 的电容器,可用两只日光灯电容器并联起来代用。

11.9 防触电的电源插头

家用电器上的电源插头插脚均为“裸露式”,使用时稍不注意,就容易发生触电伤人事故。如果用两段自行车用橡胶气门芯(每段约 8 mm),分别套在插头柱(片)的末端上,由于橡胶气门芯的绝缘作用,使用起来,可防止触电事故的发生。

■ 11.10　避免电饭锅电源插座处打火的方法

电饭锅配套的电源插座使用时常发生打火现象，为避免打火现象的发生，只需在压紧螺母和圆垫片之间增加一只标准弹簧垫就可以了。这样，电饭锅的使用寿命和安全性均可提高，并且该方法还可应用在电茶壶、电熨斗的电源插头上及其他功率较大的电器用具上。

■ 11.11　巧修电饭煲开关早跳

电饭煲开关早跳，主要是由于温度控制器内的软、硬磁铁之间的顺合力不够造成的。只须打开电饭煲底盖，将调节螺丝往上拧半个至一个螺距，使软磁铁与硬磁铁之间的顺合力加强即可。

■ 11.12　巧除电熨斗斑迹

千万不可用小刀或铁、砂质器具去刮擦，应将电熨斗通电一两分钟，使其底板温热后，用软布蘸肥皂水或松节油，反复用力擦抹变色或斑点处。或待底板温热后用墨鱼骨蘸水反复擦拭，均能将脏迹擦除。

■ 11.13　巧清洗多功能食品加工机

家用多功能食品加工机使用后，很不容易伸手入内清洗。可取下刀具和杯体先用清水冲一下，再往杯内倒入适量清水及数滴洗洁精，旋上杯盖，按动开关，使其旋转几秒钟，将水倒掉，再用清水冲一遍，揩干，即可。

■ 11.14　巧除抽油烟机污垢

将用剩的肥皂头，用水泡成糊状，在抽油烟机易挂油的部位薄薄涂上一层，晾干。开机使用后，粘在抽油烟机表面的油污只要用湿布一擦，即可除掉。机内的油污可每隔一年擦洗一次，然后涂上肥皂。此法擦省时、省力，且不破坏抽油烟机光洁度。

11.15 更换冰箱门封条的方法

电冰箱使用久了，其门封条会变硬老化，甚至断裂。这样电冰箱就很难保持冷冻、冷藏作用了，而且在门的封条破裂处，会有水珠凝结，容易加速箱体的锈蚀损坏。新封条更换方法步骤如下：

(1) 先将旧的封条里的磁条抽出来，可暂时将其吸附于冰箱体上，以免碰坏或折断。

(2) 将旧封条拆除，换上新的封条后，再把磁条装入新的封条内。更换门封条，要整个更换，不可局部更换。新买的封条有时呈弯曲状态，不平整，必须弄平整方可换上。其处理方法有两种：

① 热水浸泡法。准备 60 ℃左右的热水一盆，将封条放入盆内 3～5 分钟后取出，抓住两端用力拉直，放在平整地方冷却，若一次不行，可重复几次即可。

② 热敷法。将封条放在平整的地方，用湿毛巾盖上，用电吹风加热，但注意温度不可过高，再用一平整木条压上 10 分钟左右，若不平整再重复一次即可。

(3) 有的磁条两面吸力不一样，应注意插入时，把吸力强的一面贴着箱体，不可贴反。

11.16 电冰箱的巧用

(1) 冷藏蔬菜，可将蔬菜经过炸、炒等处理后再冷藏，这不仅能消除蔬菜表面微生物，排除内部气体，抑制氧化酶等作用，而且还有利保存。

(2) 刚购买的肉类,应放置在冷冻室内中部区域,这有利于速冷降温保存,肉类贮存迫使冰晶形成,这不仅对细胞组织破坏很小,而且冰晶对细胞的压力均衡,又便于切片加工。

(3) 新购买的鲜肉,暂时不食用时,可分装在食品袋内并扎口封闭,放在冷冻室内贮存,既不互相串味,便于取用,又可避免细胞受损造成鲜度流失。

(4) 暂时不食用的肉类,如不装袋冷冻,可将冷冻中的肉体表面分块撒些水结成冰晶,既利于延长存放期,又能提高保鲜效果。

(5) 受潮而软化的饼干,放入冷冻室数天后取出,能恢复如初。

(6) 栗子煮熟放入冰箱速冻数小时取出,既利剥壳,又壳肉分离完好。

(7) 猪肝切碎拌上植物油放入冰箱内,几天后加工食用,可保鲜如初。

(8) 包好的水饺放在冷冻室速冻 15 分钟,再下锅煮熟,既不会变形、破皮、走味,也可将速冻后的水饺装入食品袋内,再放入冷冻室长期存放,随时食用。

(9) 熟鸡蛋放入冷冻室贮存片刻后再切,就不会将蛋黄切碎。

(10) 将葱去皮放入冷藏室贮存数小时取出再切,就不会刺激眼睛难受流泪。

(11) 夏天将活鱼、甲鱼等鱼类,放入冷藏室盛水的果盘盒内,既增加养活时间,又随时食用方便(活蟹无需用水,可自然状态放入即可)。

(12) 照明蜡烛和生日蛋糕蜡烛,在点燃前放入冷冻室冷冻 24 小时,再拿出点燃,就不会出现流泪滴下现象。

(13) 真丝衣服很难烫平,如将衣服喷水后装入塑料袋内,再放入冷冻室速冻 20 分钟取出再烫,即可烫平贴身。

(14) 书本、文件弄湿晾干都会变得不平而皱黄不堪,若随即放入冷冻室速冻干化,即可恢复如初。

(15) 衣服上粘上口香糖很难洗净,若湿水装袋放入冷冻室速冻后拿出,就可以很方便地将粘污的口香糖刮掉。

(16) 药物、胶卷和蜡纸装袋存放在冷藏室,可延长使用寿命。

(17) 花卉等植物种籽,装袋后放入冷藏室存放,可避免受潮发芽。

(18) 心跳过快而感到心慌胸闷时,用毛巾浸入冰水中,或放入冷冻室速冻拿出敷于面部,心跳可慢慢恢复正常。

(19) 把包装好的新茶叶放在冷藏室内可长时间保持清香,不变质。

(20) 如果邮票粘在一起,可将其置入冰箱内,不要多久就会分开,而且邮票的胶面仍可使用。

(21) 将各种名贵的酒类存放在冰箱内,可长期保持醇香、清鲜。

(22) 把暂时吸不完的香烟放在冰箱中,会保持新鲜不变质。

11.17 电冰箱的异味去除方法

(1) 用活性炭吸附异味。将炭片或炭粒等活性炭吸味剂装入有洞眼的小盒子中,放在电冰箱中间层即可吸附异味。活性炭使用一段时间后会失效,这时可将其倒出,用水洗净放在搪瓷盘中用文火烘烤或在烈日下曝晒,可使活性炭再生,然后装入容器内继续使用。一般再生两三次后应调换新的活性炭。

(2) 用鲜橘皮吸附异味。将吃剩下的橘子皮、橙子皮、柚子皮摊开后放入冰箱内各处,数天更换一次,能坚持一段时间,不仅冰箱内无臭味,而且每打开箱门还有一种清香味。

(3) 用食用醋去除异味。将食用醋装入敞口的容器中,放入冷藏层的底部,3~5 天取出,可去除异味。若能坚持更换,既能消除异味,又能抑制病毒和细菌的繁殖。

(4) 用茶叶、蜂窝煤除异味。将泡过的茶叶晾干、晒干或用鲜茶叶放入冰箱，4～5天更换一次，可去除异味。烧过的蜂窝煤球冷却后，抖掉附灰、碎渣，用纸垫好放入冷藏室底层，1～3天换新，一般更换3～4次即可排除异味，行之有效。

(5) 用硫酸亚铁溶液除味。取硫酸亚铁28 g，溶解于100 g的水中，再加入维生素C 0.5 g，然后将上述溶液倒入10倍水稀释。用干净的布蘸上配制好的溶液，涂擦电冰箱内壁，数分钟后，冰箱内异味即可去除。

(6) 用电子除味器除味。用电子除味器去除异味的效果较好，但价格贵，它不仅可去除冰箱中的异味，还有杀菌、防霉的作用。常用的电子除味器有臭氧发生器和负离子发生器等。

11.18 手表退磁的简便方法

生活中有时难免将手表靠近或者接触到磁铁，致使手表机芯零件磁化而走时不准，甚至停走。若要手表恢复正常，就需对它进行退磁处理，退磁的简便方法如下：

用小型电风扇的电动机或电唱机的电动机，取出转子，把定子线圈接通交流电，此时，在定子铁心膛中就产生较强的交变磁场。让手表停走，把机芯从表壳中取出来，用手拿着放入电动机的磁场中，几秒钟后，缓慢退出来，退磁就结束，手表即可恢复正常走时。修理钟表的工具、电工小工具都可以用此法消磁。

11.19 排除计算器失显的简便处理方法

电子计算器发生不能显“0”或消“0”、不显数字或者数字笔画残缺不全等毛病，许多人误认为是计算器已损坏。其实，经拆机检查，集成电路、元器件及其相应的焊接处均无毛病，原因是由于某些零构件接触不良所致。通常有以下两种情况。

(1) 印刷电路板与塑料支架之间的紧固螺钉松动，导致液晶显示屏残缺显示或无显示。造成这种故障的原因主要是塑料支架上的螺孔不耐用，经自攻螺丝拆卸数次就打滑松动了。修理时，在孔里涂抹少许白乳胶，待其固化后，按原样装上基板，拧紧螺钉，即可恢复正常显示。

(2) 计算器按键不起作用。由于按键背面的导电“凸台”因经常活动，表面不断磨损，其阻值由 20～50 kΩ 变为∞或局部变为∞所致，即按键的导电涂层与印刷电路板的接触片之间接触不良。对此，可用干净的医用酒精棉球擦净其表面污物，然后找一张香烟壳内的铝箔纸(需用万用表测量，有些看上去和铝箔纸好像一样，但不导电)剪成 $\phi5$～$\phi6$ mm 的小圆片，用胶水粘在失灵的按键背面的凸台上。注意，铝箔一定要朝向印刷线路板一侧。然后重新安装好计算器，上述故障即可排除。

11.20 弯曲多的铁管穿电线方法

电线穿入铁管时，常因铁管拐弯多而使铁丝难以穿过。这时可找一个比管径小些的螺帽，将棉线拴在上面，把螺帽放入管子里，利用重力使它在管内向下滑动(操作时应适当调整管子的位置)，经过几个弯就可把棉线从下面管口带出来，再通过棉线把铁丝带进管子里，就能顺利穿电线了。

11.21 手电钻碳刷的应急代换

小型手电钻的碳刷是易磨损件，磨损严重时碳刷与转子之间会严重打火,需更换新碳刷。如果一时没有合适碳刷,可以用2号废旧电池的碳棒按原碳刷尺寸磨好代用。

11.22 低压试电笔的几种特殊用法

低压试电笔(指一般测220 V的试电笔)除能测量物体是否带电外,还能帮助人们做一些其他的测量:

(1) 判断感应电。用一般试电笔测量较长的三相线路时,即使三相交流电源缺一相,也很难判断出是哪一根电源缺相(原因是线路较长,并行的线与线之间有线间电容存在,使得缺相的某根导线产生感应电,致使试电笔氖管发亮)。此时,可在试电笔的氖管上并接一只1 500 pF的小电容(耐压应取大于250 V),这样在测带电线路时,电笔可照常发光;如果测得的是感应电,电笔就不亮或微亮,据此可判断出所测得电源是否为感应电。

(2) 判别交流电源同相或异相。两只手各持一支试电笔,站在绝缘物体上,把两支笔同时触及待测的两条导线,如果两支试电笔的氖管均不太亮,则表明两条导线是同相电,若两只试电笔的氖管发出很亮的光,说明两条导线是异相。

(3) 区别交流电与直流电。交流电通过试电笔时,氖管中两极会同时发亮;而直流电通过时,氖管只有一个极发亮。

(4) 判别直流电的正负极。把试电笔跨接在直流电的正、负极之间,氖管发亮的一头是负极,不亮的一头是正极。

(5) 用试电笔测知直流电是否接地并判断是正极还是负极接地。在要求对地绝缘的直流装置中,人站在地上用试电笔接触直流电,如果氖管发亮,说明直流电存在接地现象;若氖管不发亮,则不存在直流电接地。

当试电笔尖端的一极发亮时,说明是正极接地;若手握笔端的一极发亮,则是负极接地。

(6) 作为零线监视器。把试电笔一头与零线相连接,另一头与地线相连接,如果零线断路,氖管即发亮。

(7) 做家用电器指示灯。把试电笔中的氖管与电阻取出,将两元件串联后接在家用电器电源线的相线与零线之间(不要暴露在外),家用电器工作时,氖管便可发光。

(8) 判断物体是否产生静电。手持电笔在某物体周围寻测,如氖管发亮,证明该物体上已带有静电。

(9) 粗估电压。自己经常使用的试电笔,可根据测电时氖管发光的强弱程度粗略估计电压高低,电压越高,氖管越亮。

(10) 判断电器接触是否良好。若氖管光源闪烁,表明为某线头松动,接触不良或电压不稳定。

(11) 判断电视机高压。手持电笔接近高压嘴附近,氖管亮即有高压。

11.23 巧查电线短路故障

低压线路上发生了短路故障,如果线路较长,线路上的灯泡和其他负载较多,故障点又不明显时,查找故障点是非常困难的。这时,可用一只1 000 W的电炉串接在保险丝刚接出的出线路端,接通电源,由于线路中有短路点,电源电压几乎全部降到1 000 W电炉丝两端,从短路点到负载这段线路上便有电流流过,线路其他部分却无电流通过。可用钳形电流表小挡位去测量线路中各处的电流,测量时可分段进行,如果测出无电流,说明故障点在测量点到电炉丝之间的线路上,如果测得有电流,则说明故障点还在中间位置的后面线路上。如图 11-3 所示。这样继续向后查找,逐步缩小测量范围,当测得电流在有与无的分界点时,便可顺利地找出故障点了。

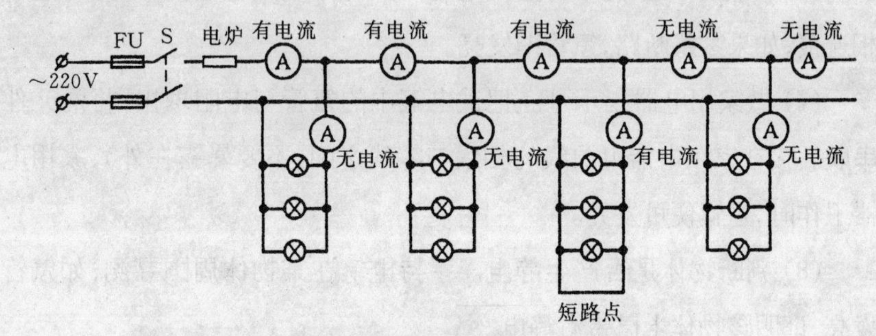

图 11-3 用钳形电流表查短路点示意图

按此法可查找线路较长且分支线路较多的地段。利用这种方法查找电器短路故障点其优点是:在不分段断开电线,不破坏线路的整体布局的情况下,即可快捷准确地确定故障点,对于线路较长的架空线路来说,此法尤为优越,但在使用此法中要把正常的负载开关断开,再查找故障点。

11.24 拉伸电炉炉丝简法

在更换新炉丝时,往往需要拉伸电炉丝;但拉伸电炉丝的长度难以确定,不是拉长了,就是拉得不够,且常造成电炉丝密疏不一,影响电炉丝的使用寿命,用下面介绍的方法可以方便而均匀地把电炉丝拉伸好。

方法是用一根旧胶织电线,按电炉盘内槽位把电线盘在炉盘内,随后将盘中的一般电线剪下,并从电炉盘内取出拉直。然后找一块长条绝缘木板,把电线放在木板上,在电线两端的位置上旋入两颗木螺钉,取下电线,把需换的新电炉丝拉开,两头固定在这两个螺钉上,并找一段电线把 220 V 的电源接在电炉丝两端,使电炉丝通电半分钟左右,电炉丝就会自行发热定型,取下电炉丝,盘在电炉盘内,接上接头即可使用。

11.25 常用干电池的型号、特性

(1) 普通锌锰干电池。普通锌锰干电池以往使用最为普遍，其标称电压为1.5 V，适用于小电流和间歇放电的设备，如手电筒、半导体收音机等。它的价格最低，但寿命较短，其最大的缺点是容易发生漏液和含汞量高。常用普通锌锰干电池的型号、尺寸、额定电压(开路时的电压)见表11-1。

表11-1 普通锌锰干电池的型号、尺寸和额定电压

型号	R40	R20	R14	R10	R6	R03
名称	甲电池	1号	2号	4号	5号	7号
额定电压(V)	1.5	1.5	1.5	1.5	1.5	1.5
		1.62～1.68	1.63	1.57	1.62～1.68	1.62～1.68
标称电压(V)	1.5	1.5	1.5	1.5	1.5	1.5
直径(mm)	66.5	34	25	21	14	10.5
高度(mm)	160	61.5	49	37	50	44

普通锌锰干电池的贮存期限较短，除1号电池为18个月外，其余的为9～12个月不等，长期不用时应从电池盒中取出，以免漏液腐蚀。

(2) 锌型纸板电池(高功率电池)。常用高功率电池型号为R20P、R14P、R6P、R03P，标称电压和外形尺寸与普通锌锰干电池相同，价格比普通干电池贵一些。它的优点是寿命较长且不易产生漏液，适用较大电流和连续使用的场合，如收录机、照相机闪光灯和电动剃须刀等。

(3) 碱性锰电池。常用的碱性锰电池型号为LR20、LR6、LR03等，标称电压也是1.5 V，尺寸与普通干电池相同。它的价格虽较贵，但容量大、寿命长。它适用于较大电流连续使用的场合，如收录机、摄像机和照

相机闪光灯等。当然,也适用于半导体收音机、手电筒和万用表等。

(4) 叠层锌锰干电池。常用叠层方形干电池的型号为 4F22、6F22、10F22、15F22 等,其额定电压和外形尺寸见表 11-2。叠层电池一般宜用于不超过 10 mA 的小电流设备,如普通万用表、数字万用表等,也都需要使用叠层电池。

表 11-2　常用叠层方形锌锰干电池

型　　号	4F22	6F22	10F22	15F22
名　　称	6 V 叠层电池	9 V 叠层电池	15 V 叠层电池	22.5 V 叠层电池
额定电压(V)	6	9	15	22.5
长×宽×高(mm)	26×18×40	26×18×50	27×17×37	27×17×50
保存期限(月)	9	9	6	6

(5) 氧化银电池。氧化银电池又名银锌电池,通常制成圆片形纽扣式,俗称纽扣电池。其标称电压为 1.55 V。常见的规格(直径×厚度)有:ϕ7.9 mm × 2.1 mm, ϕ7.9 mm × 2.6 mm, ϕ11.6 mm × 4.2 mm, ϕ15.1 mm × 5.9 mm 等几种。纽扣式微型电池价格较高,但体积小、密封可靠、无漏液,在电子计算器、电子手表、照相机测光器等中广泛应用。

(6) 锂离子电池。它体积小、重量轻、容量大、耐用性好,特别适合数码照相机和手机等使用。虽然锂离子电池价格要比碱性锰电池贵很多,但从其容量和耐用性权衡,成本也不算太高。

(7) 镍镉电池。这是目前最常用的充电电池,它的国产型号为 GNY 型。它的标称电压为 1.25 V,有圆柱形和纽扣式 2 种。镍镉电池有许多优点:寿命长,可反复使用 500～1 000 次;能量和功率高,它的 5 号电池的容量为 500～700 mAh,在使用时可大电流放电;自放电小;有相当好的耐过充电和过放电能力;低温性能好;机械强度高;使用维护方便。由于有以上优点,镍镉电池在家电、计算机以及各类电子设备中得到了广泛地使用。

镍镉蓄电池的缺点是标称电压低以及电池中的镉金属具有毒性对环境会产生污染,因此废弃的镍镉电池应做到“集中回收,统一处理”。

(8) 镍氢电池。这是一种环保型电池,与镍镉电池相比具有以下优点:能量高,其5号电池的容量几乎是镍镉电池的3倍;无污染,没有重金属镉带来的环境污染,是目前国际上公认的绿色电池;无记忆效应,每次充电前,不需要把电池的剩余电量放完,因此可节省能量和时间;充放电特性好,允许大电流充放电,采用专用的充电器,可在20分钟内充完电,而镍镉电池则需要15小时;自放电率低,28天自放电量小于35%的额定容量;寿命长,按IEC(国际电工技术委员会)标准,循环充放电次数为500次,而实际可达1 500次左右。所以在不久的将来,镍氢电池将会替代镍镉电池。

■ 11.26 干电池的选购和使用

电池的价格,是和它的用途,技术参数分不开的。拿5号电池来说,有普通电池、高容量电池、高功率电池、碱性高能电池等。这可以从电池外壳上标的符号如:R6S、R6C、R6P、LR6等来区别。

其中“R”代表电池外形为圆柱体;“6”是电池的序号,表示为5号电池。

“S”表示是普通电池,适用于间隙性小电流用电的电器,如半导体收音机、石英钟等。

“C”表示是高容量的电池。这种电池又叫锌型纸板电池。因它用较薄的纸板代替了原来糊状电解质,增加了二氧化锰正极材料,因此,容量比普通电池大。

“P”表示是高功率电池。适用于较大电流和连续放电情况下使用。如在小型CD机中,使用“R6S”电池听了1小时音色就变差了,而用“R6P”电池可听3~4小时保持音色不变。

"L"表示是碱性电池。这种电池电极反应面积大,内阻小,重负荷放电能力是以上几种电池的数倍。

如果选购电池是为了用于剃须刀、电动玩具等大电流用电场合,应选用高功率电池、碱性电池或镉镍可充电电池。虽然价格高些,但使用时间长。一个这样的电池可以顶几个甚至几十个其他型号的电池,实际使用比较下来,反而要经济得多。如果只是用于袖珍收音机、手电筒等间隙性小电流场合,则不妨选择普通型的锌锰电池。因为,在轻负载间隙性使用情况下,这类电池的性能和高功率电池、碱性电池相差无几,价格却便宜得多。

小家电所用电池的型号大多相同,但耗电量却有大有小,如复读机、随身听等耗电量相对大些的家用电器,当电池电量不足导致音量小或音色失真时,可将机中电池取出放入耗电量小些的小家电中试试。一般来说,复读机、电动玩具中换下的电池,放进小收音机中照样可用。这样,一些耗电量小的家用电器就不必专门买新电池使用了。

对于长期不使用的干电池,可用熔化的蜡液封固干电池的正负极,这样可降低干电池的自放电率,延长干电池的保存期。

11.27 拆卸电器的注意事项

要修理家里的器具、电器和设备,有时需要局部或全部把它们拆开,找出毛病,分析原因,再动手修理。既要拆卸,又不能拆坏,就需要谨慎行事。

(1) 对修理的对象要仔细观察,明确它的用途、结构、材料、不同部件的组成,然后才确定拆卸的方法、步骤。

(2) 对电器必须切断电源,开关位置尽可能成断开状,对使用干电池的电器应先取出干电池,以保证修理、拆卸工作的安全。

(3) 仔细寻找拆卸部位,特别是隐藏的螺钉位置,一般先卸外盖螺钉,再拆卸与内部机件有联系的螺钉。螺钉应集中放置,以免丢失。如部件规格、数量特别多时,则应分部件或归类分别存放,并做好记号。有时连接的方法比较特殊,应仔细寻找。

(4) 如有产品说明书或维修说明书,则应按要求进行,并记住拆卸的次序、步骤,甚至要做好记录,以便于以后的安装。

(5) 只要能找到毛病,能着手修理即止,能不拆的就不必全拆。凡没有把握拼装的,或需要专门工具、专门检测手段的部位最好不轻易拆;有火漆铅封的地方一般不拆,而是请维修厂家去处理,如水表、煤气表、电度表等是由专业厂修理,经仪器测量,校正后方可认定使用。

(6) 凡在保修期内的设备、电器,不要自己动手维修,而应打电话告诉维修卡上指定的维修点或生产厂家。

(7) 自己动手拆卸时,工具必须合乎操作需要,不能马虎凑合,以免造成更大的损失。

(8) 拆卸时一些小地方也值得注意:

① 螺钉、螺帽在一些特殊位置要认定拧松的方向,有的运转部件或有双扣的部件会出现反扣,如方向认定错误,会损坏螺钉或越拧反而越紧,欲速而不达。

② 如有的螺钉锈死,可先在螺纹处滴入几滴机油,待润透后再用螺丝起子或扳手拧动,不可用蛮力,那样将会破坏螺钉槽或拧断螺杆。

③ 在拆卸控制旋钮时,先看是否有顶紧螺钉,如有,应先松开顶紧螺钉后再拉出旋钮。如无顶紧螺钉,对于过紧的旋钮,可以用干净布塞入旋钮后,均匀向外拉动,抽出旋钮,切勿乱撬乱砸,以免损坏。

④ 不要轻易变动刻度盘、指针的方向和位置。

⑤ 对于可自动将插入电线挤紧固定的自动接线柱,在松开电线时可

采用插入铁丝、或扳直一端的回形针,或插入小螺丝起子等方法解决。

⑥ 对加工有高光洁度或有高级油漆涂层的部位,拆卸时可在钳口、扳手咬口上包软布后再操作。

■ 11.28 家用电器节电小窍门

1. 空调器

(1) 空调器安装的位置宜高不宜低。因室内的上层是温度较高的空气,若把空调器装在窗台上,抽出的空气温度低,相对来说空调在做无功损耗,上层的热气并没得到有效制冷。因此,应将空调机安装在离地面 1.8 m 左右的位置。

(2) 在设定室温时,不要和室外温度相差太大,如室外 30 ℃,室内可设定 25 ℃或再高一点,只要人不感到热就行了。这样空调器高频运转时间短,可省电。需要指出的是,不要经常将空调器时开时关,其实空调频繁开关最耗电,而且压缩机很容易损耗。

(3) 空调器过滤网应该经常清洗,否则网罩堵塞也会影响制冷效果。

2. 电视机

(1) 要适当控制亮度。一般电视机亮场与暗场的功耗相差 30～40 W,屏幕越大,相差越大。亮度越大,耗电越大。

(2) 看电视时,也可适当控制音量。音量太大,不仅功耗高,而且还会造成噪声干扰。据测试表明,每增大 1 W 输出音频功率,就要相应增加约 4 W 的电耗。

(3) 一般不要长期使用遥控关机,最好的办法还是在切断开关的同时拔下电源插头。

(4) 平时要加防尘罩。电视机加防尘罩可防止电视机吸进灰尘,灰尘多了就可能漏电,增加电耗,还会影响图像和伴音质量。

3. 电冰箱

(1) 对电冰箱应首先选择好放置位置。电冰箱应放在阴凉且通风的位置，切忌放在热源(炉灶、阳光等)附近和气流不通畅的地方，良好的环境，省电可达20%以上。如果有条件，电冰箱应离墙壁 20 cm 以上，这样效果会更好。

(2) 平时选择好温度。在冷藏室内的蛋、菜、熟食类等，温度在 2～5 ℃之间。在夏天，冷藏室应多放消耗快的冷饮、瓜果类，温度在 6～8 ℃为好。冷冻室温度调至－12 ℃，一般情况下，冷藏室温度不得高于 8 ℃，冷冻室不得高于－6 ℃，这样就会明显降低耗电量。

(3) 夏天尽量减少开门次数。

(4) 及时除霜。一般发现霜厚 5 mm 时，就应及时清除。

(5) 夏天热物不宜立即存入电冰箱。食物温度高，含热量大，一旦放入冰箱内，电冰箱就会因温度陡升而加大电耗。

(6) 要控制食物储存量。电冰箱内储存食品所占用的空间以七成为宜。食物过多释放热量也多，电耗也就必然加大。

(7) 对蔬菜、水果等水分较多的食物应洗净沥干，用塑料袋包好放入电冰箱，以减少水分蒸发而加厚霜层，缩短除霜时间，节约电能。

4. 电饭锅

(1) 注意电饭锅的内锅应与电热盘吻合，中间无杂物。在煮饭做汤时，只要熟的程度合适即可切断电源，锅盖上盖条毛巾，可减少热量损失。

(2) 在煮饭时应用热水或温水，热水煮饭可省电 30%。电饭锅在使用完后应立即拔下插头，这样既能减少耗电量，又能延长使用寿命。

(3) 对电饭锅的表面保持清洁，热传导性才能好，才能提高功效。要保持电热盘的清洁，每次用完后要用干净软布擦净。

5. 电水壶/电熨斗

(1) 一般电水壶的电热管结了水垢后要及时清除,这样一可提高热效率,二可节省电能,三可延长使用寿命。

(2) 用温电熨斗熨衣物最好选购功率为 700 W 或 1 000 W 的调温电熨斗,因为这种电熨斗升温快,达到使用温度时能自动断电,不仅能节约用电,而且能保持衣物的质量。

(3) 在使用电水壶/电熨斗时还应注意插头插座要接触良好且无漏电现象,否则会增加耗电。

6. 电脑

(1) 经常不用的扫描仪、打印机等要及时关掉电源。

(2) 如在用电脑听音乐时,应调暗显示器亮度、对比度,或关掉显示器。

(3) 要注意防尘、防潮,保持环境清洁,定期清洁屏幕。

7. 洗衣机

(1) 耗电量随洗涤时间的增加而增加,尽量减少洗涤时间。对不太脏的、有色的和白色的衣物分开洗涤。

(2) 将衣物经清水或洗衣粉溶液浸泡后再投入洗衣机也可减少洗涤时间。

(3) 减少漂洗次数,就减少了漂洗时间。而要减少漂洗次数主要是适量使用洗涤剂。

8. 电风扇

(1) 电风扇在启动时,应尽量采用高速挡启动,当需要低速时,再换到低速挡。

(2) 在晚上最好将台扇放在空气流通的门、窗旁边,以把室外的冷空气吸入室内。

(3) 在风量满足使用要求的情况下,应尽量使用中挡或慢挡,并做到随用随开,不用时应及时关掉。

(4) 吊扇要求安装扇叶与天花板的距离不小于 0.5 m,以免影响它的叶背气流进风不畅,降低风量。

(5) 使用吊扇在 1～2 年后,应更换轴承中的润滑脂,以使减少吊扇运转时的阻力,节省用电。

11.29 防止电烙铁烙铁头“烧死”的方法

烙铁头被“烧死”的最直接现象就是烙铁头挂不上锡,用这种烙铁头接触焊接表面热量传导慢或传不出去。造成烙铁头“烧死”的主要原因是烙铁头温度过高,表面严重氧化所致。防止这种现象的发生,一般有两种方法:

1. 间歇通电法

根据电烙铁新旧程度不同,一般一支电烙铁连续通电 15～30 分钟后即开始出现“烧死”现象,所以电烙铁若连续通电 15 分钟后要断开电源 3～5 分钟,再接通电源。

2. 冷却法

用一种自制的冷却支架给烙铁头降温可以防止“烧死”现象。冷却支架如图 11-4 所示。

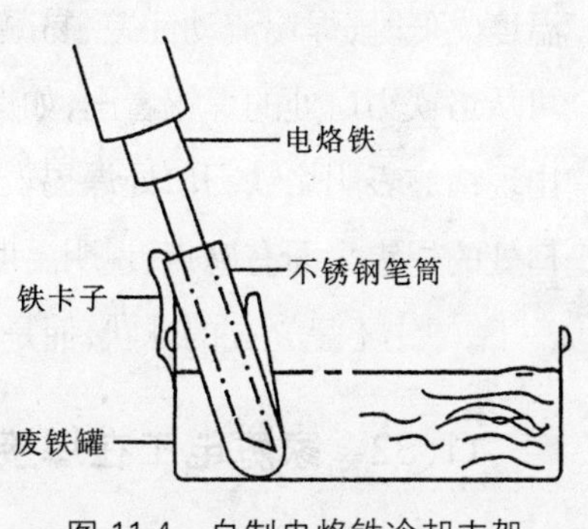

图 11-4 自制电烙铁冷却支架

取废金属钢笔管一支;空易拉罐(金属外壳)一个,用剪刀剪去易拉罐三分之二;将废钢笔管用铁卡子卡在易拉罐里,再向易拉罐内注入三分之二容量的水,一个电烙铁冷却支架即做好了。把电烙铁的烙铁头插入钢笔管,可以长时间保持烙铁通电而不会发生“烧死”现象。

11.30 电烙铁烙铁头"烧死"后的处理方法

电烙铁用久了烙铁头常常不沾锡。这是由于电烙铁使用时间长了，电烙铁铜头表面就会氧化，生成一层氧化铜，妨碍沾上焊锡。一般惯用的处理办法是用小刀刮去氧化铜的薄膜，透出里面没有被空气氧化的铜。然后，放进松香盒里蘸一下，再粘上锡，就可正常使用了。但这种方法清除得慢而且不彻底，同时，长期刮下去，铜头会变细而影响传热，导致温度下降，甚至损坏铜头。快速高效的处理办法是：手握电烙铁木柄，把氧化了的铜头浸入盛有酒精的容器中，经1～2分钟取出，氧化物就彻底、干净地除掉了，铜头焕然一新。这是因为氧化铜(CuO)和酒精(C_2H_5OH)加热产生化学反应后，又还原出了铜，对电烙铁头没有腐蚀作用。

11.31 判断焊接温度的技巧

焊接过程中，烙铁的温度和焊接质量有着密切关系，温度太高时，不但会损坏元件(如电容、晶体管)，还能导致金属的氧化，降低焊接的质量。温度太低时，焊锡流动性差、易凝固，严重影响焊接质量。电烙铁的温度可从烙铁刃口处的焊锡看出，如焊锡光亮呈圆球状说明温度合适；如焊锡出现褶皱表明烙铁刃口处焊锡表面已被氧化，说明温度太高了；如烙铁刃口处的焊锡表面有麻点，说明温度太低，此时如将烙铁头在其他物体上推一下，焊锡不呈光亮的球状，而是不光滑的片状。

11.32 家庭电工在焊接前要做的准备事项

1. 焊接物表面处理

电子制作中的焊接，是将元器件用导线连接起来或将元器件用焊接的方式固定在电路板上。焊接之前为了保证制作的成功，首先，要对所焊的材料进行适当的处理,对包有绝缘层的导线要把两端焊接部分的绝缘层剥掉;对元器件的引线及电路板都要进行适当的处理。处理时主要是消除焊接部位金属表面的氧化物、油污或绝缘漆,使金属露出来。对引线可用细砂纸擦或用小刀轻刮,清洁后在焊接部位涂少量的助焊剂以保证焊接的可靠性。常用的助焊剂有松香、氯化锌水溶液、焊油等。现在还有一种免清洗助焊剂,效果很好,焊接后无残渣。松香的特点是没有腐蚀性,有一定的绝缘作用,其不足是焊接时冒出大量的烟,且使用过量有残渣。氯化锌水溶液的特点是被焊物着锡能力强,腐蚀性强,只能焊接大型器件,不能用于电子制作。焊油有一定的腐蚀作用,一般在电子制作时不用。

2. 元器件的安装方式

根据制作的需要,元器件在电路板上有不同的安装方式,最常用的是立式安装法和卧式安装法。电容、三极管常用立式安装法,电阻可用立式安装或卧式安装法。安装电容、三极管时元器件的引线要留 5 mm 左右,引线太长了稳定性差,太短了对散热不利,焊接时元器件易损坏。

安装元器件时应使元器件排列整齐、美观。除三极管外,其他元件应尽量紧贴电路板,同一电路板上有多个三极管时,应使其高度相同。

安装元器件时有些元件的引线需要弯成一定的角度,弯折时应使引线成活弯,不要从元件的根部硬掰,以防止将引线从根部折断。对同一种元件要尽量使引线的弯一致,这样看起来美观。

11.33 家庭电工常用的焊接方法

1. 带锡焊接法

焊接时先使烙铁刃口挂上适量的焊锡,然后将烙铁刃口准确接触焊点,时间在 3 秒钟以内,焊点形成后迅速移走电烙铁。这种焊接方法,烙铁挂锡的量应恰好足够一个焊点用，锡太多了焊点太大，锡太少了焊点的焊锡量又不够。用此法焊接时焊点上必须涂有助焊剂，否则易出现焊点不挂锡现象。因为挂锡时，焊丝中的大部分助焊剂（松香）挥发在挂锡的过程中。

为了克服带锡焊接时助焊剂损失的情况，可将焊丝一端对在焊点上，在适当的部位用烙铁头刃口接触焊丝，这样在烙铁头刃口接触焊点之前，焊丝中助焊剂受热全部从焊丝的端点喷出，并喷在焊点上，此时烙铁头刃口沾的锡正好和焊点接触，焊接过程完成后，可迅速移走电烙铁。

2. 点锡焊接法

点锡焊接法也叫双手焊接法，焊接时右手握着电烙铁，左手捏着焊锡丝，在焊接时两手要相互配合、协调一致。不仅如此还要掌握正确的操作方法及焊接要领，这样才能做到焊点光亮圆滑、大小均匀，杜绝虚焊、假焊出现。该种焊接方法具有焊接速度快、焊点质量高等特点，适用于多元件快速焊接，具体焊接过程可分为如下四个过程：

（1）加热过程：将达到预定温度的烙铁刃口前端从右侧顶在元件引脚处，并与电路板接触，电烙铁与电路板平面成45°左右夹角，加热1～2秒钟左右。

（2）送丝过程：左手将焊锡线从左侧送入元件引线根部。当焊锡丝开始溶化后，焊点很快形成。这个过程时间的长短决定了焊点的大小，因此一定要控制好送丝的数量，使焊点大小均匀。送丝过程要特别注意送丝位置在刃口、焊孔、元件引线三者交汇处。

（3）去丝过程：当焊点形成大小适中时，将左手捏着的焊锡丝迅速撤去，并保持烙铁的加热状态。

（4）去热过程：在去丝后继续保持加热状态1秒钟左右，以便使焊锡与被焊物进行充分的热接触，从而提高焊接的可靠性。这个过程完成后迅速将电烙铁从斜上方45°方向脱开,留下一个光亮圆滑的焊点,至此全过程结束。需要注意的是焊点是靠焊锡完全熔化后自身的流动性形成的,因此焊点不理想时不要用烙铁抹来抹去。

用点锡焊接法焊接选焊锡丝时,所用焊锡丝的中间应有松香,否则不但焊接时有困难,还难以保证焊接的质量。

chapter 12 >>

第 12 章 家庭电工常用线路

12.1 单联开关控制三盏灯或控制多盏灯

用一只单联开关控制三盏灯及三盏以上的灯或彩灯的线路如图 12-1 所示，安装接线时，要注意所连接的所有灯泡的总电流，应小于通过开关允许的额定电流值，就是说不能超过该开关容许的功率范围。

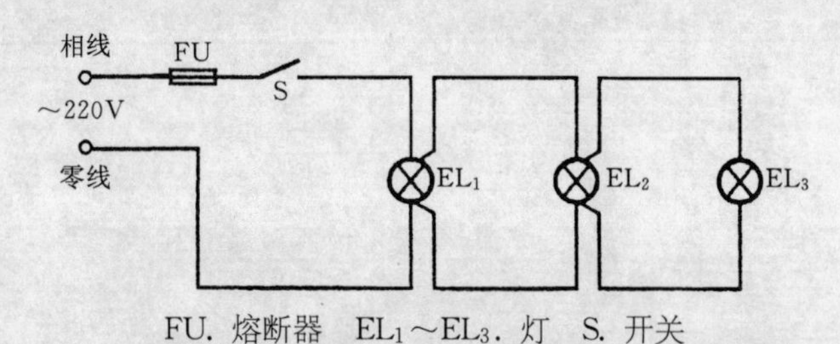

FU. 熔断器 EL_1～EL_3. 灯 S. 开关

图 12-1 一只单联开关控制三盏灯或控制多盏灯

12.2 单联开关控制一盏灯并另外连接一只插座

加接的插座一般并接于电源上，如图 12-2a 所示。但有时为了维修方便，减少故障点，如方便的话，接头可接入用电器内部接线柱上，外部连线可做到无接头。接线安装时，插座所连接的用电器功率应小于插座的额定功率，选用连接插座的电线其所能通过的正常额定电流，应大于用电器的最大工作电流如图 12-2b。

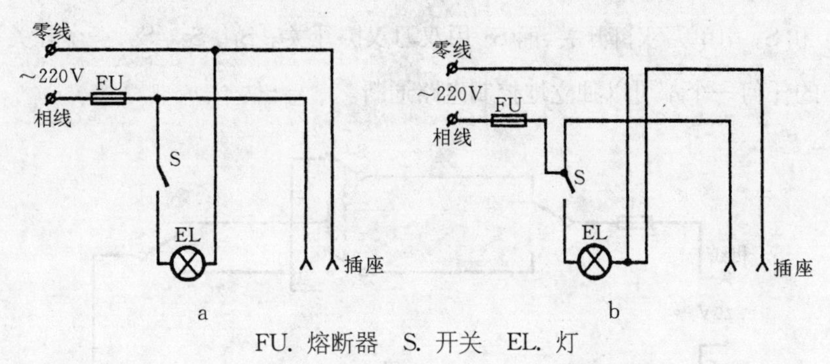

图 12-2 一只单联开关控制一盏灯并另外连接一只插座

12.3 两只单联开关控制两盏灯

两只单联开关控制两盏灯可按图 12-3 实线部分连接。多只单联开关控制多盏灯,可参照同样方法连接,如图 12-3 虚线所示。这种连接线路的特点是,接线接头全部接入电气元器件内部,从而减少了外部接线连接头,在一定程度上减少故障点,可方便维修人员维修线路。

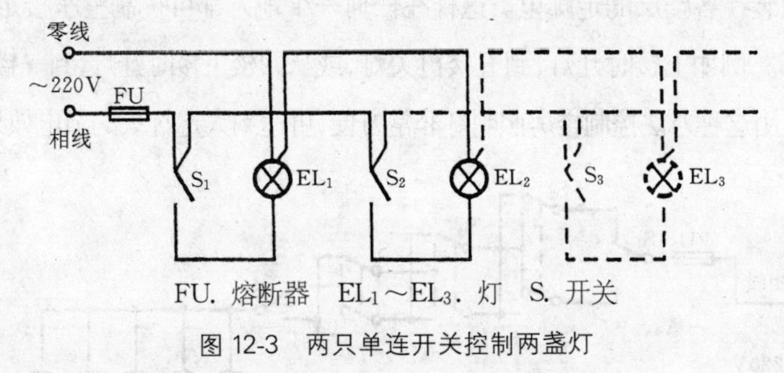

图 12-3 两只单连开关控制两盏灯

12.4 三只开关控制一盏灯

在日常生活中,经常需要用两个或多个开关来控制一盏灯,如楼梯上有一盏灯,要求上、下楼梯口处各安一个开关,使上、下楼都能开灯或关灯，这就需要一灯多控。图 12-4 所示是三只开关控制一盏灯线路。开关 S_1 和 S_3 用单刀双掷开关，而 S_2 用双刀双掷开关。S_1、S_2、S_3，三个开关中的任何一个都可以独立地控制电路通断。

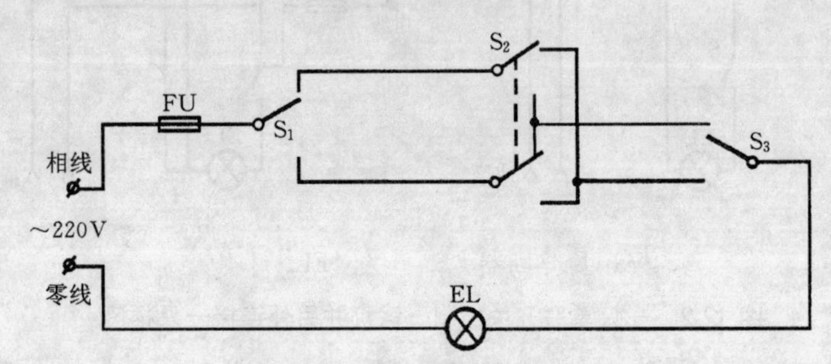

FU. 熔断器　EL. 灯　$S_1 \sim S_3$. 开关

图 12-4　三只开关控制一盏灯

12.5　五层楼照明灯开关控制方法

如图 12-5 所示，$S_1 \sim S_5$ 分别装在一、二、三、四、五层楼的楼梯上，灯泡也分别装在各楼层的走廊里。这样在任何一个地方都可控制整座楼走廊的照明灯。例如上楼时开灯，到五楼再关灯，或从四楼下楼时开灯，到一楼再关灯。应用这种方法控制楼房照明灯非常方便，可达到人走灯灭的节电效果。

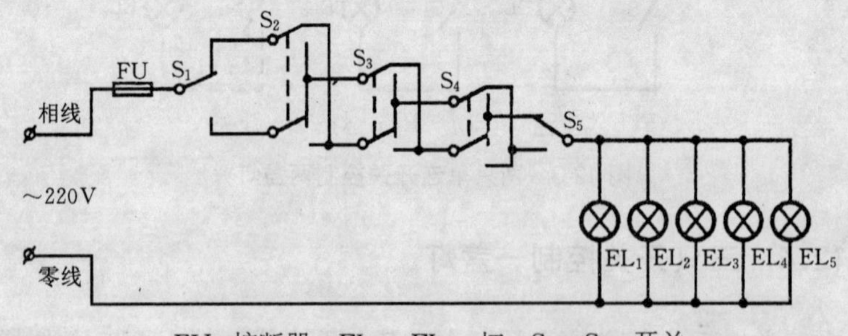

FU. 熔断器　$EL_1 \sim EL_5$. 灯　$S_1 \sim S_5$. 开关

图 12-5　五层楼照明灯开关控制方法

12.6 延长白炽灯寿命一方法

在楼梯、走廊、厕所等场所使用的照明灯，照明度要求不高，但由于夜晚电压升高或在点燃瞬间受大电流冲击的影响，很容易烧坏灯泡。因此，需要经常更换，一来造成浪费，二来使电工工作量增大，使电工人员感到很头痛。目前很多地方都采用一种延长白炽灯寿命的简便方法，那就是将两只功率相同，耐压均为 220 V 的白炽灯相串联，一起连接在电压为 220 V 的电源回路里，如图 12-6 所示。这种方法简便易行，故被广泛应用。因为每只灯泡的电压降低了，故发光效率也降低了。一般装在要求照明度不高的场所。

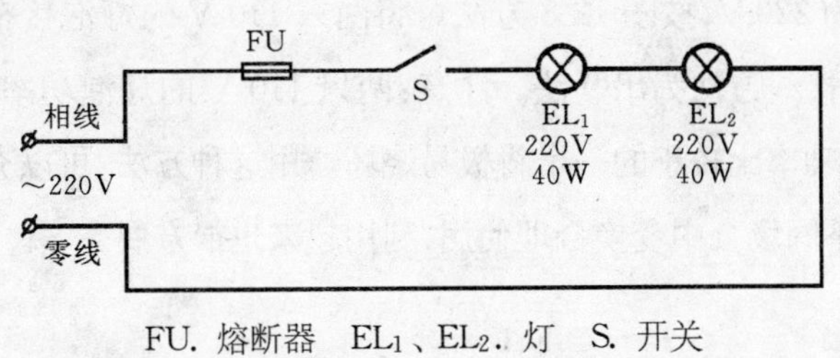

FU. 熔断器 EL_1、EL_2. 灯 S. 开关

图 12-6 延长白炽灯寿命一方法

12.7 用二极管延长白炽灯寿命

在楼梯、走廊、厕所等照明亮度要求不高的场所，可采用这个方法延长灯泡寿命。即在拉线开关内加装一只耐压大于 400 V、电流为 1 A 的整流管。

它的工作原理是：220 V 交流电源通过二极管半波整流使灯泡只有半个周期中有电流通过，从而达到延长白炽灯寿命的目的，但灯泡亮度会降低些。此方法有很好的应用价值，线路如图 12-7 所示。

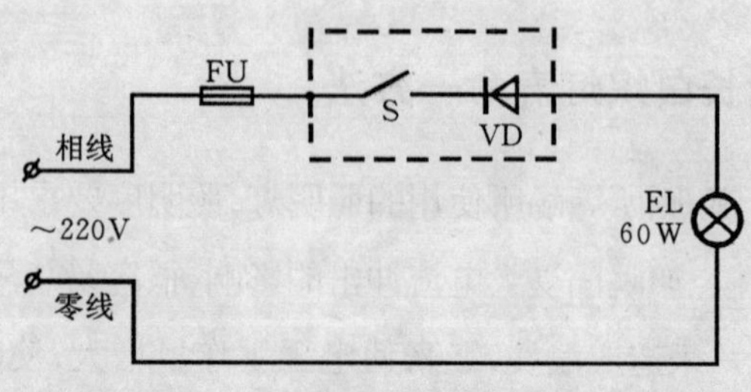

FU. 熔断器　EL. 灯　S. 开关　VD. 二极管

图 12-7　用二极管延长白炽灯寿命

12.8　将两只 110 V 灯泡接在 220 V 电源上使用

某些地区用的电源电压为 110 V,而目前我国绝大多数地区所用的电源电压为 220 V,按图 12-8 方法可将两只 110 V 的灯泡接在 220 V 电源上使用,接线方法为串联法。注意:两只 110 V 的灯泡功率必须相同,否则,灯泡功率比较小的一个将极易烧坏。用这种方法,可以充分利用现有设备在不同场合中变换合理使用,利用起来也很方便。

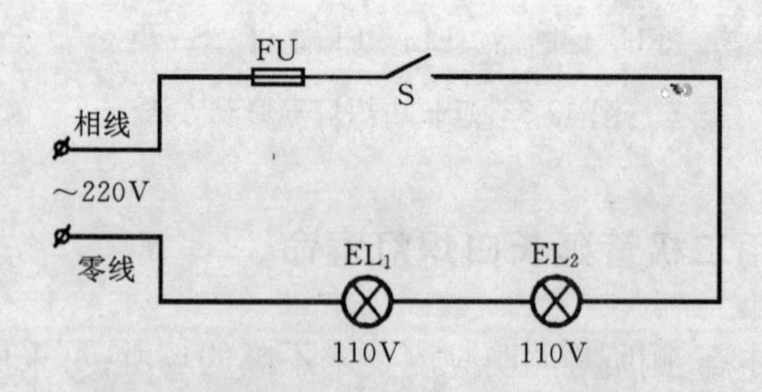

FU. 熔断器　EL_1、EL_2. 灯　S. 开关

图 12-8　将两只 110 V 灯泡接在 220 V 电源上使用

12.9　低压小灯泡在 220 V 电源上使用

一般低压小灯泡接入 220 V 交流电源时需要一只变压器,这样体积

增大,价格也高。如将低压灯泡和一只容量合适的电容串联后,就可直接接入 220 V 电源上,线路如图 12-9 所示。这种方法简便易行,应用安装体积也较小。例如在车床上安装指示灯时可采用。

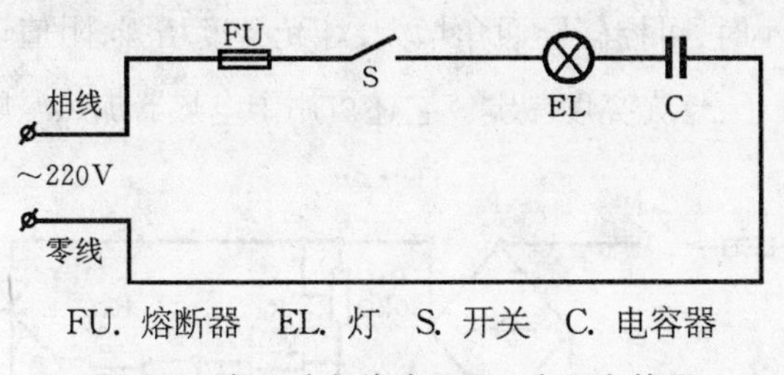

FU. 熔断器 EL. 灯 S. 开关 C. 电容器

图 12-9 低压小灯泡在 220 V 电源上使用

串联的电容器起降压作用。其容量要适当,过大会烧坏灯泡,过小则灯光太暗,可根据实验而定。它的计算公式为 $C=15I(\mu F)$,式中 I 为低压灯泡的额定电流(A)。另外,电容的耐压值要大于 400 V。低压灯泡的这种使用方法应特别注意绝缘保护,以防触电。

12.10 简易调光灯

图 12-10 是一种简易调光灯线路,光线的调节由多挡开关 S 控制。当 S 拨到“1”时灯灭;当 S 拨到“2”时,灯通过电容连接发出微光;当 S 拨到“3”时,电源经二极管半波整流给灯泡供电,灯泡亮度约为平时的一半;当 S 拨到“4”时,灯泡在额定电压下工作,亮度最亮。

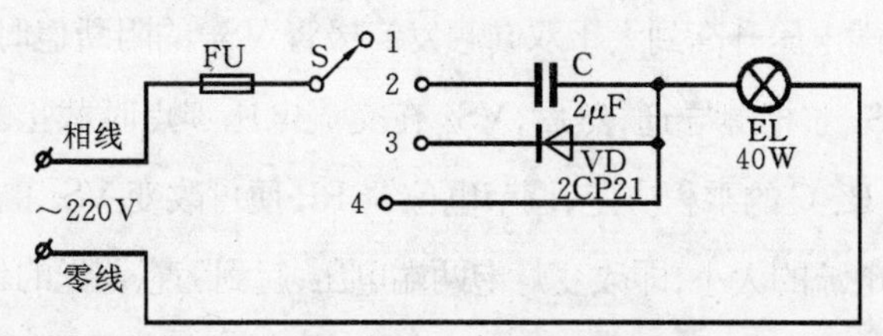

FU. 熔断器 EL. 灯 S. 开关 C. 电容器 VD. 二极管(半波整流)

图 12-10 简易调光灯

12.11 简单的可控硅调光灯

如图 12-11 所示是一种简单的可控硅调光灯线路。将线路中电位器 RP 的阻值调小时，可控硅导通角增大，灯光亮度增强；阻值调大时，可控硅的导通角减小，灯光亮度减弱。它还可用于电热器加热温度的调节。

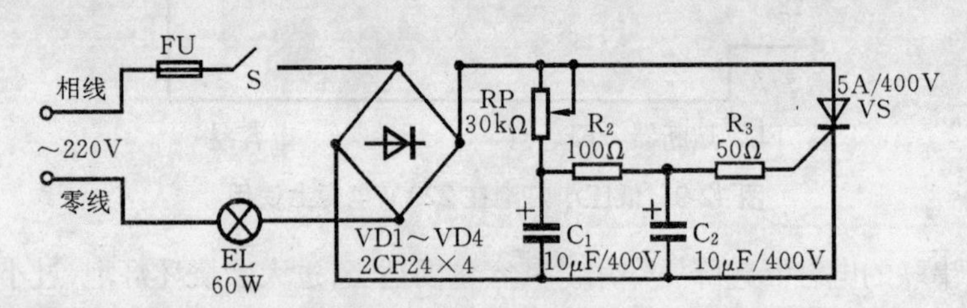

FU. 熔断器　EL. 灯　R_1、R_2. 电阻　S. 开关
RP. 电位器　C_1、C_2. 电容器　VD. 二极管

图 12-11　简单的可控硅调光灯

12.12 无级调光台灯

自制一台小型可控硅调光器，可根据工作学习等需要，随意调整台灯的亮度，不但能为您在工作或家庭生活中带来方便，而且还可达到节电目的。

工作原理如图 12-12 所示，R_1、C、R_2 和 VS_2 组成移相触发电路，在交流电压的某半周，220 V 交流电源经 RP、R_1 向 C 充电，电容 C 两端电压上升。当 C 两端电压升高到大于双向触发二极管 VS_1 的阻断值时，VS_1 和双向可控硅 VS_2 才相继导通，然后，VS_2 在交流电压零点时截止。VS_2 的触发角由 RP、R、C 的乘积决定，调节电位器 RP 便可改变 VS_2 的触发角，从而改变负载电流的大小，即改变灯泡两端电压，起到随意调光的作用。

本电路可将电压由 0 V 调整到 220 V。由于使用可控硅调光，故具有调光范围大，体积小，线路简单易制作等优点。整机可安装在一个很小的

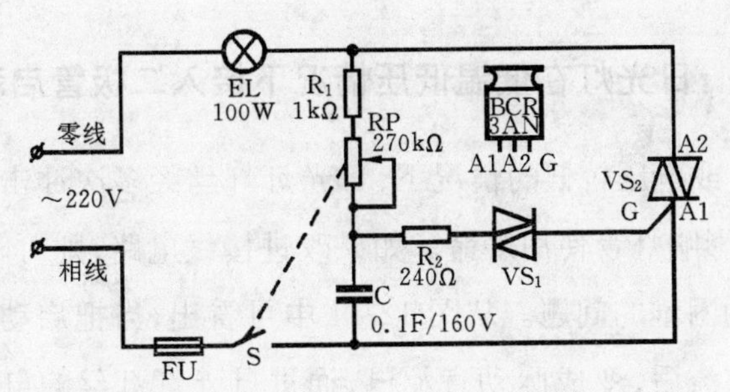

FU. 熔断器　EL. 灯　S. 开关　R_1、R_2. 电阻

RP. 电位器　C. 电容器　VS_1. 双向二极管　VS_2. 双向可控硅

图 12-12　无级调光台灯

盒内或者安装在台灯底座下。电位器 RP 可选用带开关的中型电位器，电位器上的开关可做台灯开关用。可控硅 VS_2 应选用 3 A、400 V 以上型号，台灯灯泡选用 60 W～100 W 的白炽灯。

12.13　双日光灯接线方法

双日光灯接线线路如图 12-13 所示。一般在接线时应尽可能减少外部接头。安装日光灯时，镇流器、启辉器必须和电源电压、灯管功率相配合。这种线路一般用于厂矿和户外广告要求照明度较高的场所。

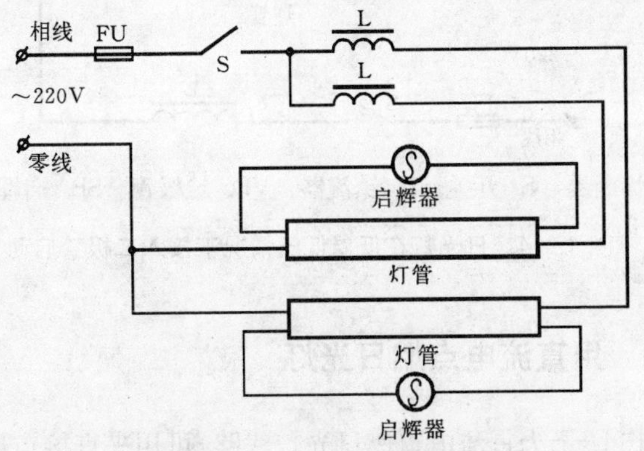

FU. 熔断器　S. 开关　L. 镇流器

图 12-13　双日光灯接线方法

12.14 日光灯在低温低压情况下接入二极管启动

在温度或电压较低的情况下，日光灯灯丝经多次冲击闪烁，仍不能启辉，将影响灯管使用寿命。如果改进接线电路，则可解决在低温低压下启动困难的问题。从图 12-14 中可看出，当把启动开关合上，交流电经整流后，变成脉动直流电，通过日光灯灯丝的电流较大，容易使管内气体电离。另一方面，这种脉动的直流波形，使镇流器产生的瞬时自感电动势也较大。所以一般 SB 合上 1～4 秒即断开，日光灯随即启辉。SB 可用电铃按钮，二极管可选用 IN4 000、IN4 007 等。此法一般适用于功率较小的日光灯，且由于启辉时电流较大，启动开关 SB 不要按得太久。

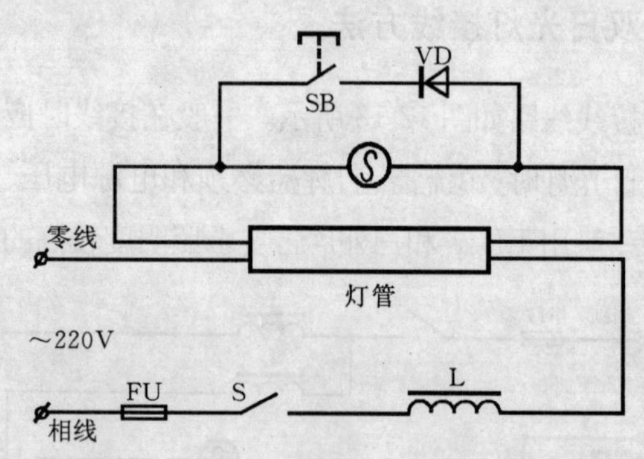

FU. 熔断器　S. 开关　L. 镇流器　VD. 二极管　SB. 启辉器开关

图 12-14　日光灯在低温低压情况下接入二极管启动

12.15 用直流电点燃日光灯

图 12-15 所示为直流电点燃日光灯线路，可用来直接点燃 6～8 W 日光灯。实际上它是由一个晶体三极管 V 组成的共发射极间歇振荡器，通

过变压器在次级感应出间歇高压振荡波，点燃日光灯。

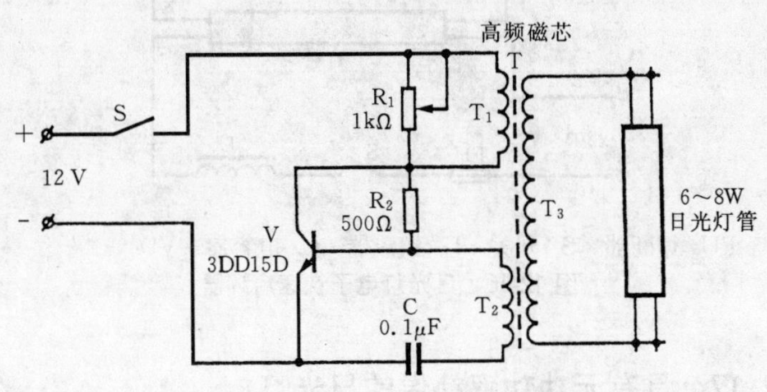

S. 开关 C. 电容器 R_1、R_2. 电阻 T. 变压器 V. 三极管

图 12-15 用直流电点燃日光灯

线路中 R_1 和 R_2 为 0.25 W 电阻，电容 C 可在 0.1～1 μF 范围内选用，改变 C 值，间歇振荡器的频率也会改变。变压器 T 的 T_1 和 T_2 为 40 匝，线径为 0.35 mm；T_3 为 450 匝、线径为 0.21 mm。

12.16 日光灯电子快速启辉器

用一只二极管和一只电容器可组成一只电子启辉器，其启辉速度快，可大大减少日光灯管的预热时间，从而延长日光灯管的使用寿命，在冬天用此启辉器可达到一次性快速启动。

工作原理如图 12-16 所示。其中，二极管的反向击穿电压选定在 190 V左右。开灯时，闭合开关 S，电流某一半周（零线为正时）经镇流器、灯丝、二极管给电容充电；另一半周时电源电压与电容电压叠加，击穿二极管（因时间短，电流不很大，一般不会造成二极管烧坏），产生高压，点燃日光灯管。在灯管点燃后，因两端灯丝间的电压降到 50～108 V，低于二极管的击穿电压，这时日光灯管便正常工作。

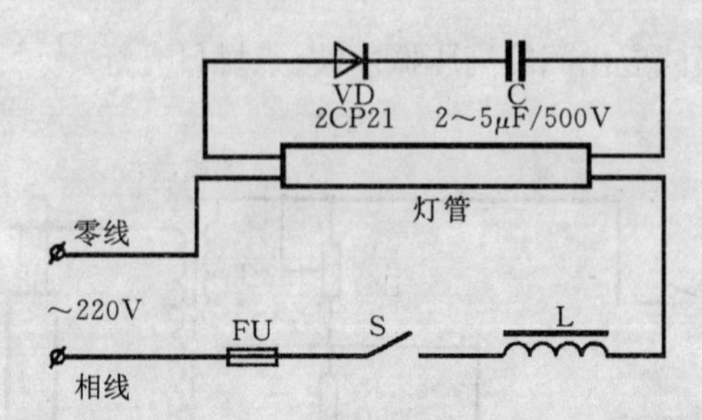

FU. 熔断器　S. 开关　L. 镇流器　C. 电容器　VD. 二极管

图 12-16　日光灯电子快速启辉器

12.17　具有无功功率补偿的日光灯

由于镇流器是一个电感性负载，它需要消耗一定的无功功率，致使整个日光灯装置的功率因数降低，影响了供电设备能力的充分发挥，并且降低了用电地点的电压，对节约用电不利。为了提高功率因数，在使用日光灯的地方，应在日光灯的电源侧并联一个电容器，这样，镇流器所需的无功功率可由电容器提供。如图 12-17 所示。电容器的大小与日光灯功率有关。日光灯功率为 15～20 W 时，选配电容容量为 2.5 μF；日光灯功率为 30 W 时，选配电容容量为 3.75 μF；日光灯功率为 40 W 时，选配电容容量为 4.75 μF。所选配的电容耐压均为 400 V。

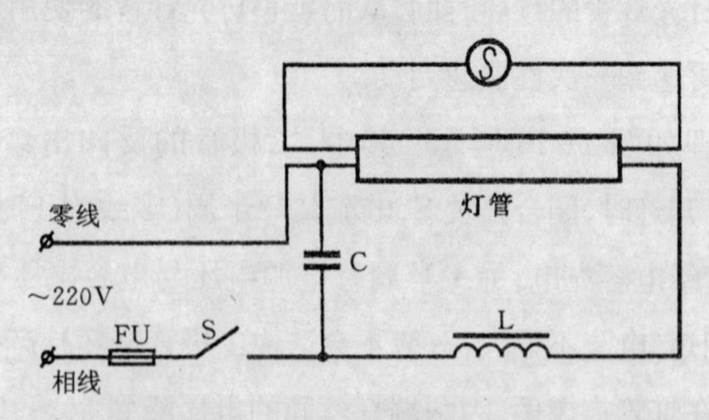

FU. 熔断器　S. 开关　C. 电容器　L. 镇流器

图 12-17　具有无功功率补偿的日光灯

12.18 日光灯四线镇流器接法

四线镇流器有四根引线,分主、副线圈。主线圈的两引线和二线镇流器接法一样,串联在灯管与电源之间。副线圈的两引线,串联在启辉器与灯管之间,帮助启动。由于副线圈匝数少,交流阻抗亦小,如果误把它接入电源主电路中,就会烧毁灯管和镇流器。所以,把镇流器接入电路前,必须看清接线说明,分清主副线圈。也可用万用表测量检测,阻值大的为主线圈,阻值小的为副线圈,正确接线法如图 12-18 所示。

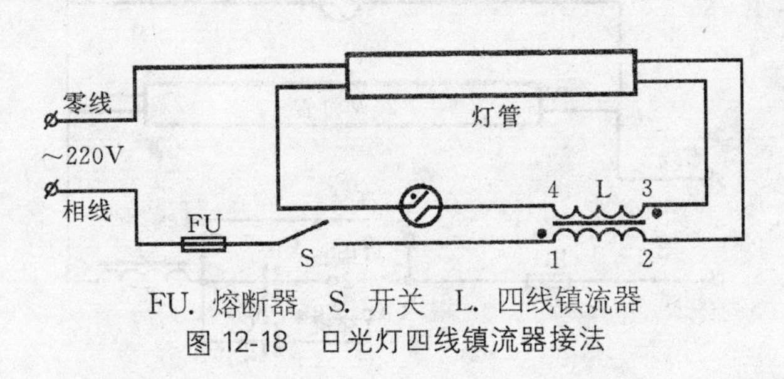

FU. 熔断器　S. 开关　L. 四线镇流器

图 12-18　日光灯四线镇流器接法

12.19 日光灯调光器

当贵客临门、欢度节日、欣逢喜事时,希望灯光通明;而在夏夜休息、观赏电视、照料婴儿时,则需要灯光微弱。为了实现这种要求,可使用调光器来调节灯光的亮度,图 12-19 是日光灯调光线路。启辉前应把亮度调至最大,以保证正常启辉,启辉后再把亮度调到需要的大小。VD_1 ~ VD_2 可选用 5 A/400 V 任何型号的整流二极管。

12.20 自制 20 W 日光灯调光器

采用串联电容的方法能方便地控制日光灯的亮度,适应不同的照明要求。图 12-20 是修改后的线路图。当开关与"1"接触,灯管发出正常亮

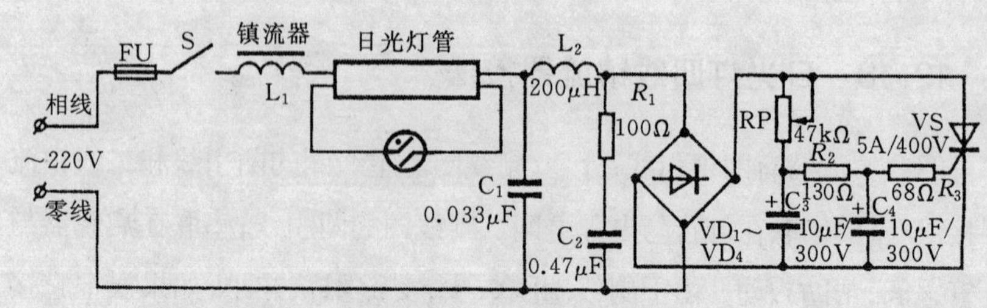

FU. 熔断器　S. 开关　$C_1 \sim C_4$. 电容器　VS. 可控硅

$R_1 \sim R_3$. 电阻　$L_1 \sim L_2$. 电感器　RP. 电位器

图 12-19　日光灯调光器

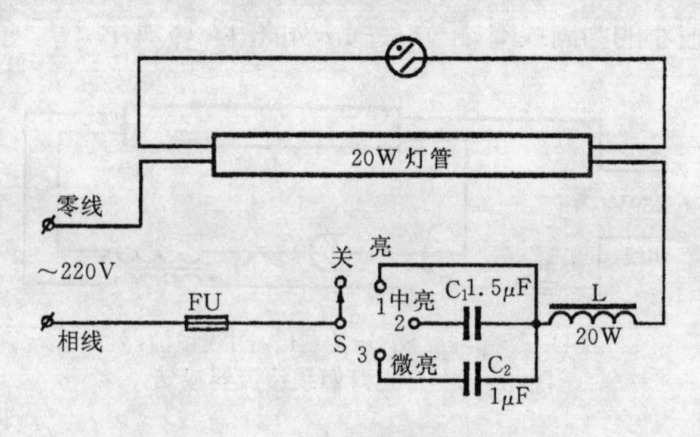

图 12-20　自制 20 W 日光灯调光器

度，实际功率 20 W；与“2”接触，亮度中等，功率约 10 W；与“3”接触，亮度微弱，功率约 5 W。

使用时应注意灯管必须先正常点燃后，才可调光。调光时拨开关动作必须迅速，以免开关断开过久而熄辉，需重新启动。

12.21　废日光灯管的利用

当日光灯管一端的灯丝已断但未脱落，并且荧光粉尚好时，可按图 12-21 进行连接接线，将已断灯丝一头的两引出端线短接，一般仍能再使用一段时间。

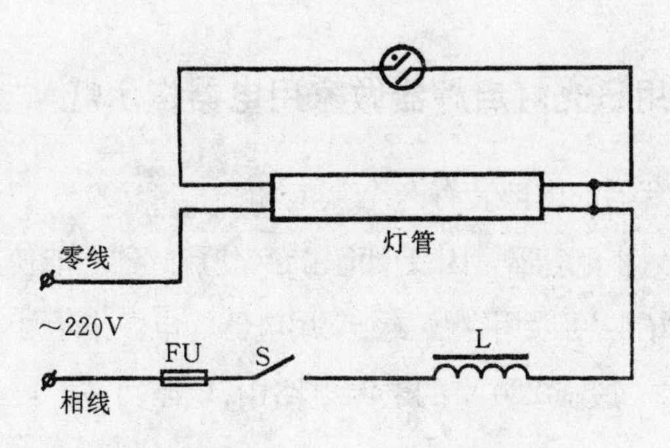

FU. 熔断器　S. 开关　L. 镇流器

图 12-21　废日光灯管的利用

12.22　简易的节能指示灯

在厨房、楼道或厕所里安装的照明灯常常会忘记关灭,自白浪费电能。如果买一只指示灯串联到电路中并安装在醒目的地方,这个问题就可以得到解决,成本还不到 0.2 元。如图 12-22 所示,指示灯与导线的连接采用锡焊,焊点与裸露的线头要用绝缘胶布包好。

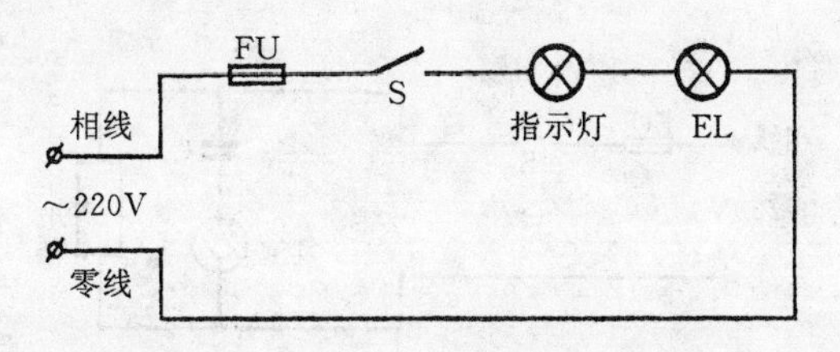

FU. 熔断器　EL. 灯　S. 开关

图 12-22　简易的节能指示灯

照明灯功率为 15 W 时用 12 V、0.15 A 的指示灯;为 25 W 时,用 6.3 V、0.15 A 的指示灯;为 40 W 时,用 3.8 V、0.3 A 的指示灯。

12.23 用日光灯启辉器做家用电器指示灯

日光灯启辉器的内部装有一个氖泡和一只 4 700～5 100 pF 的纸质小电容器。这只小电容器常因受潮而击穿,使启辉器不能使用。但启辉器中的氖泡还是好的,可以用它做一个家用电器的电源指示灯。图 12-23a 中 R 是限流电阻,一般在 220 V 的电源电路中,电阻可选 50～100 kΩ,其电阻的功率选用 1 W。

也可以使用一个好的日光灯启辉器直接制作指示灯,只要将启辉器内的氖泡和电容改为串联连接后,接入 220 V 交流电源上即可,如图 12-23b 所示。此法非常简单方便。

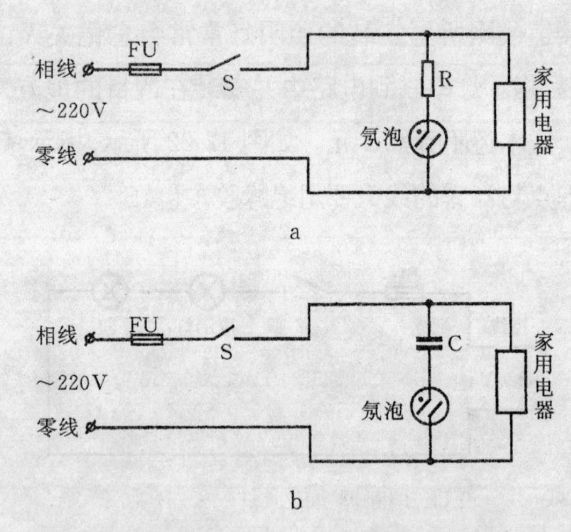

FU. 熔断器　S. 开关　R. 电阻　C. 电容器

图 12-23　用日光灯启辉器做家用电器指示灯

12.24 电子日光灯镇流器线路

电子日光灯镇流器能启动 8～40 W 类型的日光灯。用它组装的荧光灯不仅克服了低温、低电压不能启动的弊端，而且亮度更高，并能提高功率因数，延长日光灯使用寿命。线路如图 12-24 所示。

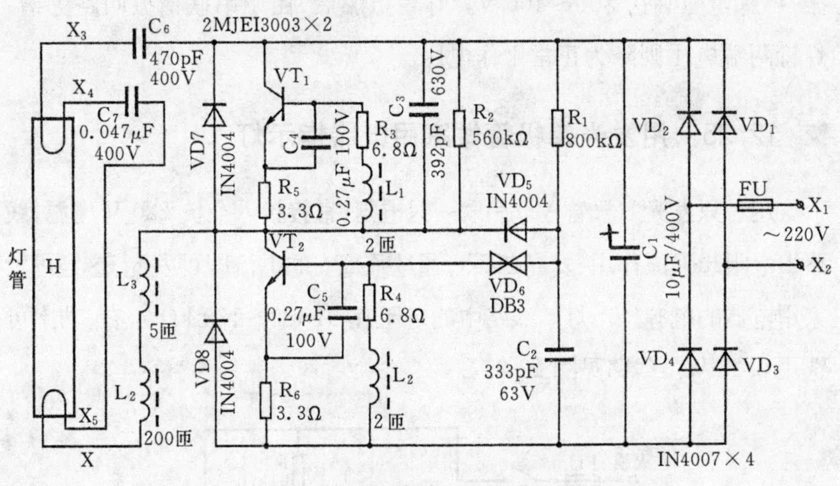

图 12-24 电子日光灯镇流器线路

交流电源 220 V 经二极管 VD_1～VD_4 作桥式整流后，在电容器 C_1 上得到约 280 V 直流电压。直流电源一路经 R_2、L_3、L_4、灯管的上下灯丝，C_6 对 C_7 充电。在此充电过程中，灯丝经电流被加热；另一路经 R_1 对 C_2 充电。当 C_2 上充电电压达到双向二极管 VD_6 的转折电压(26～40 V)时，VD_6 转折导通，给开关功率管 VT_2 的基极一个正向触发脉冲，使 VT_2 导通。VT_2 导通后，C_7 所充电压通过日光灯管的下灯丝、L_4、L_3、VT_2、R_6、C_2、R_1、C_6，在灯管上的灯丝形成放电，同时 VD_6 截止。由于 L_1、L_2、L_3、L_4 是同绕在一个磁环上，并且从接线极上确保了 VT_2 导通则 VT_1 截止，所以在放电过程结束的瞬间，L_1 和 L_2 感应电压极性会突然反向并形成正反馈，使电路翻转，即 VT_1 由原来的截止状态变成导通，VT_2 则由导通变成截止。于是，直流电源就经 VT_1、R_5、L_3、L_4、

上下灯丝及 C_6 对 C_7 充电。与此同时，R_1 再次向 C_2 充电。当 C_2 两端电压达到 VD_6 的转折电压时，V_2 再次导通，如此周而复始，形成串联谐振，启辉电压高达 300～400 V。灯管点燃后，由于串联谐振回路失谐，灯管两端电压则降为正常工作电压。

12.25 用发光二极管做家用电器指示灯

用一只发光二极管 VD 串联一只电阻，直接接入交流 220 V 电源，线路中电阻起限流作用，发光二极管通过几毫安的电流即可发光，这样可做家用电器的电源指示灯。线路中的电阻在 91 kΩ～130 kΩ 左右，功率可选用 0.25 W。线路见图 12-25。

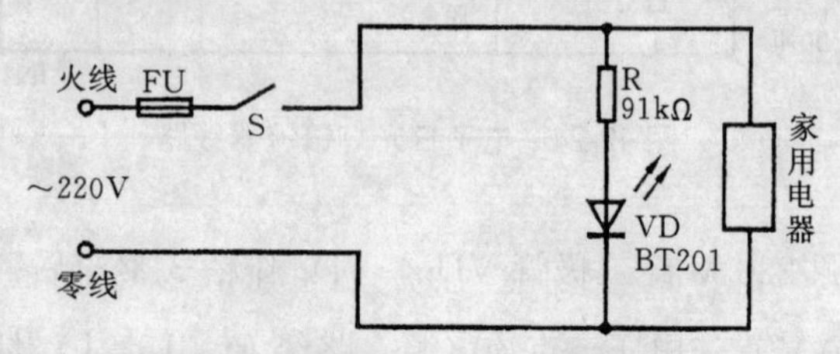

FU 熔断器　R 电阻　VD 发光二极管

图 12-25　用发光二极管做家用电器指示灯

12.26 简易闪光指示灯

图 12-26 所示是一种简单的闪光指示灯线路。当合上开关 S 时，电容充电，开始有很大充电电流通过继电器线圈，KA 吸合，这时电容继续充电，电流逐渐减小，使 KA 释放，各触点立即复位，这时电容通过灯泡放电，灯亮，电容放电完毕，另一个周期又重新开始。这种线路可作为家用节日闪光灯，线路中的电容容量可选用 2 000 μF，继电器 KA 线圈直流电阻为 700 Ω 为宜。

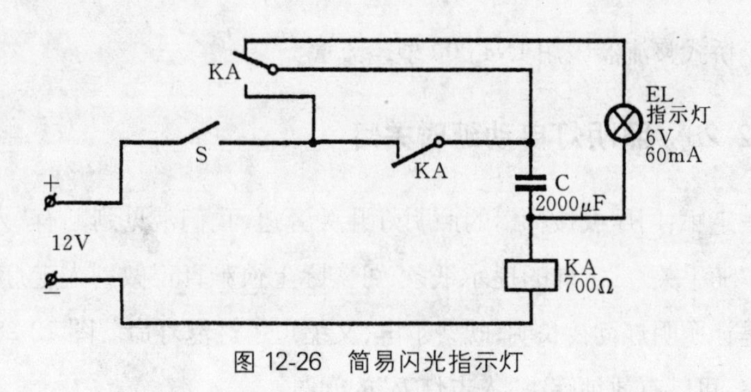

图 12-26 简易闪光指示灯

12.27 路灯光电控制

这是一种简单的光控开关电路，工作原理如图 12-27 所示。当晚上(照度低)时，光敏电阻 GR 的电阻增大，VT_1 的基极电流减小直至截止，于是 VT_2 也截止。VT_2 的集电极电压上升使 VT_3 导通，继电器 KA 吸合，点亮路灯。早上天刚亮(照度高)时，GR 的阻值减小，使 VT_1 导通，于是与上述过程相反，关闭路灯。继电器 KA 为 JRX—13F 型。

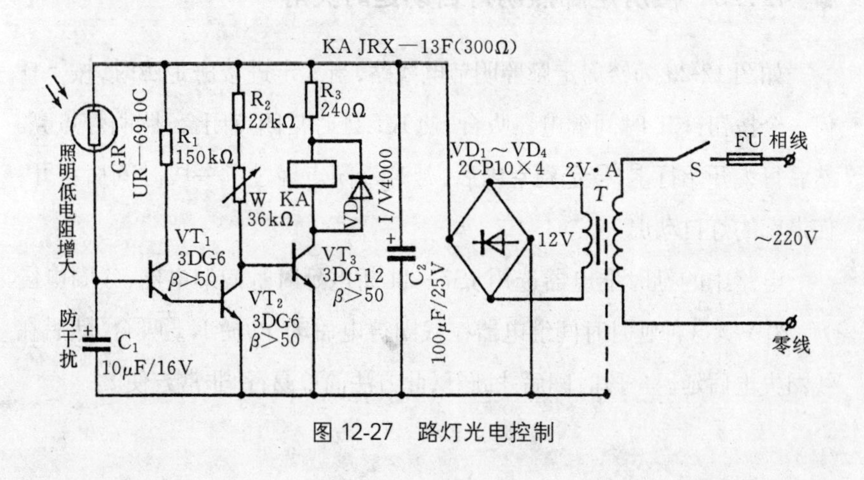

图 12-27 路灯光电控制

电源变压器采用次级输出为 12 V 的小型电源变压器，功率约 2 VA

即可。桥式整流器采用IN4 000型整流管。

12.28 照明灯自动延时关灯

在走廊、门厅或楼梯口的照明灯开关旁边，我们常见到贴有“人走灯灭”或“随手关灯”字样的提示纸条，可实际上很难真正做到人走灯灭，常常还是让照明灯彻夜长明，既费了电，又缩短了灯泡寿命。图12-28所示的电路，可以有效地解决“人走灯灭”的问题。

线路中的S_1、S_2、S_3、S_4分别是设在四层楼楼梯上的开关，EL_1、EL_2、EL_3、EL_4四盏灯分别装在四层楼的楼梯上。当人走进走廊里后，按下任何一个开关按钮，四盏照明灯全部接通电源发光，照明一段时间，使人走进房间后，照明灯就会自动熄灭。

线路中继电器选用JRX—13F继电器；EL_1～EL_4灯泡选用15 W为宜；调节R_1可改变延时时间。

12.29 楼房走廊照明灯自动延时关灯

如图12-29为楼房走廊照明节电线路，当人走进楼房走廊时，按下任何一个按钮，KT时间继电器吸合，使KT延时常闭点闭合，照明灯点亮。然后行人开始行走，待走到室内后，延时常闭点经过了一段时间后打开，使走廊的灯自动熄灭。

电路中的延时继电器选用JS7—44断电延时时间继电器，线圈电压为220 V。这种延时时间继电器在线圈得电后动作，使KT吸合，然后在线圈失电后延迟一段时间后才断开，此方法简单易行，非常方便。

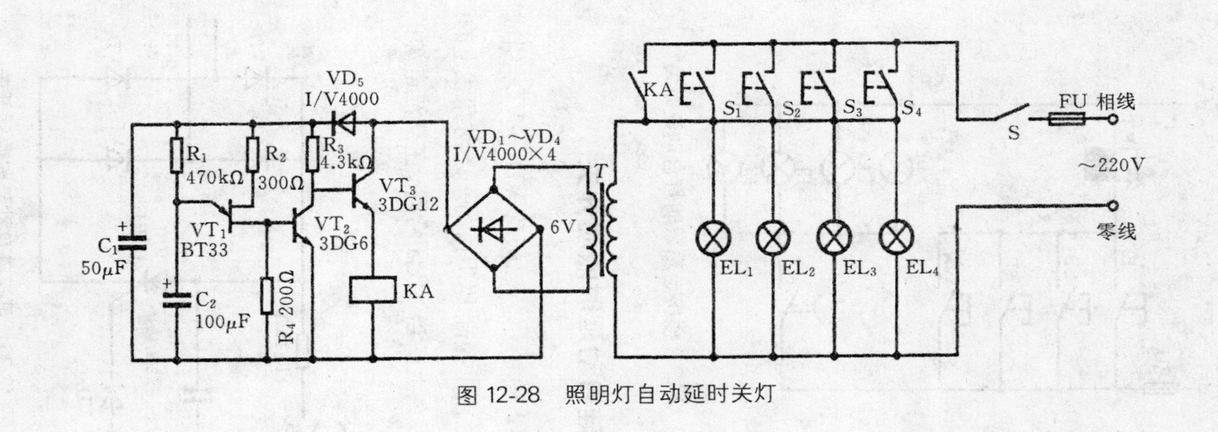

图 12-28 照明灯自动延时关灯

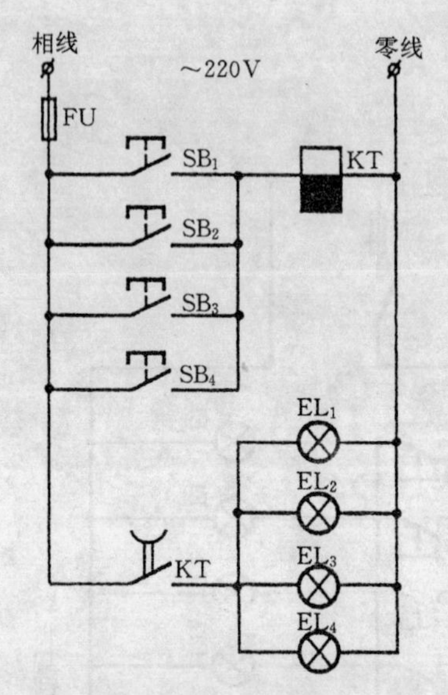

图 12-29　楼房走廊照明灯自动延时关灯

12.30　可控硅自动延时照明开关

工作原理如图 12-30 所示。二极管 $VD_2 \sim VD_5$ 组成电桥，其中一条对角线上的两个接点接可控硅 BCR_1，另一条对角线上的两个接点引出接在原来的照明开关接头上。当 SB 闭合时，在交流电源的一个半周时间，

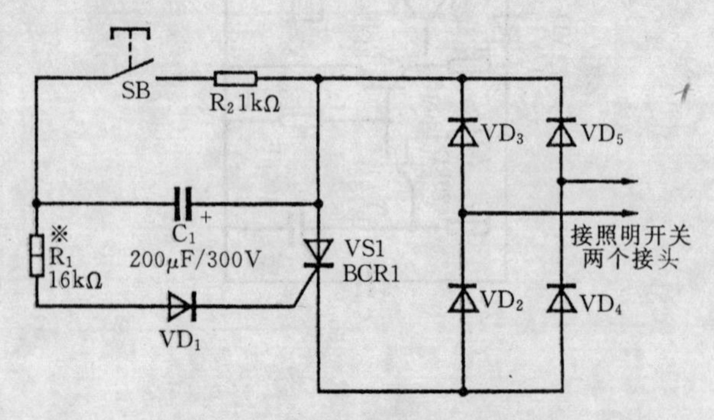

图 12-30　可控硅自动延时照明开关

可控硅 BCR_1 导通，使电桥的对角线短接，因而照明灯亮；当 SB 打开时，由于电容 C_1 经 R_1、VD_1 向可控硅控制极放电，使得通过可控硅控制极的电流继续保持，这样照明灯在电容放电的一段时间内延时点亮，然后熄灭。

在装试此电路时，若按下 SB 时，照明灯不亮，可重新选择电阻 R1 的阻值。线路中可控硅与二极管的型号由负载电流大小决定。

12.31 家用小电器线路集锦

随着人们生活水平的不断提高，各种各样的小家用电器已普及到了城乡的千家万户，现已成为现代家庭的“得力助手”。小家电在使用过程中，出现小故障也是常有的事，然而小家电产品一般不附带电路图，这样就给家庭电工人员维修带来不便，为了满足广大家庭电工维修参阅的需要，这里汇编了一些常用的小家电线路，如洗碗机、电子消毒柜、电热水瓶、吸油烟机、电吹风、电热水器、微波炉等(图 12-31～图 12-45)家用电器电路图，供给愿意自己动手维修小家电的家庭电工朋友们参考。

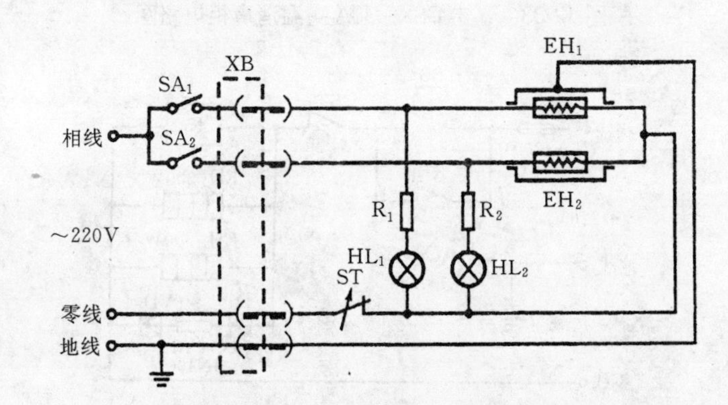

SA_1、SA_2. 选择开关 XB. 电源连接器 ST. 调温器
HL_1、HL_2. 指示灯 EH_1、EH_2. 发热器
图 12-31 星春牌 CCD 系列双挡不锈钢电炒锅电路图

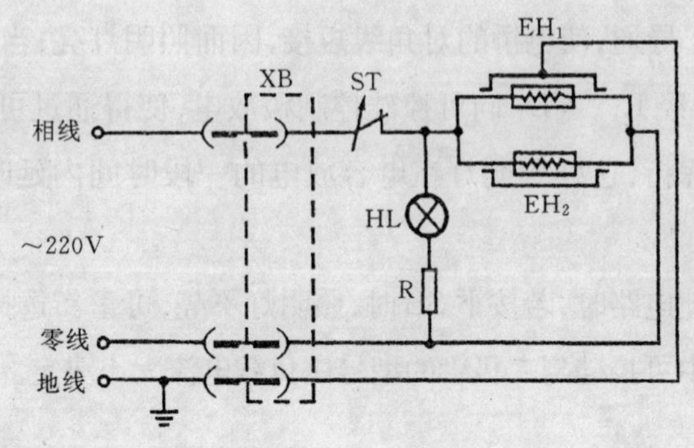

XB. 电源连接器　ST. 调温器　HL. 指示灯　EH_1、EH_2. 发热器

图 12-32　星春牌 CCD 系列调温式不锈钢电炒锅电路图

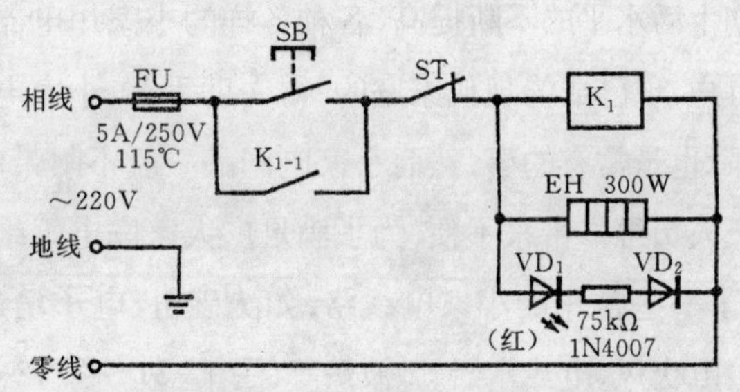

FU. 熔断器　SB. 电源开关　ST. 温控器　K_1. 继电器

K_{1-1}. 继电器　K_1. 常开触点　EH. 发热器　VD_1. 消毒指示灯

图 12-33　嘉丰 DSX—30A 高温消毒柜电路图

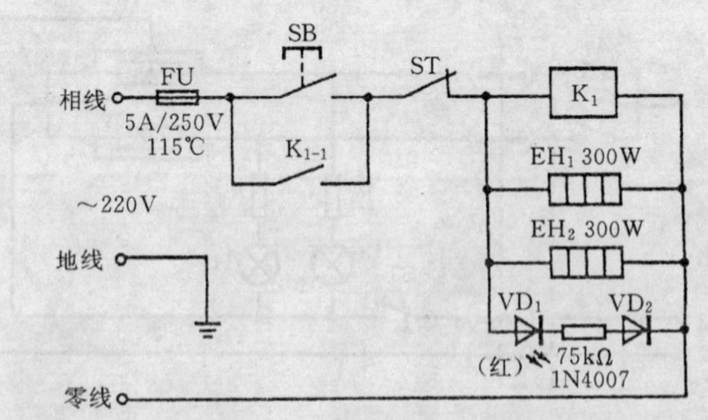

FU. 熔断器　SB. 电源开关　ST. 温控器　K_1. 继电器

K_{1-1}. 继电器　K_1. 常开触点　EH_1、EH_2. 发热器　VD_1. 消毒指示灯

图 12-34　嘉丰 DSX—50A 高温消毒柜电路图

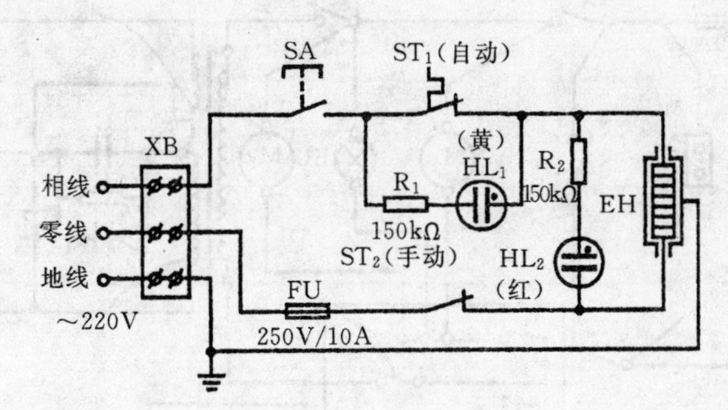

XB. 连接片 SA. 电源开关 ST_1. 煮水温控器 HL_1. 保温指示灯 HL_2. 煮水指示灯 EH. 发热器 ST_2. 保护温控器 FU. 熔断器

图 12-35 高宾 ZPQ6A 自动电开水器电路图

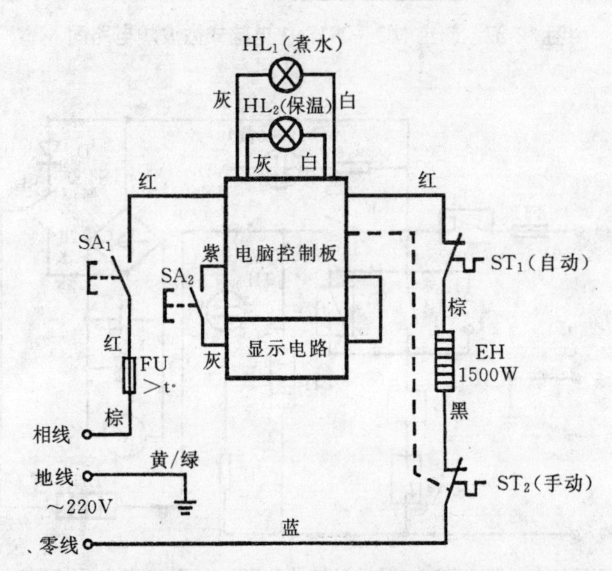

FU. 熔断器 SA_1. 电源开关 SA_2. 自动/手动选择开关 HL_1. 煮水指示灯 HL_2. 保温指示灯 ST_1. 煮水温控器 EH. 发热器 ST_2. 保护温控器

图 12-36 威和 WH—1500 电脑自动电开水器电路图

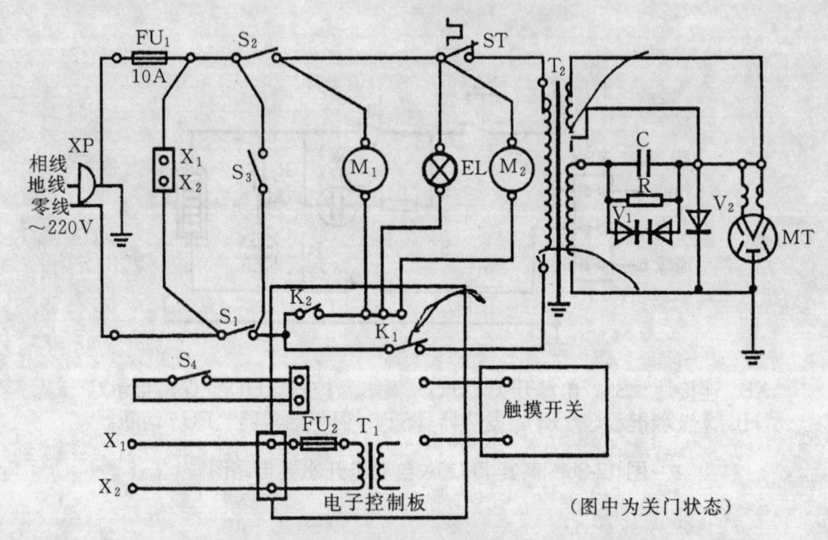

图 12-37　新宝 MO—081SN1 电脑式微波炉电路图

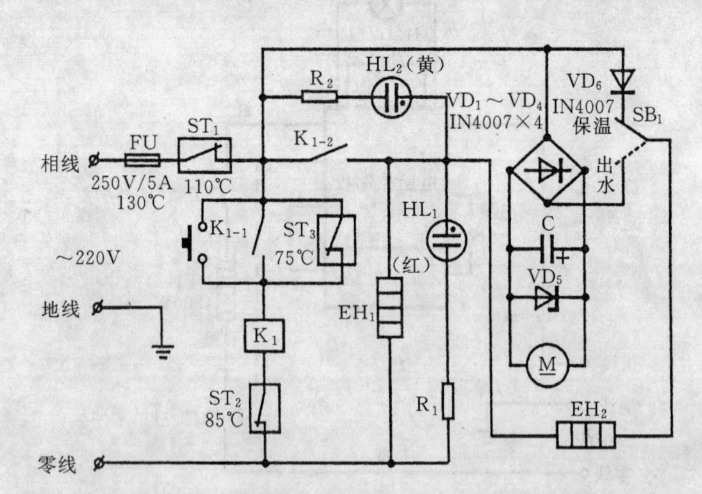

FU. 熔断器　ST_1. 保护温控器　ST_2、ST_3. 煮水温控器

K_1. 继电器　K_{1-1}、K_{1-2}. 继电器 K_1 常开触点　EH_1. 煮水发热器

HL_1. 煮水指示灯　EH_2. 保温发热器　HL_2. 保温指示灯

SB_1. 出水开关　M. 出水电机　SB_2. 再沸腾开关

图 12-38　超卓牌 DSP—28A 电热水瓶电路图

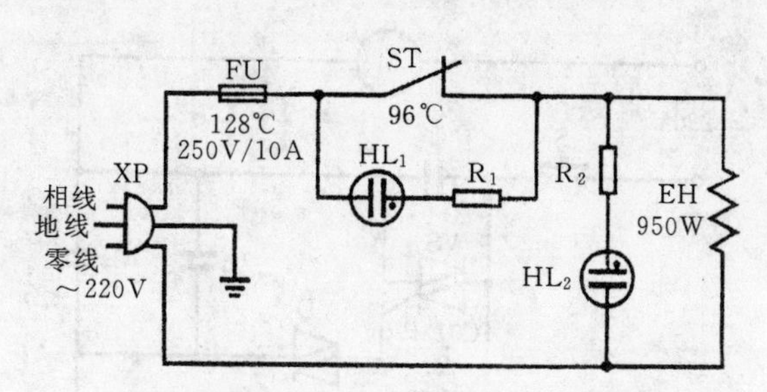

XP．电源插头　FU．熔断器　ST．温控器
HL_1．保温指示灯　HL_2．煮水指示灯　EH．发热器

图 12-39　三角牌 ZB—95B 型快速自动电热水瓶电路图

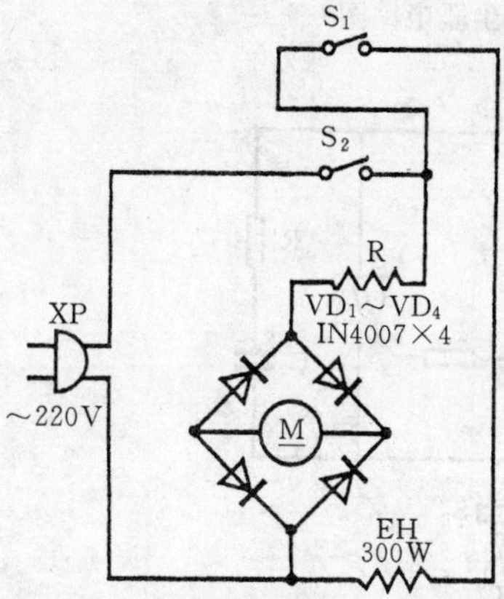

XP．电源插头　S_1．热风开关
S_2．冷风开关　EH．发热器
R．线绕降压电阻　M．电机

图 12-40　汇康 RCY—2000 型电吹风电路图

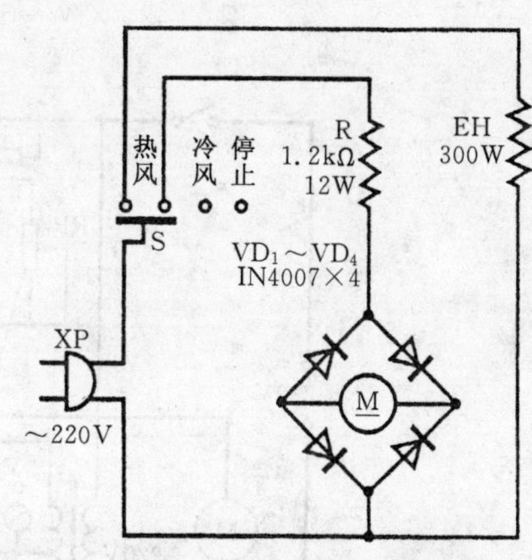

XP．电源插头　S．选择开关
R．降压电阻　EH．发热器
M．电机

图 12-41　大元 RCE—2000A 型电吹风电路图

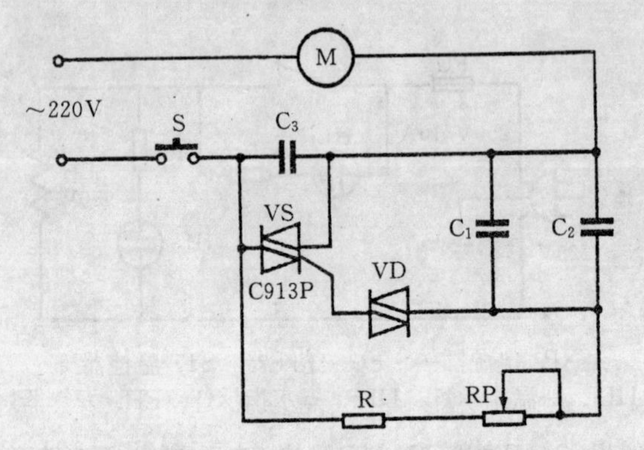

S. 电源开关　VS. 双向晶闸管　VD. 双向触发二极管
RP. 调速电位器　M. 电机

图 12-42　XYW—62 卧式吸尘器电路图

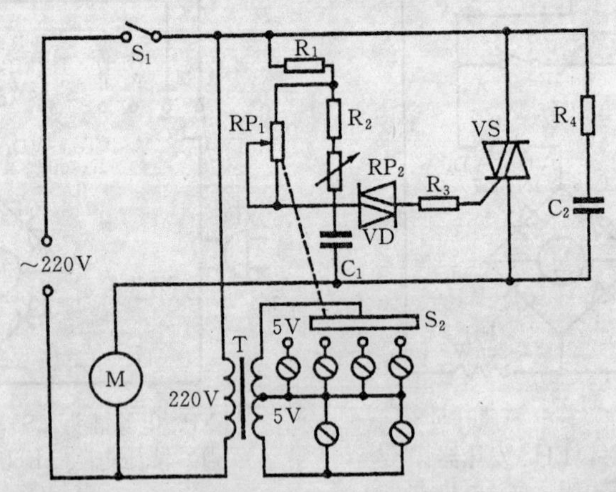

S_1. 电源开关　T. 电源变压器　S_2. 选择开关　VS. 双向晶闸管
VD. 双向触发二极管　RP_1. 调速电位器　M. 电机　RP_2. 微调电阻

图 12-43　WBQ—1 吸尘器电路图

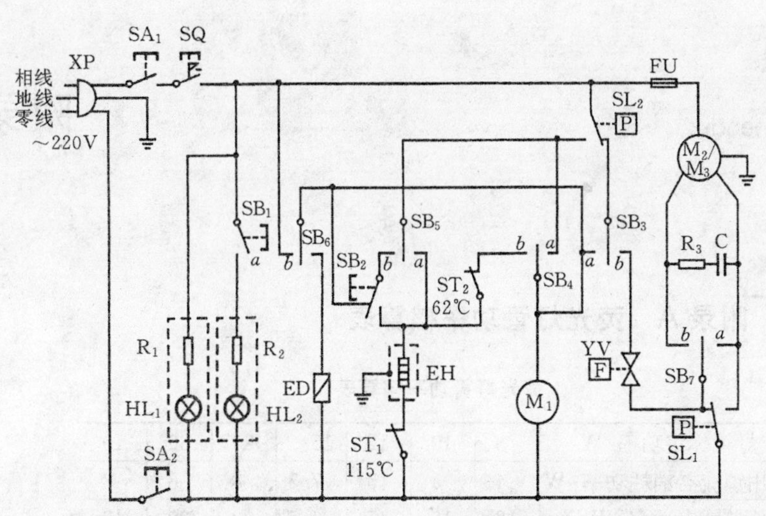

XP. 电源插头　SA_1、SA_2. 电源开关　SQ. 门控开关　FU. 熔断器

HL_1. 电源指示灯　SB_1、SB_2. 选择开关　HL_2. 模式指示灯

SB_3～SB_7. 程控器程序开关　ED. 亮碟剂分配器　ST_1、ST_2. 温控器

EH. 发热器　YV. 进水电磁阀　SL_1、SL_2. 水位开关　M_1. 计时电机

M_2. 清洗电机　M_3. 排水电机　C. 启动电容器

图 12-44　美的 WP5B 全自动洗碗机电路图

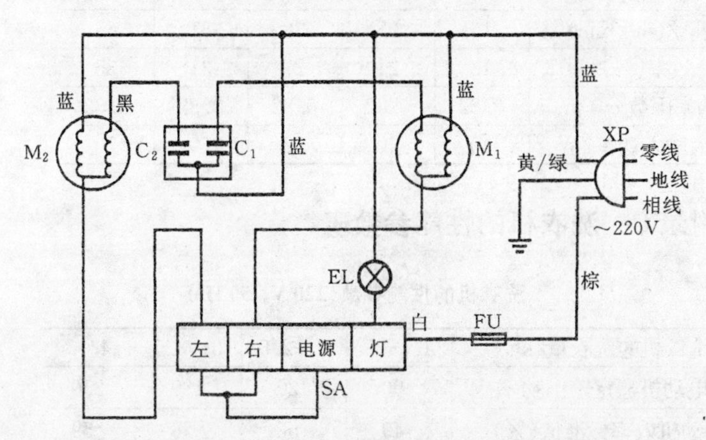

XP. 电源插头　FU. 熔断器　SA. 功能选择开关

EL. 照明灯　C_1、C_2. 启动电容器　M_1、M_2. 电机

图 12-45　华帝 CXW—120—4 自动吸油烟机电路图

appendix >>

附录

附录 A 荧光灯管功率核算表

荧光灯管功率核算表

灯管标定功率/W	8	10	12	15	20	30	40
配用镇流器消耗功率/W	4	5	5	7.5	8	8	8
总耗电功率/W	12	15	17	22.5	28	38	48

附录 B 电风扇电机的参数表

电风扇电机的参数(220 V, 50 Hz)

风扇规格/mm	200	250	300	350	400
风量/(m^3/min)	16	25	38	51	65
效率(%)	12	21	27	31	35
功率因数 $\cos\phi$	0.82	0.82	0.82	0.82	0.82
最大输入功率/W	40	40	52	60	70

附录 C 洗衣机的性能参数表

洗衣机的性能参数(220 V, 50 Hz)

洗衣机的洗衣量/kg	1.5～2	2～2.5	3～3.5	4～5
配用电动机额定输出功率/W	90	120	180	250
电动机效率标准值(%)	49	52	56	59
电动机功率因数 $\cos\phi$	0.95	0.95	0.95	0.95
电动机输入功率计算值/W	184	231	321	424

附录 D　全自动洗衣机的参数表

全自动洗衣机的参数(220 V, 50 Hz)

电动机额定功率/W	120	135	180
效率(%)	46	49	52
功率因数 cos ϕ	0.95	0.95	0.95
堵转电流/A	2.5	3.0	4.0
输入功率计算值/W	261	276	346

附录 E　电冰箱参数表

电冰箱参数(220 V, 50 Hz)

冰箱容积/L	70	100	150	180	200	400
压缩机功率/W	50	62	75	83	93	250
平均日耗电量/kWh	0.6～0.8	0.8～1.0	1.0～1.2	1.2～1.4	1.4～1.6	3.5～4.5

附录 F　电动机参数表

电动机参数

电动机额定功率/W	180(2 极)	60(12 极)
效率(%)	40	25
功率因数 cos ϕ	0.9	0.9
堵转电流/A	8	2
输入功率计算值/W	450	240

附录 G　家庭用电量与配置设备参数表

家庭用电量与配置设备参数

套型	使用面积 /m^2	用电负荷 /kW	计算电流 /A	总开关脱扣器额定电流/A	电度表容量/A	进户线规格/mm^2
1 类	50 以下	5	20.20	25	10(40)	BV-3×4
2 类	50～70	6	25.30	30	10(40)	BV-3×6
3 类	75～80	7	35.25	40	10(40)	BV-3×10
4 类	85～90	9	45.45	50	15(60)	BV-3×16
5 类	100	11	55.56	60	15(60)	BV-3×16

附录 H　压缩机规格表

压缩机规格

功率单位	压缩机规格											
马力	1/25	20	15	12	10		8	7	6	5	4	3
瓦/W	30	40	50	65	75	80	93	107	125	150	187	250

附录 I　压缩机与电冰箱的匹配表

压缩机与电冰箱的匹配

	电冰箱容积/L	压缩机功率/W		电冰箱容积/L	压缩机功率/W
单门电冰箱	50	40～50	双门电冰箱	100	81～93
	75	50～65		150	93～107
	100	65～80		200	107～125
	120～50	80		250	125～150
	170～200	93		300	150～170
	210～240	93～107		400	187～250
	250～300	1～125		500	250

附录 J 常用合金加热材料特性与用途表

常用合金加热材料特性与用途

合金牌号	特 性	用 途
Cr20NiS0	奥氏体组织，基本无磁性，电阻率较高、加工性能好，可拉成很细的丝，高温强度较好，用后不变脆。	1 100 ℃以下，有震动或移动的电热器具。
Cr15Ni60	耐热性比 Cr20Ni80 略低，其他性能与 Cr20Ni30 相同。	1 000 ℃以下电热器具。
1Cr13A14 GCr13A16M02 0Cr25A15	铁素体组织，有磁性，抗氧化性能比镍铬好，电阻率比镍铬高，不用镍，价较廉，高温强度低，且用后变脆，加工性能稍差。	850 ℃以下电热器具。 1 200 ℃以下电热器具。
0Cr27A17M02	具有负的电阻温度系数，电阻随温度变化较稳定，有磁性，抗氧化性能好，耐温度高，电阻率高，用后变脆，加工性能稍差。	1 300 ℃以下电热器具和固定无震动的场合。

附录 K 家用电器主要参数表

家用电器主要参数

家用电器名称	功率/W	额定电流/A	功率因数 $\cos\phi$	家用电器名称	功率/W	额定电流/A	功率因数 $\cos\phi$
照明灯具	200	0.9	1	洗衣机	300	1.36	0.5～0.6
彩电	100	0.45	0.7～0.9	电风扇	80	0.36	0.9
音响	300	1.36	0.7～0.9	电熨斗	500	2.27	1
电冰箱	120	0.55	0.3～0.4	食品粉碎机	300	1.6	0.9

（续表）

家用电器名称	功率/W	额定电流/A	功率因数 cos ϕ	家用电器名称	功率/W	额定电流/A	功率因数 cos ϕ
DVD	50	0.23	0.9	吸尘器	800	3.64	0.94
微波炉	1 000	4.55	0.7	消毒柜	700	3.18	0.9
排风扇	250	1.34	0.9	饮水机	800	3.64	1
电饭锅	800	3.64	1	电淋浴器	2 000	9.09	1
抽油烟机	60	0.27	0.9	电烤箱	1 000	4.55	1
电脑与打印机	350	1.59	0.9	电暖器	2 000	9.09	1
空调器	1 125	5.11	0.7～0.9	录像机	50	0.23	0.9

附录 L　家电维修常用文字图形符号

文字符号

1. 基本文字符号

基本文字符号分单字母和双字母符号，单字母符号是按拉丁字母将各种电器设备、装置和元器件划分为 23 种大类，每个大类用一个专用字母符号表示，如 R 表示电阻类，C 表示电容器类。常用文字标准符号如表 L-1所示。

表 L-1　电工常用文字符号

文字符号	说　明	文字符号	说　明
A	组件、部件	F	保护器件
AB	电桥	FU	熔断器
AD	晶体管放大器	FV	限压保护器件
AJ	集成电路放大器	G	发电机

(续表)

文字符号	说　明	文字符号	说　明
AP	印制电路板	GB	蓄电池
B	非电量与电量互换器	HL	指示灯
C	电容器	KA	交流继电器
D	数字集成电路和器件	KD	直流继电器
EL	照明灯	KM	接触器
L	电感器、电抗器	SB	按钮开关
M	电动机	T	变压器
N	模拟元件	TA	电流互感器
PA	电流表	TM	电力变压器
PJ	电度表	TV	电压互感器
PV	电压表	V	电子管、晶体管
QF	断路器	W	导线
QS	隔离开关	X	端子、插头、插座
R	电阻器	XB	连接片
RP	电位器	XJ	测试插孔
RS	测量分路表	XP	插头
RT	热敏电阻器	XS	插座
RV	压敏电阻器	XT	接线端子排
SA	控制开关、选择开关	YA	电磁铁

双字母符号是由一个表示种类的单字母符号与另一字母组成，其组合形式以单字母符号在前，另一字母在后的顺序标出。如 RT 表示热敏

电阻器，而 R 表示电阻。在单字母符号不能满足要求，需进一步划分时，才采用双字母符号，以示区别。在使用双字母符号时，第一个字母按 GB7159—1987《电气技术中的文字符号制订通则》中单字母表示的种类使用；第二个字母可按英文术语缩写而成。基本文字符号不超过两位字母。常用基本文字符号见表 L-1。

2. 辅助文字符号

辅助文字符号用来表示电气设备、装置和元器件以及线路的功能、状态和特征。如 E 表示按地，GN 表示绿色等。辅助文字符号可放在表示种类的单字母后边组成双字母符号，如 SP 表示压力传感器，YB 表示电磁制动器等。为了简化文字符号，若辅助文字符号由两个以上字母组成时，只采用其中第一位字母进行组合，如 MS 表示同步电动机。辅助文字符号可单独使用，如 ON 表示接通，M 表示中间线，PE 表示接地保护等。常用的辅助文字符号如表 L-2 所示。

表 L-2　常用的辅助文字符号

文字符号	说　明	文字符号	说　明	文字符号	说　明
A	电流	H	高	R	反
AC	交流	IN	输入	RRST	复位
AAUT	自动	L	低	RUT	运转
ACC	加速	M	主、中	S	信号
ADJ	可调	MMAN	手动	ST	启动
BBRK	制动	N	中性线	SSET	置位、定位
C	控制	OFF	断开	STP	停止
D	数字	ON	接通、闭合	T	时间、温度
DC	直流	OUT	输出	TE	接地
E	接地	PE	保护接地	V	电压

3. 补充文字符号

如表 L-1、表 L-2 中所列的基本文字符号、辅助文字符号不敷使用，可采用国际标准中规定的电气图形符号与文字符号。

附录 M 家用电气常用图形的名称及文字符号

常用家用电气元器件名称、图形符号及文字符号

名　称	文字符号（单、双字母）	名　称	文字符号（单、双字母）
正极	＋	熔断电阻器	R
负极	－	电位器	RP
频率	Hz	热敏电阻器	RT
交流	AC～	压敏电阻器	RV
直流	DC—	发热器件	EH
电压	V	照明灯	EL
电流	A	指示灯、信号灯	H　HL
瓦(特)	W	限流保护器件	F　FR
连接插头及插座	X	熔断器(超温保险器)	F　FU
连接片	X　XB	控制开关	S　SA
插头	X　XP	选择开关	S　SA
插座	X　XS	按钮开关	S　SB
端子板	X　XT	微动开关	S　SM
电阻器	R	液体标高传感器（水位开关）	SL
可变电阻器	R		
压力传感器(压力开关)	SP	继电器	K　KA
位置传感器(门控开关)	SQ	簧片继电器	K　KR

（续表）

名　称	文字符号 (单、双字母)	名　称	文字符号 (单、双字母)
磁敏传感器(磁敏开关)	SY	热敏继电器	F　FR
气敏传感器	B　BA	保护接地	PE
温度传感器(温控器)	ST	半导体制冷元件	PN
变压器	T	定时器(定时开关)	PT
电感器 线圈 绕组 扼流圈	L	半导体陶瓷发热体	PTC
		电磁阀	YV
整流器	U　UR	集成电路	IC
半导体二极管	V　VD	电动机	M
电压调整二极管	V　VD	交流电动机	$\underset{\sim}{\mathrm{M}}$
发光二极管	V　VD	直流电动机	$\underline{\mathrm{M}}$
晶闸管(可控硅)	V　VS	同步电动机	MS
半导体三极管	V　VT	高	H
磁控管	MT	低	L
电容器	C	断开	OFF
蜂鸣器、电铃、报警器	HA	闭合	ON
传声器(话筒)	B　BM	相线(火线)	L
扬声器	B　BL	中性线(零线)	N
压电晶体(晶振)	B	接地线	E
原电池或蓄电池	GB		

附录N 洗衣机英汉词汇

英 文	汉 语
AC	交流电源
AMOUNT OF CLOTHING	衣物量
AMOUNT OF DETERGENT	洗涤剂量
AUTO STOP	自动停止
AUTO-TWIN IN WASHER	自动双缸洗衣机
BACK PANEL	后板
BLANKING	关闭、断路
BLEACH DISPOSER	漂白剂分配器
BUZZER	蜂鸣器
CLOTHES DRYER	干洗机
CONTROL	控制
COTTON	棉织物
CYCLE SELECTOR	行程选择
DRAIN(DRAINING)	排水
DRAIN HOSEJOINT	排水管连接器
DRAIN HOSE	排水软管(排水管)
DRAIN VALVE	排水阀转换开关
DRAINAGE SELECTOR	排水选择
ECONOMIC WASHING	经济洗涤程序
ENSURING	保险
EXCESS	过量
FABRICSELECT	衣物质料选择按钮

（续表）

英　　文	汉　　语
FEED AND RINSE	进水漂洗
FEED AND WASH	进水洗涤
FIL TER	过滤器
FOAM ELIMINATOR	防泡沫装置
FULLY AUTOMATIC WASHER	全自动洗衣机
GENTLE	弱洗
GENTLE SOFT	轻柔洗
GROUND WIRE	接地线
HEAVY	强洗
HEAVY/SOFT WASH ACTION	强/弱洗衣物动作
HIGH	高(水位)
HOSE HANGER	排水管挂钩
HOUSING	外壳
LAUNDRY(WASH)	洗衣
LAUNDRE BASKET	洗衣筐
LID	盖
LINEN	麻织物
LINT FIL TER	纸屑过滤器
LOW	低(水位)
MEDIUM	中(水位)
MINI CYCLE	节约程序
NORMAL CYCLE	标准程序
NORMAL	正常,标准洗
NORMAL/GENTLE WASH	普通/柔和洗衣动作

（续表）

英　　文	汉　　语
ACTION	开始洗涤
OFF 或 SWITCHING OFF	断开
ON 或 SWITCHING ON	接通
ONE-WAY	单向(水流)
OVERFLOW HOSE	溢流软管
PILOT LAMP	指示灯
PROCESS SELECTOR	程序选择
PORT ABLE(MINI)WASHER	手提(迷你)洗衣机
POWER	电源
POWER CORD	电源软线
POWER SWITCH	电源开关
PULSATOR	波盘
PUSH BUTTON	按钮
REGULAR	普通洗(强洗)
RESET	再注水
RINSE	漂洗,过水
RINSE MODE SELECTOR	漂洗方式选择器
SELECTOR SWITCH	(水流)选择开关
SHOWER RINSE	喷淋漂洗
WATER SUPPLY HOSE	供水软管(进水管)
WATER SUPPLY SELECTOR	进水选择
WATT(W)	瓦特(瓦)
WOOL	羊毛
SILK	丝绸

(续表)

英　　文	汉　　语
SPIN	脱水
SPIN SPRAY	脱水喷淋
SPIN TIMER	脱水定时器
SPIN-TUB	脱水桶
STANDARD	标准洗
SWITCHING OFF	断开
SWITCHING ON	接通
TAP	水龙头
TIMER	定时器
TUB	洗衣桶
TWIN-TUB WASHER	双缸洗衣机
TYPE OF CLOTHING	衣物类型
VOLT(V)	伏特(V)
VOLTAGE	电压
WASH	洗涤
WASH AND SPINDRY TUB	洗涤脱水桶
WASH ONLY	单独洗衣
WASH SELECTOR	洗涤选择
WASH TIME	洗涤时间
WASH TUB	洗涤桶
WASHING MACHINE	洗衣机
WATER	水
WATER CURRENT SELECTOR	水流选择器
WATER INLET	进水口
WATER LEVEL	水位
WATER LEVEL SELECTOR	水位选择器

附录O 常用的电气图形符号与文字符号表

常用的电气图形符号与文字符号

图形符号	说明	图形符号	说明
	直流		分流器
	交流	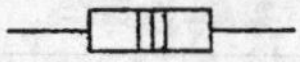	加热元器件
	接地一般符号		带滑动触点的电位器
	保护接地		电容器的一般符号
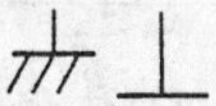	接机壳或底板	 +	极性电容器
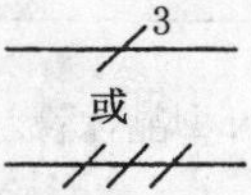 3 或	三根导线		可调电容器
	连接，连接点		电感器符号
	端子	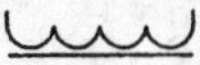	带磁心的电感器
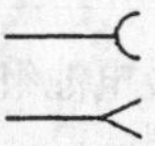	插座(内孔)的或插座的一个极		压电晶体
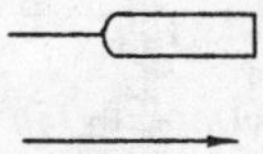	插头	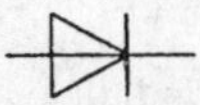	二极管
	电阻器		发光二极管

(续表)

图形符号	说　明	图形符号	说　明
	可变电阻器		稳压二极管
U	压敏电阻器		双向二极管
θ	热敏电阻器		一般晶闸管
	具有 N 形基极单结型半导体管		双向晶闸管
漏 源 栅	结型场效应管(N形沟道)		PNP 型晶体管
	绝缘栅型场效应管(P 沟道)		NPN 型晶体管
	光敏晶体管		单项可调压的自耦变压器
	光耦合器		电池及电池组的一般符号
G	直流发电机		动合(常开触点)
M	直流电动机		动断(常闭触点)

（续表）

图形符号	说　明	图形符号	说　明
	交流发电机		先断后合的转换触点
	交流电动机	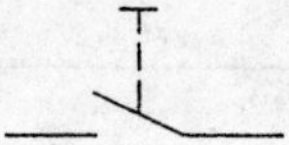	手动开关
	三相交流异步电动机	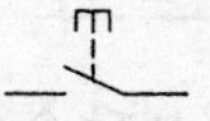	常开按钮开关
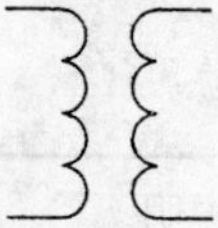	变压器		常闭按钮开关
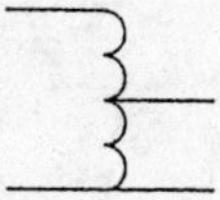	单相自耦变压器		多位开关
	电流互感器		多极开关
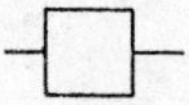	继电器、接触器线圈		隔离开关
	传声器		接触器常闭触点
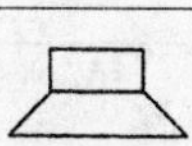	扬声器		断路器
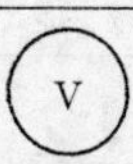	电压表		熔断器
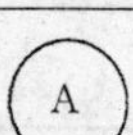	电流表		灯的一般符号

（续表）

图形符号	说　明	图形符号	说　明
$f \triangleright m$ a_i — W_i　m_i — u_i ⋮　⋮ a_n — W_n　m_n — u_n	运算放大器一般符号		蜂鸣器
	天线		

附录 P　冰箱内各种食品冷存温度和存放日期

冰箱内各种食品冷存温度和存放日期

食物种类	品　名	适宜温度	存放日期	说明
肉　　类	鲜猪肉 鲜牛肉 禽肉类 冻猪肉 冻牛肉 冻羊肉 冻鸡肉 咸肉	−3 ℃～0 ℃ 2 ℃～3 ℃ −1 ℃～1 ℃ −18 ℃ −12 ℃ −12 ℃ −12 ℃ −10 ℃	4～7 天 2～3 天 1～2 天 2 个月 3 个月 3 个月 3 个月 4 个月	洗净后，用塑料袋包装，（防干燥，防散失味道）
鱼　　类	鲜鱼 鱼块 冻鱼	1 ℃～2 ℃ 1 ℃～2 ℃ −12 ℃	2～3 天 2～3 天 8 个月	洗净后，用塑料袋包装
鸡　　蛋	蛋类	2 ℃～15 ℃ −1 ℃	20 天 8 个月	放入蛋架
加工食品	火腿、香肠 豆腐 豆制品	2 ℃～6 ℃ 0～5 ℃ 0～5 ℃	3～4 天 2 天 5～7 天	用塑料袋包装

（续表）

食物种类	品 名	适宜温度	存放日期	说明
乳制品	鲜牛奶	0～5 ℃	2 天	—
	冰淇淋	−15 ℃	7 天	
	奶油		2 周	
饮料类	啤酒	2 ℃～6 ℃	3 个月	
	汽水	5 ℃	3 个月	
	橘子水	6 ℃	30 天	
水果类	苹果	0～6 ℃	14 天	
	橘子	0～2 ℃	2～3 个月	
	梨	1 ℃～2 ℃	1～6 天	
蔬菜类	黄瓜	7 ℃～10 ℃	10～14 天	洗净后用塑料袋包装
	青豌豆	0～7 ℃	15～20 天	
	一般蔬菜	0～1 ℃	3～7 天	

附录 Q 数码相机单元模块所需电压值

数码相机单元模块所需电压值

单元模块名称		所需电压/V
镜头模块	CCD	+15
		−7～8
	快门、光圈及调焦机构	+5 或 3.3
LCD 显示模块	LCD 显示屏	+5～+7
		+12～+18
	背光电路	+5～+12
控制电路	CPU	1.8 或 2.5
	A/D、DSP、存储器、接口、音频等	3.3 或 5
闪光灯		300

附录R　各种电风扇的规格

各种电风扇的规格

风扇名称	直径尺寸/mm							
台　扇	200	230	250	300	350	400		
落地扇				300	350	400	500	600
台地扇				300	350	400		
顶　扇				300	350	400		
壁　扇			250	300	350	400		
换气扇	200	250	300	350	400	500	600	750
冷风扇	100	200	300					
吊　扇	700	900	1 050	1 200	1 400	1 500	1 800	

附录S　电饭锅的规格

电饭锅的规格

额定电压/V	额定功率/W	额定煮米量/kg	内锅容积/m^3	可供用餐人数
220	350	0. 48　0. 9	1. 2	1～3
	450	0. 8　1. 0	2. 4	2～4
	550	1. 2　1. 5	3. 6	3～6
	650	1. 6　2. 0	4. 8	5～8
	750	2. 0　2. 5	6. 0	7～10
	950	2. 4　3. 0	7. 2	8～12
	1 150	2. 88　3. 6	8. 4	10～14
	1 350	3. 36　4. 2	9. 6	12～16

附录T 部分国产电冰箱主要性能

序号	生产厂家	商标	型号规格	压缩机功率	环境温度25 ℃日耗电量（kWh/24小时）	冷冻室容积（L）	冷冻室温度（℃）	冷藏室温度（℃）	引进情况
1	北京雪花电器集团公司	雪 花	BC-146A	93 W	0.7	35	<−12	0～7	引进意大利生产线设备和技术
			BC-172A	93 W	0.7		<−12	0～7	
			BCD-170	125 W	1.1	35	<−18	0～7	
			BCD-195	125 W	1.2		<−18	0～7	
			BCD-171	125 W	1.2	52	<−18	0～7	
			BCD-300		1.2	60			
2	沈阳医疗器械厂	长 城	BC-160	93 W				0～12	引进意大利、日本关键设备，测试仪器
			BCD-170		1.1	35	<−18	可调	
3	沈阳电冰箱厂	沈努西	BCD-160	115 W	1.1	40	<−18	0～10	引进意大利扎努西家用电器公司设备
			BCD-180	148 W	1.3	40	<−18	0～10	
			BCD-230	180 W	1.7	80	<−24	0～10	
4	吉林市电冰箱总厂	吉诺尔	BCD-170	93 W	1.4	43	−18		引进日本富士通将军公司设备
5	牡丹江电冰箱厂	北冰洋	BCD-177	128 W	1.2	40	−18	平均7	引进意大利梅洛尼设备

（续表）

序号	生产厂家	商　标	型号规格	压缩机功率	环境温度 25 ℃日耗电量（kWh/24 小时）	冷冻室容积（L）	冷冻室温度（℃）	冷藏室温度（℃）	引进情况
6	天津市电冰箱工业公司	可　耐 冰　峰	BCD-220 BCD-135A	138 W 122 W	1.5（32 ℃） 0.8	52 30	−18 以下	0～10 0～10	引进法国设备和技术
7	上海电冰箱厂	双　鹿	BC-145D BCD-180	110 W 110 W	0.8 1.1	32	<−18	0～10 0～10	引进日本三洋公司主要设备和技术
8	上海电冰箱二厂	上　菱	BCD-165W BCD-180W	100 W（旋转式）	1.2 1.2	30 45	<−18 <−18	0～9	引进日本三菱公司全套设备和技术
9	上海航天电冰箱厂	航　天	BC-177 BC-177 BCD-210	93 W 110 W 125 W	≤1.2 ≤1.12 ≤1.2	40 40 50	−18 −18 −18	0～10 0～10 0～10	引进新加坡 AC-MA 公司设备和技术
10	上海远东冰箱厂	葵　花 远　东	BC-100 BCD-185	80 W 105 W	0.9 1.1	22 36	≤−18 −18	0～10 0～10	引进意大利设备
11	常熟白雪制冷设备集团公司	白　雪	BC-125 BC-160 BCD-160	75 W 103 W 120 W	0.54 1.0 1.1	13 18 31	−12 −12 −18	0～10 0～10 0～10	引进罗马尼亚设备和技术

（续表）

序号	生产厂家	商 标	型号规格	压缩机功率	环境温度 25 ℃ 日耗电量（kWh/24 小时）	冷冻室容积（L）	冷冻室温度（℃）	冷藏室温度（℃）	引进情况
12	苏州香雪海电器公司	香雪海	BC-125	93 W	0.5			0～5	引进意大利扎努西公司和坎迪公司设备和技术
			BC-160	93 W	0.7			0～5	
			BCD-160	105 W	1.05	50	≤−18	0～5	
			BCD-175	105 W	1.05	50	≤−18	0～5	
13	国营新联机械厂（南京）	伯 乐	BC-158B		1.5	32	−18	0～10	引进意大利设备和技术
			BC-158C	93 W	1.5	32	−18	0～10	
			BCD-185		1.3	40	−18	0～10	
			BCD-185C	115 W	1.3	40	−18	0～10	
			BCD-205		1.4	40	−18	0～10	
14	杭州电冰箱总厂（杭州医疗器械厂）	西 冷	BC-152	93 W	0.85	17.5		0～12	引进德国利勃海尔公司设备和技术
			BC-160		0.8			0～12	
			BC-175	110 W	1	21		0～12	
			BCD-175	110 W	1	41	≤−18	0～10	
			BCD-212	120 W	1.2	41	最低 30	0～10	
15	嘉兴市电冰箱厂	益 友	BC-110	74 W	0.6			0～10	引进新西兰、意大利、日本等国设备
			BC-185	93 W	0.8			0～10	
			BCD-170	125 W	1.3	55	≤−18	0～10	

(续表)

序号	生产厂家	商　标	型号规格	压缩机功率	环境温度 25 ℃日耗电量(kWh/24 小时)	冷冻室容积(L)	冷冻室温度(℃)	冷藏室温度(℃)	引进情况
16	宁波凤凰电器制冷工业(集团)公司	凤　凰	BC-152	93 W	0. 8		−12	0～10	引进意大利菲利浦公司和匈牙利莱哈尔公司设备和技术
			BC-173	110 W	1		−12	0～10	
			BC-216	110 W	1. 2		−12	0～10	
			BC-170	125 W	1. 1	30	−18	0～12	
			BCD-195	125 W	1. 2	30	−18	0～12	
17	合肥电冰箱总厂	美　菱	BC-145	93 W	0. 9		−12	5	引进意大利梅洛尼公司设备和技术
			BCD-155E	125 W	1. 1	31	−18	4	
			BCD-185E	125 W	1. 2	31	−18	4	
18	安徽滁县扬子电气公司电冰箱总厂	扬　子	BCD-200	117 W	1. 3	50	≤−18	0～10	引进意大利西特尔公司设备
			BCD-205	120 W	1. 4	50			
			BCD-240	136 W	1. 5	50			
			BCD-300	147 W	1. 6	50			
19	漳州通用电器总厂	水仙花	BCD-110	94 W	0. 9	25	≤−18	0～5	引进意大利扎努西公司技术和关键设备
			BCD-175	105 W	1. 05	43	≤−18		
			BCD-222	115 W	1. 25	62	≤−18		
			Z1142TR	94 W	0. 6	9	≤−12		
20	福州电冰箱有限公司	皇　后	BC-160	93 W	1. 1	29	≤−18	0～6	引进意大利设备

（续表）

序号	生产厂家	商　标	型号规格	压缩机功率	环境温度 25 ℃日耗电量（kWh/24 小时）	冷冻室容积（L）	冷冻室温度（℃）	冷藏室温度（℃）	引进情况
21	泉州天泉电冰箱有限公司	天　泉	BCD-170	93 W	1.1	40	≤−18	0～10	引进意大利设备
22	景德镇制冷设备总厂	华　意	BCD-185	128 W	1.15	40	≤−18	0～10	引进意大利设备
23	南昌家电有限公司	杜　鹃（齐洛瓦）	BCD-155 BCD-190 BCD-205	93 W 120 W 120 W	1.1 1.15 1.3	31 33 33	≤−18	0～10	引进意大利设备
24	青岛电冰箱总厂	琴岛-利勃海尔	BCD-175 BCD-212 BCD-220	110 W 120 W	1 1.2 1.4	46 46 78	最低 −30 −40	0～10	引进德国利勃海尔公司设备和技术
25	河南新乡电冰箱厂	新　飞	BCD-170B BCD-170C BCD-185D	95 W 95 W 95 W	≤1.08 ≤1.08 ≤1.17	35 35 50	<−18	0～10	引进荷兰菲利浦设备和技术
26	湖北沙市电冰箱厂	沙松 家美乐	BC-140 BC-203 BCD-160 BCD-160B BCD-170 BCD-180	70 W 90 W 90 W 90 W 103 W 103 W	0.6 0.75 1.4 1.3 1.2 1.1	 31 30 38 40	−12 −12 −18 −18 −18 −18	0～10 0～10 0～10 0～5 0～10 0～5	引进日本松下设备和技术

（续表）

序号	生产厂家	商　标	型号规格	压缩机功率	环境温度 25 ℃日耗电量（kWh/24 小时）	冷冻室容积（L）	冷冻室温度（℃）	冷藏室温度（℃）	引进情况
27	长沙电冰箱厂	中　意	BCD-185 BCD-230	135 W	0. 95 1. 23	40 45	≤−18	0～12	引进意大利梅洛尼公司设备
28	湖南沅江白云家用电器总厂	白　云	BCD-160A BCD-165A BCD-180A BCD-180C BCD-225A	124 W 124 W 124 W 124 W 124 W	1. 15 1. 2 1. 2 1. 25	30 36 42 42 41	≤−18	0～5	引进日本、意大利、西班牙等国设备
29	广东珠江电冰箱厂	容　声	BCD-103B BCD-165	80 W 95 W	1. 25 1. 2	18 26	≤−18	0～5	引进意大利、日本、法国关键设备
30	广东半球实业集团公司湛江电冰箱厂	半　球	BC-175 BCD-155W BCD-230	110 W 125 W 130 W	0. 95 1. 26 1. 4	40 32 65	<−20	0～5	引进意大利扎努西公司设备
31	万宝电器珠海电冰箱企业有限公司	万宝牌	BCD-183WA	125 W	1. 95	48	≤−18	0～10	引进新加坡、英国等设备

（续表）

序号	生产厂家	商标	型号规格	压缩机功率	环境温度 25 ℃日耗电量（kWh/24 小时）	冷冻室容积（L）	冷冻室温度（℃）	冷藏室温度（℃）	引进情况
32	万宝电器集团公司	万宝	BC-46	70 W	0.6	27		0～10	引进新加坡和日本日立公司的设备
			BCD-148W	95 W	1.5	28	<−18	0～10	
			BCD-158A	95 W	1.1	27	<−18	0～10	
			BCD-158B	95 W	1.2	36	<−18	0～10	
			BCD-183W	130 W	1.8	48	<−18	0～12	
			BCD-210W	150 W	1.6	36	<−18	0～12	
33	中国雪柜实业有限公司	华凌	BCD-178W	83 W（卧式旋转式）	1.1～1.2（32 ℃）	45	−18	0～10	引进日本三菱公司全套设备和技术
34	四川长庆机器厂	长庆	BC-125	V792E	1	20	≤−12	0～10	引进意大利、德国、英国等主要设备
			BCD-165	V1040C	1.3	42	≤−18		
			BCD-175	V1040C	1.5	38	≤−18		
35	成都发动机公司	双燕 双燕-夏普	BC-137B	93 W	1.0	17	≤−12	0～10	引进日本夏普公司设备
			BCD-145		1.3	27	≤−18		
			BCD-165		1.2	28	≤−18		
			BCD-170		1.4	42	≤−18		
36	重庆五州实业公司	五州-阿里斯顿	BCD-185	125 W	1.05	40	≤−18	0～7	引进意大利设备

（续表）

序号	生产厂家	商　标	型号规格	压缩机功率	环境温度 25 ℃日耗电量（kWh/24 小时）	冷冻室容积（L）	冷冻室温度（℃）	冷藏室温度（℃）	引进情况
37	贵州风华电冰箱厂	风　华	BCD-180 BCD-150	107 W 100 W	1.3 1.3	31 28	≤−18	0～10	引进新加坡 AC-MA 公司设备
38	云南航天工业总公司电冰箱厂	兰　花	BC-150 BCD-172 BCD-195	93 W 125 W 125 W	0.8 1.3 1.4	 39 39	≤−12 ≤−18 ≤−18	0～8 0～10 0～10	引进意大利依瑞公司设备
39	陕西电冰箱厂	长岭-阿里斯顿	BCD-185 BCD-203B	135 W 135 W	1.1 1.35	40 83	≤−18 <−18	0～10	引进意大利梅洛尼公司设备
40	重庆电冰箱总厂	将　军	BCD-148	97 W	1	27	≤−18		引进日本富士通将军公司设备
41	杭州华日电冰箱厂	华　日	BC-150F BCD-185A BCD-205	93 W 123 W 123 W	0.7 1.1 1.2	22 40 60	−12 −18 −18	0～10	引进意大利、日本部分进口设备

附录U 部分进口电冰箱主要性能

生产国		日本			日本	日本	
商标		NATIONAL 松下			SHARP 夏普	MITSUBISHI 三菱	
门数(星级)		双门(三星)			双门(三星)	双门(三星)	
型号		NR-173TE	NR-155TAH	NR-165TAH	SJ-174G	MRE-1585	MRE-1705
规格(L)	总容积	170	142	156	170	158	170
	冷冻室	38	30	30	42	27	38
冻室冷却方式		间冷式			直冷式	间冷式	
输入功率(W)		124	124	124	90	96	98
电流(A)		1.07	0.94	0.94	0.6	0.82	0.84
耗电量(kWh/24小时)					1.4	1.45	
冷凝器型式		钢丝式	内藏式		内藏式	内藏式	
R_{12}充入量(g)		120	90	100	165	120	120
电源	电压(V)	200～220			220	200～220	
	频率(Hz)	50			50	50	
配用压缩机(W)					93		
外形尺寸(mm)	宽	527	505	505	535	510	510
	深	531	560	560	610	600	600
	高	1 346	1 220	1 305	1 410	1 310	1 380
重量(kg)		53	38	39	45	44	49

（续表）

生产国		日本		意大利	前苏联	前苏联		南斯拉夫	匈牙利	
商标		TOSHIBA 东芝		ARISTON 阿里斯顿	MINSK 明斯克	ЪЗАЮЩА 别留沙		OBODIN 奥宝丁	LEHEL 莱哈尔	
门数(星级)		双门(三星)		双门(四星)	双门(三星)	单门(二星)		单门	单门(二星)	
型号		GR-184E	GR-204E	TDF230	KuA	AXH 160	AXH 240	HL145	HB 160XX	HB 20zSS
规格(L)	总容积	150	170	230	260	160	240	145	160	200
	冷冻室	28	38	45	45	—	—	—	—	—
冻室冷却方式		直冷式		直冷式	直冷式	直冷式		直冷式	直冷式	
输入功率(W)		90～120		180	155				100	110
电流(A)		0.78	0.8	1.3					0.8	0.9
耗电量(kWh/24 小时)							约 1.7	约 2.0		
冷凝器型式		内藏式		百叶窗	钢丝式	钢丝式			钢丝式	
R_{12}充入量(g)		145	155	145	103		135		95	100
电源	电压(V)	200～220		220	220	220			220	
	频率(Hz)	50/60		50	50	50			50	
配用压缩机(W)										107
外形尺寸(mm)	宽	528	520	550	570	567	567	500	550	550
	深	550	550	590	600	615	615	640	540	650
	高	1 210	1 320	1 410	1 450	1 200	1 200	840	850	1 070
重量(kg)		39	43		70					43

附录Ⅴ 部分进口电冰箱主要零部件技术参数

1. 夏普 SJ-155、SJ-175 电冰箱主要零部件技术参数

零部件名称 \ 技术参数 \ 规格		SJ-155	SJ-175
压缩机	型 号	SL15N1-5S	SL17N1-5S
	电 压	220 V/50 Hz	220 V/50 Hz
	输出功率	100 W	120 W
	电机运行绕组	20 Ω	20.1 Ω
	电机启动绕组	21 Ω	21 Ω
温度控制器	型 号 技术参数	BK-23 开点(ON)：4±1.5 ℃ 停点(OFF)：−15.5±1.5 ℃	BK-23 开点(ON)：4±1.5 ℃ 停点(OFF)：−15.5±1.5 ℃
温度保险丝		65 ℃熔断 2 A	65 ℃熔断 2 A
除霜温度控制器		FC10700,控制温度 7 ℃	FC10700,控制温度 7 ℃
照明灯		250 V, 15 W, E17	250 V, 15 A, E17
照明灯插座		250 V, 1 A, E17	250 V, 1 A, E17
灯开关		250 V, 0.2 A	250 V, 0.2 A
除霜恒温加热丝		230 V, 3.7 W, 14 kΩ	230 V, 3.7 W, 14 kΩ
除霜加热丝		230 V, 72 W, 736 kΩ	230 V, 88 W, 602 Ω
冷藏室加热丝		230 V, 3.5 W, 7.2 kΩ	230 V, 3.5 W, 7.2 kΩ
SP 加热丝		230 V, 1.6 W, 3.3 kΩ	230 V, 1.6 W, 3.3 kΩ

2. 东芝 GR-185、GR-205 电冰箱电气部气的主要技术参数

<table>
<tr><td rowspan="6">压缩机</td><td colspan="2">型号名称</td><td>SL15N1-4</td><td>SL17N1-4</td></tr>
<tr><td colspan="2">启动方式</td><td colspan="2">电阻分相启动</td></tr>
<tr><td colspan="2">额定电压</td><td colspan="2">200 V/50 Hz</td></tr>
<tr><td colspan="2">启动电流</td><td colspan="2">9.1 A</td></tr>
<tr><td colspan="2">运行绕组电阻(20 ℃)</td><td colspan="2">18.6 Ω</td></tr>
<tr><td colspan="2">启动绕组电阻(20 ℃)</td><td colspan="2">20.2 Ω</td></tr>
<tr><td rowspan="8">启动过载继电器</td><td colspan="2">型号名称</td><td colspan="2">P-01-S220</td></tr>
<tr><td rowspan="5">启动装置</td><td>电阻值</td><td colspan="2">22 Ω</td></tr>
<tr><td>最大电压</td><td colspan="2">300 V</td></tr>
<tr><td>最大电流</td><td colspan="2">7 A</td></tr>
<tr><td>复位时间</td><td colspan="2">80 秒以内</td></tr>
<tr><td>动作时间</td><td colspan="2">0.35～1.05 秒</td></tr>
<tr><td rowspan="2">过载继电器</td><td>额定电流</td><td colspan="2">1 A(80 ℃)</td></tr>
<tr><td>动作电流</td><td colspan="2">3.5 A</td></tr>
<tr><td rowspan="3">加热丝</td><td colspan="2">除霜加热丝</td><td>62 W，784 Ω</td><td>65 W，741 Ω</td></tr>
<tr><td colspan="2">管道防止结冻加热丝</td><td colspan="2">5 W，2 180 Ω</td></tr>
<tr><td colspan="2">流槽防止结冰加热丝</td><td colspan="2">5.5 W，2 410 Ω</td></tr>
</table>